普通高等教育"十三五"规划教材

建筑施工技术与组织

主 编 李水泉 申永康 李 成

主 审 张小林

中国水利水电出版社

www.waterpub.com.cn

·北京·

内 容 提 要

本书按照高等教育土建施工类专业的教学要求，以国家现行最新的标准、规范和规程为依据，以土建施工员、二级建造师等职业岗位能力培养为导向，根据编者多年的教学实践编纂而成。全书对建筑工程中地基基础工程、主体结构工程、防水工程及装饰工程等分部工程的施工工序、施工要点、质量标准等做了详细的阐述，坚持以项目为导向，突出了学习任务的实用性、实践性和前瞻性，广泛吸取了当前土木建筑领域工程施工的新材料、新技术、新工艺、新方法，其内容的深度和难度按照高等职业教育的特点，重点讲授理论知识在工程实践中的应用，培养学生的职业技能。全书共分 12 个项目，包括土方工程施工技术、地基与基础工程施工技术、砌体工程施工技术、钢筋混凝土工程施工技术、结构安装工程施工技术、屋面及防水施工技术、装饰装修工程施工技术、单位工程施工组织设计、建筑工程流水施工、网络计划技术、绿色施工技术等内容。

本书具有较强的针对性、实用性和通用性，既可作为高等教育土建类各专业的教学用书，也可供建筑施工企业各类人员学习参考。

图书在版编目（CIP）数据

建筑施工技术与组织 / 李水泉，申永康，李成主编
. -- 北京 ：中国水利水电出版社，2019.8(2023.6重印)
普通高等教育"十三五"规划教材
ISBN 978-7-5170-7918-7

Ⅰ．①建… Ⅱ．①李… ②申… ③李… Ⅲ．①建筑工程－工程施工－高等学校－教材②建筑工程－施工组织－高等学校－教材 Ⅳ．①TU7

中国版本图书馆CIP数据核字(2019)第169792号

书　　名	普通高等教育"十三五"规划教材 建筑施工技术与组织 JIANZHU SHIGONG JISHU YU ZUZHI
作　　者	主编 李水泉　申永康　李　成 主审 张小林
出版发行	中国水利水电出版社 （北京市海淀区玉渊潭南路 1 号 D 座　100038） 网址：www.waterpub.com.cn E-mail：sales@mwr.gov.cn 电话：(010) 68545888（营销中心）
经　　售	北京科水图书销售有限公司 电话：(010) 68545874、63202643 全国各地新华书店和相关出版物销售网点
排　　版	中国水利水电出版社微机排版中心
印　　刷	清淞永业（天津）印刷有限公司
规　　格	184mm×260mm　16 开本　23 印张　560 千字
版　　次	2019 年 8 月第 1 版　2023 年 6 月第 2 次印刷
印　　数	1501—3000 册
定　　价	**65.00 元**

前　言
PREFACE

　　按照高等教育土建类专业人才培养目标，以土建施工员、二级建造师等职业岗位能力的培养为导向，参照最新国家和行业的规范标准，在深入建筑施工企业一线和多位企业专家、学者密切调研的基础上，遵循专业课程内容与职业标准对接、教学过程与生产过程对接、学历证书与职业资格对接的原则，同时符合高等院校学生的认知规律，以专业知识和职业技能、自主学习能力及综合素质培养为课程目标，确定本书的编写内容，包括土方工程施工、地基基础工程施工、砌体工程施工、钢筋混凝土工程施工、结构安装工程施工、屋面防水工程施工、装饰装修工程施工、单位工程施工组织、流水施工、网络计划编制、绿色施工等。

　　"建筑施工技术与组织"是一门实践性很强的专业课程。本书始终坚持"素质为本、能力为主、需要为准、够用为度"的原则，每个项目学习前有学习目标和项目介绍，项目内容紧密围绕现行行业规范要求，每个项目结束后都有项目小结和复习思考题，突出了实践性和实用性，以满足学生学习的需要。

　　本书由陕西服装工程学院李水泉、西安工程大学申永康、西安科技大学李成担任主编，陕西服装工程学院王振斌、国网北京市电力公司昌平供电公司刘东海、西安工程大学王雪艳与陕西服装学院高铭悦担任副主编，由杨凌职业技术学院张小林担任主审。具体编写分工如下：项目1和项目5由西安工程大学申永康编写，项目2由陕西服装工程学院高铭悦编写，项目3由陕西服装工程学院王振斌编写，项目4由陕西服装工程学院李水泉编写，项目6由国网北京市电力公司昌平供电公司刘东海编写，项目7由西安工程大学王雪艳编写，项目8和项目11由西安科技大学李成编写，项目9由陕西服装工程学院李欢欢编写，项目10由陕西服装工程学院杨欢编写，项目12由杨凌职业技术学院卜伟编写。全书由李水泉、申永康完成统稿和校对工作。

　　本书在编写过程中，主编及参编作者单位给予了大力支持，在此表示最诚挚的感谢！

本书在编写过程中参考及引用了大量的规范、专业文献和资料，恕未在书中一一注明。在此，对各位同行及有关作者表示诚挚的谢意！

由于编者水平有限，加之时间仓促，书中难免缺点和疏漏，不足之处恳请广大师生和读者批评指正，提出宝贵意见，编者不胜感激。

编者

2019 年 7 月

目 录
CONTENTS

项目 1　绪　　论

【学习目标】

能力目标：熟悉课程的基本任务及特点，掌握课程的地位及作用，了解建筑施工技术的发展，掌握建筑施工新技术未来的发展趋势，熟悉课程学习要求。

知识点：建筑施工技术，施工新技术，施工验收规范。

【项目介绍】

本项目介绍建筑施工技术与组织课程的基本任务与特点，从建筑施工发展与规范规程两个方面介绍课程内容的变化特征，并从课程在本专业的地位及相关课程的联系、学习重点及教学方法三个方面讨论课程的学习要求。

任务 1.1　本课程的基本任务与特点

1.1.1　课程的基本任务

建筑业在国民经济发展中起着举足轻重的作用。从投资来看，国家用于建筑安装工程的资金，占基本建设投资总额的 60％ 左右。另外，建筑业的发展对其他行业起着重要的促进作用，它每年要消耗大量的钢材、水泥、地方性建筑材料和其他国民经济部门的产品；同时建筑业的产品又为人民生活和其他国民经济部门服务，为国民经济各部门的扩大再生产创造必要的条件。建筑业提供的国民收入也居国民经济各部门的前列。目前，不少国家已将建筑业列为国民经济的支柱产业。在我国，改革开放政策的深入贯彻，建筑业的支柱作用也正日益得到发挥。

为了便于组织施工和验收，常将建筑的施工划分为若干分部和分项工程。一般民用建筑按工程的部位和施工的先后次序将一栋建筑的土建工程划分为地基与基础工程、主体结构工程、建筑屋面工程、建筑装饰装修工程四个分部。按施工工种不同分为土石方工程、砌筑工程、钢筋混凝土工程、结构安装工程、屋面防水工程、装饰工程等分项工程。一般一个分部工程由若干不同的分项工程组成。如地基与基础分部是由土石方工程、砌筑工程、钢筋混凝土工程等分项工程组成。每一个工种工程的施工，都可以采用不同的施工方案、施工技术和机械设备，以及不同的劳动组织和施工组织方法来完成。

"建筑施工技术与组织"就是以建筑工程施工中不同工种施工为研究对象，根据其特点和规模，结合施工地点的地质水文条件、气候条件、机械设备和材料供应等客观条件，运用先进技术，研究其施工规律，保证工程质量，做到技术和经济的统一。通过对建筑工程主要工种施工的施工工艺原理和施工方法，保证工程质量和施工安全措施的研究，选择经济合理的施工方案，并掌握工程质量验收标准及检查方法，保证工程按期完成。

1.1.2 课程的特点

"建筑施工技术与组织"是土建施工类专业的一门主要专业课程，是工程造价专业、建筑施工管理专业的一门专业基础课。它的作用是培养学生独立分析和解决建筑工程施工中有关施工技术问题的基本能力。它的任务是研究建筑工程施工技术的一般规律；建筑工程中各主要工种工程的施工技术及工艺原理以及建筑施工新技术、新工艺的发展，使学生掌握建筑施工的基本知识，基本理论和决策方法，具有初步的解决一般建筑施工的能力。

学习本课程的主要目的是使让学生了解掌握建筑工程中各主要工种工程的施工技术及工艺原理，培养学生独立分析和解决建筑工程施工中有关施工技术问题的基本能力。由于"建筑施工技术与组织"实践性强、综合性大、社会性广，工程施工中许多技术问题的解决，均要涉及有关学科的综合运用。因此，要求拓宽知识专业面，扩大知识面，要有牢固的专业基础理论和知识，并自觉地进行运用。

任务 1.2 建筑施工发展简介

1.2.1 现代建筑施工技术与组织的发展

中华人民共和国成立 70 年来，随着社会主义建设事业的发展，我国的建筑施工技术也得到了不断地发展和提高。在施工技术方面，不仅掌握了大型工业建筑、多层和高层民用建筑与公共建筑施工的成套技术，而且在地基处理和基础工程施工中推广了钻孔灌注桩、旋喷桩、挖孔桩、振冲法、深层搅拌法、强夯法、地下连续墙、土层锚杆、"逆作法"施工等新技术。在现浇钢筋混凝土模板工程中推广应用了爬模、滑模、台模、筒子模、隧道模、组合钢模板、大模板、早拆模板体系。粗钢筋连接应用了电渣压力焊、钢筋气压焊、钢筋冷压连接、钢筋螺纹连接等先进连接技术。混凝土工程采用了泵送混凝土、喷射混凝土、高强混凝土以及混凝土制备和运输的机械化、自动化设备。在预制构件方面，不断完善了挤压成型、热拌热模、立窑和折线形隧道窑养护等技术。在预应力混凝土方面，采用了无黏结工艺和整体预应力结构，推广了高效预应力混凝土技术，使我国预应力混凝土的发展从构件生产阶段进入了预应力结构生产阶段。在钢结构方面，采用了高层钢结构技术、空间钢结构技术、轻钢结构技术、钢-混凝土组合结构技术、高强度螺栓连接与焊接技术和钢结构防护技术。在大型结构吊装方面，随着大跨度结构与高耸结构的发展，创造了一系列具有中国特色的整体吊装技术。如集群千斤顶的同步整体提升技术，能把数百吨甚至数千吨的重物按预定要求平稳地整体提升安装就位。在墙体改革方面，利用各种工业废料制成了粉煤灰矿渣混凝土大板、膨胀珍珠岩混凝土大板、煤渣混凝土大板、粉煤灰陶粒混凝土大板等各种大型墙板，同时发展了混凝土小型空心砌块建筑体系、框架轻墙建筑体系、外墙保温隔热技术等，使墙体改革有了新的突破。近年来，激光技术在建筑施工导向、对中和测量以及液压滑升模板操作平台自动调平装置上得到应用，使工程施工精度得到提高，同时又保证了工程质量。另外，在计算机控制、施工工艺理论、装饰材料等方面，也掌握和开发了许多新的施工技术，有力地推动了我国建筑施工技术与组织的发展。

1.2.2　施工新技术未来的发展趋势

（1）以计算机信息技术为代表的建筑施工信息化技术。该技术包括以智能化虚拟建造技术、"互联网＋"施工管理技术与传统施工工艺信息化技术。职能化虚拟建造技术以目前比较流行的 BIM 技术与 3D 打印技术为代表，已经宣布建造新时代的来临；"互联网＋"施工管理技术是以互联网技术改造传统施工管理模式，已经出现了施工现场远程监控系统、智慧工地管理系统等管理技术，代表了工地管理智能化时代的来临；另外，利用信息化技术对传统的施工工艺进行了改造，如出现的深基坑施工监控、大体积混凝土温控等技术代表了传统施工技术与组织信息化时代的来临。

（2）以精细化管理为代表的绿色施工技术。绿色施工是指工程建设中，在保证质量、安全等基本要求的前提下，通过科学管理和技术进步，最大限度地节约资源与减少对环境负面影响的施工活动。该技术的核心为"四节一环保"，即节能、节地、节水、节材和环境保护，主要内容包括：减少场地干扰，尊重基地环境；施工结合气候；节水节电环保；减少环境污染，提高环境品质；实施科学管理，保证施工质量等。

（3）以工业化为代表的建筑施工装配式生产技术。建筑工业化指通过现代化的制造、运输、安装和科学管理的大工业生产方式，来代替传统建筑业中分散的、低水平的、低效率的手工业生产方式。它的主要标志是建筑设计标准化、构配件生产施工化、施工机械化和组织管理科学化。

1.2.3　我国建筑业存在的问题

我国建筑行业施工技术现在正处于先进施工方式与落后施工方式、新工艺技术与老工艺技术并存的过渡期，与国际先进水平相比还有较大的差距，如企业管理上的差距，工艺技术上的差距，产品与材料、机具与测试仪器、仪表质量上的差距，施工队伍素质上的差距以及组织管理水平的差距。从全国范围来看，东西部之间、城乡之间差别较大。目前，在一些主体结构、钢筋制作安装、模板制作安装、脚手架搭设及砌体、防水、装饰工程施工等许多工种工作中，仍然还有许多沿用传统的施工技术与组织方法，劳动强度大、工效低。随着科学技术的进步和生产力的发展，墙体改革、新型建筑材料、工艺理论及计算机技术的应用必将有力地推动我国建筑施工技术的进一步发展。

任务 1.3　本课程的学习要求

1.3.1　奠定课程学习基础

"建筑施工技术与组织"是一门综合性很强的专业技术课。它与建筑材料、房屋建筑构造、建筑测量、建筑力学、建筑结构、地基与基础、建筑机械、建筑工程计算与计价等课程有密切的关系。它们既相互联系，又相互影响，因此，要学好建筑施工技术与组织课程，还应学好上述相关课程。

1.3.2　扩大课程学习范围

建筑工程施工要加强技术管理，贯彻统一的施工质量验收规范，认真学习相关的"施工工艺指南"，不断提高施工技术水平，保证工程质量，降低工程成本。除了要学好上述相关课程外，还必须认真学习国家颁发的建筑工程施工及验收规范，这些规范是国家的技术标准，是我国建筑科学技术和实践经验的结晶，也是全国建筑界所有人员应共同遵守的准则。学习国际上通用的工程施工及验收规范，吸收国外先进的施工技术与组织经验。由于本学科涉及的知识面广、实践性强，而且技术发展迅速，学习中必须坚持理论联系实际的学习方法。

1.3.3 多法并举，强化实践

除了对课堂讲授的基本理论、基本知识加强理解和掌握外，建议多采用案例教学方法，应利用幻灯片、录像等电化教学手段来进行直观教学，并应重视习题和课程设计、现场教学、生产实习、技能训练等实践性教学环节，让学生应用所学施工技术与组织知识来解决实际工程中的一些问题，做到学以致用。

项 目 小 结

本项目介绍了"建筑施工技术与组织"课程的基本情况，主要包括课程的基本任务与特点、建筑施工技术的发展、本课程学习要求等三个方面内容。本课程以建筑工程施工过程为研究对象，为高职土建施工类专业的核心课程，是人才专业素质及专业技能培养的关键性课程。中华人民共和国成立 70 年的社会主义建设促进了现代化建设施工技术的发展，以精细化管理、可持续发展及信息化网络化为特征的新技术为建筑施工技术的未来发展指明了方向。

复 习 思 考 题

1. 谈谈自己对未来建筑施工技术与组织发展趋势的认识。
2. 建筑施工技术与组织的课程有哪些特点？如何学习本课程？

项目 2　土 方 工 程 施 工 技 术

【学习目标】

能力目标：熟悉土方工程的施工特点，掌握土方开挖及基坑开挖施工工艺及技术要点；熟悉土壁支护方式及基坑降水工艺；了解土方工程的施工特点。能编制土方工程施工方案、技术交底等技术资料，能处理一般的土方工程施工技术问题。

知识点：土方开挖，填筑压实，基坑降水。

【项目介绍】

本项目主要介绍土方工程的施工工艺，包括土方开挖、土方的填筑与压实、基坑（槽）开挖与支护等主要内容。重点内容为土方机械化施工工艺，难点内容为深基坑施工工艺。

任务 2.1　概　　述

2.1.1　土方工程的施工特点

土方工程是一切建筑物施工的先行，也是建筑工程施工中的重要环节之一。它包括场地平整、土方开挖、土方填筑等主要施工过程，也包括施工排水、降水和土壁支撑等辅助施工过程。土方工程的施工有如下特点：

（1）工程量大，劳动强度高。大型场地的平整工程，土方量可达数百立方米，施工面积达数平方千米。大型基坑的开挖，有的甚至深达二十几米。而且施工工期长、任务重、劳动强度高。因此，在组织施工时，为了减轻繁重的体力劳动，提高生产效率，加快施工进度，降低工程成本，应尽可能地采用机械化施工。

（2）施工条件复杂。土方工程施工多为露天作业，受气候条件、水文地质条件影响很大，施工中不确定性因素较多。因此，施工前必须进行充分的调查与研究，做好各项施工准备工作，制订合理的施工方案，确保施工顺利进行，保证工程质量。

（3）受场地影响大。任何建筑物基础都有一定的埋置深度，基坑（槽）的开挖、土方的留置和存放都受到施工场地的影响。特别是城市内施工，场地狭窄，往往由于施工方案不妥，导致周围建筑物与道路等出现安全问题。因此，施工前必须充分熟悉施工场地情况，了解周围建筑结构形式和地质技术资料，科学规划，制订切实可行的施工方案，确保周围建筑物和道路的安全。

2.1.2　土的工程分类

在土方工程施工中，一般根据土体开挖的难易程度将土划分为松软土、普通土、坚土、砂砾坚土、软石、次坚石、坚石、特坚硬石八类，前四类属于一般土，后四类属于岩石，土的分类与鉴别方法见表2.1。

表 2.1   土的分类与鉴别方法

土的分类	土 的 名 称	可松性系数		现场鉴别方法
		K_s	K_s'	
一类土 （松软土）	砂，亚砂土，冲积砂土层，种植土，泥炭（淤泥）	1.08～1.17	1.01～1.03	能用锹、锄头挖掘
二类土 （普通土）	亚黏土，潮湿的黄土，夹有碎石、卵石的砂，种植土，填筑土及亚砂土	1.14～1.28	1.02～1.05	用锹、锄头挖掘，少许用镐翻松
三类土 （坚土）	软及中等密实黏土，重亚黏土，粗砾石，干黄土及含碎石、卵石的黄土、亚黏土，压实的填筑土	1.24～1.30	1.04～1.07	要用镐，少许用锹、锄头挖掘，部分用撬棍
四类土 （砂砾坚土）	重黏土及含碎石、卵石的黏土，粗卵石，密实的黄土，天然级配砂石，软泥灰岩及蛋白石	1.26～1.32	1.06～1.09	整个用镐、撬棍，然后用锹挖掘，部分用楔子及大锤
五类土 （软石）	硬石炭纪黏土，中等密实的页岩、泥灰岩、白垩土，胶结不紧的砾岩，软的石灰岩	1.30～1.45	1.10～1.20	用镐或撬棍、大锤挖掘，部分使用爆破方法
六类土 （次坚石）	泥岩，砂岩，砾岩，坚实的页岩、泥灰岩，密实的石灰岩，风化花岗岩，片麻岩	1.30～1.45	1.10～1.20	用爆破方法开挖，部分用风镐
七类土 （坚石）	大理岩，辉绿岩，玢岩，粗、中粒花岗岩，坚实的白云岩、砂岩、砾岩、片麻岩、石灰岩，风化痕迹的安山岩、玄武岩	1.30～1.45	1.10～1.20	用爆破方法开挖
八类土 （特坚硬石）	安山岩，玄武岩，花岗片麻岩，坚实的细粒花岗岩、闪长岩、石英岩、辉长岩、辉绿岩、玢岩	1.45～1.50	1.20～1.30	用爆破方法开挖

土的开挖难易程度直接影响土方工程的施工方案、劳动消耗量和工程费用。土体越硬，劳动消耗量越大，工程成本越高。正确区分和鉴别土的种类，可以合理地选择施工方法和准确套用定额，计算土方工程费用。

2.1.3 施工准备

（1）测量放线。在场地平整施工前，应利用原场地上已有的各类控制点，或已有建筑物、构筑物的位置、标高，测设平场范围线和标高。对于大型平整场地，利用经纬仪、水准仪，将场地设计平面图的方格网在地面上测设固定下来，各角点用木桩定位，并在桩上注明桩号、施工高度数值，以便施工。

（2）清理拆除。对施工区域内的障碍物要调查清楚，制订方案，并征得主管部门意见和同意，拆除影响施工的建筑物和构筑物；拆除和改造通信和电力设施、自来水管道、煤气管道和地下管道；迁移树木。

（3）水路、电路、道路等通畅。尽可能利用自然地形和永久性排水设施，采用排水沟、截水沟或挡水坝措施，把施工区域内的雨雪自然水、低洼地区的积水及时排除，使场地保持干燥，便于土方工程施工。修好临时道路、电力、通信及供水设施，以及生活和生产用临时房屋。

2.1.4　土方工程机械化施工

土方工程施工过程包括土方开挖、运输、填筑与压实等。由于土方工程量大，劳动繁重，在施工中除不适宜采用机械化施工的土方工程或小型基坑（槽）土方工程以外，应尽量采用机械化施工，以减轻劳动强度，加快施工进度，缩短工期。常用的土方施工机械有推土机、铲运机、挖土机等。

2.1.4.1　推土机施工

推土机由拖拉机和推土铲刀组成。按铲刀的操纵机构不同，推土机分为钢索式和液压式两种。目前常用的主要是液压式，如图 2.1 所示。推土机能够单独完成挖土、运土和卸土工作，具有操作灵活、运转方便、所需工作面小、行驶速度快、易于转移等特点。

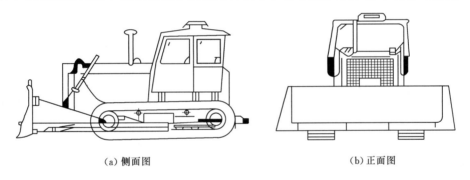

(a) 侧面图　　　　　　　　　　　　　　　(b) 正面图

图 2.1　油压式 T_2-100 型推土机

推土机经济运距在 100m 以内，效率最高的运距在 60m。为提高生产效率，可采用槽形推土、下坡推土及并列推土等方法。

2.1.4.2　铲运机施工

（1）特点及适用范围。铲运机是一种能独立完成铲土、运土、卸土、填筑、场地平整的土方施工机械。按行走方式分为自行式铲运机和牵引式铲运机，如图 2.2 所示，按铲斗操纵系统可分为有液压操纵和机械操纵两种。

（a）自行式铲运机　　　　　　　　　　　（b）牵引式铲运机

图 2.2　常见的铲运机

铲运机对道路要求较低,操纵灵活,具有生产效率较高的特点,它可以在一～三类土中直接挖土和运土。经济运距在 $600\sim1500m$,当运距在 $800m$ 时效率最高。常用于坡度在 $20°$ 以内的大面积场地平整、大型基坑开挖及填筑路基等,不适用于淤泥层、冻土地带及沼泽地区。

(2)铲运机的作业方法。为了提高铲运机的生产效率,可以采用下坡推土、推土机推土助铲等方法,缩短装土时间,使铲斗的土装得较满。铲运机的开行路线主要有环形路线、大环形路线和"8"字形路线,如图2.3、图2.4所示。

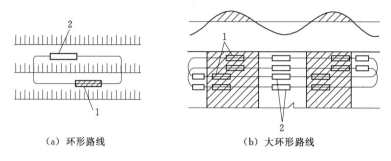

（a）环形路线　　　　　　　　　（b）大环形路线

图 2.3　环形路线
1—铲土；2—卸土

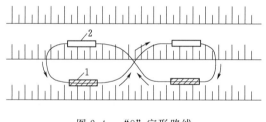

图 2.4　"8"字形路线
1—铲土；2—卸土

2.1.4.3　单斗挖土机

单斗挖土机是土方开挖常用的一种机械。按工作装置不同,可分为正铲、反铲、拉铲和抓铲4种,如图2.5所示。按其行走装置不同,分为履带式和轮胎式两类。按操纵机构的不同,可分为机械式和液压式两类。液压式单斗挖土机调速范围大,作业时惯性小,转动平稳,结构简单,一机多用,操纵省力,易实现自动化。

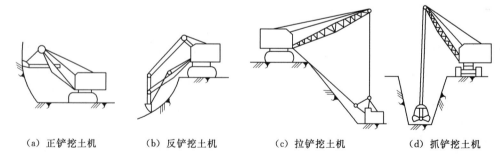

（a）正铲挖土机　　　（b）反铲挖土机　　　（c）拉铲挖土机　　　（d）抓铲挖土机

图 2.5　单斗挖土机

(1)正铲挖土机。正铲挖土机的工作特点是:"前进向上,强制切土",挖掘力大,生产效率高;适用于开挖停机面以上一～三类土,且与自卸汽车配合完成整个挖掘运输作业,可用于挖掘大型干燥的基坑和土丘等。

正铲挖土机的开挖方式，根据开挖路线与运输车辆相对位置的不同，有两种开挖方式：一种是正向挖土、后方卸土［图2.6（a）］，即挖土机沿前进方向挖土，运输车辆停在挖土机后方装土；另一种是正向挖土、侧向卸土［图2.6（b）］，即挖土机沿前进方向挖土，运输车辆停在挖土机侧面装土。正铲挖土机铲臂卸土回转角度较大，生产率低，一般用于开挖作业面较小且较深的基坑。

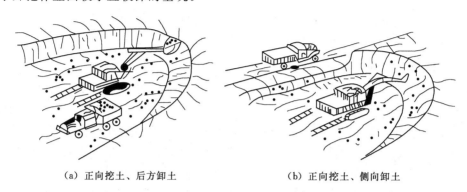

（a）正向挖土、后方卸土 （b）正向挖土、侧向卸土

图2.6 正铲挖土机开挖方式

（2）反铲挖土机。反铲挖土机的工作特点是："后退向下，强制切土"，挖掘力比正铲挖土机小，适用于开挖停机面以下含水量较大的一～三类土，适用于开挖深度在4m左右的基坑（槽）和管沟（最大开挖深度可达6m），也可用于地下水位较高的土方开挖；在深基坑开挖中，依靠止水挡水结构或井点降水。

反铲挖土机的开挖方式有沟端开挖和沟侧开挖两种，如图2.7所示。沟端开挖，就是挖土机停在基坑（槽）的端部，向后倒退挖土，汽车停在基槽两侧装土；沟侧开挖，就是挖土机沿基槽的一侧直线移动，边走边挖土。

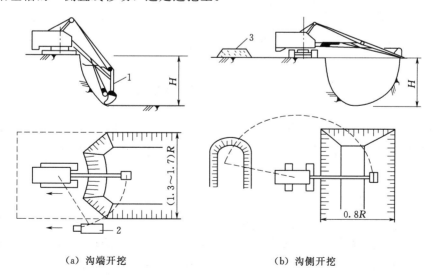

（a）沟端开挖 （b）沟侧开挖

图2.7 反铲挖土机开挖形式

1—挖掘机；2—运土车；3—堆土

H—开挖深度；R—挖掘机的开挖半径

（3）拉铲挖土机。拉铲挖土机工作时利用惯性，把铲斗甩出后靠收紧和放松钢丝绳进行挖土或卸土，铲斗"后退向下，自重切土"。可以开挖停机面以下的一类、二类土，适用于开挖深度较大的基坑（槽）、沟渠，挖取水中泥土及填筑路基、修筑路坝等。拉铲开挖方式与反铲挖土机相似，有沟端开挖和沟侧开挖两种。

（4）抓铲挖土机。抓铲挖土机的工作特点"直上直下，自重切土"，其挖土能力较小，操作性较差，适用于开挖土质比较松软，施工面比较狭窄的基坑、沟槽和沉井等工程，特别适于水下挖土，土质坚硬时不能用抓铲施工。

2.1.5　土方施工机械开挖

（1）场地平整。场地平整有土方的开挖、运输、填筑和压实等工序。地势较平坦、含水量适中的大面积平整场地，选用铲运机较适宜；地形起伏较大，挖方、填方量大且集中的平整场地，运距在1000m以上时，可选用正铲挖土机配合自卸车进行挖土、运土，在填方区配备推土机平整及压路机碾压施工；挖填方高度不大，运距在100m以内时，采用推土机施工，灵活、经济。

（2）基坑开挖。单个基坑和中小型基础基坑，多采用抓铲挖土机和反铲挖土机开挖。抓铲挖土机适用于一类、二类土质和较深的基坑，反铲挖土机适于四类以下土质，深度在4m以内的基坑。

（3）基槽、管沟开挖。在地面上开挖具有一定截面、长度的基槽或沟槽，挖大型厂房的柱列基础和管沟，宜采用反铲挖土机挖土。如果水中取土或开挖土质为淤泥，且坑底较深，则可选择抓铲挖土机挖土。如果土质干燥，槽底开挖不深，基槽长30m以上，可采用推土机或铲运机施工。

（4）整片开挖。基坑较浅，开挖面积大，且基坑土干燥，可采用正铲挖土机开挖。若基坑内土体潮湿，含水量较大，则采用拉铲或反铲挖土机作业。

（5）柱基础基坑、条形基础基槽开挖。对于独立柱基础的基坑及小截面条形基础基槽，可采用小型液压轮胎式反铲挖土机配以翻斗车来完成浅基坑（槽）的挖掘和运土。

任务2.2　土方的填筑与压实

建筑工程土方回填，主要有地基的填土，基坑（槽）、管沟和室内地坪的回填土，室外场地的回填压实等。为了保证填土工程的质量，必须正确选择填土压实方法，做好施工准备工作。

2.2.1　土料填筑的要求

（1）土料要求。碎石类土、砂土和爆破石渣，可用作表层以下的填料。当填方土料为黏土时，填筑前应检查其含水量是否在控制范围内。含水量大的黏土不宜作为填土用。含有大量有机质的土，吸水后容易变形，承载能力降低；含水溶性硫酸盐大于5%的土，在地下水的作用下，硫酸盐会逐渐溶解消失，形成孔洞，影响土的密实性。这两种土以及淤泥、冻土、膨胀土等均不应作为填土。

（2）分层填筑。填土应分层进行，并尽量采用同类土填筑。如采用不同土填筑时，应将透水性较大的土层置于透水性较小的土层之下，不能将各种土混杂在一起使用，以免填方内形成水囊。碎石类土或爆破石渣作填料时，其最大粒径不得超过每层铺土厚度的 2/3，使用振动碾时，不得超过每层铺土厚度的 3/4，铺填时，大块料不应集中，且不得填在分段接头或填方与山坡连接处。

2.2.2 填土压实的方法

填土压实方法一般有碾压法、夯实法和振动压实法。对于大面积填土工程，多采用碾压法和利用运土工具压实。对于小面积的填土工程，则宜采用夯实机具进行压实。

（1）碾压法。碾压法是利用机械滚轮的压力压实土壤，使之达到所需的密实度，此法多用于大面积填土工程。碾压机械有光面碾（压路机）、羊足碾和气胎碾。光面碾又称为平碾，对砂土、黏性土均可压实；羊足碾需要较大的牵引力，且只宜压实黏性土；气胎碾在工作时是弹性体，其压力均匀，填土压实质量较好。还可利用运土机械进行碾压，也是较经济合理的压实方案，施工时使运土机械行驶路线能大体均匀地分布在填土面积上，并达到一定重复行驶遍数，使其满足填土压实质量的要求。

碾压机械压实填方时，行驶速度不宜过快，一般平碾控制在 2km/h，羊足碾控制在 3km/h，否则会影响压实效果。

（2）夯实法。夯实法是利用夯锤自由下落的冲击力来夯实土壤，主要用于小面积回填。夯实法分人工夯实和机械夯实两种。常用的夯实机械有夯锤、内燃夯土机和蛙式打夯机。适用于夯实砂性土、湿陷性黄土、杂填土以及含有石块的填土。夯实法可夯实较厚的土层。重型夯土机（1t 以上的重锤），其夯实厚度可达 1～1.5m，但木夯、石夯、蛙式打夯机等夯实工具，其夯实厚度则较小，一般为 200mm 以内。

（3）振动压实法。振动压实法是将振动压实机械放在土层表面，借助振动机械使压实机械振动，土颗粒在振动力的作用下发生相对位移而达到紧密状态。这种方法用于振实非黏性土效果较好。

振动平碾、振动凸块碾是将碾压法和振动法结合起来的新型压实机械。振动平碾适用于填料为爆破碎石渣、碎石类土、杂填土或轻亚黏土的大型填方；振动凸碾则适用于亚黏土或黏土的大型填方。当压实爆破石渣或碎石类土时，可选用重 8～15t 的振动平碾，铺土厚度为 0.6～1.5m，先静压，后振动碾压，碾压遍数由现场试验确定，一般为 6～8 遍。

2.2.3 填土压实的影响因素

填土压实的主要影响因素为压实功、铺土厚度与压实遍数以及含水量。

（1）压实功的影响。填土压实后的密度与压实机械在其上所施加功的关系如图 2.8 所示。当土的含水量一定，在开始压实时，土的密度急剧增加，待到接近土的最大密实程度时，虽然压实功增加很多，但土的密度则变化甚小，实际施工时，对于砂土需要碾压或夯击 2 遍或 3 遍，对粉土需 3 遍或 4 遍，对粉质黏土或黏土需 5 遍或 6 遍，此外，松土不宜直接用重型碾压机械直接滚压，否则土层有强烈起伏现象，效率不高。如果先用轻碾压实，再用重碾压实就会取得较好的效果。

（2）铺土厚度与压实遍数的影响。在压实功作用下，土中的应力随深度增加而逐渐减小，如图 2.9 所示，其压实作用也随土层深度的增加而逐渐减小。铺土过厚，要压实很多遍才能达到规定的密实程度；铺土过薄，也要增加机械的总压实遍数。最优的铺土厚度应能使土方压实而机械的功耗费最少。

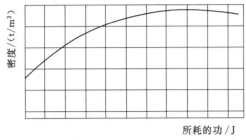

图2.8 土的密度与压实功的关系

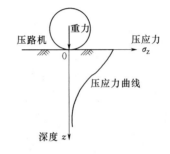

图2.9 压实作用沿深度的变化

各种压实机械的压实影响深度与土的性质和含水量等因素有关。对于重要填方工程，其达到规定密实度所需的压实遍数、铺土厚度等应根据土质和压实机械在施工现场的压实试验决定。若无试验依据应符合表2.2的规定。

表2.2 每层铺土厚度与压实遍数

压实机具	分层厚度/mm	每层压实遍数
平碾	250～300	6～8
振动压实机	250～350	3～4
柴油打夯机	200～250	3～4
人工打夯	<200	3～4

（3）含水量的影响。填土含水量的大小直接影响碾压（或夯实）遍数和质量。较为干燥的土，由于摩阻力较大，而不易压实；当土具有适当含水量时，土的颗粒之间因水的润滑作用使摩阻力减小，压实效果好。土在最佳含水量条件下，用同样压实功作用，可使回填土得到最大的密实度。填土料含水量的控制范围为最佳含水量±2%。各种土的最佳含水量和最优干密度见表2.3。

表2.3 各种土的最佳含水量和最优干密度

项次	土的种类	变动范围	
		最佳含水量/%（质量比）	最优干密度/(g/cm³)
1	砂土	8～12	1.80～1.88
2	黏土	19～23	1.58～1.70
3	粉质黏土	12～15	1.85～1.95
4	粉土	16～22	1.61～1.80

2.2.4 土方回填的施工工艺

土方回填的施工工艺流程为：基坑（槽）底地坪清理→检验土质→分层铺土、耙平→夯打密实→检验密实度→修整找平→验收。

（1）清理干净。填土前，应将基坑（槽）底或地坪上的垃圾等杂物清理干净；基槽回填时，必须清理到基础底面标高，将回落的松散垃圾、砂浆、石子等杂物清除干净。

（2）填土材料要求。检验回填土的质量有无杂物，粒径是否符合规定，以及回填土的含水量是否在控制的范围之内；如含水量偏高，可采用翻松、晾晒或均匀掺入干土等措施；如遇回填土的含水量偏低，可采用预先洒水湿润等措施。施工现场简单检验黏土含水量的方法一般是以手握成团、落地开花为适宜。

（3）分层填筑。回填土应分层铺摊。每层铺土厚度应根据土质、密实度要求和机具性能确定。一般蛙式打夯机每层铺土厚度为 200～250mm；人工打夯不大于 200mm。每层摊铺后，随之耙平。回填土每层至少打夯 3 遍。打夯应一夯压半夯，夯夯相连，纵横交叉，并且严禁采用水浇使土下沉的所谓"水夯"法。

（4）检验密实度。回填土每层填土夯实后，应按规范规定进行环刀取样，测出干土的质量密度，达到要求后，再进行上一层的铺土。

（5）修整找平。填土全部完成后，应进行表面拉线找平，凡超出标准高程的地方，及时依线铲平；凡低于标准高程的地方，应补土夯实。

2.2.5　土方回填的质量检验及安全技术要求

（1）土方回填质量检验。填土压实后必须要达到密实度要求，填土密实度以设计规定的控制干密度 ρ_d（或规定的压实系数 λ_c）作为检查标准。土的最大干密度 ρ_{dmax} 由试验室击实试验或计算求得，再根据规范规定的压实系数 λ_c，即可计算出控制干密度 ρ_d 的值。填土压实后的实际干密度，应有 90% 以上符合设计要求，其余 10% 的最低值与设计值的差不得大于 0.08g/cm³，且应分散，不得集中。土的实际干密度可用"环刀法"测定。填方施工结束后，应检查标高、边坡坡度、压实程度等，检验标准应符合表 2.4 的规定。

表 2.4　　　　　　　　　　　　填　土　压　实　检　验　标　准

项目	检查项目	允许偏差或允许值/mm					检查方法
		桩基、基坑基槽	场地平整		管沟	地面基础层	
			人工	机械			
主控项目	标高	−50	±30	±50	−50	−50	水准仪
	分层压实系数	设计要求					按规定方法
一般项目	回填土料	设计要求					取样检查或直观鉴别
	分层厚度及含水量	设计要求					水准仪及抽样检查
	表面平整度	20	20	30	20	20	用靠尺或水准仪

（2）施工安全技术。基坑开挖时，两人操作间距应大于 2.5m，多台机械开挖，挖土机间距应大于 10m。挖土应由上而下，逐层进行，严禁采用挖空底脚（挖神仙土）的施工方法；基坑开挖应严格按要求放坡。操作时应随时注意土壁变动情况，如发现有裂纹或部分坍塌现象，应及时进行支撑或放坡，并注意支撑的稳固和土壁的变化；基坑（槽）挖土深度超过 3m 以上，使用吊装设备吊土时，起吊后，坑内操作人员应立即离开吊点的垂直下方，起吊设备距坑边一般不得少于 1.5m，坑内人员应戴安全帽；用手推车运土，应先铺好道路。卸土回填，不得放手让车自动翻转。用翻斗汽车运土，运输道路的坡度、转

弯半径应符合有关安全规定；深基坑上下应先挖好阶梯或设置靠梯，或开斜坡道，采取防滑措施，禁止踩踏支撑上下。坑四周应设安全栏杆或悬挂危险标志；基坑（槽）设置的支撑应经常检查是否有松动变形等不安全迹象，特别是雨后更应加强检查；基坑（槽）沟边1m以内不得堆土、堆料和停放机具，1m以外堆土，其高度不宜超过1.5m。坑（槽）、沟或附近建筑物的距离不得小于1.5m，危险时必须加固。

任务 2.3 基坑（槽）开挖与支护

2.3.1 基坑（槽）开挖

基坑挖土是基坑工程的重要部分，对于土方数量大的基坑，基坑工程工期的长短在很大程度上取决于挖土的速度。另外，支护结构的强度和变形控制是否满足要求，降水是否达到预期的目的，都在挖土阶段进行检验，因此，基坑工程成败与否也在一定程度上有赖于基坑挖土。

在基坑土方开挖之前，要详细了解施工区域的地形和周围环境；土层种类及其特性；地下设施情况；支护结构的施工质量；土方运输的出口；政府及有关部门关于土方外运的要求和规定（有的大城市规定只有夜间才允许土方外运）。要优化选择挖土机械和运输设备；要确定堆土场地或弃土处；要确定挖土方案和施工组织；要对支护结构、地下水位及周围环境进行必要的监测和保护。

基坑工程的挖土方案主要有放坡挖土、中心岛式挖土和盆式挖土。前者无支护结构，后两种皆有支护结构。

（1）放坡挖土。放坡开挖是最经济的挖土方案。当基坑开挖深度不大（软土地区挖深不超过4m；地下水位低的土质较好地区挖深也可较大）、周围环境又允许时，经验算能确保土坡的稳定性时，均可采用放坡开挖。开挖深度较大的基坑，当采用放坡挖土时，宜设置多级平台分层开挖，每级平台的宽度不宜小于1.5m。

放坡开挖要验算边坡稳定，可采用圆弧滑动简单条分法进行验算。对于正常固结土，可用总应力法确定土体的抗剪强度，采用固结快剪峰值指标。至于安全系数，可根据土层性质和基坑大小等条件确定，对一级基坑安全系数取1.38~1.43，二级、三级基坑取1.25~1.30。

采用简单条分法验算边坡稳定时，对土层性质变化较大的土坡，应分别采用各土层的重度和抗剪强度。当含有可能出现流砂的土层时，宜采用井点降水等措施。

对土质较差且施工工期较长的基坑，对边坡宜采用钢丝网水泥喷浆或用高分子聚合材料覆盖等措施进行护坡。坑顶不宜堆土或存在堆载，遇有不可避免的附加荷载时，在进行边坡稳定性验算时，应计入附加荷载的影响。

在地下水位较高的软土地区，应在降水达到要求后再进行土方开挖。宜采用分层开挖的方式进行开挖。分层挖土厚度不宜超过2.5m。挖土时要注意保护工程桩。防止碰撞或因挖土过快、高差过大使工程桩受侧压力而倾斜。如有地下水，放坡开挖应采取有效措施降低坑内水位和排除地表水，严防地表水或坑内排出的水倒流回渗入基坑。

基坑采用机械挖土，坑底应保留200~300mm厚的基土，用人工清理整平，防止坑底土扰动。待挖至设计标高后，应清除浮土，经验槽合格后，及时进行垫层施工。

（2）中心岛式挖土。中心岛式挖土宜用于大型基坑，支护结构的支撑形式为角撑、环梁式或边桁（框）架式，中间具有较大空间的情况下。此时可利用中间的土墩作为支点搭设栈桥。挖土机可利用栈桥下到基坑挖土，运土的汽车也可利用栈桥进入基坑运土。

中心岛式挖土，中间土墩的留土高度、边坡的坡度、挖土层次与高差都要经过仔细研究确定。由于在雨季遇有大雨，土墩边坡易滑坡。必要时对边坡尚需加固；挖土应分层开挖，多数是先全面挖去第一层，然后中间部分留置土墩。周围部分分层开挖。开挖多用反铲挖土机，如基坑深度大则用向上逐级传递的方式进行装车外运；整个的土方开挖顺序，必须与支护结构的设计工况严格一致。要遵循开槽支撑、先撑后挖、分层开挖、严禁超挖的原则；对面积较大的基坑，为减少空间效应的影响，基坑土方宜分层、分块、对称、限时进行开挖，土方开挖顺序要为尽可能早的安装支撑创造条件。

土方挖至设计标高后，对有钻孔灌筑桩的工程，宜边破桩头边浇筑垫层，尽可能早一些浇筑垫层，以便利用垫层对围护墙起支撑作用，以减少围护墙的变形。挖土机挖土时严禁碰撞工程桩、支撑、立柱和降水的井点管。分层挖土时，层高不宜过大，以免土方侧压力过大使工程桩变形倾斜。

同一基坑内当深浅不同时，土方开挖宜先从浅基坑处开始，如条件允许可待浅基坑处底板浇筑后，再挖基坑较深处的土方。如两个深浅不同的基坑同时挖土时，土方开挖宜先从较深的基坑开始，待较深基坑底板浇筑后，再开始开挖较浅基坑的土方。如基坑底部有局部加深的电梯井、水池等，如深度较大宜先对其边坡进行加固处理后再进行开挖。

（3）盆式挖土。盆式挖土是先开挖基坑中间部分的土，周围四边留土坡，土坡最后挖除。这种挖土方式的优点是周边的土坡对围护墙有支撑作用，有利于减少围护墙的变形；其缺点是大量的土方不能直接外运，需集中提升后装车外运。

盆式挖土周边留置的土坡，其宽度、高度和坡度大小均应通过稳定验算确定。如留的过小，对围护墙的支撑作用不明显，失去盆式挖土的意义。如坡度太陡则边坡不稳定，在挖土过程中可能失稳滑动，不但失去对围护墙的支撑作用，影响施工，而且有损于工程桩的质量。盆式挖土需设法提高土方上运的速度，可以对加速基坑开挖起很大的作用。

2.3.2　土壁支护

在开挖基坑或沟槽时，如果地质水文条件良好，场地周围条件允许，可以采用放坡开挖，这种方式比较经济。但是随着高层建筑的发展，以及建筑物密集地区施工基坑的增多，常因场地的限制而不能采取放坡，或放坡导致土方量增大，或地下水深入基坑导致土坡失稳。此时，便可以采取土壁支护，以保证施工安全和顺利进行，并减少对邻近已有建筑物的不利影响。基坑支护应综合考虑工程地质与水文地质条件、基础类型、基坑开挖深度、降排水条件、周边环境对坑侧壁位移的要求、基坑周边荷载、季节施工、支护结构使用期限等因素。

（1）沟槽的支撑。开挖较窄的沟槽多用横撑式支撑。横撑式支撑由挡土板、楞木和工具式横撑组成，根据挡土板的不同，分为水平挡土板和垂直挡土板两类，见表 2.5。采用横撑式支撑时，应随挖随撑，支撑牢固。施工中应经常检查，如有松动、变形等现象时，应及时加固或更换。支撑的拆除应按回填顺序依次进行，多层支撑应自下而上逐层拆除，随拆随填。

表 2.5　　　　　　　　　　　　沟 槽 的 支 撑 方 法

支撑方式	简　图	支撑方法及适用条件
断续式 水平支撑	竖横楞 工具式横撑 水平挡土板	挡土板水平放置，中间留出间隔，并在两侧同时对称立竖枋木，然后用工具式或木横撑上、下顶紧。 适用于能保持直立壁的干土或天然湿度的黏土、深度在 3m 以内的沟槽
连续式 水平支撑	立楞木 横撑 木楔 水平挡土板	挡土板水平连续放置，不留间隙，在两侧同时对称立竖枋木，上、下各顶一根撑木，端头加木楔顶紧。 适用于较松散的干土或天然湿度的黏土、深度为 3～5m 的沟槽
垂直支撑	横楞木 垂直挡土板	挡土板垂直放置，可连续或留适当间隙，然后每侧上、下各水平顶一根枋木，再用横撑顶紧。 适用于土质较松散或湿度很高的土，深度不限

（2）一般浅基坑的支撑方法。一般浅基坑的支撑方法可根据基坑的宽度、深度及大小采用不同的形式，见表 2.6。

表 2.6　　　　　　　　　　　　一般浅基坑的支撑方法

支撑方式	简　图	支撑方法及适用条件
临时挡 土墙支撑	$\geqslant \dfrac{H}{\tan\varphi}$　柱桩 拉杆 回填土 挡板 H	沿坡脚用砖、石叠砌或用装水泥的聚丙烯扁丝编织袋、草袋装土、砂堆砌，使坡脚保持稳定。 适用于开挖宽度大的基坑，当部分地段下部放坡不够时使用

续表

支撑方式	简　图	支撑方法及适用条件
斜柱支撑	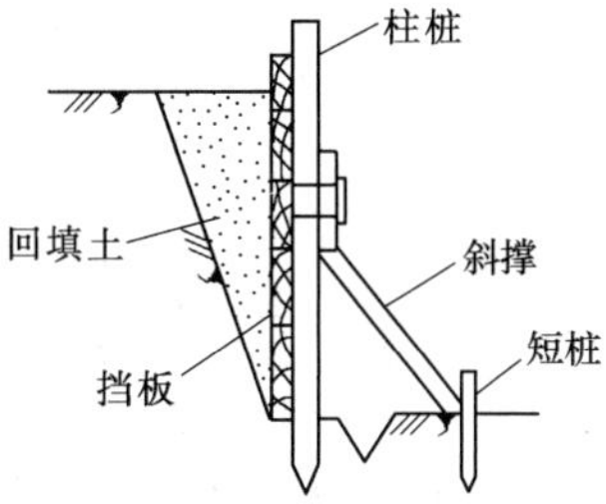 	水平挡土板钉在柱桩内侧，柱桩外侧用斜撑支顶，斜撑底端支在木桩上，在挡土板内侧回填土。 适用于开挖较大型、深度不大的基坑或使用机械挖土时
锚拉支撑		水平挡土板放在柱桩的内侧，柱桩一端打入土中，另一端用拉杆与锚桩拉紧，在挡土板内侧回填土。 适用于开挖较大型、深度不大的基坑或使用机械挖土，不能设横撑时使用

2.3.3　深基坑支护

深基坑一般指开挖深度超过 5m（含 5m）或地下室 3 层以上（含 3 层），或深度虽未超过 5m，但地质条件和周围环境及地下管线特别复杂的工程。深基坑支护是为了保证地下结构施工及基坑周边环境的安全，对深基坑侧壁及周边的环境采用的支挡、加固与保护的措施。随着高层建筑及地下空间的出现，深基坑规模不断扩大。

2.3.3.1　钢板桩支护结构

钢板桩为一种支护结构，既可挡土又可挡水。当开挖的基坑较深，地下水位较高且有出现流砂的危险时，如未采用降低地下水位的方法，则可用板桩打入土中，使地下水在土中渗流的路线延长，降低水力坡度，从而防止流砂现象。靠近原有建筑物开挖基坑时，为了防止和减少原建筑物下沉，也可打钢板桩支护。板桩有钢板桩、木板桩与钢筋混凝土板桩数种。钢板桩除用钢量多之外，其他性能比别的板桩都优越，钢板桩在临时工程中可多次重复使用。

（1）钢板桩的分类。钢板桩的种类很多，常见的有 U 形板桩与 Z 形板桩、H 形板桩，如图 2.10 所示。其中以 U 形应用最多，可用于 5～10m 深的基坑。

（a）U 形板桩相互连接　　　　（b）Z 形板桩相互连接　　　　（c）H 形板桩相互连接

图 2.10　常见钢板桩种类

（2）钢板桩施工。目前在基坑支护中，多采用钢板桩，下面以钢板桩为例介绍板桩施工的主要程序。

钢板桩施工机具有冲击式打桩机，包括自由落锤、柴油锤、蒸汽锤等；振动打桩机，可用于打桩及拔桩；此外还有静力压桩机等。钢板桩的设置位置应在基础最突出的边缘外，留有支模、拆模的余地，便于基础施工。在场地紧凑的情况下，也可利用钢板作底板或承台侧模，但必须配以纤维板（或油毛毡）等隔离材料，以利钢板桩拔出。

钢板桩的打入方法主要有单根桩打入法、屏风式打入法、围檩打桩法。

1）单根桩打入法：将板桩一根根地打入至设计标高。这种施工法速度快，桩架高度相对可低一些，但容易倾斜，当板桩打设要求精度较高、板桩长度较长（大于 10m）时，不宜采用。

2）屏风式打入法：将 10～20 根板桩成排插入导架内，使之成屏风状，然后桩机来回施打，并使两端先打到要求深度，再将中间部分的板桩顺次打入。这种屏风施工法可防止板桩的倾斜与转动，要求闭合的围护结构常用此法，缺点是施工速度比单桩施工法慢，且桩架较高。

3）围檩打桩法：分单层、双层围檩，是在地面上一定高度处离轴线一定距离，先筑起单层或双层围檩架，而后将钢板桩依次在围檩中全部插好，待四角封闭合拢后再逐渐按阶梯状将钢板桩逐块打至设计标高。这种方法能保证钢板桩墙的平面尺寸、垂直度和平整度，适用于精度要求高、数量不大的场合，缺点是施工复杂，施工速度慢，封闭合拢时需异形桩。

2.3.3.2 排桩支护

开挖较大、较深（＞6m）基坑，因邻近有建筑物不能放坡时，可采用排桩支护。排桩支护可采用钻孔灌注桩、人工挖孔桩、预制钢筋混凝土板桩或钢板桩等。

（1）排桩支护的布置形式。①柱列式排桩支护。当边坡土质较好、地下水位较低时，可利用土拱作用，以稀疏钻孔灌注桩或挖孔桩支挡土坡，如图 2.11（a）所示；连续排桩支护如图 2.11（b）所示。在软土中一般不能形成土拱，支挡桩应该连续密排；密排的钻孔桩可以互相搭接，或在桩身混凝土强度尚未形成时，在相邻桩之间做一根素混凝土树根桩把钻孔桩排连起来，如图 2.11（c）所示；也可以采用钢板桩、钢筋混凝土板桩，如图 2.11（d）、（e）所示。②组合式排桩支护。在地下水位较高的软土地区，可采用钻孔灌注桩排桩与水泥土桩防渗墙组合的形式，如图 2.11（f）所示。

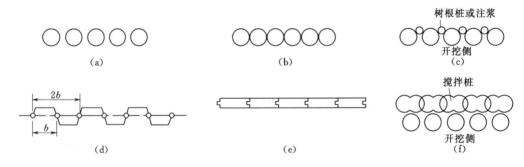

图 2.11 排桩支护布置形式

（2）排桩支护的基本构造及施工工艺。钢筋混凝土挡土桩间距一般为 1.0～2.0m，桩直径为 0.5～1.1m，埋深为基坑深的 0.5～1.0 倍。桩配筋由计算确定，一般主筋为 $\phi 14～32$，当为构造配筋时，每根桩不少于 8 根，箍筋采用 $\Phi 8@100～200$；对于开挖深度不大于 6m 的基坑，在场地条件允许的情况下，采用重力式深层搅拌桩挡墙较为理想。当场地受限制时，也可先用 $\phi600$ 密排悬臂钻孔桩，桩与桩之间可用树根桩密封，也可在灌注桩后注浆或打水泥搅拌桩作防水帷幕；对于开挖深度为 6～10m 的基坑，常采用 $\phi800～1000$ 的钻孔桩，后面加深层搅拌桩或注浆防水，并设 2～3 道支撑，支撑道数视土质情况、周围环境及围护结构变形要求而定；对于开挖深度大于 10m 的基坑，以往常采用地下连续墙，设多层支撑，虽然安全可靠，但价格昂贵。近年来上海常采用 $\phi800～1000$ 大直径钻孔桩代替地下连续墙，同样采用深层搅拌桩防水，多道支撑或中心岛施工法，这种支护结构已成功应用于开挖深度达到 13m 的基坑；排桩顶部应设钢筋混凝土冠梁连接，冠梁宽度（水平方向）不宜小于桩径，冠梁高度（竖直方向）不宜小于 400mm，排桩与桩顶冠梁的混凝土强度宜大于 C20；当冠梁作为连系梁时可按构造配筋；基坑开挖后，排桩的桩间土防护可采用钢丝网混凝土护面、砖砌等处理方法，当桩间渗水时，应在护面设泄水孔。当基坑面在实际地下水位以上且土质较好，暴露时间较短时，可不对桩间土进行防护处理。

2.3.3.3　水泥土桩墙支护结构

水泥土桩墙支护是加固软土地基的一种新方法，它是利用水泥、石灰等材料作为固化剂，通过深层搅拌机械，将软土和固化剂（浆液或粉体）强制搅拌，利用固化剂和软土之间所产生的一系列物理-化学反应，使软土硬结成具有整体性、水稳定性和一定强度的围护结构。此支护结构适用于：①基坑侧壁安全等级宜为二、三级；②水泥土墙施工范围内地基承载力不宜大于 150kPa；③基坑深度不宜大于 6m；④基坑周围具备水泥土墙的施工宽度。

（1）构造要求。深层搅拌桩支护结构是将搅拌桩相互搭接而成，平面布置可采用壁状，如图 2.12 所示。若壁状的挡墙宽度不够时，可加大宽度，做成格栅状支护结构，如图 2.13 所示，即在支护结构宽度内，不需整个土体都进行搅拌加固，可按一定间距将土体加固成相互平行的纵向壁，再沿纵向按一定间距加固肋体，用肋体将纵向壁连接起来。这种挡土结构目前常采用双头搅拌机进行施工，一个头搅拌的桩体直径为 700mm，两个搅拌轴的距离为 500mm，搅拌桩之间的搭接距离为 200mm。

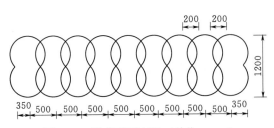

图 2.12　壁状平面布置（单位：mm）

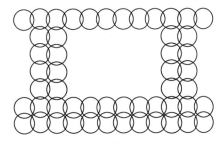

图 2.13　格栅状平面布置

墙体宽度 B 和插入深度 D 应根据基坑深度、土质情况及其物理、力学性能、周围环境、地面荷载等计算确定。在软土地区，当基坑开挖深度 $h \leqslant 5m$ 时，可按经验取 $B = (0.6～0.8)h$，尺寸以 500mm 进位，$D = (0.8～1.2)h$。基坑深度一般控制在 7m 以内，过深则不经济。

（2）施工方法。水泥土桩墙工程主要施工机械采用深层搅拌机。目前，我国生产的深层搅拌机主要分为单轴搅拌机和双轴搅拌机。水泥土桩墙工程施工工艺流程如图 2.14 所示。

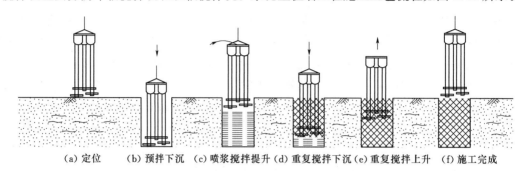

（a）定位　（b）预拌下沉　（c）喷浆搅拌提升 （d）重复搅拌下沉 （e）重复搅拌上升　（f）施工完成

图 2.14　水泥土桩墙工程施工工艺流程

深层搅拌桩施工方法可采用湿法（喷浆）及干法（喷粉），施工时应优先选用喷浆型双轴型深层搅拌机。

1）桩架定位及保证垂直度。深层搅拌机桩架到达指定桩位、对中。当场地标高不符合设计要求或起伏不平时，应先进行开挖、整平。施工时桩位偏差应小于 5cm，桩的垂直度误差不超过 1%。

2）预拌下沉。待深层搅拌机的冷却水循环正常后，启动搅拌机的电动机，放松起重机的钢线绳，使搅拌机沿导向架搅拌切土下沉，下沉速度可由电动机的电流表控制。工作电流不应大于 70A。如果下沉速度太慢，可从输浆系统补给清水以利钻进。

3）制备水泥浆。按设计要求的配合比拌制水泥浆，压浆前将水泥浆倒入集料斗中。

4）提升、喷浆并搅拌。深层搅拌机下沉到设计深度后，开启灰浆泵将水泥浆压入地基土中，并且边喷浆、边旋转，同时严格按照设计确定的提升速度提升搅拌头。

5）重复搅拌或重复喷浆。搅拌头提升至设计加固深度的顶面标高时，集料斗中的水泥浆应正好排空。为使软土和水泥浆搅拌均匀，可再次将搅拌头边旋转边沉入土中，至设计加固深度后再将搅拌头提升出地面。有时可采用复搅、复喷（即二次喷浆）方法。在第一次喷浆至顶面标高，喷完总量的 60% 浆量，将搅拌头边搅边沉入土中，至设计深度后，再将搅拌头边提升边搅拌，并喷完余下的 40% 浆量。喷浆搅拌时搅拌头的提升速度不应超过 0.5m/min。

6）移位。桩架移至下一桩位施工。下一桩位施工应在前桩水泥土尚未固化时进行。相邻桩的搭接宽度不宜小于 200mm。相邻桩喷浆工艺的施工时间间隔不宜大于 10h。施工开始和结束的头尾搭接处，应采取加强措施，防止出现沟缝。

2.3.3.4　土钉墙支护结构

土钉墙支护是在基坑开挖过程中将较密排列的土钉（细长杆件）置于原位土体中，并在坡面上喷射钢筋网混凝土面层。通过土钉、土体和喷射混凝土面层的共同工作，形成复合土体。土钉墙支护充分利用土层介质的自承力，形成自稳结构，承担较小的变形压力，土钉承受主要拉力，喷射混凝土面层调节表面应力分布，体现整体作用。同时由于土钉排列较密，通过高压注浆扩散后使土体性能提高。土钉墙支护如图 2.15 所示。

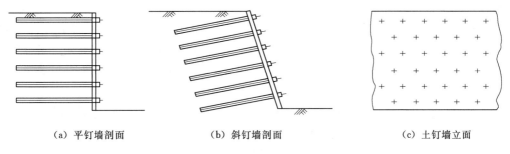

| （a）平钉墙剖面 | （b）斜钉墙剖面 | （c）土钉墙立面 |

图 2.15 土钉墙支护简图

土钉墙支护适用于基坑侧壁安全等级为二级、三级非软土场地，地下水位较低的黏土、砂土、粉土地基，土钉墙基坑深度不宜大于 12m，当地下水位高于基坑底面时，应采取降水或截水措施。

（1）土钉墙的基本构造。

1）土钉长度。一般对非饱和土，土钉长度 L 与开挖深度 H 之比为 $L/H=0.6\sim1.2$，密实砂土及干硬性黏土取小值。为减少变形，顶部土钉长度宜适当增加。非饱和土底部土钉长度可适当减少，但不宜小于 $0.5H$。对于饱和软土，由于土体抗剪能力很低，土钉内力因水压作用而增加，设计时取 L/H 值大于 1 为宜。

2）土钉间距。土钉间距的大小影响土体的整体作用效果，目前尚不能给出有足够理论依据的定量指标。土钉的水平间距和垂直间距一般宜为 $1.2\sim2.0$m。垂直间距依土层及计算确定，且与开挖深度相对应。上下插筋交错排列，遇局部软弱土层间距可小于 1.0m。

3）土钉直径。最常用的土钉材料是变形钢筋、圆钢、钢管及角钢等。当采用钢筋时，一般 $\phi18\sim32$，HRB335 以上螺纹钢筋；当采用角钢时，一般为∟$50\times50\times5$ 角钢；当采用钢管时，一般为 $\phi50$ 钢管。

4）土钉倾角。土钉垂直方向向下倾角一般为 $5°\sim20°$，土钉倾角取决于注浆钻孔工艺与土体分层特点等多种因素。研究表明，倾角越小，支护的变形越小，但注浆质量较难控制；倾角越大，支护的变形越大，但倾角大，有利于土钉插入下层较好的土层内。

5）注浆材料。注浆材料多用水泥砂浆或水泥素浆。水泥采用不低于 32.5 级的普通硅酸盐水泥，其强度等级不宜低于 M10；水灰比为 $1:0.40\sim1:0.50$，水泥砂浆配合比宜为 $1:1\sim1:2$（质量比）。

6）支护面层。土钉支护中的喷射混凝土面层不属于主要挡土部件，在土体自重作用下主要是稳定开挖面上的局部土体，防止其崩落和受到侵蚀。临时性土钉支护的面层通常用 $50\sim150$mm 厚的钢筋网喷射混凝土，混凝土标号不低于 C20。钢筋网常用 $\phi6\sim8$，HPB300 钢筋焊成 $15\sim30$cm 的方格网片。永久性土钉墙支护面层厚度为 $150\sim250$mm，设两层钢筋网，分两次喷成。

（2）土钉墙支护的施工。土钉墙支护施工应按设计要求自上而下、分层分段进行。土钉墙施工工艺流程及技术要点如下：首先进行开挖、修坡：土方开挖用挖掘机作业，挖掘机开挖应离预定边坡线 0.4m 以上，以保证土方开挖少扰动边坡壁的原状土，一次开挖深度由设计确定，一般为 1.0～2.0m，土质较差时应小于 0.75m。正面宽度不宜过长，开挖后，用人工及时修整。边坡坡度不宜大于 1∶0.1。其次在开挖面上设置一排土钉。①成孔。按设计规定的孔径、孔距及倾角成孔，孔径宜为 70～120mm。成孔方法有洛阳铲成孔和机械成孔。成孔后及时将土钉（连同注浆管）送入孔中，沿土钉长度每隔 2.0m，设置一对中支架。②设置土钉。土钉的置入方式可分为钻孔置入、打入或射入。最常用的是钻孔注浆型土钉。钻孔注浆土钉是先在土中成孔，置入变形钢筋或钢管，然后沿全长注浆填孔。打入土钉是用机械（如振动冲击钻、液压锤等）将角钢、钢筋或钢管打入土体。打入土钉不注浆，与土体接触面积小，钉长受限制，所以布置较密，其优点是不需预先钻孔，施工较为快速。射入土钉是用高压气体作动力，将土钉射入土体。射入钉的土钉直径和钉长受一定限制，但施工速度更快。注浆打入钉是将周围带孔、端部密闭的钢管打入土体后，从管内注浆，并透过壁孔将浆体渗到周围土体。③注浆。注浆时先高速低压从孔底注浆，当水泥浆从孔口溢出后，再低速高压从孔口注浆。水泥浆、水泥砂浆应拌和均匀，随拌随用，一次拌和的浆液应在初凝前用完。注浆前应将孔内的杂土清除干净；注浆开始或中途停止超过 30min 时，应用水或稀水泥浆润滑注浆泵及其管路；注浆时，注浆管应插至距孔底 250～500mm 处，孔口宜设置止浆塞及排气管。④绑钢筋网，焊接土钉头。层与层之间的竖筋用对钩连接，竖筋与横筋之间用扎丝固定，土钉与加强钢筋或垫板施焊。⑤喷射混凝土面层。⑥继续向下开挖有限深度，并重复上述步骤。

这里需要注意第一层土钉施工完毕后，等注浆材料达到设计强度的 70% 以上，方可进行下层土方开挖，按此循环直至坑底标高。按此循环，直到坑底标高，最后设置坡顶及坡底排水装置。

当土质较好时，也可采取如下顺序：确定基坑开挖边线→按线开挖工作面→修整边坡→埋设喷射混凝土厚度控制标志→放土钉孔位线并做标志→成孔→安设土钉、注浆→绑扎钢筋网，土钉与加强钢筋或承压板连接，设置钢筋网垫块→喷射混凝土→下一层施工。

任务 2.4 基坑排水与降水

2.4.1 基坑明沟排水法

（1）普通明沟排水法。普通明沟排水法是采用截、疏、抽的方法进行排水，即在开挖基坑时，沿坑底周围或中央开挖排水沟，再在沟底设置集水井，使基坑内的水经排水沟流入集水井内，然后用水泵抽出坑外，如图 2.16 所示。

根据地下水量、基坑平面形状及水泵的抽水能力，每隔 30～40m 设置一个集水井。集水井的截面一般为 0.6m×0.6m～0.8m×0.8m，其深度随着挖土的加深而加深，并保持低于挖土面 0.8～1.0m，井壁可用竹笼、砖圈、木枋或钢筋笼等做简易加固；当基坑挖至设计标高后，井底应低于坑底 1～2m，并铺设 0.3m 碎石滤水层，以免由于抽水时间较长而将泥砂抽出，并防止井底的土被搅动。一般基坑排水沟深 0.3～0.6m，底宽应不小于 0.3m，排水沟的边坡为 1.1～1.5m，沟底设有 0.2%～0.5% 的纵坡，其深度随着挖土的加深而加深，并保持水流的畅通。基坑四周的排水沟及集水井必须设置在基础范围以外，以及地下水流的上游。

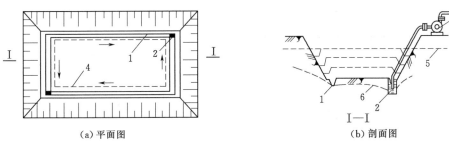

|　　（a）平面图　　|　　（b）剖面图　　|

图 2.16　明沟和集水井排水方法

1—排水明沟；2—集水井；3—离心式水泵；4—设备基础与建筑物基础边线；

5—原地下水位线；6—降低后地下水位线

（2）分层明沟排水法。如果基坑较深，开挖土层由多种土壤组成，中部夹有透水性强的砂类土壤时，为避免上层地下水冲刷下部边坡，造成塌方，可在基坑边坡上设置 2～3 层明沟及相应的集水井，分层阻截土层中的地下水。这样一层一层地加深排水沟和集水井，逐步达到设计要求的基坑断面和坑底标高，其排水沟与集水井的设置及基本构造，基本与普通明沟排水法相同。

（3）施工机具及选用。集水明排是用水泵从集水井中排水，常用的水泵有潜水泵、离心式水泵和泥浆泵，排水所需水泵的功率按下式计算：

$$N = \frac{K_1 Q H}{75 \eta_1 \eta_2} \tag{2.1}$$

式中：K_1 为安全系数，一般取 2；Q 为基坑涌水量，m^3/d；H 为包括扬水、吸水及各种阻力造成的水头损失在内的总高度，m；η_1 为水泵效率，0.4～0.5；η_2 为动力机械效率，0.75～0.85。

一般所选用水泵的排水量为基坑涌水量的 1.5～2.0 倍。

2.4.2　井点降水法

2.4.2.1　轻型井点降水

（1）工作原理与设备组成。轻型井点降低地下水位是沿基坑周围以一定的间距埋入井点管（下端为滤管），在地面上用水平铺设的集水总管将各井点管连接起来，在一定位置设置离心泵和水力喷射器，离心泵驱动工作水，当水流通过喷嘴时形成局部真空，地下水在真空吸力的作用下经滤管进入井管，然后经集水总管排出，从而降低了水位。轻型井点系统由井点管、连接管、集水总管及抽水设备等组成，如图 2.17 所示。

（2）轻型井点布置。轻型井点系统的布置，应根据基坑平面形状及尺寸、基坑的深度、土质、地下水位及流向、降水深度等因素确定。设计时主要考虑平面和高程两个方面。

1）平面布置。当基坑或沟槽宽度小于 6m，降水深度不超过 5m 时，可采用单排井点，将井点管布置在地下水流的上游一侧，两端延伸长度不小于坑槽宽度，如图 2.18 所示。反之，则应采用双排井点，位于地下水流上游一排井点管的间距应小些，下游一排井点管的间距可大些。当基坑面积较大时，则应采用环形井点，如图 2.19 所示。井点管距离基坑壁不应小于 1～1.5m，间距一般为 0.8～1.6m。

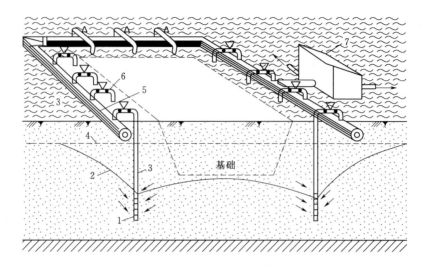

图 2.17 轻型井点系统

1—滤管；2—降低各地下水位线；3—井点管；4—原有地下水位线；

5—总管；6—弯联管；7—水泵房

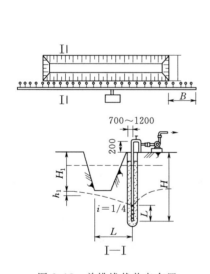

图 2.18 单排线状井点布置

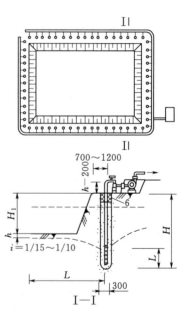

图 2.19 环形井点布置图

2）高程布置。轻型井点的降水深度从理论上讲可达 10m 左右，但由于抽水设备的水头损失，实际降水深度一般不大于 6m。井点管的埋设深度 H（不包括滤管）可按下式计算：

$$H \geqslant H_1 + h + iL \tag{2.2}$$

式中：H_1 为井点管埋设面到基坑底面的距离，m；h 为基坑底面至降低后的地下水位线的距离，一般取 0.5～1.0m（人工开挖取下限，机械开挖取上限）；i 为降水曲线坡度，可取实测值或按经验，单排井点取 1/4，环形井点取 1/15～1/10；L 为井点管中心至基坑中心的水平距离，m。

如 H 值小于降水深度 6m 时，可用一级井点；H 值稍大于 6m 时，若降低井点管的埋设面后，可满足降水深度要求时，仍可采用一级井点；当一级井点达不到降水深度要求时，可采用二级井点或多级井点，即先挖去第一级井点所疏干的土，然后在其底部埋设第二级井点。此外，在确定井点管埋置深度时，还需要考虑井点管露出地面 0.2～0.3m，滤管必须埋在透水层内等。

（3）轻型井点施工。轻型井点的施工工艺：定位放线→铺设总管→冲孔→安装井点管→添砂砾滤料、黏土封口→用弯联管接通井点管与总管→安装抽水设备并与总管接通→安装集水箱和排水管→真空泵排气→离心水泵抽水→测量观测井中地下水位变化。

1）准备工作。根据工程情况与地质条件，确定降水方案，进行轻型井点的设计计算。根据设计准备所需的井点设备、动力装置、井点管、滤管、集水总管及必要的材料。施工现场准备工作包括排水沟的开挖、泵站处的处理等。对于在抽水影响半径范围内的建筑物及地下管线应设置监测标点，并准备好防止沉降的措施。

2）井点管的埋设。井点管的埋设一般用水冲法进行，并分为冲孔与埋管填料两个过程。冲孔时先用起重设备将直径为 50～70mm 的冲管吊起，并插在井点埋设位置上，然后开动高压水泵（一般压力为 0.6～1.2MPa），将土冲松，如图 2.20 所示。冲孔时冲管应垂直插入土中，并作上下左右摆动，以加速土体松动，边冲边沉。冲孔直径一般为 250～300mm，以保证井管周围有一定厚度的砂滤层。冲孔深度宜比滤管底深 0.5～1.0m，以防冲管拔出时，部分土颗粒沉淀于孔底而触及滤管底部。

在埋设井点时，冲孔是重要的一环，冲水压力不宜过大或过小。当冲孔达到设计深度时，须尽快减低水压。井孔冲成后，应立即拔出冲管，插入井点管，并在井点管与孔壁之间迅速填灌砂滤层，以防孔壁塌土（图 2.20）。砂滤层一般选用干净粗砂，填灌均匀，并填至滤管顶上部 1.0～1.5m，以保证水流通畅。井点填好砂滤料后，须用黏土封好井点管与孔壁间的上部空间，以防漏气。

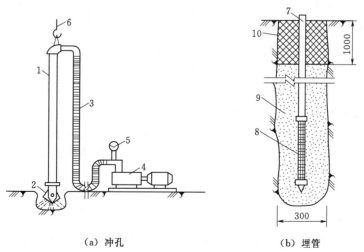

（a）冲孔　　　　　　　　（b）埋管

图 2.20　水冲法井点管

1—冲管；2—冲嘴；3—胶管；4—高压水泵；5—压力表；6—起重机吊钩；
7—井点管；8—滤管；9—填砂；10—黏土封口

3）连接与试抽。将井点管、集水总管与水泵连接起来，形成完整的井点系统。安装完毕，需进行试抽，以检查是否有漏气现象。开始正式抽水后，一般不宜停抽，不宜时抽时止，否则滤网易堵塞，也易抽出土颗粒，使水混浊，并引起附近建筑物由于土颗粒流失而沉降开裂。正常的降水是细水长流、出水澄清。

（4）井点运转管理与监测。

1）井点运转管理。井点运行后要连续工作，应准备双电源以保证连续抽水。真空度是判断井点系统是否良好的尺度，一般应不低于 $55.3\sim66.7\mathrm{kPa}$。如真空度不够，通常是由于管路漏气，应及时修复。如果通过检查发现淤塞的井点管太多，严重影响降水效果时，应逐个用高压水反冲洗或拔出重新埋设。

2）井点监测。井点监测包括流量观测、地下水位观测、沉降观测三个方面。

2.4.2.2 管井井点降水

管井井点由滤水井管、吸水管和抽水机械等组成。管井井点设备较简单，排水量大，降水较深，较轻型井点具有更大的降水效果，可代替多组轻型井点作用，水泵设在地面，易维护。管井埋设的深度和距离根据需降水面积、深度及渗透系数确定，一般间距为 $10\sim50\mathrm{m}$，最大埋深可达 10m。适用于渗透系数较大，地下水丰富的土层、砂层，含水层厚度大于 5.0m。但管井属于重力排水范畴，吸程高度受到一定限制，要求渗透系数较大（$1\sim200\mathrm{m/d}$）。

（1）管井的布置。管井沿基坑外围四周呈环形布置或沿基坑（或沟槽）两侧或单侧呈直线形布置，井中心距基坑（槽）边缘的距离根据所用钻机的钻孔方法而定，当用冲击钻时为 $0.5\sim1.5\mathrm{m}$，当用钻孔法成孔时不小于 3m。管井埋设深度和距离，根据需降水面积和深度以及含水层的渗透系数等确定，最大埋深可达 10m，间距为 $10\sim15\mathrm{m}$。

（2）井管的埋设。埋设井管时可采用泥浆护壁冲击钻成孔或泥浆护壁钻孔方法成孔。钻孔底部应比滤水井管深 200mm 以上。井管下沉前应对滤井进行清洗，冲除沉渣，可通过灌入稀泥浆用吸水泵抽出置换或用空压机洗井法将泥渣清出井外，并保持滤网的畅通，然后下管。滤水井管应置于孔中心，下端用圆木堵塞管口，井管与孔壁之间用粒径为 $3\sim15\mathrm{mm}$ 的砾石填充作过滤层，地面下 0.5m 内用黏土填充夯实。水泵的设置标高需根据要求的降水深度和所选用的水泵最大真空吸水高度而定，当吸程不够时，可将水泵设在基坑内。

（3）管井的使用。在使用管井之前，应进行试抽水，检查出水是否正常，有无淤塞现象。抽水过程中应经常对抽水设备的电动机、传动机械、电流、电压等进行检查，并对井内水位下降和流量进行观测和记录。井管使用完毕后，可用倒链或卷扬机将其缓慢拔起，将滤水井管中的泥沙洗去后储存备用，所留空洞用砂砾填实，上部 50cm 深用黏性土填充夯实。

2.4.2.3 深井井点降水

深井井点降水的工作原理是利用深井进行重力集水，在井内用长轴深井泵或井内用潜水泵进行排水以达到降水或降低承压水压力的目的。它适用于渗透系数较大（$K\geqslant200\mathrm{m/d}$）、涌水量大、降水较深（可达 50m）的砂土、砂质粉土，及用其他井点降水不易解决的深层降水，可采用深井井点系统。深井井点的降水深度不受吸程限制，由水泵扬程决定，在要求水位降低 5m 以上，或要求降低承压水压力时，排水效果好。井距大，对施工平面布置干扰小。

（1）布置形式。对于采用坑外降水的方法，深井井点的布置根据基坑的平面形状及所需降水深度，沿基坑四周呈环形或直线形布置，井点一般沿工程基坑周围离开边坡上缘 0.5～1.5m，井距一般为 30m 左右。当采用坑内降水时，根据单井涌水量、降水深度及影响半径等确定井距，在坑内呈棋盘形点状布置。一般井距为 10～30m。井点宜深入到透水层 6～9m，通常还应比所应降水深度深 6～8m。

（2）深井井点施工程序及要点。

1）井位放样、定位。

2）做井口，安放护筒。井管直径应大于深井泵最大外径 50mm 以上，钻孔孔径应大于井管直径 300mm 以上。安放护筒以防孔口塌方，并为钻孔起到导向作用。做好泥浆沟与泥浆坑。

3）钻机就位、钻孔。深井的成孔方法可采用冲击钻、回转钻、潜水电钻等，用泥浆护壁或清水护壁法成孔。清孔后回填井底砂垫层。

4）吊放深井管与填滤料。井管应安放垂直，过滤部分应放在含水层范围内。井管与土壁间填充粒径大于滤网孔径的砂滤料。填滤料要一次连续完成，从底填到井口下 1m 左右，上部采用黏土封口。

5）洗井。若水较浑浊，含有泥砂、杂物，会增加泵的磨损、减少寿命或使泵堵塞，可用空压机或旧的深井泵来洗井，使抽出的井水清洁后，再安装新泵。

6）安装抽水设备及控制电路。安装前应先检查井管内径、垂直度是否符合要求。安放深井泵时，用麻绳吊入滤水层部位，并安放平稳，然后接电动机电缆及控制电路。

7）试抽水。深井泵在运转前，应用清水预润（清水通入泵座润滑水孔，以保证轴与轴承的预润）。检查电气装置及各种机械装置，测量深井的静水位和动水位。达到要求后即可试抽，一切满足要求后再转入正常抽水。

8）降水完毕拆除水泵、拔井管、封井。降水完毕，即可拆除水泵，用起重设备拔除井管。拔出井管所留的孔洞用砂砾填实。

2.4.2.4　电渗井点降水

在渗透系数小于 0.1m/d 的黏土或淤泥中降低地下水位时，比较有效的方法是电渗井点排水。电渗井点排水的原理以井点管作负极，以打入的钢筋或钢管作正极，当通以直流电后，土颗粒自负极向正极移动，水则自正极向负极移动而被集中排出。土颗粒的移动称为电泳现象，水的移动称为电渗现象，故名电渗井点。电渗井点的施工要点如下。

电渗井点埋设程序，一般是先埋设轻型井点或喷射井点管，预留出布置电渗井点阳极的位置，待轻型井点或喷射井点降水不能满足降水要求时，再埋设电渗阳极，以改善降水效果。阳极埋设可用 75mm 旋叶式电钻钻孔埋设，钻进时加水和高压空气循环排泥，阳极就位后，利用下一钻孔排出泥浆倒灌填孔，使阳极与土接触良好，减少电阻，以利电渗。如深度不大，亦可用锤击法打入。阳极埋设必须垂直，严禁与相邻阴极相碰，以免造成短路，损坏设备。

通电时，工作电压不宜大于 60V，电压梯度可采用 50V/m，土中通电的电流密度宜

为 $0.5\sim1.0A/m^2$。为避免大部分电流从土表面通过，降低电渗效果，通电前应清除井点管与阳极间地面上的导电物质，使地面保持干燥，如涂一层沥青绝缘效果更好。通电时，为消除由于电解作用产生的气体积聚于电极附近，使土体电阻增大而增加电能消耗，宜采用间隔通电法，每通电22h停电2h再通电，依次类推。在降水过程中，应对电压、电流密度、耗电量及观测孔水位等进行量测记录。

2.4.2.5　喷射井点降水

当基坑开挖所需降水深度超过8m时，一层轻型井点就难以收到预期的降水效果，这时如果场地许可，可以采用二层甚至多层轻型井点以增加降水深度，达到设计要求。但是这样会增加基坑土方施工工程量、增加降水设备用量并延长工期，也扩大了井点降水的影响范围而对环境保护不利。因此，当降水深度超过8m时，宜采用喷射井点。

（1）喷射井点设备。根据工作流体的不同，喷射井点可分为喷水井点和喷气井点两种，两者的工作原理是相同的。喷射井点系统主要由喷射井点管、高压水泵（或空气压缩机）和管路系统组成。喷射井点用作深层降水，应用在渗透系数在 $0.1\sim20m/s$ 的粉土、极细砂和粉砂中较为适用。在较粗的砂粒中，由于出水量较大，循环水流就显得不经济，这时宜采用深井泵。一般一级喷射井点可降低地下水位 $8\sim20m$，甚至20m以上。

（2）喷射井点施工工艺及要点。

1）喷射井点施工工艺：泵房设置→安装进水、排水总管→水冲或钻孔成井→安装喷射井点管、填滤管→接通进水、排水总管，并与高压水泵或空气压缩机接通→将各井点管的外管管口与排水管接通，并通过循环水箱→启动高压水泵或空气压缩机抽水→离心水泵排除循环水箱中多余的水→测量观测井中地下水位的变化。

2）喷射井点施工要点。喷射井点井点管埋设方法与轻型井点相同，其成孔直径为 $400\sim600mm$。为保证埋设质量，宜用套管法冲孔加水及压缩空气排泥，当套管内含泥量经测定小于5%时，下井管及灌砂，然后再拔套管。对于10m以上喷射井点管，宜用吊车下管。下井管时，水泵应先开始运转，以便每下好一根井点管，立即与总管接通，然后及时进行单根试抽排泥，让井管内出来的泥浆从水沟排出。全部井点管埋设完毕后，再接通回水总管全面试抽，然后使工作水循环，进行正式工作。各套进水总管均应用阀门隔开，各套回水管应分开。为防止喷射器损坏，安装前应对喷射井管逐根冲洗，开泵压力要小些（不大于 $0.3MPa$），以后再将其逐步开足。如果发现井点管周围有翻砂、冒水现象，应立即关闭井管并检修。工作水应保持清洁，试抽2d后，更换清水，此后视水质污浊程度定期更换清水，以减轻对喷嘴及水泵叶轮的磨损。

喷射井点的运转和保养。喷射井点比较复杂，在井点安装完成后，必须及时试抽，及时发现和消除漏气和"死井"。在其运转期间，需进行监测以了解装置性能，及时观测地下水位变化；测定井点抽水量，通过地下水量的变化，分析降水效果及降水过程中出现的问题；测定井点管真空度，检查井点工作是否正常。此外，还可通过听、摸、看等方法来检查：听，有上水声是好井点，无声的井点则可能已被堵塞；摸，手摸管壁应感到振动。另外，冬天热而夏天凉的为好井点，反之则为坏井点；看，夏天湿、冬天干的井点为好井点。

2.4.3　降水方法的选择

井点降水法可根据土的种类、透水层位置、厚度、土的渗透系数；水的补给源、井点布置形式、要求降水深度、邻近建筑、管线情况、工程特点、场地及设备条件以及施工技术水平等情况，做出技术经济和节能比较后确定，选用一种或两种，或结合井点与明沟排水综合使用，可参照表 2.7 选用。

表 2.7　各类井点的适用范围

井点类型	土层渗透系数 /(m/d)	降低水位深度/m	适用土层种类
单层轻型井点	0.1～80	3～6	粉砂、砂质粉土、黏质粉土、含薄层粉砂层的粉质黏土
多层轻型井点	0.1～80	6～12（由井点级数决定）	粉砂、砂质粉土、黏质粉土、含薄层粉砂层的粉质黏土
喷射井点	0.1～50	8～20	粉砂、砂质粉土、黏质粉土、粉质黏土、含薄层粉砂层的淤泥质粉质黏土
电渗井点	≤0.1	根据阴极井点确定（宜配合其他形式降水使用）	淤泥质粉质黏土、淤泥质黏土
管井井点	20～200	3～5	各种砂土、砂质粉土
深井井点	10～80	≥10 或降低深部地层承压水头	各种砂土、砂质粉土

一般来讲，当土质情况良好，土的降水深度不大，可采用单层轻型井点；当降水深度超过 6m，且土层垂直渗透系数较小时，宜用二级轻型井点或多层轻型井点，或在坑中另布置井点，以分别降低上层土及下层土的水位。当土的渗透系数小于 0.1m/d 时，可在一侧增加电极，改用电渗井点降水；如土质较差，降水深度较大，采用多层轻型井点设备增多，土方量增大，经济上不合算时，可采用喷射井点降水较为适宜；如果降水深度不大，土的渗透系数大，涌水量大，降水时间长，可选用管井井点；如果降水很深，涌水量大，土层复杂多变，降水时间很长，此时宜选用深井井点降水，最为有效且经济。当各种井点降水方法影响邻近建筑物产生不均匀沉降和使用安全，应采用回灌井点或在基坑有建筑物一侧采用旋喷桩加固土壤和防渗，对侧壁和坑底进行加固处理。

2.4.4　降水对环境的影响及防治措施

井点降水时，井点管周围含水层的水不断流向滤管。在无承压水等环境条件下，经过一段时间之后，在井点周围形成漏斗状的弯曲水面，即所谓"降水漏斗"曲线。经过几天或几周后，降水漏斗渐趋稳定。降水漏斗范围内的地下水位下降后，就必然会造成地基固结沉降。由于降水漏斗不是平面，因而产生的沉降也是不均匀的。在实际工程中，由于井点管滤网和砂滤层结构不良，把土层中的细颗粒同地下水一同抽出，就会使地基不均匀沉降加剧，造成附近建筑物及地下管线不同程度的损坏。在基坑降水开挖中，为了防止邻近建筑物受影响，可采用以下措施：

（1）减缓出水速度与保持出水清澈。井点降水时应减缓降水速度，均匀出水，勿使土粒带出。降水时要随时注意抽出的地下水是否有混浊现象。抽出的水中带走细颗粒，不但会增加周围地面的沉降，而且还会使井管堵塞、井点失效。为此，应选用合适的滤网与回填的砂滤料。

（2）连续作业。井点应连续运转，尽量避免间歇和反复抽水，以减小在降水期间引起的地面沉降量。

（3）帷幕挡水。降水场地外侧设置挡水帷幕，减小降水影响范围。降水场地外侧设置一圈挡水帷幕，切断降水漏斗曲线的外侧延伸部分，减小降水影响范围。一般挡水帷幕底面应在降落后的水位线 2m 以下。常用的挡水帷幕有地下连续墙、深层水泥土搅拌桩等。

（4）回灌系统。设置回灌水系统，保护邻近建筑物与地下管线。回灌水系统包括回灌井、回灌沟。

基坑（槽）形成以后，地下水渗透流量相应增大，基坑边坡和底部的动水压力加大，容易引起管涌或流土，造成塌坡和基坑底隆起的严重后果。因此在整个基础工程施工期间，应进行周密的排水系统的布置、渗透流量的计算和排水设备的选择，并注意观察基坑边坡和基坑底面的变化，保证基坑工作顺利进行。基坑排水主要包括基坑外地面排水和坑内排水。

地面水的排除一般采用排水沟、截水沟、挡水土坝等措施。应尽量利用自然地形来设置排水沟，使水直接排至场外，或流向低洼处再用水泵抽走。主排水沟最好设置在施工区域的边缘或道路的两旁，其横断面和纵向坡度应根据最大流量确定。一般排水沟的横断面不小于 0.5m×0.5m，纵向坡度一般不小于 3‰。平坦地区，如排水困难，其纵向坡度不应小于 2‰，沼泽地区可减至 1‰。场地平整过程中，要注意排水沟保持畅通。

山区的场地平整施工，应在较高一面的山坡上开挖截水沟。在低洼地区施工时，除开挖排水沟外，必要时应修筑挡水土坝，以阻挡雨水的流入。

项 目 小 结

本项目主要介绍了土方工程施工工艺，包括土方机械化施工、土方的填筑与压实、基坑（槽）开挖与支护、基坑排水与降水等四个学习任务。主要内容概括如下：土方工程施工工艺主要包括利用推土机、铲运机、挖掘机等土方机械进行挖土施工技术和利用压实机械进行填筑压实施工等内容，其中掌握土方工程机械化开挖施工工艺是重点学习内容之一；基坑工程施工工艺主要包括放坡挖土、中心岛挖土、盆式挖土等基坑开挖工艺和基坑支护、基坑降排水等辅助施工工艺。其中基坑开挖工艺是重点学习内容之一。

复 习 思 考 题

1. 土方开挖的难易程度分几类？各类的特征是什么？
2. 人工降低地下水位的方法有哪些？适用范围如何？
3. 轻型井点系统的布置方案有哪些？
4. 填土压实有哪几种方法？各有什么特点？影响填土压实的因素有哪些？
5. 什么是土的最佳含水量？对填土压实有何影响？

项目3　地基与基础工程施工技术

【学习目标】

能力目标：掌握验槽的目的与内容；掌握地基处理的基本方法与施工工艺；了解桩基的作用、分类，掌握钢筋混凝土预制桩打桩顺序与其质量控制要求；掌握泥浆护壁成孔灌注桩成桩工艺及特点，了解灌注桩的分类以及各类灌注桩成桩机理；了解桩基工程检测与验收。

知识点：浅基础施工，地基处理方法，深基础类型，桩基础施工。

【项目介绍】

本项目主要阐述地基处理与基础工程的各种施工方法、作业条件、施工工艺流程、施工操作要点的质量标注和检验检查等。主要包括地基与基础的类型、处理方法，桩基础工程的分类和施工工艺，工程质量验收及其安全技术等。

任务3.1　浅 基 础 施 工

通常把埋置深度在5m以内，只需经过挖槽、排水等施工程序就可以建造起来的基础统称为浅基础，如各种单独和连续的基础、独立柱基础、筏板基础等。若浅层土质条件差，必须把基础埋置于深处的好土层时，要借助于特殊的施工方法来建造的基础称为深基础，如桩基础、沉井和地下连续墙等。地基若不加处理就可以满足要求的，称为天然地基，否则，就称为人工地基，如换土垫层、深层密实、排水固结等方法处理的地基。

3.1.1　浅基础的类型

根据受力条件和构造不同，浅基础可分为刚性基础和柔性基础两大类。

（1）刚性基础。主要包括砖基础、毛石基础、灰土基础和三合土基础、混凝土基础和毛石混凝土基础等。

（2）柔性基础。主要包括钢筋混凝土独立柱基础（阶梯形、锥形、杯形）、钢筋混凝土条形基础、筏形基础（基础底板连成一片，平板式、上梁式和下梁式）、箱形基础等。

3.1.2　浅基础施工要求

浅基础施工包括准备工作、基础开挖（降水、排水、土壁支撑）、验槽，基础施工、验收与回填土等基本工作过程。

3.1.2.1　基础开挖

基础开挖一般采用明挖进行。开挖工作应尽量在枯水或少雨季节进行，且不宜间断。

基坑开挖可用机械或人工进行，接近基础设计标高应留30cm厚度的土层作为保护层，待基础浇砌完工前，再用人工开挖至设计标高。

3.1.2.2　验槽

验槽是基础开挖后的重要程序，也是一般岩土工程勘察工作的最后一个环节。当施工单位挖完基槽并普遍钎探后，由建设单位约请勘察、设计单位技术负责人和施工单位技术负责人共同到施工工地对槽底土层进行检查，简称"验槽"。

（1）验槽的目的。

1）检验勘察成果是否符合实际。因为勘察孔的数量有限，仅布设在建筑物外围轮廓线4角与长边的中点。基槽全面开挖后，地基持力层土层完全暴露出来。首先检验勘察成果与实际情况是否一致，勘察成果报告的结论与建议是否正确和切实可行。

2）解决遗留和新发现的问题。有时勘察成果报告存在当时无法解决的遗留问题。例如，在勘察某学校新征土地上的一幢学生宿舍楼时，因拆迁未完成，场地上的一住户不让钻孔。此类遗留问题只能在验槽时解决。在验槽时发现新问题通常有局部人工填土和墓葬、松土坑、废井、老建筑物基础等。解决此类问题通常进行地基局部挖填处理，或采用增大基础埋深、扩大基础面积、布置联合基础、假设挤密桩或设置局部桩基等发放。对于没有勘察资料的三级建筑物，只有凭验槽了解地基浅层情况。

（2）验槽的内容。校核基槽开挖的平面位置与槽底标高是否符合勘察设计要求。检验槽底持力层土质与勘察报告是否相同。

当发现基槽平面土质显著不均匀，或局部存在古井、墓穴、河道等不良地基，可用钎探查明其平面范围与深度。条形基础宽度小于80cm时，可沿中心线打一排孔；大于80cm时，可打两排错开孔，钎探孔距为1.5～2.5m。钢杆每打入30cm，记录一次锤击数，通常为5次，深度1.5m。

（3）验槽注意事项。验槽前应全部完成合格钎探，提供验槽的定量数据。验槽时间要抓紧，基槽挖好，突击钎探，立即组织验槽。尤其夏季要避免下雨泡槽，冬季要防冻。不可拖延时间形成隐患。遇到问题时也必须当场研究具体措施并作出决定。验槽时应验看新鲜土面。冬季冻结的表土看似很坚硬，夏季日晒后的干土也很坚实，但都不是真实状态，应除去表层再检验。应填写验槽记录，并由参加验槽的各方技术负责人签字，作为施工处理的依据。验槽记录应存档长期保存。若工程发生事故，验槽记录是分析事故原因的重要依据。

任务3.2　地　基　处　理

3.2.1　地基处理方法分类

当建筑物下土层为软弱土时，为保证建筑物地基的强度、稳定性和变形要求，以及结构的安全和正常使用，就必须采用适当的地基处理方法。其目的是改善地基土的工程性质，达到满足建筑物对地基稳定和变形的要求，包括改善地基土的变形特征和渗透性，提高其抗剪承载强度和抗液化能力，消除其他的不利影响。

近年来，建筑工程的发展推动了地基处理技术的迅速发展。地基处理的方法越来越多，根据地基处理方法的原理，基本分为表 3.1 中的几类。

表 3.1   地基处理方法分类表

序号	分类	作 用 原 理	处理方法	适用范围
1	碾压及夯实	利用压实原理，通过机械碾压夯击，使表层地基土密实；强夯法则是利用强大的夯击能在土中产生强大的冲击波和应力波，使土动力固结密实	重锤夯实，机械碾压，振动压实，强夯法	碎石土、砂土、粉土、饱和度低的黏性土、杂填土等
2	换土垫层	以较高强度的材料，置换地基表层软土，提高地基的承载力，扩散应力，减少压缩量	砂石垫层，素土垫层，灰土垫层，矿渣垫层	适用于处理暗沟、暗塘等软弱土地基
3	排水固结	在地基中设置竖向排水体，加速地基的固结和强度增长，提高地基的稳定性，加速沉降发展，提高地基承载力	天然地基堆载预压，砂井预压，塑料排水板预压，降水法，真空预压	适用于处理饱和软弱土，对于渗透性极低的泥炭土要慎重
4	振密挤密	通过震动或挤密，使土的孔隙减少强度提高，必要时，在震动挤密过程中，回填砂、石、灰土等，形成复合地基从而提高承载力，减少沉降量	振冲挤密，灰土挤密桩，砂桩，石灰桩，爆破挤密	适用于处理松砂、粉土、杂填土及湿陷性黄土
5	置换拌入	以砂、碎石等材料置换地基中的部分软弱土，或在部分软弱土中掺入水泥、石灰或砂浆等加固体，与原土组成复合地基，提高承载力，减少沉降量	振冲置换（碎石桩），深层搅拌，高压喷射注浆（旋喷法）	适用于软弱黏性土、冲填土、粉土、细砂等
6	加筋	在地基中埋入土工聚合物、钢片等加筋材料，使地基土能承受拉力，从而提高地基的承载力，改善变形特性	土木聚合物加筋，锚固技术，树根桩，加筋土	适用于软弱地基、填土、粉尘、细砂等
7	其他	通过独特的技术处理软弱土地基	灌浆，冻结，托换技术，纠偏技术	根据实际情况

3.2.2 换土垫层法

3.2.2.1 砂垫层地基

砂垫层和砂石垫层统称砂垫层，是用夯（压）实的砂或砂石垫层替换基础下部一定厚度的软土层，以起到提高基础下地基承载力、减少沉降、加速软土层的排水固结作用。一般适用于处理有一定透水性的黏性土地基，但不宜用于湿陷性黄土地基和不透水的黏性土地基，以免聚水而引起地基下沉和降低承载力。

（1）材料要求。砂垫层和砂石垫层所用材料，宜采用颗粒级配良好、质地坚硬的中砂、粗砂、砾砂、碎（卵）石、石屑或其他工业废粒料。如采用其他工业废料作为地基材料，应经试验合格后，方可使用。在缺少中砂、粗砂和砾砂的地区，也可采用细砂，但宜同时掺入一定数量的碎石或卵石，其掺量应符合设计规定（含石量不应大于 50%）。所用砂和砂石材料，不得含有草根、垃圾等有机杂物。用作排水固结地基的材料除应符合上列要求外，含泥量不宜超过3%。碎石或卵石最大粒径不宜大于50mm。

（2）施工要点。铺设垫层前应验槽，先将基底表面浮土、淤泥、杂物等清理干净，两侧应设一定的坡度，防止振捣时塌方。基槽（坑）底和两侧如有孔洞、沟、井和墓穴等，应在未做垫层前加以局部处理。人工级配的砂、石材料，应按级配拌和均匀，再行铺填捣实。砂垫层和砂石垫层的底面宜铺设在同一标高上，如深度不同时，施工应按先深后浅的程序进行。土面应挖成台阶或斜坡搭接，搭接处注意捣实。分段施工时，接头处应做成斜坡，每层错开0.5~1.0m，并应充分捣实。采用碎石垫层时，为防止基坑底面的表层软土发生局部破坏，应在基坑底部及四侧先铺一层砂，然后再铺碎石垫层。垫层应分层铺垫，分层夯（压）实，垫层的捣实方法及每层铺设厚度可视施工条件选用。分层厚度可用样桩控制。捣实砂层应注意不要扰动基坑底部和四侧的土，以免影响和降低地基强度。每铺好一层垫层，经密实度检验合格后方可进行上一层施工。冬季施工时，不得采用夹有冰块的砂石做垫层，并应采取措施防止砂石内的水分冻结。

（3）质量检查。砂石垫层的施工质量检验，应随施工分层进行。检验方法主要有环刀取样法和贯入度测定法。

环刀取样法：在捣实后的砂垫层中，用容积不小于200cm³的环刀压入垫层的2/3深处取样，测定其干密度，以不小于通过试验所确定的该砂料在中密状态时的干密度数值为合格。如系砂石垫层，可在垫层中设置纯砂检查点，在相同的试验条件下取样检查。

贯入度测定法：检验前先将垫层表面的砂刮去30mm左右，再用贯入仪、钢筋或钢叉等以贯入度大小来定性地检验砂垫层的质量，以不大于通过相关试验所确定的贯入度为合格。贯入测定法所用的钢筋直径为20mm，长度为1.25m，垂直距离砂垫层表面700mm时自由下落，测其贯入度。

3.2.2.2 灰土垫层地基

灰土垫层是将基础底面以下一定范围内的软弱土挖去，用按一定体积配合比的灰土在最优含水量的情况下分层回填夯实（或压实）。灰土垫层的材料为石灰和土，石灰和土的体积配合比一般为2：8或3：7。灰土垫层的强度随用灰量的增加而提高，当用灰量超过一定值时，其强度增加很小。灰土地基施工工艺简单，费用较低，是一种应用广泛、经济、实用的地基加固方法，适用于加固处理1~3m厚的软弱土层。

（1）材料要求。土料可采用从地基（坑）槽中挖出的黏性土或塑性指数大于4的粉土，使用前应过筛，粒径不宜大于15mm，土内有机物含量不得超过5%。不宜使用块状的黏性土和粉土、淤泥、耕植土、冻土。石灰应使用达到国家三等石灰标准的生石灰，使用前生石灰应消解3~4d并过筛，其粒径不大于5mm。

（2）施工要点。施工前应验槽，将积水、淤泥清除干净，待干燥后再铺灰土。灰土施工前应充分拌匀，控制其含水量，一般最优含水量为16%左右，以用手紧握土料成团，两指轻捏能碎为宜，如土料水分过多或不足时可以晾干或洒水润湿；灰土应拌和均匀，颜色一致，拌好后应及时铺好夯实。铺土应分层进行，每层铺土厚度可参照任务2.3确定。厚度由槽（坑）壁预设标钎控制。

每层灰土的夯打遍数，应根据设计要求的干密度在现场试验确定。一般夯打（或碾压）不少于4遍。灰土分段施工时，不得在墙角、柱墩及承重窗间墙下接缝，上下相邻两层灰土的接缝间距不得小于 0.5m，接缝处的灰土应充分夯实。当灰土垫层地基高度不同时，应做成阶梯形，每阶宽度不少于 0.5m。在地下水位以下的基槽、坑内施工时，应采取排水措施，在无水状态下施工。入槽的灰土，不得隔日夯打。夯实后的灰土 3d 内不得受水浸泡。

灰土打完后应及时进行基础施工，并及时回填，否则要做临时遮盖，防止日晒雨淋。刚打完毕或尚未夯实的灰土，如遭受雨淋浸泡，则应将积水及松软灰土除去并补填夯实；受浸湿的灰土，应在晾干后再使用。冬季施工时，不得采用冻土或夹有冻土的土料，并应采取有效的防冻措施。

（3）质量检查。可用环刀取样，测定其干密度。质量标准可按压实系数 λ_c（即施工时实际达到的干密度 ρ_d 与其最大干密度 ρ_{dmax} 之比）鉴定，一般为 0.93～0.95。

3.2.3 重锤夯实地基

重锤夯实的锤重为 1.5～3t，用起重机械将其提升到一定高度后，自由下落，落距为 2.45～4.5m，夯击基土表面，一般为 8～12 遍，使浅层地基受到压密加固，加固深度一般为 1.2m。适用于处理离地下水位 0.8m 以上稍湿的黏性土、砂土、湿陷性黄土、杂填土和分层填土地基。但当夯击对邻近建筑物有影响时，或地下水位高于有效夯实深度时，不宜采用。夯锤形状为一截头圆锥体，可用 C20 钢筋混凝土制作，其底部可采用 20mm 厚钢板，以降低重心。锤底直径一般为 1.13～1.5m。锤重与底面积的关系应符合锤重在底面上的单位静压力 1.5～20N/cm²。

地基重锤夯实前应在现场进行试夯，选定夯锤重量、底面直径和落距，以便确定最后下沉量及相应的最少夯击遍数和总下沉量。试夯实及地基夯实时，必须使土保持最优含水量范围。基槽（坑）的夯实范围应大于基础底面，每边应比设计宽度加宽 0.3mm 以上，以便于底面边角夯打密实。基槽（坑）边坡应适当放缓。夯实前，槽、坑底面应高出设计标高，预留土层的厚度可为试夯时的总下沉量再加 50～100mm。在大面积基坑或条形基槽内夯打时，应一夯挨一夯顺序进行。在一次循环中同一夯位应连夯两击，下一循环的夯位应与前一循环错开 1/2 锤底直径（图 3.1），落锤应平稳，夯位应准确。在独立柱基基坑内夯打时，一般采用先周边后中间（图 3.2）或先外后里的跳夯法进行。图 3.2 中，每个圈的数字代表锤击的先后顺序。夯实完后，应将基槽（坑）表面修整至设计标高。

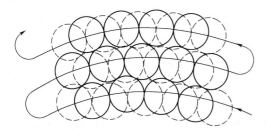
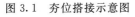

图 3.1 夯位搭接示意图

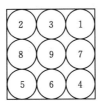

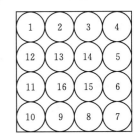

图 3.2 重锤夯打顺序

重锤夯实后应检查施工记录，除应符合试夯最后下沉量的规定外，还应检查基槽（坑）表面的总下沉量，以不小于试夯总下沉量的 90% 为合格。

3.2.4　强夯地基

（1）原理及适用条件。强夯法时用起重机械将8～40t的夯锤吊起，从6～30mm的高处自由下落，对土体进行强力夯实的地基加固方法。强夯法是在重锤夯实法的基础上发展起来的，但在作用机理上，又与它有很大区别。强夯法是在重锤夯实法的基础上发展起来的，但在作用机理上又与之有很大区别。强夯法属高能量夯击，是用巨大的冲击能量（一般为500～800kJ），使土体中出现冲击波和很大的应力，迫使土颗粒重新排列，排除孔隙中的气和水，从而提高地基强度，降低其压缩性。强夯适用于碎石土、砂土、黏性土、湿陷性黄土及杂填土地基的深层加固。地基经强夯加固后，承载能力可以提高2～5倍，压缩性可降低2～10倍，其影响深度在10m以上，国外加固影响深度已达40m。强夯是一种效果好、速度快、节省材料、施工简便的地基加固方法。其缺点与重锤夯实类似，施工时噪音和振动很大，当距离建筑物小于10m时，应挖防震沟，沟深要超过建筑物基础深。

（2）机具设备。强夯法施工的主要设备包括夯锤、起重机、脱钩装置等。夯锤重8～40t，最好用铸钢或铸铁制作，如条件所限，则可用钢板外壳内浇筑钢筋混凝土，夯锤底面有圆形或方形，圆形锤印易于重合，一般多采用圆形。锤的底面积大小取决于表面土质，对砂性土一般为2～4m²，黏性土为3～4m²，淤泥质土为4～6m²。夯锤中宜设置若干个上下贯通的气孔，以减少夯击时的空气阻力。起重机一般采用自行式起重机，起重能力取大于1.5倍锤重，并需设安全装置，防止夯击时臂杆后仰。吊钩宜采用自动脱钩装置。

（3）技术参数。通常根据要求加固土层的深度H（m），按以下经验公式选定强夯法所用的锤重Q（t）和落距h（m）。

$$H \approx K \sqrt{Qh} \tag{3.1}$$

式中：K为经验系数，一般取0.4～0.7。

夯击点布置，一般按正方形或梅花形网络排列。其间距根据基础布置、加固土层厚度和土质而定，一般为5～15m。夯击遍数通常为2～5遍，前2～3遍为"间夯"，最后一遍为低能量的"满夯"。每个夯击点的夯击数一般为3～10击。最后一遍只夯1～2击。两遍之间的间隔时间一般为1～4周。对于黏性土或冲积土常为3周，若地下水位在5m以下，地质条件较好时，可隔1～2d就进行连续夯击。对于重要工程的加固范围，应比设计的地基长、宽各加一个加固深度H；对于一般建筑物，在离地基轴线以外3m布置一圈夯击点即可。

（4）施工要求。强夯施工前，应进行地基勘察和试夯，通过对试夯前后的试验结果对比分析，确定正式施工的各项参数，包括锤重与落距、单位夯击能、夯击点布置与间距、单位夯击遍数、两遍间隔时间、处理范围及加固影响深度等。强夯前应平整场地，周围做好排水沟，按夯点布置测量放线确定夯位。地下水位较高时，应在表面铺0.5～2.0m厚的砂（石）垫层，以防设备下陷和便于消散强夯产生的孔隙水压，或采取降低地下水位后再强夯。

强夯应分段进行，顺序从边缘夯向中央。其加固顺序是：先深后浅，逐层夯实，最后一遍夯完后，再以低能量满夯一遍，如有条件以采用小夯锤夯击为佳。夯击点的布置应根据基础底面形状确定，施工时按由内向外、隔行跳打原则进行。夯实范围应大于基础边缘3m。夯击时应按试验和设计确定的强夯参数进行，在每一遍夯击之后，要用土将夯击坑填平，再进行下一遍夯击，强夯后，基坑应及时修整，浇筑混凝土垫层封闭。强夯施工宜在旱季进行，雨季施工，应做好场地排水；冬季施工，应清除地表的冻土层再夯，夯击次数要适当增加，如有硬壳层，要适当增加夯次或提高夯击功能。强夯施工时应对每一夯实点的夯击能、夯击次数和每次夯沉量等各项技术参数做好详细的现场记录。

强夯施工时应注意安全，施工现场施工人员不得进入夯点 30m 内，现场操作人员在夯锤起吊后，应迅速撤离 10m 以外，以免飞石伤人。当强夯施工产生的振动对邻近建筑物和设备会产生影响时，应挖防振沟，并设置相应的监测点。

（5）质量检查。施工结束后，应对强夯地基的强度和承载力进行检验。现场测试方法有标准贯入、静力触探、动力触探等，选用两种或两种以上的测试数据综合确定。

检查点数，每单位工程不少于 3 处；1000m² 以上工程，每 100m² 不少于 1 处；3000m² 以上工程，每 300m² 不少于 1 处；每一个独立基础不少于 1 处；基槽 20m 不少于1 处。对于复杂场地或重要的建筑物应增加检测点数。

3.2.5 振冲地基

3.2.5.1 加固原理及适用条件

振冲地基是以起重机吊起振冲器，启动潜水电机带动偏心块，使振冲器产生高频振动，同时开动水泵通过喷嘴喷射高压水流。在振动和高压水流的联合作用下，振冲器沉到土中的预定深度，然后经过清孔工序，用循环水带出孔中稠泥浆，此后就可以从地面向孔中逐段添加填料（碎石或其他粒料），每段填料均在振动作用下被振挤密实，达到所要求的密实度后提升振冲器。重复上述操作，如此直至地面，从而在地基中形成一根大直径的密实桩体，与原地基构成复合地基，提高地基承载能力和改善土体的排水降压通道，并对可能发生液化的砂土产生预振效应，防止液化。在黏性土中，振冲主要起置换作用，故称振冲置换；在砂性土中，振冲起挤密作用，故称振冲挤密。不加填料的振冲挤密仅适用于处理黏粒含量小于 10% 的细砂和中砂地基。

3.2.5.2 机具设备

设备主要有振冲器、起重机械、水泵及供水管道、加料设备和控制设备等。振冲器为立式潜水电机直接带动一组偏心块，产生一定频率和振幅的水平向振力的专用机械。压力水通过振冲器空心竖轴从下端喷口喷出。用附加垂直振动式或附加垂直冲击式的振冲器则效果更好。加料可采用起重机吊自制吊斗或用翻斗车，其能力必须符合施工要求。

3.2.5.3 施工工艺

（1）振冲试验。施工前应先在现场进行振冲试验，以确定其施工参数，如振冲孔间距、达到土体密实度时的密实电流值、成孔速度、留振时间、填料量等。

（2）制桩。碎石桩成桩施工过程包括定位、成孔、清孔和振密等。

1）定位。振冲前，应按设计图定出冲孔中心位置并编号。

2）成孔。振冲器用履带式起重机或卷扬机悬吊，对准桩位，打开下喷水口，启动振冲器。水压可用 400～600kPa，水量可用 200～400L/min。此时，振冲器以其自身重量和在振动喷水作用下，以 1～2m/min 的速度徐徐沉入土中，每沉入 0.5～1.0m，宜留振 5～10s

进行扩孔，待孔内泥浆溢出时再继续沉入，直达设计深度为止。在黏性土中应重复成孔1～2次，使孔内泥浆变稀，然后将振冲器提出孔口，形成直径0.8～1.2m的孔洞。

3）清孔。当下沉达设计深度时，振冲器应在孔底适当留振并关闭下喷口，打开上喷水口减少射水压力，以便排除泥浆进行清孔。

4）振密。将振冲器提出孔口，向孔内倒入一批填料，约1m堆高，将振冲器下降至填料中进行振密，待密实电流达到规定的数值，将振动器提出孔口。如此自下而上反复进行直至孔口，成桩操作即告完成。

（3）排泥。在施工场地上应事先开设排泥水沟系统，将成桩过程中产生的泥水集中引入沉淀池。定期将沉淀池底部的厚泥浆挖出，运至存放地点。沉淀池上部较清的水应重复使用。

（4）成桩顺序。桩的施工顺序一般为"由里向外"或"一边推向另一边"的方式，因为这种方式有利于挤走部分软土。对抗剪强度很低的软黏土地基，为减少制桩时对原土的扰动，宜用间隔跳打的方式施工。

（5）振冲地基表面的处理。振冲地基表面0.1～1.0m的范围内密实度较差，一般应予挖除，如不挖除，则应加填碎石进行夯实或压路机碾压密实。

3.2.5.4 质量控制与检查

振冲法加固土体，用密实电流、填料量和留振时间来控制。用ZCQ-30振冲器加固黏性土地基的密实电流为50～55A，砂性土为45～50A；直径0.8m时，每米桩体填料量为0.6～0.7m²，土质差时填料量应多些。

桩位偏差不得大于0.2d（d为桩孔直径）。桩位完成半个月（砂土）或一个月（黏性土）后，方可进行载荷试验或动力触探试验来检验桩的施工质量。如在地震区进行抗液化加固地基，尚应进行现场孔隙水压力试验。

3.2.6 深层搅拌地基

3.2.6.1 加固基本原理及适用条件

深层搅拌法是用于加固饱和软黏土地基的一种新方法，它是利用水泥、石灰等材料作为固化剂，通过特制的深层搅拌机械，在地基深处就地将软土和固化剂（浆液）强制搅拌，利用固化剂和软土之间所产生的一系列物理-化学反应，使软土硬结成具有整体性、水稳定性和一定强度的地基。深层搅拌法还常作为重力式支护结构用来挡土、挡水。

3.2.6.2 施工工艺

深层搅拌法的施工工艺流程如图3.3所示。

（1）定位。起重机（或用塔架）悬吊深层搅拌机到达指定桩位，对中。当地面起伏不平时，应使起吊设备保持水平。

（2）预拌下沉。待深层搅拌机的冷却水循环正常后，启动搅拌机电机，放松起重机钢丝绳，使搅拌机沿导向架搅拌切土下沉，下沉速度可由电机的电流监测表控制。工作电流不应大于70A。如果下沉速度太慢，可从输浆系统补给清水以利钻进。

（3）制备水泥浆。待深层搅拌机下沉到一定深度时，即开始按设计确定的配合比拌制水泥浆，在压浆前将水泥浆倒入集料斗中。

（4）喷浆、搅拌和提升。深层搅拌机下沉到达设计深度后，开启灰浆泵将水泥浆压入

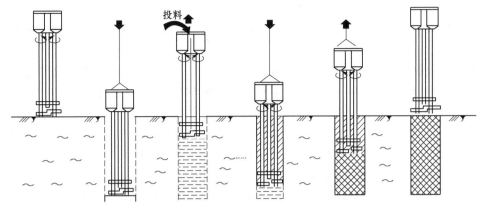

(a)定位　(b)预拌下沉　(c)喷浆搅拌机上升　(d)重复搅拌下沉　(e)重复搅拌上升　(f)施工完毕

图 3.3　深层搅拌法施工工艺流程

地基中，并且边喷浆、边旋转，同时严格按照设计确定的提升速度提升深层搅拌机。

（5）重复上、下搅拌。深层搅拌机提升至设计加固深度的顶面标高时，集料斗中的水泥浆应正好排空。为使软土和水泥浆搅拌均匀，可再次将搅拌机边旋转边沉入土中，至设计加固深度后再将搅拌机提升出地面。

（6）清洗。向集料斗中注入适量清水，开启灰浆泵，清洗全部管路中残存的水泥浆，直至基本干净。并将黏附在搅拌头的软土及浆液清洗干净。

（7）移位。重复上述步骤（1）～（6），进行下一根桩的施工。

考虑到搅拌桩顶部与上部结构的基础或承台接触部分受力较大，因此通常还可对桩顶1.0～1.5m 范围内再增加一次输浆，以提高其强度。

3.2.6.3　质量检测

施工前应标定深层搅拌机械的灰浆泵输浆量、灰浆经输浆管到达搅拌机喷浆口的时间和起吊设备提升速度等施工参数，并根据设计要求通过成桩试验确定搅拌桩的配合比和施工工艺。施工过程中应严格按规定的施工参数进行。随时检查施工记录，对每根桩进行质量评定。

搅拌桩应在成桩后 7d 内用轻便触探器钻取桩身加固土样，观察搅拌均匀程度，同时根据轻便触探击数用对比法判断桩身强度。检验桩的数量应不少于已完成桩数的 2%。对桩身强度有怀疑的桩、场地复杂或施工有问题的桩或对相邻桩搭接要求严格的工程，尚应分别考虑取芯、单桩载荷试验或开挖检验。

3.2.6.4　深层搅拌水泥粉喷桩施工

近年来新兴起了深层搅拌水泥粉喷桩（简称"粉喷桩"），作为软土地基改良加固方法和重力式支护结构。施工时，以钻头在桩位搅拌后将水泥干粉用压缩空气输入到软土中，强行拌和，使其充分吸收地下水并与地基土发生理化反应，形成具有水稳定性、整体性和一定强度的柱状体，同时桩间土得到改善，从而满足建筑基础的设计要求。其桩径一般为500mm、600mm、700mm，桩长可达 18m。

深层搅拌水泥粉喷桩施工工艺分为：就位、钻入、预搅、喷搅、成桩等过程。具体方法如下：

（1）就位。钻机移至桩位，分别以经纬仪、水平尺在钻杆及转盘的两正交方向校正垂直度和水平度。

打开粉喷机料罐上盖，按（设计有效桩长＋余桩长）×每米用料，计算出水泥用量进行过筛，加料入罐，第一罐应多加一包水泥。关闭粉喷机灰路蝶阀、球阀，打开气路蝶阀。

（2）钻入。开动钻机，启动空气压缩机并缓慢打开气路调压阀，对钻机供气，视地质及地下障碍情况采用不同转速正转下钻，宜用慢挡先试钻。观察压力表读数，随钻杆下钻压力增大而调节压差，使后阀较前阀大 $0.02 \sim 0.05$ MPa。

（3）搅拌成桩。钻头钻到设计桩长底标高，关闭气路蝶阀，并开启灰路蝶阀，反转提升，打开调速电机，视地址情况调整转速，喷灰成桩。钻机正转下钻复搅，反转提钻复喷。根据地质情况及余灰情况重复数次，保证桩体水泥土搅拌均匀。钻头提至桩顶标高下0.5m 时，关闭调速电机，停止供灰，充分利用管内余灰喷搅。原位旋转钻具 2min，脱开减速箱、离合器，将钻头提离地面 0.2m。打开球阀，减压放气，打开料罐上盖，检查罐内余灰。钻机移位，进入下一个成桩桩位。

粉喷施工场地要求平整，并及时清理地下障碍物。正式打桩前宜按设计要求施打工艺试桩，以确定各地层和平面区域内钻杆提升速度和喷灰速度、喷灰量等。粉体喷射机灰罐应按理论计算量投一次料、打一根桩，以确保桩质量。若因机械操作原因，灰罐及灰管内无灰，而桩顶未达设计标高，应加灰复提重喷。钻机预搅下钻时，应尽量不用冲水下钻，当遇较硬土层下沉太慢时方可适量冲水。施工中应经常测量电压、检查钻具、流量计、分水滤气器、送粉蝶阀和胶管灰路工作情况。

3.2.7　高压喷射注浆

（1）加固原理及适用条件。高压喷射注浆地基（又称"喷桩地基"）是利用钻机把带有喷嘴的注浆管钻入（或置入）至土层预定的深度，以 $20 \sim 40$ MPa 的压力将水泥浆液通过钻杆下端的喷射装置向四周以高速水平喷入土体，形成喷射流冲击破坏土层至预定形状的空间，借助钻杆的旋转和提升使土体与浆液搅拌混合，胶结硬化后形成直径比较均匀、具有一定强度的圆柱体（称为"旋喷桩"），从而使地基得到加固。根据使用的机具设备不同，高压喷射注浆法可分为单管法、二重管法和三重管法。高压喷射注浆法适用于处理淤泥、淤泥质土、黏性土、粉土、湿陷性黄土、砂土、人工填土和碎石土等地基。当土中含有较多的大粒径块石、坚硬性黏性土、大量植物根茎或有过多的有机质时，应根据现场试验结果确定其适用程度。

（2）施工工艺。高压喷射注浆法的施工工艺是：钻机就位→钻孔至设计标高→贯入注浆管、试喷→喷射注浆（边旋喷、边提升旋喷管）→拔管、清洗器具→移至下一根桩位，重复以上工序。

（3）施工要求。施工前先进行场地平整，挖好排浆沟，做好钻机就位。要求钻机安放保持水平，钻杆保持垂直，其倾斜度不得大于 1.5%。

单管法和二重管法可用注浆管射水成孔至设计深度后，再一边提升一边进行喷射注浆。在插入旋喷管前先检查高压水与空气喷射情况，各部位密封圈是否封闭，插入后先做高压水射水试验，合格后方可喷射注浆。喷嘴直径、提升速度、旋喷速度、喷射压力、排量等旋喷参数应满足设计要求或由现场试验确定。三重管施工须预先用钻机或振动打桩机钻成直径 150～200mm 的孔，然后将三重注浆管插入孔内，按旋喷、定喷或摆喷的工艺要求，由上而下进行喷射注浆。开始时，先送高压水，再送水泥浆和压缩空气，一般情况下压缩空气可晚送 30s。在桩底部边旋转边喷射 1min 后，再边旋转、边提升、边喷射。注浆管分段提升的搭接长度不得小于 200mm。喷射时，先应达到预定的喷射压力、喷射量后再逐渐提升注浆管。中间发生故障时，应停止提升和旋喷，立即进行检查排除故障。当发现有浆液喷射不足、影响桩体的设计直径时，应进行复核。旋喷过程中，冒浆量应控制在 10%～25%。对需要扩大加固范围或提高强度的工程，可采用复喷措施，即先喷一遍或两遍水泥浆。喷到桩高后应迅速拔出注浆管，用清水冲洗管路，防止凝固堵塞。相邻两桩施工间隔时间应不小于 48h，间距应不小于 4～6m。

当处理既有建筑地基时，应采取速凝浆液或大间隔孔旋喷和冒浆回灌等措施，以防旋喷过程中地基产生附加变形和地基与基础间出现脱空现象，影响被加固建筑及邻近建筑。

（4）质量检测。施工前应检查水泥、外掺剂等的质量，桩位、压力表、流量表的精度和灵敏度、高压喷射设备的性能等。施工中应检查施工参数（压力、水泥浆量、提升速度、旋转速度等）的应用情况及施工程序。高压喷射注浆地基的质量检验标准应符合表3.2 的要求。

表3.2　　　　　　　　高压喷射注浆地基的质量检验标准

项目	序号	检查项目	检验标准	检验方法
主控项目	1	水泥及外掺剂质量	符合出厂要求	查产品合格证书或抽样送检
	2	水泥用量	设计要求	查看流量表及水泥浆水灰比
	3	桩体抗压强度及完整性检验	设计要求	规定方法
	4	地基承载力	设计要求	规定方法
一般项目	1	钻孔位置/mm	≤50	用钢尺量
	2	钻孔垂直度/%	≤1.5	经纬仪测钻杆或实测
	3	孔深/mm	±200	用钢尺量
	4	注浆压力	按设定参数指标	查看压力表
	5	桩体搭接/mm	>200	用钢尺量
	6	柱体直径/mm	≤50	开挖后用钢尺量
	7	桩身中心允许偏差	≤0.2D（D 为设计桩径）	开挖后桩顶下 500mm 处用尺量

任务 3.3　桩 基 工 程 施 工

桩基是深基础中的一种，由基桩（沉入土中的单桩）和连接桩顶的桩承台共同组成。桩基的作用是将上部结构的荷载传递到深部较坚硬、压缩性较小、承载力较大的土层；或使软弱土层受挤压，提高地基土的密实度和承载力，以保证建筑物的稳定性，减少地基沉降。

3.3.1 桩基分类

按桩的受力情况，桩可分为端承型桩和摩擦型桩。端承型桩是穿过软土层并将建筑物的荷载传递给坚硬的土层的桩，又可分为端承桩和摩擦端承桩。端承桩是指在极限承载力状态下，桩顶荷载由桩端阻力承受的桩；摩擦端承桩是指在极限状态下，桩顶荷载主要由桩端阻力承受。摩擦型桩是将桩沉至软弱土层一定深度，用以挤密软弱土层，提高土层的密实度和承载力，又可分为摩擦桩和端承摩擦桩。摩擦桩是指在极限承载力状态下，桩顶荷载由桩侧阻力承受的桩；端承摩擦桩是指在极限承载力状态下，桩顶荷载主要由桩侧阻力承受的桩。

按桩的施工方法可分为预制桩和灌注桩。预制桩是在构件预制厂或施工现场制作，预制桩因材料不同有木桩、混凝土桩、钢桩等。施工时用沉桩设备将其沉入土中。灌注桩是在施工现场的桩位上用机械或人工成孔，然后在孔内灌注混凝土、钢筋混凝土而成。灌注桩按成孔工艺不同有沉管灌注桩、钻孔灌注桩、人工挖孔桩等。

按成桩方式可分为挤土桩（挤土灌注桩、挤土预制桩）、非挤土桩（人工挖孔桩、干作业法桩、泥浆护壁法桩、套筒护壁法桩）和部分挤土桩。

按桩径大小分为大直径桩（直径800mm以上）、中等直径桩（直径250～800mm）、小直径桩（直径在250mm以内）。其中小直径桩也是近10多年发展较快的新桩型，如树根桩、锚杆静压桩、小直径静压预制桩等。它具有施工空间要求小，对原有建筑物基础影响小，施工方便，可在各种土层中成桩，并能穿越原有基础等特点。在地基托换、支撑结构、抗浮等工程中得到广泛应用。

3.3.2 预制桩施工

预制桩具有结构坚固耐久、桩身质量易于控制、成桩速度快、制作方便、承载力高，并能根据需要制成不同尺寸、不同形状的截面和长度，且不受地下水位的影响、不存在泥浆排放问题等特点，是建筑工程最常用的一种桩型。随着对沉桩噪音、振动、挤土等综合防护技术的发展，尤其是静压设备的发展，预制桩仍将是桩基工程中的主要桩型之一。

3.3.2.1 施工准备

桩基础施工前应做好准备工作：①内业准备工作，包括施工方案，施工方法，机具设备选择，质量与安全技术措施以及劳动力、材料、机具设备供应计划等；②现场准备，包括障碍物处理、场地平整、抄平放线、确定打桩顺序以及设备进场、安装；③桩的制作、运输、堆放。

（1）现场准备。

1）处理障碍物。打桩施工前，应向城市管理、供水、供电、煤气、电信、房管等有关单位提出要求，认真处理高空、地上、地下的障碍物。然后对现场周围的建筑物、驳岸、地下管线等做全面检查，如有危房或危险构筑物，必须予以加固或采取隔振措施或拆除。

2）场地平整。施工场地必须平整（坡度不大于10%）、坚实，必要时应铺设道路，经压路机碾压密实，场地四周应设置挖排水措施。

3）抄平放线，测定桩位。在打桩现场设置不得少于2个水准点，其位置应不受打桩影响，用于抄平场地和检查桩的入土深度。要根据建筑物的轴线控制桩定出桩基础的每个桩位，用小木桩标记。正式打桩之前，应对桩基的轴线和桩位复查一次。

4）确定打桩顺序。打桩顺序直接影响到桩基础的质量和施工速度，应根据桩的密集程度（桩距大小）、桩的规格、长短、桩的设计标高、工作面布置、工期要求等综合考虑，合理确定打桩顺序。根据桩的密集程度，打桩顺序一般分为单一方向逐排打设、自中部向四周打设和由中间向两侧打设三种，如图3.4所示。根据基础设计标高和桩的规格，宜按先深后浅、先大后小、先长后短的顺序进行打桩。

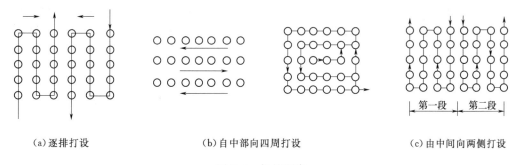

（a）逐排打设　　　　　　　　（b）自中部向四周打设　　　　　　　（c）由中间向两侧打设

图 3.4　打桩顺序

5）桩帽、垫衬和打桩设备机具准备。除了上面介绍的准备以外，还需要进行桩帽、垫衬和打桩设备机具的准备。

6）打桩试验。施工前应进行数量不少于2根桩的打桩工艺试验，用以了解桩的沉入时间、最终沉入度、持力层的强度、桩的承载力以及施工过程中可能出现的各种问题和反常情况，以便检验所选的打桩设备和施工工艺是否符合设计要求。

（2）预制桩的制作、运输和堆放。

1）混凝土实心方桩的制作、运输和堆放。预制混凝土实心方桩是最常用的桩型之一。断面尺寸一般为200mm×200mm～600mm×600mm。单节桩的最大长度，依打桩架的高度而定，一般在27m以内。如需打设30m以上的桩，则将桩预制成几段，在打桩过程中逐段接长。但应避免桩尖接近硬持力层或桩尖处于硬持力层中接桩。较短桩多在预制厂生产，较长桩一般在现场附近或打桩现场就地预制。

现场制作预制桩一般采用重叠法，如图3.5所示。重叠层数根据地面允许荷载和施工条件确定，但不宜超过4层。桩与桩之间应做好隔离层（如油毡、牛皮纸、塑料纸、纸筋灰等）。上层桩或邻桩的浇筑，应在下层桩或邻桩混凝土达到设计强度的30％以后方可进行。由于

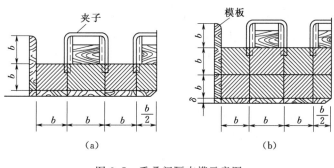

图 3.5　重叠间隔支模示意图

重叠法施工需待上层桩混凝土到龄期后整堆桩才能起吊使用，故也可将桩做成阶梯状。

预制桩钢筋骨架的主筋连接宜采用对焊或电弧焊。主筋接头配置在同一截面内的数量应符合下列规定：①当采用闪光对焊和电弧焊时，不得超过50%；②相邻两根主筋接头错开距离应大于35d（d为主筋直径），且不小于500mm；预制桩混凝土粗骨料应使用碎石或开口卵石，粒径宜为5～40mm。混凝土强度等级常用C30～C40，宜用机械搅拌、机械振捣，由桩顶向桩尖连续浇筑捣实，一次完成。制作完成后应洒水养护不少于7d。

混凝土预制桩达到设计强度的70%后方可起吊，达到设计强度100%后方可进行运输。如提前吊运，必须验算合格。桩在起吊和搬运时，吊点应符合设计规定。如无吊环，设计又未作规定时，应符合起吊弯矩最小的原则，按如图3.6所示的位置捆绑。捆绑时钢丝绳与桩之间应加衬垫，以免损坏棱角。起吊时应平稳提升，吊点同时离地。长桩搬运时，桩下要设置活动支座。经过搬运的桩，还应进行质量复查。

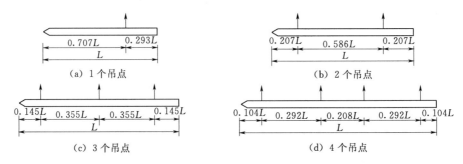

图3.6　吊点合理位置示意图

桩堆放时，地面必须平稳、坚实，垫木间距应根据吊点确定，各层垫木应位于同一垂直线上，最下层垫木应适当加宽，堆放层数不宜超过4层，不同规格的桩应分别堆放。

2）混凝土管桩的制作、运输和堆放。混凝土管桩为中空，一般在预制厂用离心法成型，把混凝土中多余的水分用离心力甩出，故混凝土密实，强度高，抵抗地下水和耐腐蚀的性能强。为解决混凝土管桩在吊装和搬运时因弯曲拉应力的作用而开裂，以及打桩时因拉伸应力而产生环状裂缝，故常用预应力混凝土管桩。预应力混凝土管桩有振动成型或离心法成型两种。混凝土强度等级不低于C40；采用高强钢丝、钢绞线或高强螺纹钢筋等做预应力钢筋。混凝土管桩应达到设计强度100%后方可运到现场打桩。堆放层数不超过3层。

3）钢管桩的特点、制作和堆放。钢管桩较其他桩型有以下特点：强度高，能承受强大的冲击力，穿透硬土层性能好，可获得较高的承载能力，有利于建筑物的沉降控制；能承受较大的水平力；桩长可任意调节；重量轻、刚度好，装卸运输方便，挤土量少；但钢桩需采取防腐处理。

钢管桩一般使用无缝钢管，也可采用钢板卷板焊接而成，一般在工厂制作。钢管桩的直径为400～3000mm，管壁厚度为6～50mm；一般由一节上节桩、若干节中节桩与一节下节桩组成。分节长度一般为12～15m。钢管桩防腐处理方法可采用外表面涂防腐层（如防腐油漆、环氧煤焦油和聚氨酯类涂料等）、增加腐蚀余量和阴极保护等。当钢管桩内壁与外界隔绝时，可不考虑内壁防腐。

钢管桩堆放场地应平整、坚实、排水畅通；两端应设保护圈等保护措施，防止搬运时因桩体撞击而造成桩端、桩体损坏或弯曲变形；应按规格、材质分别堆放，堆放高度不宜太高，防止受压变形。钢管桩一般按两点起吊。

3.3.2.2 打入法施工

打入法时利用桩锤下落时的瞬时冲击力锤击桩头所产生的冲击机械能，克服土体对桩的阻力，导致桩体下沉。该法施工速度快，机械化程度高，适应范围广，但施工时有挤土、噪音和振动等缺点，使用上受到一定的限制。

(1) 打桩设备及选用。打桩所用的机具设备，主要包括桩锤、桩架及动力装置3部分。

桩锤的作用是对桩施加冲击力，将桩打入土中；桩架的作用是支持桩身和桩锤，将桩吊到打桩位置，并在打入过程中引导桩的方向，保证桩锤沿着所要求的方向冲击；动力装置包括启动桩锤用的动力设施，如卷扬机、锅炉、空气压缩机等。

1) 桩锤的选择。桩锤有落锤、单动汽锤、双动汽锤、柴油打桩锤和液压锤等。桩锤的类型应根据施工现场情况、机具设备条件及工作方式和工作效率等条件来选择。由于普通桩锤打桩过程中噪声污染较大，目前已较少使用。液压锤是在城市环境保护要求日益提高的情况下研制出的新型、低噪声、无油烟、能耗省的打桩锤。它是由液压推动密闭在锤壳体内的芯锤活塞柱，令其往返实现夯击作用，将桩沉入土中。我国已研制成功液压锤，即将用于打桩工程。

桩锤类型选定之后，还要根据重锤低击的原则确定桩锤的重量。桩锤过重，所需动力设备也大，不经济；桩锤过轻，必将加大落距，锤击功能很大一部分被桩身吸收，桩不易打入，且桩头容易被打坏，保护层可能振掉。轻锤高击所产生的应力，还会促使距桩顶1/3和重锤快击的方法效果较好。一般可根据地质条件、桩型、桩的密集程度、单桩竖向承载力及现有施工条件等决定。按桩锤冲击能选择锤重，见式 (3.2)。

$$E \geqslant 0.025P \tag{3.2}$$

式中：E 为锤的一次冲击动能，kN·m；P 为设计单桩竖向极限承载力标准值，kN。

按式 (3.3) 选出的桩锤，应按所施打桩的质量，用经验公式 (3.3) 复核，以决定是否采用。

$$K = \frac{M+C}{W} \tag{3.3}$$

式中：M 为桩锤重，kN；C 为桩重（包括送桩、桩帽和桩垫重），kN；W 为桩锤一次冲击能，kN·m；K 为桩锤的适用系数，双动汽锤和柴油锤 $K \leqslant 5.0$；单动汽锤 $K \leqslant 3.5$；落锤 $K \leqslant 2.0$。

2) 桩架的选择。选择桩架时，应考虑桩锤的类型、桩的长度和施工条件等因素。桩架的高度由桩的长度、桩锤高度、桩帽厚度及所用滑轮组的高度来决定。此外，还应留1~2m的高度作为桩锤的伸缩余地。

常用的桩架形式有3种：滚筒式桩架、多功能桩架、履带式桩架。滚筒式桩架的行走是靠两根钢滚筒在垫木上滚动，其结构比较简单，制作容易，但在平面转弯、调头方面不够灵活，操作人员较多；多功能桩架的机动性和适应性很大，在水平方向可作360°旋转，导架可以伸缩和前后倾斜，底盘下装有铁轮，底盘在轨道上行走；履带式桩架以履带式起重机为底盘，增加导杆和斜撑组成，移动方便，比多功能桩架更灵活。

3）垫材的选择。为提高打桩效率和沉桩精度，保护桩锤安全使用和桩顶免遭破损，应在桩顶加设桩帽，并根据桩锤和桩帽类型、桩型、地质条件及施工条件等多种因素，合理选用垫材。位于桩帽上部与桩锤相隔的垫材称为锤垫，常用橡木、桦木等硬木按纵纹受压使用，有时也可采用钢索盘绕而成。近年来也有使用层状板及化塑型缓冲垫材。对重型桩锤尚可采用压力箱式或压力弹簧式新型结构锤垫。桩帽下部与桩顶相隔的垫材称为桩垫。桩垫常用松木横纹拼合板、草垫、麻布片、纸垫等材料。垫材的厚度应合理选择。

4）送桩器。桩基施工一般均在基础开挖前施工，要将桩顶打至地表以下的设计标高，就要采用送桩器送桩。随着高层大型建筑物的兴建，基础顶部的埋深越来越大，此类工程桩基施工的送桩也随之加深，最深可达10～15m。送桩器一般用钢管制成，送桩器制作要求包括：要有较高的强度和刚度；打入时阻力不能太大；能较容易地拔出；能将锤的冲击力有效地传递到桩上。

（2）打桩工艺。打桩过程包括：场地准备（三通一平和清理地上、地下障碍物）、桩位定位、桩架移动和定位、吊桩和定桩、打桩、接桩、送桩、截桩。

1）打桩。在桩架就位后即可吊桩，利用桩架上的卷扬机将桩吊成垂直状态送入导杆内，对准桩位中心，缓缓放下插入土中。桩插入时校正其垂直度偏差不超过0.5%。桩就位后，在桩顶安上桩帽，然后放下桩锤轻轻压住桩帽。桩锤、桩帽和桩身中心线应在同一垂直线上。在桩的自重和锤重作用之下，桩向土中沉入一定深度而达到稳定。这时再校正一次桩的垂直度，即可进行沉桩。为了防止击碎桩顶，应在混凝土桩的桩顶与桩帽之间、桩锤与桩帽之间放上硬木、粗草纸或麻袋等垫材作为缓冲层。

打桩时为取得良好效果宜用"重锤低击"。桩开始打入时，桩锤落距宜低，一般为0.6～0.8m，使桩能正常沉入土中。当桩入土一定深度（约1～2m），桩尖不易产生偏移时可适当增大落距，并逐渐提高到规定的数值，连续锤击。

2）接桩。限于施工设备的要求，对桩的长度有限制时，需采用多节桩段连接而成。这些沉入地下的连接接头，其使用状况的常规检查将是困难的。多节桩段的垂直承载能力和水平承载能力将受其影响，桩的贯入阻力也将有所增大。影响程度主要取决于接头的数量、结构形式和施工质量。规范规定混凝土预制桩接头不宜超过2个，预应力管桩接头数量不宜超过4个。良好的接头构造形式，不仅应满足强度、刚度及耐腐蚀性的要求，而且也应符合制造工艺简单、质量可靠、接头连接整体性强，在搬运、打入过程中不易损坏，现场连接操作简便迅速等条件。此外，还应做到接触紧密，以减少锤击能量损耗。接头的连接方法有焊接法、浆锚法、法兰法3种类型。

a．焊接法接桩适用于单桩承载力高、长细比大、桩基密集或须穿过一定厚度的较硬土层、沉桩较困难的桩。焊接法接桩的节点构造用钢板、角钢宜用低碳钢，焊条宜用E43型；上、下节桩对准后，将锤降下，压紧桩顶，节点间若有间隙，用铁片垫实焊牢；接桩时，上、下节桩的中心线偏差不得大于5mm，节点弯曲矢高不得大于桩长的1%且不大于20mm；施焊前，节点部位预埋件与角铁要除去锈迹、污垢，保持清洁；焊接时，应先将四角点焊固定，再次检查位置正确后，应由两个对角同时对称施焊，以减少焊接变形，焊缝要连续饱满，焊缝宽度、厚度应符合设计要求。钢管桩接桩一般也采用焊接法接桩。接头焊接完毕，应冷却 1min 后方可锤击。焊接质量按规定进行外观检查，此外还应按接头、总数的 5％做超声检查或 2％做 X 片检查，在同一工程内，探伤检查不得少于 3 个接头。

b. 浆锚法接桩可节约钢材、操作简便，接桩时间比焊接法要大为缩短。在理论上，浆锚法与焊接法一样，施工阶段节点能够安全地承受施工的其他外力；使用阶段能同整根桩一样工作，传递垂直压力或拉应力。因在实际施工中，浆锚法接桩受原材料质量、操作工艺等因素影响，出现接桩质量缺陷的几率较高，故应谨慎使用。一般应用于沉桩无困难的地质条件，不宜用于坚硬土层中。

c. 法兰法接桩主要用于混凝土管桩。法兰由法兰盘和螺栓组成，其材料应为低碳钢。它接桩速度快，但法兰盘制作工艺较复杂，用钢量大。法兰盘接合处可加垫沥青纸或石棉板。接桩时，将上、下节桩螺栓孔对准，然后穿入螺栓，并对称地将螺帽逐步拧紧。如有缝隙，应用薄铁片垫实，待全部螺丝帽拧紧，检查上、下节桩的纵轴线符合要求后，将锤吊起，关闭油门，让锤自由落下锤击数次，然后再拧紧一次螺帽，最后用电焊点焊固定；法兰盘和螺栓外露部分涂上防锈油漆或防锈沥青胶泥，即可继续沉桩。

3) 截桩。当桩顶露出地面并影响后续桩施工时，应立即进行截桩头，而桩顶在地面以下不影响后续桩施工时，可结合凿桩头进行。截桩头前，应测量桩顶标高，将桩头多余部分截除，预制混凝土桩可用人工或风动工具（如风镐等）来截除。混凝土空心管桩宜用人工截除。无论采用哪种方法均不得把桩身混凝土打裂，并保持桩身主筋伸入承台内的锚固长度。黏着在主筋上的混凝土碎块要清除干净。当桩顶标高在设计标高以下时，应在桩位上挖成喇叭口，凿去桩头表面混凝土，凿出主筋并焊接接长至设计要求的长度，再用与桩身同强度等级的混凝土与承台一起浇筑。

钢管桩可用长柄氧乙炔内切割器伸入管内进行粗割，使管顶高出设计标高 150～200mm，并用临时钢盖板覆盖管口，待挖土时再边挖土边拔管，以确保安全。混凝土垫层浇灌后，进行钢管桩的精割。先用水准仪在每根钢管桩上按设计标高定上 3 点，然后按此水平标高固定一环作为割刀的支承点，切割整平后放上配套桩盖焊牢，再在钢管桩顶端焊上基础锚固钢筋。

3.3.2.3 施工注意事项

（1）测量与记录。打桩过程应做好测量和记录，用落锤、单动汽锤或柴油锤打桩时，从开始即需统计桩身每沉 1m 所需的锤击数。当桩下沉接近设计标高时，则应以一定落距测量其每阵（10 击）的沉落值（贯入度），使其达到设计承载力所要求的最后贯入度。如用双动汽锤，从开始就应记录桩身每下沉 1m 所需要的锤击时间，以观察其沉入速度。当桩下沉接近设计标高时，则应测量桩每分钟的下沉值，以保证桩的设计承载力。

（2）沉桩要点。桩入土的速度应均匀，锤击间歇的时间不要过长。打桩时应观察桩锤的回弹情况，如回弹较大，则说明桩锤太轻，不能使桩沉下，应及时予以更换。打桩过程中应经常检查打桩架的垂直度，如偏差超过 1％则及时纠正，以免桩打斜。随时注意贯入度的变化情况，当贯入度骤减，桩锤有较大回弹时，表明桩尖遇到障碍，此时应将锤击的落距减小，加快锤击。如上述现象仍然存在，应停止锤击，研究遇阻的原因并进行处理。

打桩过程中，如突然出现桩锤回弹，贯入度突增，锤击时桩弯曲、倾斜、颤动，桩顶破坏加剧等，则表明桩身可能已经破坏。打桩过程中应防止锤击偏心，以免打坏桩头或使桩身折断。若发生桩身折断、桩位偏斜时，须将其拔出重打。拔桩的方法根据桩的种类、大小和入土深度而定，可以利用杠杆原理，使用三脚架卷扬机、千斤顶或汽锤、振动打桩机和拔桩机等进行。

（3）施工安全。打桩中还应特别注意打桩机的工作情况和稳定性。应经常检查机件是否正常，绳索有无损坏，桩锤悬挂是否牢固，桩架移动是否安全等。

3.3.3 静力压桩施工

静力压桩适用于软土、填土及一般黏性土层，特别适合于在居民区、危房附近和对环境要求严格的地区沉桩；但不适于地下有较多孤石、障碍物，或有厚度大于 2m 的中密以上砂夹层，以及单桩承载力超过 1600kN 的情况。

3.3.3.1 压桩工艺

静力压桩工艺流程：场地清理和处理→测量定位→尖桩就位、对中、调直→压桩→接桩→再压桩→送桩（或截桩）。

（1）场地清理和处理。清除施工区域内高空、地上、地下的障碍物。平整、压实场地，并铺上 10cm 厚道渣。由于静压桩机设备重，对地面附加应力大，应验算地耐力，若不能满足要求，应对地表土加以处理（如碾压、铺毛石垫层等），以防机身沉陷。

（2）测量定位。施工前应放好轴线和每一个桩位。如在较软的场地施工，由于桩机的行走会挤走预定标志，故在桩机大体就位之后要重新测定桩位。

（3）尖桩就位、对中、调直。对于液压步履式行走机构的压桩机，通过启动纵向和横向行走油缸，将桩尖对准桩位；开动夹持油缸和压桩油缸，将桩箍紧并压入土中 1.0m 左右停止压桩，调整桩在两个方向的垂直度，第一节桩是否垂直是保证压桩质量的关键。

（4）压桩。通过夹持油缸将桩夹紧，然后使压桩油缸伸长，将压力施加到桩顶，压桩力由压力表反映。在压桩过程中要记录桩入土深度和压力表读数的关系，以判断桩的质量及沉桩阻力。当压力表读数突然上升或下降时，要对照地质资料进行分析，判断是否遇到障碍物或产生断桩情况等。压同一根（节）桩时，应缩短停歇时间，以防桩周与地基土固结、压桩力骤增，造成压桩困难。

（5）接桩。当下一节桩压到露出地面 0.8～1.0m 时，开始接桩。应尽量缩短接桩时间，以防桩周与土固结，压桩力骤增，造成压桩困难。

（6）送桩（或截桩）。当桩顶接近地面，而压桩力尚未达到规定值，应进行送桩。当桩顶高出地面一段距离，而压桩力已达到规定值时则要截桩，以便后续压桩和移位。

3.3.3.2 终止压桩控制标准

对摩擦型桩以达到桩端设计标高为终止控制条件；对于端承摩擦型长桩以设计桩长控制为主，最终压力值作对照；对承载力较高的工程桩，终压力值宜尽量接近或达到压桩机满载值；对端承型短桩，以终压力满载值为终压控制条件，并以满载值复压。量测压力等仪表应以定期标定数据为准。

3.3.3.3 施工注意事项

遇到下列情况应停止压桩，并及时与有关单位研究处理：①初压时，桩身发生较大幅度移位、倾斜，压入过程中桩身突然下沉或倾斜；②桩顶混凝土破坏或压桩阻力剧变。

3.3.4 振动沉桩与水冲沉桩

（1）振动沉桩。振动沉桩的原理是借助固定于桩头上的振动沉桩机所产生的振动力，以减小桩与土壤颗粒之间的摩擦力，使桩在自重与机械力的作用下沉入土中。振动沉桩法主要适用于砂石、黄土、软土和亚黏土，在含水砂层中的效果更为显著，但在砂砾层中采用此法时，尚需配以水冲法。沉桩工作应连续进行，以防间歇过久难以沉下。

（2）水冲沉桩。水冲沉桩法是利用高压水流冲刷桩尖下面的土壤，以减少桩表面与土壤之间的摩擦力和桩下沉时的阻力，使桩身在自重或锤击作用下，很快沉入土中。射水停止后，冲松的土壤沉落，又可将桩身压紧。水冲法适用于砂土、砾石或其他较坚硬土层，特别对于打设较重的混凝土桩更为有效。但在附近有旧房屋或结构物时，由于水流的冲刷将会引起地基的沉陷，故在采取措施前，不得采用此法。

3.3.5 混凝土灌注桩施工

混凝土灌注桩是直接在施工现场桩位上成孔，然后在孔内安放钢筋笼，浇筑混凝土成桩。与预制桩相比，具有施工低噪声、低振动、桩长和直径可按设计要求自如变化、桩端能可靠地进入持力层或嵌入岩层、单桩承载力大、挤土影响小、含钢量低等特点。但成桩工艺较复杂、成桩速度较预制桩施工慢。按成孔的方法不同，混凝土灌注桩可以分为：沉管灌注桩、干作业螺旋钻孔灌注桩、泥浆护壁成孔灌注桩和人工挖孔灌注桩。不论采用什么方法，混凝土灌注桩施工均应满足以下规定。

3.3.5.1 一般规定

（1）成孔。成孔设备就位后，必须平整、稳固，确保在施工中不发生倾斜、移动，允许垂直偏差为 0.3%。为准确控制成孔深度，应在桩架或桩管上做出控制深度的标尺，以便在施工中进行观测、记录。

1）成孔的控制深度。摩擦桩以设计桩长控制成孔深度；端承摩擦桩必须保证设计桩长及桩端进入持力层深度；当采用锤击沉管法成孔时，桩管入土深度控制以标高为主，以贯入度控制为辅。当采用钻（冲）、挖掘成孔时，端承型柱必须保证桩孔进入设计持力层深度；当采用锤击沉管法成孔时，沉管深度以贯入度为主，设计持力层标高对照为辅。

2）成孔施工顺序。对土没有挤密作用的钻孔灌注桩、干作业成孔灌注桩，一般按现场条件和桩机行走最方便的原则确定成孔顺序。对土有挤密作用和振动影响的冲孔灌注桩、锤击（或振动）沉管灌注桩、爆扩桩等，一般可结合现场施工条件，采用下列方法确定成孔顺序：①间隔一个或两个桩位成孔；②在邻桩混凝土初凝前或终凝后成孔；③一个承台下桩数在 5 根以上者，中间的桩先成孔，外围的桩后成孔；④同一个承台下的爆扩桩，可采用单爆或联爆法成孔；⑤人工挖孔桩当桩净距小于 2 倍桩径且小于 2.5m 时，应采用间隔开挖。排桩跳挖的最小施工净距不得小于 4.5m，孔深不宜大于 40m。

（2）钢筋笼的制作。制作钢筋笼时，要求主筋环向均匀布置，箍筋的直径及间距、主筋的保护层、加劲箍的间距等均应符合设计要求，箍筋一般应为螺旋式。分段制作的钢筋笼，其接头宜采用焊接并应遵守《混凝土结构工程施工与验收规范》（GB 50204—2015）。钢筋笼分段长度一般宜定在 8m 左右。对于长桩，当采取一些辅助措施后，也可为 12m 左右或更长一些。钢筋笼主筋净距必须大于混凝土粗骨料粒径的 3 倍以上，加劲箍宜设在主筋外侧，钢筋笼内径应比导管接头处外径大 100mm 以上。为保护主筋保护层的厚度，应在主筋外侧安设钢筋定位器。

钢筋笼安放时要求对准孔位、扶稳、缓慢、顺直，避免碰撞孔壁，严禁墩笼、扭笼。钢筋笼到达设计位置后应采用工艺筋（吊筋、抗浮筋）固定，避免钢筋笼下沉或受混凝土上浮力的影响而上浮。钢筋笼放入泥浆后 4h 内必须灌注混凝土，并做好记录。

（3）混凝土的配制与灌注。

1）混凝土的配制要求：①混凝土强度等级不应低于设计要求；②用导管法水下灌注混凝土时坍落度为 160～220mm，非水下直接灌注混凝土（有配筋）时坍落度宜为 80～100mm；非水下直接灌注素混凝土时坍落度宜为 60～80mm；③粗骨料可选用卵石或碎石，其最大粒径对于沉管灌注桩不宜大于 50mm，并不得大于钢筋间最小净距的 1/3，对于素混凝土桩，不得大于桩径的 1/4，并不宜大于 70mm；④对于水下灌注混凝土的含砂率宜为 40%～45%，水泥用量不少于 360kg/m³，为改善和易性和缓凝，宜掺外加剂。

2）混凝土的灌注方法：①导管法用于孔内水下灌注；②串筒法用于孔内无水或渗水量很小时灌注；③短护筒直接投料法用于孔内无水或虽孔内有水但能疏干时灌注；④混凝土泵可用于混凝土灌注量大的大直径钻、挖孔桩。

3）灌注混凝土应遵守以下规定：检查成孔质量合格后应尽快灌注混凝土，桩身混凝土必须留有试件，泥浆护壁成孔的灌注桩，每根桩不得少于 1 组试块；同一配合比的试块，每个灌注台班不得少于 1 组，每组 3 件。混凝土灌注充盈系数（实际灌注混凝土体积与按设计桩身直径计算体积之比）不得小于 1.0；一般土质为 1.1；软土为 1.2～1.3。每根桩的混凝土灌注应连续进行。对于水下混凝土及沉管桩孔从管内灌注混凝土的桩，在灌注过程中应用浮标或测锤测定混凝土的灌注高度，以检查灌注质量。灌注后的桩顶应高出设计标高，并予以保护，以保证在凿除浮浆层后，桩顶标高和桩顶混凝土质量能符合设计要求。当气温低于 0℃时，灌注混凝土应采取保温措施，灌注时的混凝土温度不应低于 5℃；在桩顶混凝土未达到设计强度的 50% 前不得受冻。当气温高于 30℃时，应视具体情况对混凝土采取缓凝措施。

3.3.5.2 沉管灌注桩

沉管灌注桩又称套管成孔灌注桩，是利用锤击打桩设备或振动设备，将带有桩尖的钢管沉入土中（钢管直径与桩的设计尺寸一致），形成桩孔，然后放入钢筋笼，边浇筑混凝土边拔出钢管，利用拔管时的振动将混凝土捣实成桩。其适用于一般黏性土、粉土、淤泥质土、砂土和杂填土地基。沉管灌注桩根据使用桩锤和成桩工艺不同分为锤击沉管灌注桩、振动（及振动冲击）沉管灌注桩、夯压成型灌注桩。

（1）锤击沉管灌注桩。锤击沉管灌注桩宜用于一般黏性土、淤泥质土、砂土和人工填土地基。施工过程及施工要点如下：

1）桩机就位。就位后吊起桩管，对准预先埋好的预制钢筋混凝土桩尖，桩尖与桩管接口处应垫麻绳垫圈，以做缓冲层和防止地下水渗入管内，然后缓慢放入桩管，套入桩尖压入土中。

2）沉管。先用低锤锤击，观察无偏移后正常施打，直至符合设计要求深度，如沉管过程中桩尖损坏，应及时拔出桩管，用土或砂填实后另安桩尖沉管。

3）浇筑混凝土。检查套管内无泥浆或水时，即可放入钢筋笼，浇筑混凝土，混凝土应灌满桩管。混凝土灌注桩至桩顶设计标高时，应使管内混凝土保持略高于地面，并保持到钢管全部拔出。

4）拔管。拔管前，应先锤击或振动钢管，在测得混凝土确已流出套管时方可拔管。拔管时要均匀，保持连续密锤轻击，并控制拔管速度，一般土层以不大于 1m/min 为宜，软弱土层与软硬交界处，应控制在 0.8m/min 以内为宜。

5）桩的中心距在 5 倍桩管外径以内或小于 2m 时，均应采用跳打法施工；中间空出的桩须待邻桩混凝土达到设计强度的 50% 以后方可施打。

（2）振动沉管灌注桩。振动沉管灌注桩采用激振器或振动冲击沉管。其施工过程如下：

1）桩机就位。将桩尖对准桩的中心，利用振动器及桩管自重，把桩尖压入土中。

2）沉管。启动振动桩锤，桩管即在强迫振动下迅速沉入土中。沉管过程中，应经常探测管内有无水或泥浆；如发现水泥浆较多，应拔出桩管，用砂回填桩孔后方可重新沉管。

3）浇筑混凝土。桩管沉到设计标高后停止振动，放入钢筋笼，浇筑混凝土，混凝土应灌满桩管。混凝土灌注至桩顶设计标高时，应使管内混凝土保持略高于地面，并保持到钢管全部拔出。

4）拔管。开始拔管时，应先启动振动锤 8~10min，在测得混凝土确已流出套管时方可拔管。拔管时要均匀，边振边拔。拔管速度应控制在 1.5m/min 以内。

（3）夯压成型灌注桩。夯压成型灌注桩又称夯扩桩，是在普通沉管灌注桩的基础上加以改进，增加一根内夯管，使桩端扩大的一种桩型。内夯管的作用是在夯扩工序时，将外管混凝土夯出管外，并在桩端形成扩大头，同时利用内管和桩锤的自重将桩身混凝土压实，增大地基的密实度，使桩的承载力大幅度提高。夯扩桩适用于一般的黏性土、淤泥、淤泥质土、黄土、硬黏性土，也可用于有地下水的情况，多在 20 层以下的高层建筑基础中使用。

沉管灌注桩施工过程中，对土体有挤密作用和振动影响，施工中应结合现场施工条件，考虑成孔的顺序。即间隔一个或两个桩位成孔；在邻桩混凝土初凝前或终凝后成孔；一个承台下桩数在 5 根以上者，中间的桩先成孔，外围的桩后成孔。

为了提高桩的质量和承载力，沉管灌注桩常采用单打法、反插法、复打法等施工工艺。

1）单打法（又称一次拔管法）。施工时在沉入土中桩管内灌满混凝土，开动激振器，拔管时，每提升 0.5～1.0m，振动 5～10s，再拔管 0.5～1.0m，这样反复进行，直至全部拔出。

2）反插法。反插法是在桩管灌满混凝土之后，先振动再开始拔管，每次拔管高度 0.5～1.0m，反插深度 0.3～0.5m；在拔管过程中应分段添加混凝土，保持管内混凝土面始终不低于地表面或高于地下水位 1.0～1.5m 以上，拔管速度应小于 0.5m/min。

3）复打法。复打法是在第一次灌注桩施工完毕，拔出桩管后，清除桩管外壁上的污泥和桩孔周围地面浮土，立即在原桩位再埋预制桩靴或合好桩尖活瓣，进行第二次复打沉桩管，使未凝固的混凝土向四周挤压以扩大桩径，然后再灌注第二次混凝土。拔管方法与初打时相同。施工时要注意：前后两次沉管的轴线应重合；复打施工必须在第一次灌注的混凝土初凝之前进行；钢筋笼应在第二次沉管后放入。

（4）沉管灌注桩常见质量问题及处理。沉管灌注桩易发生断桩、缩桩、桩尖进水或进泥砂及吊脚桩等质量问题，施工中应加强检查并及时处理。

1）断桩。断桩的裂缝是水平的或略带倾斜，一般都贯通整个截面，常出现于地面以下 1～3m 的不同软硬土层交接处。

解决措施：桩的中心距宜大于 3.5 倍桩径；考虑打桩顺序及桩架行走路线时，应注意减少对新打桩的影响；采用跳打法或控制时间法以减少对邻桩的影响。对断桩检查，若断裂位置在 2～3m 以内，可用手锤敲击桩头侧面，同时用脚踏在桩上，如桩已断，会感到浮振。如深处断桩，目前常用开挖检查法和动测法检查。断桩一经发现，应将断桩段拔去，把孔清理干净后，略增大面积或加上钢箍连接，再重新灌注混凝土。

2）缩颈桩又称瓶颈桩。缩颈桩是指桩的部分桩颈缩小，截面积不符合设计要求。

解决措施：施工中应保持管内混凝土略高于地面，使之有足够的扩散压力，经常测定混凝土落下情况，发现问题及时纠正，一般可用复打法处理，并严格控制拔管速度。

3）桩尖进水或进泥。常见于地下水位高、含水量大的淤泥和粉砂土层。

解决措施：处理方法可将桩管拔出，修复改正桩尖缝隙后，用砂回填桩孔重打；地下水量大时，桩管沉到地下水位处，用水泥砂浆灌入管内约 0.5m 做封底，并再灌 1m 高混凝土，然后打下。

4）吊脚桩。吊脚桩是指桩底部的混凝土隔空，或混凝土中混进泥砂而形成松软层的桩。造成吊脚桩的原因分析：预制桩尖被打坏而挤入桩管内，拔管时桩尖未及时被混凝土压出或桩尖活瓣未及时张开，混凝土未及时从管内流出。

解决措施：应将桩管拔出，填砂重打。或者可采取密振动慢拔，开始拔管时先反复插几次再正常拔管。

3.3.5.3 干作业螺旋钻孔灌注桩

干作业螺旋钻孔灌注桩按成孔方法可分为长螺旋钻孔灌注桩和短螺旋钻孔灌注桩。长螺旋钻成孔是用长螺旋钻孔机的螺旋钻头，在桩位处就地切削土层，被切土块钻屑随钻头旋转，沿着带有长螺旋叶片的钻杆上升，输送到出土器后自动排出孔外；短螺旋钻成孔是用短螺旋钻机的螺旋钻头，在桩位处就地切削土层，被切土块钻屑随钻头旋转沿着带有数量不多的螺旋叶片的钻杆上升，积聚在短螺旋叶片上，形成"土柱"，此后靠提钻、反转、甩土，将钻屑散落在孔周，一般钻进 0.5～1.0m 就要提钻一次。

（1）钻机。螺旋钻机应用于成孔地下水位以上的填土层、黏性土层、粉土层、淤泥土层和粒径不大的砾砂层。但不宜用于地下水位以下的上述各类土层以及碎石层、淤泥土层。对非均质碎块、混凝土块、条块石的杂填土层及大卵砾石层，成孔困难大。国产长螺旋钻孔机的桩孔直径为 300～800mm，成孔深度在 36m 以内。国产短螺旋钻孔机，桩孔最大直径可达 1828mm，最大成孔深度可达 70m。

（2）施工要点。钻进时要求钻杆垂直，如发现钻杆摇晃、移动、偏斜或难以钻进时，可能遇到坚硬夹物，应立即停车检查，妥善处理，否则会导致桩孔严重偏斜，甚至钻具被扭断或损坏。钻孔偏移时，应提起钻头上下反复打钻几次，以便削去硬土。纠正无效，可在孔中局部回填黏土至偏孔处以上 0.5m，再重新钻进。钻孔达到要求深度后，应用夯锤夯击孔底虚土，或者用压力在孔底灌入水泥浆，以减少桩的沉降和提高桩的承载能力，然后尽快吊放钢筋笼，并浇筑混凝土。浇筑应分层进行。每层高度不得大于 1.5m。

3.3.5.4　泥浆护壁成孔灌注桩

泥浆护壁成孔灌注桩是利用原土自然造浆或人工造浆浆液护壁，通过循环泥浆将被钻头切削土体的土块钻屑挟带排出孔而成孔，而后安放钢筋笼，水下灌注混凝土成桩。泥浆护壁成孔的方法有：正（反）循环回转钻成孔、正（反）循环潜水钻成孔、冲击钻成孔、冲抓锥成孔、钻斗钻成孔等。泥浆护壁成孔灌注桩适用于地下水位以下的黏性土、粉土、砂土、填土、碎（砾）石土及风化岩层，以及地质情况复杂、夹层多，风化不均，软硬变化较大的岩层，冲孔灌注桩还能穿透旧基础、大孤石等障碍物，但在岩溶发育地区应慎重使用。

泥浆护壁成孔灌注桩施工工艺为：测定桩位、埋设护筒、桩机就位，泥浆制备，成孔、泥浆循环出渣，清孔，安放钢筋笼，水下浇筑混凝土。

（1）埋设护筒。护筒是埋置在钻孔孔口的圆筒，是大直径泥浆护壁成孔灌注桩特有的一种装置。其作用是固定桩孔位置；防止地面水流入，保护孔口；增高桩孔内水压力，防止塌孔，以及钻孔时引导钻头方向。

护筒一般用 4～8mm 厚钢板制成，内径应大于钻头直径 200mm，上部宜开设 1～2 个溢浆孔。埋设护筒时，先挖去桩孔处的地表土，将护筒埋入土中，保证其位置准确。护筒的埋设深度，在黏土中不宜小于 1.0m，在砂土中不小于 1.5m。护筒顶面应高于地面 0.4～0.6m，并应保持孔内泥浆面高出地下水位 1m 以上，在受水位涨落影响时，应严格控制护筒内外的水位差，泥浆面应高出最高水位 1.5m 以上。

（2）泥浆制备。

1）泥浆的作用。泥浆在桩孔内会吸附在孔壁上，将土壁孔隙渗填密实，并形成一层致密的泥膜，可避免桩孔内壁漏水，保持护筒内水压稳定。泥浆比重大，加大孔内水压力，可以稳固土壁、防止塌孔；泥浆有一定黏度，通过循环泥浆可将切削碎的泥石渣屑悬浮后排出，起到携砂、排土的作用。同时，泥浆还可对钻头有冷却和润滑作用。

2）泥浆制备的方法。制备泥浆的方法应根据土质条件确定：在黏土和亚黏土中成孔，可在孔中注清水，钻机旋转时，切削土屑与水旋拌，利用原土造浆，泥浆比重控制在 1.1～

1.2。在其他土层中成孔时，泥浆制备应选用高塑性黏性土或膨润土。在砂土和较厚的夹砂层中成孔时，泥浆比重应控制在1.1～1.3；在穿过砂夹卵石层或容易塌孔的土层中成孔时，泥浆比重控制在1.3～1.5。施工中应经常测定泥浆比重，并定期测定黏度（应为18～22s）、含砂率（应不大于4%～8%）和胶体率（应不小于90%）等指标。

（3）成孔。

1）回转钻机成孔。回转钻成孔是国内灌注桩施工中最常用的方法之一。按其排渣方式分为正循环回转钻成孔和反循环回转钻成孔两种。

a. 正循环回转钻机成孔是钻机回转装置带动钻杆和钻头回转切削破碎岩土，由泥浆泵输进泥浆，泥浆沿孔壁上升，从孔口溢浆孔溢出流入泥浆池，经沉淀返回循环池。通过循环泥浆，协助钻头破碎岩土将钻渣清出孔外，同时起护壁作用，如图3.7所示。

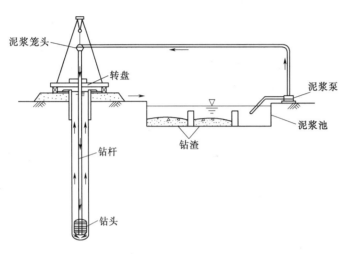

图3.7　正循环回转钻成孔

正循环回转钻机：成孔泥浆的上返速度较低。挟带土粒直径小，排渣能力差，岩土重复破碎现象严重。适用于填土、淤泥、黏土、粉土、砂土等地层，对卵砾石含量不大于15%、粒径小于10mm的部分砂卵砾石层和软质基岩、较硬基岩也可使用。桩孔直径不宜大于1000mm，钻孔深度不宜超过40m。

正循环回转钻机主要由动力机、泥浆泵、卷扬机、转盘、钻架、钻杆、水龙头等组成。

正循环回转钻机的主要参数有：冲洗液量、转速和钻压。保持足够的冲洗液（指泥浆或水）量是提高正循环钻进效率的关键。转速的选择除了满足破碎岩土的扭矩需要，还要考虑钻头的不同部位切削工具的磨耗情况。一般砂土层硬质合金钻进时，转速取40～80r/min，较硬或非均质地层转速可适当调慢；对于钢粒钻进成孔，转速一般取50～120r/min，大桩取小值，小桩取大值；对于牙轮钻头钻进成孔，转速一般取60～180r/min。在松散地层中，确定给进钻压时，以冲洗液畅通和钻渣清除及时为前提，灵活加以掌握；在基岩中钻进可通过配置加重铤或重块来提高钻压。对于硬质合金钻钻进成孔，钻压应根据地质条件、钻杆与桩孔的直径差、钻头形式、切削具数目、设备能力和钻具强度等因素综合考虑确定。一般按每片切削刀具的钻压为800～1200N或每颗合金的钻压为400～600N确定钻头所需的钻压。

b. 反循环回转钻成孔是由钻机回钻装置带动钻杆和钻头回转切削破碎岩土，利用泵吸、气举、喷射等措施抽吸循环护壁泥浆，挟带钻渣从钻杆内腔抽吸出孔外的成孔方法，如图3.8所示。反循环回转钻成孔方法根据抽吸原理不同可分为泵吸反循环、气举法反循环与喷射（射流）反循环3种施工工艺。

泵吸反循环是直接利用砂石泵的抽吸作用使钻杆的水流上升而形成反循环；喷射反循环是利用射流泵射出的高速水流产生负压使钻杆内的水流上升而形成反循环。这两种方法在浅孔时效率较高，孔深大于50m以上效率降低。气举法反循环是利用

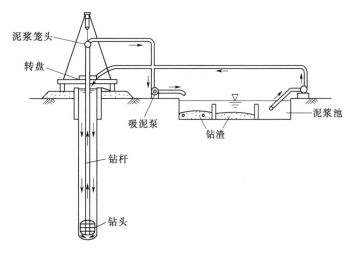

图3.8 反循环回转钻成孔

送入压缩空气使水循环，钻杆内水流上升速度与钻杆内外的液柱重度差有关，随孔深增加效率增加，当孔深超过50m以后即能保持较高且稳定的钻进效率（图3.9）。因此，应根据孔深情况来选择合适的反循环施工工艺。

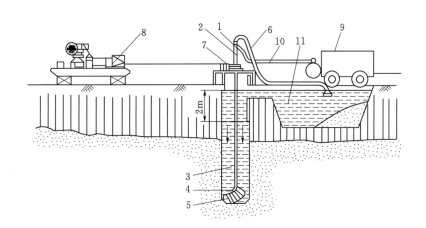

图3.9 气举法反循环施工

1—气密式旋转接头；2—气密式传动杆；3—气密式钻头；4—喷射嘴；5—钻头；6—压送软管；
7—旋转台盘；8—液压泵；9—压气机；10—空气软管；11—水槽

反循环钻进成孔适用于填土、淤泥、黏土、粉土、砂土、砂砾等地层。反循环钻机与正循环钻机基本相同，但还要配备吸泥泵、真空泵或空气压缩机等。

2）潜水钻成孔。潜水钻机的动力装置沉入钻孔内，封闭式防水电动机和变速箱及钻头组装在一起潜入泥浆下钻进。潜水钻机钻进时出渣方式也有正循环与反循环两种。潜水钻正循环是利用泥浆泵将泥浆压入空心钻杆并通过中空的电动机和钻头射入孔底；潜水钻的反循环有泵举法、气举法和泵吸法共3种。

潜水钻体积小、质量轻、机动灵活、成孔速度快，适用于地下水位高的淤泥质土、黏性土及砂质土等，选择合适的钻头也可钻进岩层。成孔直径为 800～1500mm，深度可达 50m。

3）冲击钻成孔。冲击钻成孔是把带钻刃的重钻头（又称"冲锤"）提高，靠自由下落的冲击力来破碎岩层或冲挤土层，排出碎渣成孔，适用于碎石土、砂土、黏性土及风化岩层等。桩径可达 600～1500mm。大直径桩孔可分级成孔，第一级成孔直径为设计桩径的 0.6～0.8 倍。

开孔时钻头应低提（冲程不大于 1m）密冲，若为淤泥、细砂等软土，要及时投入小片石和黏土块，以便冲击造浆，并使孔壁挤压密实，直到护筒以下 3～4m 后，才可加大冲击钻头的冲程，提高钻进效率。孔内被冲碎的石渣，一部分会随泥浆挤入孔壁内，其余较大的石渣用泥浆循环法或掏渣筒掏出。进入基岩后，应低锤冲击或间断冲击，每钻进 100～500mm 应清孔取样一次，以备终孔验收。如果冲孔发生偏斜，应回填片石（厚 300～500mm）后重新冲击。施工中应经常检查钢丝绳的磨损情况，卡扣松紧程度和转向装置是否灵活，以免掉钻。

（4）清孔。

当钻孔达到设计要求深度后，即应进行验孔和清孔，清除孔底沉渣、淤泥，以减少桩基的沉降量，提高承载能力。

清孔的方法可以采用正循环法、反循环法和掏渣筒掏渣清孔。孔壁土质较好不易塌孔时，可用泵吸反循环清孔。用原土造浆的孔，清孔后泥浆的比重应控制在 1.1 左右。孔壁土质较差时，用泥浆循环清孔；清孔后的泥浆比重应控制在 1.15～1.25。清孔过程中，应及时补充足够的泥浆，并保持浆面的稳定。

清孔时，应保持孔内泥浆面高出地下水位 1.0m 以上，在受水位涨落影响时，泥浆面应高出最高水位 1.5m 以上。清孔后，浇筑混凝土之前，孔底 200～500mm 以内的泥浆比重应满足上述要求，含砂率不大于 8％，黏度不大于 28s。孔底沉渣厚度指标应符合下列规定：端承桩不大于 50mm，摩擦端承桩、端承摩擦桩不大于 100mm，摩擦桩不大于 300mm。若不能满足上述要求，应继续清孔。清孔满足要求后，应立即安放钢筋笼、浇筑混凝土。若安放钢筋笼时间过长，应进行二次清孔后再浇筑混凝土。

3.3.5.5　人工挖孔灌注桩

人工挖孔灌注桩简称挖孔桩，是采用人工挖掘方法成孔，然后安装钢筋笼，浇筑混凝土成桩。其施工特点是设备简单，无噪声，无振动，不污染环境，对施工现场周围原有建筑物的影响小，便于清孔和检查，施工质量可靠。尤其当高层建筑选用大直径的灌注桩，而施工现场狭窄时，采用人工挖孔比机械挖孔具有更大的适应性。但缺点是人工耗量大、开挖效率低、安全操作条件差。施工中应特别重视流砂、流泥、有害气体等的影响，要严格按操作规程施工，制定可靠的安全措施。

（1）构造要求。人工挖孔灌注桩直径一般为 800～2000mm，最大直径可达 3500mm，当要求承载力、底部扩底时，扩底直径一般为 1.3～3.0 倍，最大可达 4.5 倍；桩长一般在 20m 左右，最深可达 40m。混凝土强度等级不得低于 C20，主筋混凝土保护层厚度不应小于 35mm，水下灌注混凝土时不得小于 50mm。

（2）施工机具。

挖孔桩施工机具比较简单，主要有以下几项：

垂直运输工具：如电动葫芦和提土桶。用于施工人员、材料和弃土等的垂直运输。

排水工具：如潜水泵。用于抽出桩孔中的积水。

通风设备：如鼓风机、输风管。用于向桩孔中强制送入空气。

挖掘工具：如镐、锹、土筐等。若遇到坚硬土层或岩石，还需准备风镐和爆破设备。

此外，尚有照明灯、对讲机、电铃等。

（3）施工工艺。为了确保人工挖孔桩施工过程的安全，预防孔壁坍塌和流砂现象的发生，人工挖孔灌注桩施工一般采用现浇混凝土护壁开挖或钢套筒护壁开挖。

1）现浇混凝土护壁开挖。即分段开挖、分段浇筑混凝土护壁，既能防止孔壁坍塌，又能起到放水作用。其施工程序如下：场地平整、放线定位→开挖第一节桩孔土方→测量控制→构筑第一节护壁→安装垂直运输架、手动辘轳或卷扬机、吊土桶、排水、通风、照明设施→循环挖土、构筑护壁至设计标高→清理虚土、排除积水、检查尺寸和持力层、基地验收→安放钢筋笼→浇筑混凝土成桩。

2）钢套筒护壁开挖。其施工程序如下：放线定位并构筑井圈→安放打桩机→打入钢套管→挖土至钢套管下口→基底验收→安放钢筋笼→浇筑混凝土→拔出钢套管成桩。

（4）施工要求。

1）挖孔。桩位应定位准确，在桩位外设置定位龙门桩，安装护壁模板必须用桩中心点校正模板位置；当桩净距小于 2 倍桩径且小于 2.5m 时，应采用间隔开挖。排桩跳挖的最小施工净距不得小于 4.5m；为防止塌孔和保证操作安全，直径 1.2m 以下桩孔，井口用 1/4 砖或 1/2 砖砌护，圈高 1.2m，下部遇有不良土体用半砖护壁；直径 1.2m 以上桩孔多设混凝土支护；人工挖孔灌注桩混凝土护壁的厚度不宜小于 100mm，混凝土强度等级不得低于桩身混凝土强度等级，每节高 0.9～1.0m。采用多节护壁时，上下节护壁宜用钢筋拉结；第一节井圈护壁应符合下列规定：井圈中心线与设计轴线的偏差不得大于 20mm；井圈顶面应比场地高出 150～200mm，壁厚比下面井壁厚度增加 100～200mm。

修筑井圈护壁应遵守下列规定：护壁的厚度、拉结钢筋、配筋、混凝土强度均符合设计要求；上下节护壁的搭接长度不得小于 50mm；每节护壁均应在当日连续施工完毕；护壁混凝土必须保证密实，根据土层渗水情况使用速凝剂；护壁模板的拆除宜在混凝土浇筑 24h 以后进行；发现护壁有蜂窝、渗水现象时，应及时补强以防造成事故；同一水平面上的井圈任意直径的级差不得大于 50mm。

遇有局部流动性淤泥和可能出现流砂时，护壁施工宜按下列方法处理：每节护壁的高度可减少到 300～500mm，并随挖、随验、随浇筑混凝土；或采用钢护筒，或采取有效的降水措施。

挖至设计标高时，孔底不应有积水，成孔后应清理好护壁上的淤泥和孔底残渣、积水，然后进行隐蔽工程验收。验收合格后，立即封底和浇筑桩身混凝土。

2）浇筑混凝土。桩身混凝土浇筑时，必须采用溜槽；当高度超过 3m 时，应用串筒，串筒末端离孔底高度不宜大于 2m；混凝土不宜采用插入式振捣器振实。

3.3.6　桩基工程施工质量验收

当桩顶设计标高与施工场地标高相近时，桩基工程的验收应待成桩完毕后进行；当桩顶设计标高低于施工场地标高时，应待开挖到设计标高后进行验收。

3.3.6.1　桩基验收的资料

桩基验收应包括下列资料：工程地质勘察报告、桩基施工图、图纸会审纪要、设计变更单及材料代用通知单等；经审定的施工组织设计、施工方案及执行中的变更情况；桩位量放线图，包括工程复核签证单；成桩质量检查报告；单桩承载力检测报告；基坑设计标高的桩基竣工平面图及桩顶标高图。

3.3.6.2　施工质量验收

一般规定。桩位的放样允许偏差，群桩是 20mm，单排桩是 10mm。桩基础工程的桩位验收，除设计有规定外，应按下述要求进行：

当桩顶设计标高与施工场地标高相同，或桩基础施工结束后有可能对桩位进行检查时，桩基础工程的验收应在施工结束后进行。

当桩顶设计标高低于施工场地标高，送桩后无法对桩位进行检验，对打入桩可在每根桩桩顶沉至场地标高时，进行中间验收，待全部桩施工结束，承台或板底开挖到设计标高后，再做最终验收。对灌注桩可对护筒位置做中间验收。

预制桩桩位的偏差必须符合表 3.3 的规定。斜桩倾斜度的偏差不得大于倾斜角正切值的 15%（倾斜角为桩的纵向中心线与铅垂线间的夹角）。

表 3.3　　　　　　　　　　预制桩桩位的允许偏差　　　　　　　　　　单位：mm

序号	项　　目		允许偏差
1	盖有基础梁的桩	（1）垂直基础梁的中心线	$100+0.01H$
		（2）沿基础梁的中心线	$150+0.01H$
2	桩数为 1～3 根桩基础中的桩		100
3	桩数为 4～16 根桩基础中的桩		1/3 桩径或边长
4	桩数大于 16 根桩基础中的桩	（1）最外边的桩	1/2 桩径或边长
		（2）中间桩	1/2 桩径或边长

注　H 为施工现场地面标高与桩顶设计标高的距离。

灌注桩桩位的允许偏差必须符合表 3.4 的规定。桩顶标高至少要比设计标高高出 0.5m，桩底清孔质量按不同的成桩工艺有不同的要求，应按相应要求执行。每浇筑 50m³ 必须有 1 组试件；小于 50m³ 的桩，每根桩必须有 1 组试件。

工程桩应进行承载力检验。对于地基基础设计等级为甲级或地质条件复杂，成桩质量可靠性低的灌注桩，应采用静载荷试验的方法进行检验，检验桩数不应少于总数的 1%，且不应少于 3 根，当总桩数少于 50 根时，不应少于 2 根。

桩身质量应进行检验。对设计等级为甲级或地质条件复杂、成桩质量可靠性低的灌注桩，抽检数量不应少于总数的 30%，且不应少于 20 根；其他桩基础工程的抽检数量不应少于总数的 20%，且不应少于 10 根；对混凝土预制桩及地下水位以上且终孔后经过核验的灌注桩，检验数量不应少于总桩数的 10%，且不得少于 10 根。每根柱子承台下不得少于 1 根。

表 3.4 灌注桩的平面位置和垂直度的允许偏差 单位：mm

序号	成孔方法		桩径允许偏差	垂直度允许偏差	桩位允许偏差	
					1～3 根、单排桩基础垂直中心线方向和群桩基础的边桩	条形桩及沿中心线方向和群桩基础中间桩
1	泥浆护壁成孔灌注桩	$D \leqslant 1000$	±50	<1	$D/6$，且不大于 100	$D/6$，且不大于 100
		$D > 1000$	±50		$100 \pm 0.01H$	$150 \pm 0.01H$
2	套管成孔灌注桩	$D \leqslant 500$	−20	<1	70	150
		$D > 500$			100	150
3	干作业成孔灌注桩		−20	<1	70	150
4	人工挖孔灌注桩	混凝土护壁	+50	<0.5	50	150
		钢套管护壁	+50	<1	100	200

注 1. 桩径允许偏差的负值是指个别断面。
2. 采用复打、反插法施工的桩，其桩径允许偏差不受上表限制。
3. H 为施工现场地面标高与桩顶设计标高的距离，D 为设计桩径。

对砂、石子、钢材、水泥等原材料的质量、检验项目、批量和检验方法，应符合国家现行标准的规定。

项 目 小 结

本项目主要讲解了地基与基础的基本概念和要求，浅基础的种类，浅基础施工的基本程序；重点介绍了浅基础施工过程中验槽的目的、内容以及注意事项；地基处理方法分类以及地基处理的各种方法施工和适用范围。详细介绍了换土垫层法、重锤夯实地基、强夯地基、振冲地基、深层搅拌地基和高压喷射注浆的施工工艺、施工方法以及质量标准和要求；桩基工程的分类，预制桩的制作、运输和堆放要求及注意事项，讲述各类桩基础的施工工艺、施工程序、施工方法；桩基施工验收质量标准。

复 习 思 考 题

1. 地基与基础的基本概念及应满足哪些基本要求？
2. 地基处理的目的是什么？常用的地基处理方法有哪些？其原理各是什么？各适用于什么条件？
3. 什么是验槽？验槽的目的和内容各是什么？
4. 简述高压喷射注浆地基的施工工艺和要求。
5. 桩基础如何分类？

6. 打桩顺序一般应如何确定？

7. 打入桩施工准备工作包括哪些内容？

8. 钢筋混凝土预制桩的起吊、运输及堆放应注意哪些问题？

9. 试述钢筋混凝土灌注桩的施工工艺及要求。

10. 试述沉管灌注桩的施工工艺与常见的质量问题及其处理方法。

11. 试述人工挖孔灌注桩的构造要求和工艺流程。

12. 桩基工程验收应提交哪些资料？

项目4 砌体工程施工技术

【学习目标】

能力目标：熟悉砌体工程施工机具、作业条件；掌握砖砌体、小型砌块砌体和填充墙砌体的施工工艺；熟悉砌体工程质量验收标准。

知识点：砌体工程，砌筑砂浆，砌筑工艺。

【项目介绍】

本项目包括脚手架搭设、砌体施工、砌体工程施工质量验收三个学习任务，重点介绍砖砌体工程的主要施工工艺。

任务4.1 脚手架搭设

脚手架是建筑工程施工过程中一种重要的施工工具，是为保证施工现场作业安全、顺利进行而搭设的工作平台，在结构施工、装修施工和设备管道的安装施工中都需要按照操作要求搭设脚手架。

脚手架的种类繁多，但都应符合以下要求：脚手架必须具有足够的强度和稳定性，能够承受施工期间所产生的荷载或在周围环境条件变化时不产生变形、晃动或倾斜，能确保作业人员的人身安全。脚手架要能提供足够的面积，满足材料的堆放和运输，以及人员操作和行走的需要。构造要简单，安装、拆除和周转要方便。要因地制宜，就地取材，量材施用，尽量节约材料。

常用脚手架以钢管脚手架比较普遍，钢管脚手架主要有扣件式钢管脚手架和碗扣式钢管脚手架。

4.1.1 扣件式钢管脚手架

扣件式钢管脚手架是建筑工程中应用最为广泛的一种脚手架类型，其优点是：安装便捷、可灵活布置、能够适应建筑物平面及高度的变化，并且在拆除后能多次使用，节约施工成本、减少投资。但是扣件式脚手架也具有明显的缺点，其扣件易损坏或丢失，螺栓紧固程度差异较大，连接时存在搭接距离等。

4.1.1.1 基本构造

扣件式脚手架由纵向水平杆、横向水平杆、扣件、脚手板、立杆、连墙件和安全网等部分做成，见图4.1。

（1）纵向水平杆。纵向水平杆水平设置，其长度不应小于2跨，扣件距立杆轴心线的距离不宜大于跨度的1/3，同一步架中，内外两根纵向水平杆的接头应尽量错开一跨，凡与立杆相交处均必须用直角扣件与立杆固定，以保证脚手架的稳定。

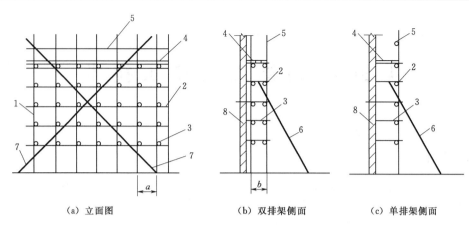

（a）立面图　　　　　　　　（b）双排架侧面　　　　　　　（c）单排架侧面

图 4.1　扣件式钢管脚手架

1—立杆；2—纵向水平杆；3—横向水平杆；4—脚手板；5—栏杆；6—抛撑；7—斜撑；8—墙体

（2）横向水平杆。横向水平杆设置在纵向水平杆上，凡是立杆与纵向水平杆的相交处均必须设置一根横向水平杆。双排脚手架的横向水平杆，其两端均应用直角扣件固定在纵向水平杆上。单排脚手架的横向水平杆一端应该用直角扣件固定在纵向水平杆上。

（3）扣件。扣件主要用于钢管之间的连接，其基本形式（图 4.2）有三种：直角扣件，用于两根钢管成垂直交叉连接；回转扣件，用于两根钢管成任意角度交叉连接；对接扣件，用于两根钢管的对接连接。

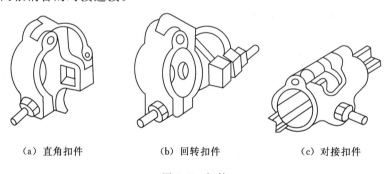

（a）直角扣件　　　　　　（b）回转扣件　　　　　　（c）对接扣件

图 4.2　扣件

（4）脚手板。脚手板一般搭设在横向水平杆上，能够提供施工所需的操作平台，同时将施工荷载传递给水平杆的板件。脚手板一般均应采用三支点支撑，当脚手板长度小于2m 时，可采用两支点支撑，但应将两端固定，防止倾覆。脚手板宜采用对接平铺，其外伸长度应为 100～150mm，当采用搭接铺设时，其搭接长度应大于 200mm，见图 4.3。

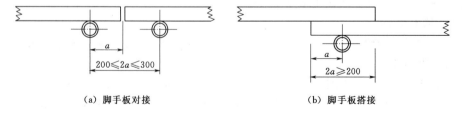

（a）脚手板对接　　　　　　　　　　（b）脚手板搭接

图 4.3　脚手板对接搭接尺寸

（5）立杆。立杆是平行于建筑物外立面并且与地面垂直的杆件，其主要作用是将脚手架上的各种荷载传递到底座上。立杆属于受压构件，失稳是其主要破坏形式。每根立杆均应设置标准底座，同时必须与纵、横向扫地杆固定。为了保证立杆的稳定性立杆必须用刚性固定件与建筑物可靠连接。脚手架的最大架设高度可以根据排距、步距和不同的施工荷载选定。当工程所需的脚手架高度大于最大架设高度时，可由上向下计，在等于最大架设高度的以下部位，采取双立杆或其他措施。

（6）连墙件。连墙件脚手架和建筑物连接处的部件，主要作用是防止脚手架倾覆。连墙件分为刚性和柔性两种。一般情况下为保证连接的可靠性，脚手架均采用刚性连墙件与建筑物连接。而对于高度在 24m 以下的脚手架，可采用柔性连墙件拉结，此时必须配有顶撑（顶到建筑物墙面的横向水平杆）顶在混凝土圈梁、杆等结构部位，以防止向内倾覆。24m 以上的双排脚手架均应采用刚性固定件连接。

（7）安全网。安全网包括立网和平网。其主要用途是保证工人在施工过程中的安全，以及减少施工中产生的扬尘对周围环境的污染。

4.1.1.2 搭设与拆除

（1）搭设。扣件式脚手架在搭设之前应对场地进行处理，地基表面应平整，排水畅通，如果表层土质松软，应该加 150mm 厚碎石或碎砖夯实，对高层建筑脚手架基础应进行验算。垫板、底座均应准确地放在定位线上。

脚手架搭设顺序为：摆放扫地杆→逐根竖立立杆并与扫地杆扣紧→安装第一步大横杆并与各立杆扣紧→安装第二步大横杆→加设临时斜撑杆，上端与大横杆扣紧（在装设连墙杆后拆除）→安装第三、第四步大横杆→安装第二步连墙杆→接立杆→加设剪刀撑→依次类推至脚手架搭设完→挂立网。

开始搭设第一节立杆时，每 6 跨应暂设一根抛撑，当搭设至设有连墙件的构造层时，应立即设置连墙件与墙体连接，当装设两道连墙件后，抛撑便可拆除。双排脚手架的小横杆靠墙一端应离开墙体装饰面至少 100mm，杆件相交的伸出端长度不应小于 100mm，以防止杆件滑脱；扣件规格必须与钢管外径一致，扣件螺栓拧紧，扭力矩不应小于 40N·m，并不应大于 70N·m；除操作层的脚手板外，宜每隔 12m 高满铺一层脚手板，在脚手架全高或高层脚手架的每个高度区段内，铺板不多于 6 层，作业不超过 3 层，或根据设计搭设。遇到门洞时，不论是单排、双排架均可挑空 1～2 根立杆，并将悬空的立杆用斜杆逐根连接，使荷载分布到两侧立杆上，单排架遇到窗洞时，可增设立杆或设一短杆将荷载传递到两侧的横向水平杆上。

（2）拆除。在拆除脚手架之前，施工单位应制定安全有效的施工方案，并且应对架体上的杂物进行清理，对架体结构进行检查，同时还要对拆除区域进行围挡，禁止其他人员进入。脚手架拆除应严格遵循相应的顺序，自上而下、后搭先拆、先搭后拆。禁止上下同时拆除，或先将整层连墙件或数层连墙件拆除后再拆除其余杆件。如果采用分段拆除，其高差不应大于两步架高，当拆除至最后一节立杆时，应先加设临时抛撑，后拆除连墙件，拆下的材料应及时分段集中运至地面，严禁向下抛扔。

4.1.2 碗扣式钢管脚手架

碗扣式钢管脚手架是近几年在我国建筑施工中快速发展的一种多功能脚手架，其具有显著的优点：接头处拼接速度快，从而减轻了工人的劳动强度，同时提高施工效率；相比扣件式脚手架整体性较好，解决了偏心的问题；维护费用低，碗扣与杆件固定，不易丢失；接头强度较高，力学性能优良。

（1）碗扣式钢管脚手架的构造。碗扣式钢管脚手架的核心部件是碗扣接头，由上碗扣、下碗扣、横杆接头和上碗扣的限位销等组成，如图4.4所示。

（2）碗扣式脚手架的搭设。碗扣式脚手架的接头是立杆同横杆、斜杆的连接装置，应确保接头锁紧。搭设时，先将上碗扣搁置在限位销上，将横杆、斜杆等接头插入下碗扣，使接头弧面与立杆密贴，待全部接头插入后，将上碗扣套下，并用榔头顺时针沿切线敲击上碗扣凸头，直至上碗扣被限位销卡紧不再转动为止。

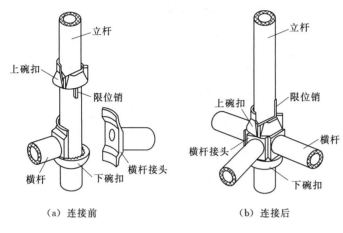

（a）连接前　　　　　　（b）连接后

图4.4　碗扣接头构造

对于碗扣式脚手架的搭设高度也有一定的限制。一般情况下其搭设高度不大于20m，当设计高度大于20m时，应根据荷载计算进行搭设。

碗扣式钢管脚手架立杆横距为1.2m，纵距根据脚手架荷载可为1.2m、1.5m、1.8m、2.4m，步距为1.8m、2.4m。搭设时立杆的接长缝应错开，第一层立杆应用长1.8m和3.0m的立杆错开布置，往上均用3.0m长杆，至顶层再用1.8m和3.0m两种长度找平。

4.1.3　工具式脚手架的搭设

工具式脚手架包括附着式升降脚手架、高处作业吊篮和外挂防护架等，其架体结构和构配件为定型化标准化产品，拆装方便，可反复使用。

4.1.3.1　附着式升降脚手架

附着式升降脚手架又称爬架，是仅搭设一定高度并附着于工程结构上，依靠在架体上或工程结构上的专用升降设备来实现架体结构随工程施工逐层爬升或下降的外脚手架，适用于建筑物立面构造简单的高层建筑、超高层建筑或高耸构筑物。

（1）附着式升降脚手架的组成。如图4.5所示，附着式升降脚手架主要由竖向主框架和导轨、水平支撑桁架、脚手架架体、附墙支座（吊点）、提升装置、同步控制装置、防倾覆装置及防坠落装置等组成。

（2）附着式升降脚手架技术原理。附着式升降脚手架是利用已浇筑的混凝土结构将脚手架和提升机构分别固定（附着）在结构上。升降操作前解除结构对脚手架的约束，通过提升机构升降脚手架到位。利用附墙支座将脚手架固定在结构上。下次升降前，解除结构对升降机构的约束，将其安装在下次升降需要的位置，将提升机构和脚手架连接，解除结

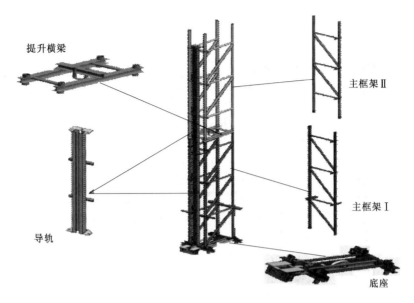

图4.5 竖向主框架构成

构对脚手架的约束，完成升降。使用状态下，脚手架依靠附墙支座的固定和提升机构的连接保证安全。升降状态时，脚手架依靠提升机构和防坠装置保证安全。

（3）附着式升降脚手架的基本要求。架体结构高度不得大于5倍楼层高，架体宽度不得大于1.2m；直线布置的架体支承跨度不得大于7m，折线或曲线布置的架体相邻两个主框架支承点处架体外侧的距离不得大于5.4m；架体的水平悬挑长度不得大于2m，且不得大于跨度的1/2；架体全高与支承跨度的乘积不得大于110m²；架体悬臂高度不得大于架体高度的2/5和4m；附着式升降脚手架必须在每个竖向主框架处设置升降设备，升降设备应采用电动葫芦或电动液压设备，单跨升降时可采用手动葫芦，升降设备必须与建筑结构和架体有可靠连接；固定升降动力设备的建筑结构必须安全可靠，设置电动液压设备的架体部位，应有加强措施。附着式升降脚手架必须安装防倾覆、防坠落和同步升降控制的安全装置。

4.1.3.2 外挂防护架

外挂防护架是用于结构施工临边防护的支架。每个架体单元由竖向主框架、水平防护构架、三角臂和连墙件等组成，如图4.6所示。在结构施工中利用其他设备提升，伴随施工层升高并固定，至主体结构完工时拆除。外挂防护架的施工荷载，包括作业层（只限一层）上的作业人员、随身工具的重量不得大于0.8kN/m²。

防护层应根据施工需要确定位置。防护层应满铺脚手板，外侧设护栏和挡脚板。防护层与建筑物的距离不得大于150mm。外挂防护架底层还应采用水平安全网将底层与建筑之间的缝隙全封闭。应根据施工专项方案的要求，在建筑结构上设置预埋件。应根据外挂防护架的设计要求，做好防护架支撑点和连墙点的连接。每片架体应独立与建筑物连接；不得在提升装置受力前放松支撑和拆除连墙件；不得在施工过程中拆除连墙件。提升时，必须按照"提升一片、固定一片、封闭一片"的原则进行，严禁提前拆除两片以上的架体、分片处的连接杆、立面及底部封闭设施。

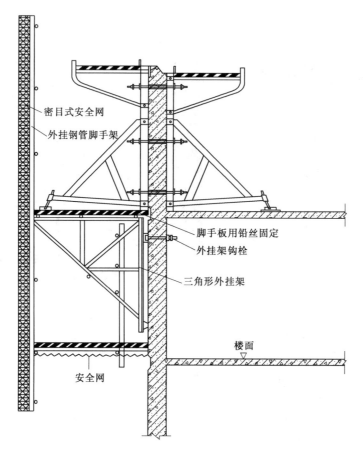

图 4.6　外挂防护架示意图

任务 4.2　砌　体　施　工

　　砌体工程是最为广泛的结构形式之一，主要用于砖混结构、框架结构填充墙等工程施工。砌体砌筑除应采用符合质量要求的原材料外，还必须有良好的砌筑质量，以使砌体有良好的整体性、稳定性和良好的受力性能。一般要求灰缝横平竖直、灰浆饱满；砌体上下错缝、内外搭接、接槎牢固；要预防不均匀沉降引起开裂；冬季施工要有相应的措施；要符合《砌体结构工程施工质量验收规范》（GB 50203—2011）中的有关规定。

4.2.1　砖砌体施工

4.2.1.1　施工准备

　　（1）材料准备。砖应按设计要求的数量、品种、强度等级及时组织进场，按砖的外观、几何尺寸和强度等级进行验收，并检验出厂合格证。常温施工时，为避免砖吸收砂浆中过多的水分而影响黏结力，砖应提前 1～2d 浇水湿润，以水浸入砖内 10mm 左右为宜，并可除去砖面上的粉末。烧结普通砖含水率宜为 10%～15%，但浇水过多会产生砌体走样或滑动。灰砂砖、粉煤灰砖不宜浇水过多，其含水率控制在 5%～8% 为宜。

（2）施工机具准备。砌筑前，必须按施工组织设计的要求组织好垂直和水平运输机械，如塔式起重机、龙门架、手推车或机动翻斗车等。还应按施工要求准备好脚手架、砌筑工具、质量检查工具（靠尺、皮数杆、百格网）等。

（3）其他准备。其他施工准备还包括劳动力准备、技术准备及现场准备等。

4.2.1.2 施工工艺

砖砌体施工通常包括抄平、放线、摆砖样、立皮数杆、盘角挂线、砌砖、勾缝和清理等工序。

（1）抄平。砌墙前应在基础防潮层或楼面上定出各层标高，并用 M7.5 水泥砂浆或 C10 细石混凝土找平，使各段砖墙底部标高符合设计要求。

（2）放线。以龙门板上的轴线定位钉为准，拉线、吊线锤，将墙身中心线投放至基础顶面，并据此弹出墙身边线及门窗洞口的位置。楼层墙身的放线，应利用预先引测在外墙面上的墙身中心轴线，用经纬仪或线锤向上引测，如图 4.7 所示。

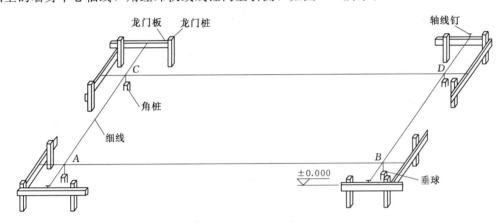

图 4.7　设龙门板放线

（3）摆砖样。摆砖是指在放线的基面上按选定的组砌方式用干砖试摆。摆砖的目的是为了核对所放的墨线在门窗洞口、附墙垛等处是否符合砖的模数，以尽可能减少砍砖，提高砌砖效率。

（4）立皮数杆。皮数杆是指在其上画有每皮砖和砖缝厚度以及门窗洞口、过梁、楼板、梁底、预埋件等标高位置的一种木制标杆，如图 4.8 所示。其作用是控制墙体及各构件的竖向尺寸，使灰缝均匀、厚度一致、砖皮水平。

承重墙的皮数杆一般立于墙转角处，围护填充墙则固定于框架柱侧。墙体较长时应每隔 10～20m 再立一根，以便挑线。

（5）盘角挂线。墙身砌砖前先在墙角砌上几皮，称为盘角，在盘角之间拉上准线，称为挂线。

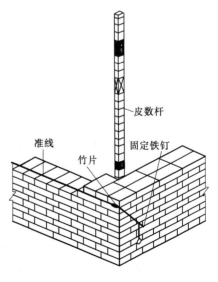

图 4.8　转角处的皮数杆设置

每次盘角不得超过5皮砖，大角的平整度和垂直度吊正、靠平符合要求后再挂线砌墙。一般二四墙可单面挂线，三七墙及以上的墙则应双面挂线。

（6）砌砖。砌砖的操作方法很多，常用的是"三一"砌砖法、挤浆法和满口灰法等。

1）"三一"砌砖法的基本操作是"一铲灰、一块砖、一挤揉"，并随手将挤出的砂浆刮去的砌筑方法。这种砌法的优点是灰缝容易饱满，黏结性好，墙面整洁。故实心砖砌体宜采用"三一"砌砖法。

2）挤浆法即用灰勺、大铲或铺灰器在墙顶上铺一段砂浆，然后双手拿砖或单手拿砖，用砖挤入砂浆中一定厚度之后把砖放平，达到下齐边，上齐线，横平竖直的要求。这种砌法的优点是：可以连续挤砌几块砖，减少烦琐的动作；平推平挤可使灰缝饱满，效率高，保证砌筑质量。铺浆长度不得超过750mm，施工期间气温超过30℃时铺浆长度不得超过500mm。

3）满口灰法是将砂浆满口刮满在砖面和砖棱上，随即砌筑的方法。其优点是砌筑质量好，但效率较低，仅适用于砌筑砖墙的特殊部位如保温墙、烟囱等。

（7）勾缝和清理。清水墙砌完后，要进行墙面修整及勾缝。墙面勾缝应横平竖直，深浅一致，搭接平整，不得有丢缝、开裂和黏结不牢等现象。砖墙勾缝宜采用凹缝或平缝，凹缝深度一般为4~5mm。勾缝完毕后，应进行墙面、柱面和落地灰的清理。

4.2.1.3 技术要点

砌砖工程的基本质量要求是：横平竖直、砂浆饱满、灰缝均匀、上下错缝、内外搭砌、接槎牢固。

（1）横平竖直：即指水平缝平整顺直、立缝竖直排匀。要提高水平缝的平直度，关键是提倡砌墙双面挂线；保证竖缝排匀的关键是试摆砖样。

（2）砂浆饱满：砖砌体水平灰缝的砂浆饱满度不小于80%，竖缝要刮浆适宜，多孔砖的竖缝应加浆填灌，不得出现透明缝、瞎缝和假缝，严禁用水冲浆灌缝；瞎缝是指砌体中相邻块体间无砌筑砂浆，又彼此接触的水平缝或竖向缝；假缝是指为掩盖砌体灰缝内在质量缺陷，砌筑砌体时仅在靠近砌体表面处抹有砂浆，而内部无砂浆的竖向灰缝。

（3）灰缝均匀：灰缝应厚薄均匀，水平缝厚度和竖缝宽度宜为10mm，但不应小于8mm，也不应大于12mm。一步架的砖砌体，每20m抽查一处，用尺量10皮砌体高度折算。

（4）上下错缝：指砖砌体上下两皮砖的竖缝应当错开，以避免上下通缝。

（5）内外搭砌、接槎牢固：砖砌体的转角处和纵横墙交接处应同时砌筑，严禁无可靠措施的内外墙分砌施工，对不能同时砌筑而又必须留置的临时间断处应砌成斜槎，斜槎水平投影长度不小于高度的2/3，如图4.9所示。

非抗震设防及抗震设防烈度为6度、7度地区的临时间断处，当不能留斜槎时，除转角处外，可留直槎，但直槎必须做成凸槎，并加设拉结钢筋。拉结筋沿墙高每500mm留设1道，数量为每120mm墙厚放置1φ6拉结钢筋（240mm厚墙放置2φ6）；埋入长度每边均不小于500mm，抗震设防烈度6度、7度的地区不小于1000mm；末端应有90°弯钩，如图4.10所示。

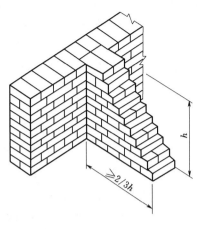

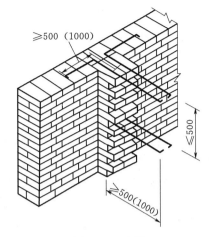

图 4.9 斜槎   图 4.10 直槎

4.2.1.4 钢筋混凝土构造柱的施工

钢筋混凝土构造柱是从构造角度考虑设置的。结合建筑物的防震等级，在建筑物的四角，内外墙交接处，较长的墙体，以及楼梯口、电梯间的四个角的位置设置构造柱。构造柱应与圈梁紧密连接，使建筑物形成一个空间骨架，从而提高结构的整体稳定性，增强建筑物的抗震能力。

（1）设置部位。构造柱的设置部位，一般情况下应符合表 4.1 的要求。

表 4.1   砖房构造柱设置要求

项目	地 震 烈 度				设 置 部 位	
	6 度	7 度	8 度	9 度		
房屋层数	四、五	三、四	二、三		外墙四角，错层部位横墙与纵墙交接处，大房间内外墙交接处，较大洞口两侧	抗震设计烈度为 7 度、8 度时，楼、电梯间的四角；隔 15m 或单元横墙与外纵墙交接处
	六、七	五	四	三		隔开间横墙（轴线）与外墙交接处，山墙与内纵墙交接处 7~9 度时，楼、电梯间的四角
	八	六、七	五、六	三、四		内墙（轴线）与外墙交接处，内墙的局部较小墙垛处：7~9 度时，楼、电梯间的四角；9 度时内纵墙与横墙（轴线）交接处

外廊式和单面走廊式的多层房屋，应根据房屋增加一层后的层数，按相关要求设置构造柱，且单面走廊两侧的纵墙均应按外墙处理。教学楼、医院等横墙较少的房屋，应根据房屋增加一层后的层数，按相关要求设置构造柱。防震缝、伸缩缝或沉降缝两侧的墙体，应视房屋的外墙，按上述规定设置构造柱。

构造柱应沿整个建筑物高度对正贯通，不应使层与层之间的构造柱相互错开。突出屋顶的楼、电梯间，构造柱应伸到顶部，并与顶部圈梁连接，内外墙交接处应沿墙高每隔 500mm 设 2Φ6 拉结钢筋，且每边伸入墙内不应小于 1m。局部突出的屋顶间的顶部及底部均应设置圈梁。

多层砖房结构材料性能指标,除有特殊的规定外,尚应符合下列要求:

1) 黏土砖的强度等级不应低于 MU7.5;砖砌体的砂浆强度等级不应低于 M2.5;当配置水平钢筋时,砂浆强度等级不应低于 M5。

2) 构造柱和圈梁的混凝土强度等级不应低于 C15,构造柱混凝土骨料的粒径不宜大于 20mm。

3) 钢筋宜采用 I 级钢筋。

(2) 构造措施。钢筋混凝土构造柱截面不应小于 240mm×180mm,纵向钢筋一般采用 4Φ12,箍筋直径一般采用 φ6,其间距一般不宜大于 250mm,且在柱上下端宜适当加密。当抗震设防烈度为 7 度时,多层房屋超过 6 层,8 度时超过 5 层,或 9 度时,构造柱的纵向钢筋宜采用 4Φ14,箍筋间距不应大于 200mm。构造柱应沿墙高每隔 500mm 设置 2Φ6 的水平拉结钢筋,拉结钢筋两边伸入墙内不宜小于 1m,当墙上门窗洞边的长度小于 1m 时,拉结钢筋伸到洞口为止。如果墙体为一砖半墙,则水平拉结钢筋应为 3 根,如图 4.11 所示。

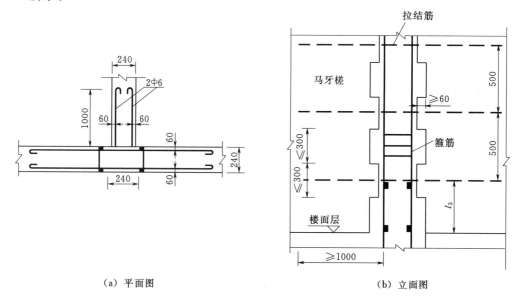

（a）平面图　　　　　　　　　　（b）立面图

图 4.11　拉结钢筋布置及马牙槎

砖墙与构造柱交接处,砖墙应砌成马牙槎。从每个楼层开始,马牙槎应先退槎后进槎,进退槎应大于 60mm,每个马牙槎沿高度方向的尺寸不宜超过 300mm（或 5 皮砖高度）,如图 4.11 所示。

构造柱与圈梁连接处,构造柱纵筋应穿过圈梁,保证纵筋上下贯通。且应适当加密构造柱的箍筋,加密范围从圈梁上下边算起均不应小于层高的 1/6 或 450mm,箍筋间距不宜大于 100mm。

构造柱的纵向钢筋应做成弯钩,接头可以采用绑扎,其搭接长度宜为 35 倍钢筋直径,在搭接接头长度范围内箍筋间距不应大于 100mm。箍筋弯钩应为 135°,平直长度为 10 倍钢筋直径。

(3) 施工要点。构造柱的施工程序应为先砌墙后浇混凝土构造柱。构造柱施工顺序:

绑扎钢筋→砌砖墙→支模板→浇混凝土→拆模。

构造柱的模板可用木模板或组合钢模板。在每层砖墙及其马牙槎砌好后，应立即支设模板，模板必须与所在墙的两侧严密贴紧，支撑牢靠、防止模板缝漏浆。构造柱的底部（圈梁面上）应留出 2 皮砖高的孔洞，以便清除模板内的杂物，清除后封闭。

构造柱浇灌混凝土前，必须将马牙槎部位和模板浇水湿润，将模板内的落地灰、砖渣等杂物清理干净。并在结合面处注入适量与构造柱混凝土相同的水泥砂浆。构造柱的混凝土坍落度宜为 50～70mm，石子粒径不宜大于 20mm。混凝土随拌随用，拌和好的混凝土应在 1.5h 内浇灌完。

构造柱的混凝土浇灌可以分段进行，每段高度不宜大于 2.0m。在施工条件能确保混凝土浇灌密实时，也可每层一次浇灌。捣实构造柱混凝土时，宜用插入式混凝土振动器，应分层振捣，振动棒随振随拔，每次振捣的厚度不应超过振捣棒长度的 1.25 倍。振捣棒应避免直接碰触砖墙，严禁通过砖墙传振。钢筋的混凝土保护层厚度宜为 20～30mm。构造柱与砖墙连接的马牙槎内的混凝土必须密实饱满。

构造柱从基础到顶层必须垂直，对准轴线。在逐层安装模板前，必须根据构造柱轴线随时校正竖向钢筋的位置和垂直度。

4.2.2 砌块砌体施工

砌块代替实心黏土砖作为墙体材料，是墙体改革的一个重要途径。砌块按形状来分有实心砌块和空心砌块两种；按制作原料分为粉煤灰、加气混凝土、混凝土、硅酸盐等数种；按规格来分有小型砌块、中型砌块和大型砌块，中小型砌块在我国大中城市已被广泛应用。由于砌块的规格、型号的多少与砌块幅面尺寸的大小有关，砌块幅面尺寸大，规格、型号就多，砌块幅面尺寸小，规格、型号就少，因此，合理地制定砌块的规格，有助于促进砌块生产的发展，加速施工进度，保证工程质量。以混凝土小型空心砌块砌体施工为例介绍主要的施工内容。

4.2.2.1 构造要求

地面或防潮层以下的砌体应采用普通混凝土小砌块和 M5 水泥砂浆；5 层及 5 层以上房屋的底层墙体应采用不低于 MU7.5 混凝土小砌块和 M5 砌筑砂浆；下列部位的砌体，应采用 C20 混凝土灌实砌体的孔洞：① 底层室内地面或防潮层以下的砌体；② 无圈梁的檩条和楼板支承面下的一皮砌体；③ 未设置混凝土梁垫的屋架、梁等构件支承处，灌实宽度、高度不小于 600mm 的砌块；④ 挑梁支承面下内外墙交接处，纵横各灌实 3 个孔洞，灌实高度不小于三皮砌块。

先砌墙与后砌隔墙交接处，应沿墙高每 400mm 在水平灰缝内设置不少于 2φ4、横筋间距不大于 200mm 的焊接钢筋网片。钢筋网片伸入后砌隔墙内不小于 600mm，如图 4.12 所示。

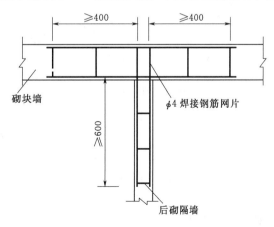

图 4.12 先砌墙与后砌隔墙交接处加设钢筋网片

4.2.2.2　施工工艺

砌块施工的主要工序是：铺灰→砌块就位→校正→勾缝→灌竖缝→镶砖。

4.2.2.3　工艺要点

（1）铺灰。砌块墙体所采用的砂浆，应具有良好的和易性，其稠度以 50～70mm 为宜，铺灰应平整饱满，每次铺灰长度一般不超过 5m，炎热天气或寒冷天气铺灰长度应适当缩短。

（2）砌块就位。砌块就位应从外墙转角或定位标块处开始砌筑，砌块必须遵守"反砌"原则，即砌块底面朝上原则砌筑，砌筑时严格按砌块排列图的顺序和错缝搭接的原则进行，内外墙同时砌筑，在相邻施工段之间留阶梯形斜槎。砌块就位时，应使夹具中心尽可能与墙体中心线在同一垂直线上，对准位置缓慢、平稳地落在砂浆层上，待砌块安放稳定后方可松开夹具。

砌块的砌筑应立皮数杆、拉准线，从转角处或定位处开始，内外墙同时砌筑、纵横墙交错搭接。转角处小砌块应隔皮露端面，T 字交接处应使横墙小砌块隔皮露端面，如图 4.13 所示。

砌块的砌筑应遵循"对孔、错缝、反砌"的规则进行，即上皮砌块的孔洞对准下皮砌块的孔洞，则上下皮砌块的壁、肋可较好地传递竖向荷载，保证砌体的整体性和强度；错缝（搭砌）可增强砌体的整体性；将砌块生产时的底面朝上，便于铺放砂浆和保证水平灰缝的饱满度。

上下皮小砌块竖向灰缝错开 190mm，特殊情况无法对孔砌筑时，普通混凝土小砌块错缝长度不小于 90mm，轻骨料混凝土砌块错缝长度不小于 120mm。无法满足此规定时，应在水平灰缝中设置 4φ4 钢筋网片，网片每端均应超过该竖向灰缝长度 400mm，如图 4.14 所示。

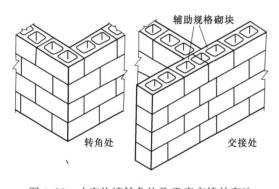

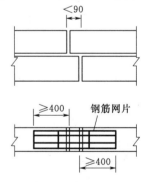

图 4.13　小砌块墙转角处及 T 字交接处砌法　　　图 4.14　水平灰缝中拉结筋

（3）校正。砌块吊装就位后，用锤球或托线板检查墙体的垂直度，用皮数杆拉准线的方法检查水平度。校正时可用撬棍轻微撬动砌块来调整偏差。

（4）勾缝与灌竖缝。砌块经校正后，随即进行勾缝，深度不超过 7mm，此后砌块一般不准再有撬动，以防止砂浆黏结力受损，如砌块发生位移应重砌。灌筑竖缝可先用夹板在墙体内外夹住，然后在缝内灌注砂浆，由专人用竹片捣实才可松去夹具。超过 30mm 的垂直缝应用细石混凝土灌实，其强度等级不低于 C20。

（5）镶砖。当竖缝间出现较大竖缝或过梁找平时，应镶砖。镶砖砌体的竖缝和水平缝应控制在 15～30mm 以内。镶砖工作应在砌块校正后即刻进行，镶砖时应注意使砖的竖缝灌密实。镶砌的最后一皮砖和安放有檩条、梁、楼板等构件的砖层，均需用丁砖镶砌。丁砖必须用无裂缝的整砖。

（6）留槎。小砌块砌体的临时间断处应砌成斜槎，斜槎长度不小于高度的 2/3。转角处及抗震设防区严禁留置直槎。非抗震设防区的内外墙临时间断处留斜槎有困难时，可从砌体面伸出 200mm 砌成阴阳槎，并每三皮砌块设拉结筋或钢筋网片，接槎部位延至门窗洞口，如图 4.15 所示。

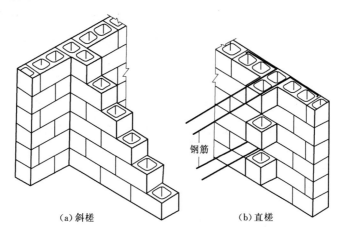

（a）斜槎   （b）直槎

图 4.15　小砌块砌体斜槎和直槎

4.2.2.4　芯柱施工

芯柱是指在砌块内部空腔中插入竖向钢筋并浇灌混凝土后形成的砌体内部的钢筋混凝土小柱（不插入钢筋的称为素混凝土芯柱），分为砌块芯柱和框架柱芯柱两种。

（1）设置部位。在外墙转角、楼梯间四角的纵横墙交接处的 3 个孔洞，宜设置素混凝土芯柱。5 层及 5 层以上的房屋，应在上述部位设置钢筋混凝土芯柱。

（2）构造要求。芯柱截面不宜小于 120mm×120mm，宜用不低于 C20 的细石混凝土浇灌。钢筋混凝土芯柱每孔内插竖筋不应小于 1φ10，底部应伸入室内地面以下 500mm 或与基础圈梁锚固，顶部与屋盖圈梁锚固。在钢筋混凝土芯柱处，沿墙高每隔 600mm 应设φ4 钢筋网片拉结，每边伸入墙体不小于 600mm（图 4.16）。芯柱应沿房屋的全高贯通，并与各层圈梁整体现浇，可采用图 4.17 所示的做法。

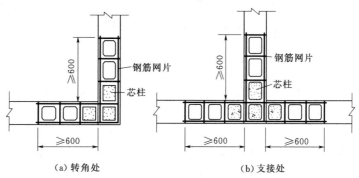

（a）转角处   （b）支接处

图 4.16　钢筋混凝土芯柱处拉筋

73

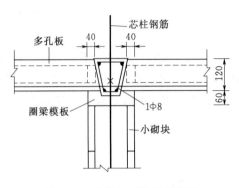

图 4.17　芯柱贯穿楼板的构造

在 6～8 度抗震设防的建筑物中，应按芯柱位置要求设置钢筋混凝土芯柱；对医院、教学楼横墙较少的房屋，应根据房屋增加一层的层数，按表 4.2 的要求设置芯柱。

芯柱竖向插筋应贯通墙身且与圈梁连接；插筋不应小于 $\phi12$。芯柱应伸入室外地下 500mm 或锚入浅于 500mm 基础圈梁内。芯柱混凝土应贯通楼板，当采用装配式钢筋混凝土楼板时，可采取贯通措施。抗震设防地区芯柱地区芯柱与墙体连接处，应设置 $\phi4$ 钢筋网片拉结，钢筋网片每边伸入墙内不宜小于 14m，且沿墙高每隔 600mm 设置。

表 4.2　　　　　　　抗震设防区混凝土小型空心砌块房屋芯柱设置要求

项目	抗震设防烈度			设置部位	设置数量
	6 度	7 度	8 度		
房屋层数	四	三	二	外墙转角、楼梯间四角、大房间内外墙交接处	
	五	四	三		
	六	五	四	外墙转角、楼梯间四角、大房内外墙交接处，山墙（轴线）与外纵横交接处	外墙转角灌实 3 个孔；内外墙交接处灌实 4 个孔
	七	六	五	外墙转角，楼梯间四角，各内墙（轴线）与外墙交接处；8 度时，内纵横（轴线）交接处和洞口两侧	外墙转角灌实 5 个孔；内墙交接处灌实 4～5 个孔；洞口两侧各灌实 4～5 个孔；洞口两侧各灌实 1 个孔

4.2.3　填充墙砌体施工

框架结构的墙体是填充墙，起围护和分隔作用，重量由梁柱承担，填充墙不承重。建筑物框架填充墙的砌筑常采用的砌块有空心砖、蒸汽加压混凝土砌块、轻骨料混凝土小型砌块等，严禁使用实心黏土砖。当使用蒸汽加压混凝土砌块、轻骨料混凝土小型砌块时，其产品龄期应超过 28d。

4.2.3.1　工艺流程

工艺流程：墙体拉结筋焊接→施工放线→基层清理→构造柱钢筋绑扎→立皮数杆、排砖→砖墙砌筑→构造柱→清理。

4.2.3.2　施工要点

（1）墙体拉结筋焊接。每一楼层砖墙壁施工前，必须把墙、柱上填充墙壁体预留拉结筋按规范要求焊接完毕，拉结筋每 500mm 高留一道，每道设 $2\phi6$ 钢筋长度不小于 1000mm，端部设 90°弯钩。单面搭接焊的焊缝长度应不小于 10d，双面搭接焊的焊缝长度应不小于 5d。焊接不应有咬边、气孔等质量缺陷，并进行焊接质量检查验收。在框架柱上采用后植式埋设拉结筋，应通过拉拔强度试验。

（2）施工放线。根据楼层中的控制轴线，事先测放出每一楼层墙体的轴线和门窗洞口的位置线，将窗台和窗顶的位置标高线标识在框架柱上。待施工放线完成后，上报技术部门验收合格后，方可进行墙体砌筑。

（3）基层清理。在砌筑砖体前应对墙基层进行清理，将楼层上的浮浆、灰尘清扫冲洗干净，并浇水使基层湿润。

（4）构造柱钢筋绑扎。构造柱钢筋笼可预先制作，和原结构梁上预留插筋的搭接绑扎长度满足设计要求，柱子中心线应垂直。

（5）立皮数杆、排砖。在皮数杆上或框架柱、墙上排出砖块的皮数及灰缝厚度，并标出窗台、洞口及墙梁等构造标高。根据要砌筑的墙体长度、高度试排砖，摆出门、窗及孔洞的位置。外墙第一皮砖摺底时，横墙应排丁砖，梁及梁垫的下面一皮砖、窗台等阶台水平面上一皮砖应用丁砖砌筑。

（6）砖墙砌筑。普通砖墙厚度在一砖以上可采用一顺一丁、梅花丁或三顺一丁的砌法。砖墙厚度 3/4 砖时，采用两平一侧的砌法，弧形墙可采用全丁的砌法。砖体砌筑必须内外搭砌，上下错缝，灰缝平直，砂浆饱满。砌砖采用"四一"或铺浆法砌筑，并随手将挤出的砂浆刮去。通过对砖的挤揉使砂浆进入砖竖缝内，并使砂浆黏结饱满，增加砖体间的黏结能力。操作时要经常进行自检，如有偏差，应随时纠正，严禁事后采用撞砖纠正。

墙体砌筑灰缝应横平竖直、上下错位 1/2 砖搭砌。水平灰缝厚度为 8～12mm，确保灰缝砂浆黏结饱满度达 80% 以上。竖向灰缝宽度应控制在 8～12mm，在水平铺灰时，竖缝要添灰堵实，不产生透缝现象。

砖墙砌筑时除设置构造柱的部位外，墙体的转角处和交接处应同时砌筑，严禁无可靠措施的内外墙分砌施工。墙体一般不留槎，如必须留置临时间断处，应砌成斜槎，烧结普通砖砌体的斜槎长度不应小于高度的 2/3；施工中不能留成斜槎时，除转角处外，可于墙中引出直凸槎（抗震设防地区不得留直槎）。直槎墙体每间隔高度不大于 500mm，应在灰缝中加设拉结钢筋，拉结筋数量按每 120mm 墙厚放置一根 φ6 钢筋，埋入长度从墙的留槎处算起，两边均不应小于 500mm，末端应有 90° 弯钩；拉结筋不得穿过烟道和通气道。砌体接槎时，必须将接槎处的表面清理干净，浇水湿润，并应填实砂浆，保持灰缝平直。

预埋木砖应经防腐处理，木纹应与钉子垂直，埋设数量按洞口高度确定；洞口高度不大于 2m 时，每边放 2 块；高度在 2～3m 时，每边放 3～4 块。预埋木砖的部位一般在洞口上下四皮砖处开始，中间均匀分布或按设计预埋。

清水墙砌筑应随砌随划缝，划缝深度按图纸尺寸要求进行；如图纸没有明确规定时，一般深度为 6～8mm，缝深浅应一致，清扫干净。砌体应保证灰缝平直，宽度、深度均匀，颜色一致，砌混水墙应随砌随将溢出砖墙面的灰迹块刮除。

（7）构造柱。构造柱的截面尺寸一般为 240mm×240mm，构造柱与墙体的连接处应砌成马牙槎，马牙槎应"先退后进"二退二进，并沿墙高每 500mm 设 2φ6 拉结筋，钢筋端部设 90° 弯钩，深入墙内不宜小于 1000mm。拉结筋应事先放在砌筑操作现场，保证随用随拿。拉结筋应靠构造柱纵筋内边穿过。马牙槎边缘对挤揉出来的砂浆应用工具随手清除，防止凸出的砂浆"吃"进构造柱内。根部的落地灰、碎砖块等杂物应及时清除。

支设构造柱模板时，宜采用对拉螺栓式夹具，为了防止模板与砖墙接缝处漏浆，宜用双面胶条黏结。构造柱模板根部应留垃圾清扫孔。在浇灌构造柱混凝土前，必须向柱内砌体和模板浇水润湿，并将模板内的落地灰清除干净，先注入适量水泥砂浆，再浇灌混凝土。振捣时，振捣器应避免触碰砖墙，严禁通过砖墙传振。

任务 4.3　砌体工程施工质量验收

根据最新规范《砌体结构工程施工质量验收规范》（GB 50203—2011），砌体工程施工质量验收内容如下。

4.3.1　基本规定

（1）材料要求。砌体结构工程所用的材料应有产品合格证书、产品性能型式检测报告，质量应符合国家现行有关标准的要求。块体、水泥、钢筋、外加剂还应有材料主要性能的进场复验报告，并应符合设计要求。严禁使用国家明令淘汰的材料。

（2）施工洞口。在墙上留置临时施工洞口，其侧边离交接处墙面不应小于500mm，洞口净宽度不应超过1m。抗震设防烈度为9度的地区建筑物的临时施工洞口位置，应会同设计单位确定。临时施工洞口应做好补砌。设计要求的洞口、沟槽、管道应于砌筑时正确留出或预埋，未经设计同意，不得打凿墙体和墙体上开凿水平沟槽。宽度超过300mm的洞口上部，应设置钢筋混凝土过梁。不应在截面长边小于500mm的承重墙体、独立柱内埋设管线。

（3）脚手眼。不得在下列墙体或部位设置脚手眼：120mm厚墙、清水墙、料石墙、独立柱和附墙柱；过梁上与过梁成60°角的三角形范围及过梁净跨度1/2的高度范围内；宽度小于1m的窗间墙；门窗洞口两侧石砌体300mm，其他砌体200mm范围内；转角处石砌体600mm，其他砌体450mm范围内；梁或梁垫下及其左右500mm范围内；设计不允许设置脚手眼的部位；轻质墙体；夹心复合墙外叶墙。脚手眼补砌时，应清除脚手眼内掉落的砂浆、灰尘；脚手眼处砖及填塞用砖应湿润，并应填实砂浆。

（4）轴线与标高。砌筑完基础或每一楼层后，应校核砌体的轴线和标高。在允许偏差范围内，轴线偏差可在基础顶面或楼面上校正，标高偏差宜通过调整上部砌体灰缝厚度校正。搁置预制梁、板的砌体顶面应平整，标高一致。

（5）施工质量控制等级。砌体施工质量控制等级应分为三级，并按表4.3划分。

表 4.3　　　　　　　　　　　　　砌体施工质量控制等级

项目	施工质量控制等级		
	A	B	C
现场质量管理	监督检查制度健全，并严格执行；施工方有在岗专业技术管理人员，人员齐全，持证上岗	监督检查制度基本健全，并能执行；施工方有在岗专业技术管理人员，人员齐全，并持证上岗	有监督检查制度；施工方有在岗专业技术管理人员

续表

项目	施工质量控制等级		
	A	B	C
砂浆、混凝土强度	试块按规定制作,强度满足验收规定,离散性小	试块按规定制作,强度满足验收规定,离散性较小	试块按规定制作,强度满足验收规定,离散性大
砂浆拌和	机械拌和;配合比计量控制严格	机械拌和;配合比计量控制一般	机械或人工拌和;配合比计量控制较差
砌筑工人	中级工以上,其中,高级工不少于30%	高、中级工不少于70%	初级工以上

(6) 砌筑高度。正常施工条件下,砖砌体、小砌块砌体每日砌筑高度宜控制在 1.5m 或一步脚手架高度内;石砌体不宜超过 1.2m。

(7) 检验批检验。砌体结构工程检验批的划分应同时符合下列规定:所用材料类型及同类型材料的强度等级相同;不超过 250m³ 砌体;主体结构砌体一个楼层(基础砌体可按一个楼层计);填充墙砌体量少时可多个楼层合并。砌体结构工程检验批验收时,其主控项目应全部符合 GB 50203—2011 的规定;一般项目应有 80% 及以上的抽检符合 GB 50203—2011 的规定;有允许偏差项目,最大超差值为允许偏差的 1.5 倍。

4.3.2　砖砌体工程质量验收

4.3.2.1　主控项目

(1) 砖和砂浆的强度等级必须符合设计要求。抽检数量:每一生产厂家,烧结普通砖、混凝土实心砖每 15 万块,烧结多孔砖、混凝土多孔砖、蒸压灰砂砖及蒸压粉煤灰砖每 10 万块各为一验收批,不足上述数量时按 1 批计,抽检数量为 1 组。检验方法:查砖和砂浆试块试验报告。

(2) 砌体灰缝砂浆应密实饱满。砖墙水平灰缝的砂浆饱满度不得低于 80%;砖柱水平灰缝和竖向灰缝饱满度不得低于 90%。抽检数量:每检验批抽查不应少于 5 处。检验方法:用百格网检查砖底面与砂浆的黏结痕迹面积,每处检测 3 块砖,取其平均值。

(3) 转角交接。砖砌体的转角处和交接处应同时砌筑,严禁无可靠措施的内外墙分砌施工。在抗震设防烈度为 8 度及 8 度以上地区,对不能同时砌筑而又必须留置的临时间断处应砌成斜槎,普通砖砌体斜槎水平投影长度不应小于高度的 2/3,多孔砖砌体的斜槎长高比不应小于 1/2。斜槎高度不得超过一步脚手架的高度。抽检数量:每检验批抽查不应少于 5 处。检验方法:观察检查。

(4) 临时间断。非抗震设防及抗震设防烈度为 6 度、7 度地区的临时间断处,当不能留斜槎时,除转角处外可留直槎,但直槎必须做成凸槎,且应加设拉结钢筋,拉结钢筋应符合下列规定:每 120mm 墙厚放置 1φ6 拉结钢筋(120mm 厚墙应放置 2φ6 拉结钢筋);间距沿墙高不应超过 500mm,且竖向间距偏差不应超过 100mm;埋入长度从留槎处算起每边均不应小于 500mm,对抗震设防烈度 6 度、7 度的地区,不应小于 1000mm;末端应有90°弯钩。抽检数量：每检验批抽查不应少于5处。检验方法：观察和尺量检查。

4.3.2.2　一般项目

（1）组砌方法。砖砌体组砌方法应正确，内外搭砌，上、下错缝。清水墙、窗间墙无通缝；混水墙中不得有长度大于300mm的通缝，长度200～300mm的通缝每间不超过3处，且不得位于同一面墙体上。砖柱不得采用包心砌法。抽检数量：每检验批抽查不应少于5处。检验方法：观察检查。砌体组砌方法抽检每处应为3～5m。

（2）灰缝要求。砖砌体的灰缝应横平竖直，厚薄均匀，水平灰缝厚度及竖向灰缝宽度宜为10mm，但不应小于8mm，也不应大于12mm。抽检数量：每检验批抽查不应少于5处。检验方法：水平灰缝厚度用尺量10皮砖砌体高度折算；竖向灰缝宽度用尺量2m砌体长度折算。

（3）允许偏差及检验。砖砌体尺寸、位置的允许偏差及检验应符合表4.4的规定。

表4.4　　　　　　　　　　砖砌体尺寸、位置的允许偏差及检验

项次	项　目		允许偏差/mm	检验方法	抽检数量
1	轴线位移		10	用经纬仪和尺检查或用其他测量仪器检查	承重墙、柱全数检查
2	基础、墙、柱顶面标高		±15	用水准仪和尺检查	不应少于5处
3	墙面垂直度	每层	5	用2m托线板检查	不应少于5处
		全高 ≤10m	10	用经纬仪、吊线和尺或用其他测量仪器检查	外墙全部阳角
		全高 >10m	20		
4	表面平整度	清水墙、柱	5	用2m靠尺和楔形塞尺检查	不应少于5处
		混水墙、柱	8		
5	水平灰缝平直度	清水墙	7	拉5m线和尺检查	不应少于5处
		混水墙	10		
6	门窗洞口高、宽（后塞口）		±10	用尺检查	不应少于5处
7	外墙上下窗口偏移		20	以底层窗口为准，用经纬仪或吊线检查	不应少于5处
8	清水墙游丁走缝		20	以每层第一皮砖为准，用吊线和尺检查	不应少于5处

4.3.3　混凝土小型空心砌块砌体工程质量验收

4.3.3.1　主控项目

（1）材料要求。小砌块和芯柱混凝土、砌筑砂浆的强度等级必须符合设计要求。抽检数量：每一生产厂家，每1万块小砌块为一检验批，不足1万块按一批计，抽检数量为一组；用于多层以上建筑的基础和底层的小砌块抽检数量不应少于2组。砂浆试块的抽检数量执行《砌体结构工程施工质量验收规范》（GB 50203—2011）第4.0.12条的有关规定。

检验方法：检查小砌块和芯柱混凝土、砌筑砂浆试块试验报告。

（2）灰缝要求。砌体水平灰缝和竖向灰缝的砂浆饱满度，按净面积计算不得低于90％。抽检数量：每检验批抽查不应少于 5 处。检验方法：用专用百格网检测小砌块与砂浆黏结痕迹，每处检测 3 块小砌块，取其平均值。

（3）转角交接及临时间断。墙体转角处和纵横交接处应同时砌筑。临时间断处应砌成斜槎，斜槎水平投影长度不应小于斜槎高度。施工洞口可预留直槎，但在洞口砌筑和补砌时，应在直槎上下搭砌的小砌块孔洞内用强度等级不低于 C20（或 Cb20）的混凝土灌实。抽检数量：每检验批抽查不应少于 5 处。检验方法：观察检查。

（4）芯柱要求。小砌块砌体的芯柱在楼盖处应贯通，不得削弱芯柱截面尺寸；芯柱混凝土不得漏灌。抽检数量：每检验批抽查不应少于 5 处。检验方法：观察检查。

4.3.3.2　一般项目

（1）灰缝要求。砌体的水平灰缝厚度和竖向灰缝宽度宜为 10mm，但不应小于 8mm，也不应大于 12mm。抽检数量：每检验批抽查不应少于 5 处。检验方法：水平灰缝厚度用尺量 5 皮小砌块的高度折算；竖向灰缝宽度用尺量 2m 砌体长度折算。

（2）允许偏差。小砌块砌体尺寸、位置的允许偏差应按规范相关规定执行。

4.3.4　填充墙砌体工程质量验收

4.3.4.1　主控项目

（1）材料要求。烧结空心砖、小砌块和砌筑砂浆的强度等级应符合设计要求。抽检数量：烧结空心砖每 10 万块为一验收批，小砌块每 1 万块为一验收批，不足上述数量时按一批计，抽检数量为 1 组。砂浆试块的抽检数量执行《砌体结构工程施工质量验收规范》（GB 50203—2011）第 4.0.12 条的有关规定。检验方法：查砖、小砌块进场复验报告和砂浆试块试验报告。

（2）连接构造。填充墙砌体应与主体结构可靠连接，其连接构造应符合设计要求，未经设计同意，不得随意改变连接构造方法。每一填充墙与柱的拉结筋的位置超过一皮块体高度的数量不得多于一处。抽检数量：每检验批抽查不应少于 5 处。检验方法：观察检查。

（3）连接构造。填充墙与承重墙、柱、梁的连接钢筋，当采用化学植筋的连接方式时，应进行实体检测。锚固钢筋拉拔试验的轴向受拉非破坏承载力检验值应为 6.0kN。抽检钢筋在检验值作用下应基材无裂缝、钢筋无滑移宏观裂损现象；持荷 2min 期间荷载值降低不大于 5％。抽检数量：按表 4.5 确定。检验方法：原位试验检查。

表 4.5　　　　　　　　　　　检验批抽检锚固钢筋样本最小容量　　　　　　　单位：个

检验批的容量	样本最小容量	检验批的容量	样本最小容量
≤90	5	281～500	20
91～150	8	501～1200	32
151～280	13	1201～3200	50

4.3.4.2　一般项目

（1）允许偏差。填充墙砌体尺寸、位置的允许偏差及检验方法应符合表 4.6 的规定。

抽检数量：每检验批抽查不应少于5处。

表4.6　　　　　　　　填充墙砌体尺寸、位置的允许偏差及检验方法

项次	项目		允许偏差/mm	检验方法
1	轴线位移		10	用尺检查
2	垂直度（每层）	≤3m	5	用2m托线板或吊线、尺检查
		>3m	10	
3	表面平整度		8	用2m靠尺和楔形尺检查
4	门窗洞口高、宽（后塞口）		±10	用尺检查
5	外墙上、下窗口偏移		20	用经纬仪或吊线检查

（2）砂浆饱满度。填充墙砌体的砂浆饱满度及检验方法应符合表4.7的规定。抽检数量：每检验批抽查不应少于5处。

表4.7　　　　　　　　填充墙砌体的砂浆饱满度及检验方法

砌体分类	灰缝	饱满度要求	检验方法
空心砖砌体	水平	≥80%	采用百格网检查块体底面或侧面砂浆的黏结痕迹面积
	垂直	填满砂浆，不得有透明缝、瞎缝、假缝	
蒸压加气混凝土砌块、轻骨料混凝土小型空心砌块砌体	水平	≥80%	
	垂直	≥80%	

（3）拉结钢筋。填充墙留置的拉结钢筋或网片的位置应与块体皮数相符合。拉结钢筋或网片应置于灰缝中，埋置长度应符合设计要求，竖向位置偏差不应超过一皮高度。抽检数量：每检验批抽查不应少于5处。检验方法：观察和用尺量检查。

（4）错缝搭砌。砌筑填充墙时应错缝搭砌，蒸压加气混凝土砌块搭砌长度不应小于砌块长度的1/3；轻骨料混凝土小型空心砌块搭砌长度不应小于90mm；竖向通缝不应大于2皮。抽检数量：每检验批抽查不应少于5处。检验方法：观察检查。

（5）灰缝要求。填充墙的水平灰缝厚度和竖向灰缝宽度应正确，烧结空心砖、轻骨料混凝土小型空心砌块砌体的水平灰缝厚度和竖向灰缝宽度应为8～12mm；蒸压加气混凝土砌块砌体当采用水泥砂浆、水泥混合砂浆或蒸压加气混凝土砌块砌筑砂浆时，水平灰缝厚度和竖向灰缝宽度不应超过15mm；当蒸压加气混凝土砌块砌体采用蒸压加气混凝土砌块黏结砂浆时，水平灰缝厚度和竖向灰缝宽度宜为3～4mm。抽检数量：每检验批抽查不应少于5处。检验方法：水平灰缝厚度用尺量5皮小砌块的高度折算；竖向灰缝宽度用尺量2m砌体长度折算。

项　目　小　结

本项目主要介绍脚手架搭设、砌体施工、砌体工程施工质量验收3个学习任务。主要包括以下内容：

（1）"脚手架搭设"，主要包括钢管脚手架的类型，扣件式钢管脚手架、碗扣式脚手架及工具式脚手架的构造组成及搭设要求。要求掌握钢管扣件式脚手架的搭设要求。

（2）"砌体施工"，根据国家规范《砌体结构工程施工规范》（GB 50924—2014），介绍了砖砌体、石砌体、砌块砌体、填充墙砌体及墙体保温的施工工艺和施工要点，这一部分内容很重要，要求掌握各种常见砌体工程的施工工艺和操作要点。特别是构造柱、芯柱等的构造要求和施工要点是难点。

（3）"砌体工程施工质量验收"，主要根据国家规范《砌体结构工程施工质量验收规范》（GB 50203—2011）介绍了各类砌体工程质量验收的主控项目和一般项目。要求掌握这些验收标准，在实际过程中很常用。

复 习 思 考 题

1. 砖墙砌体主要有哪几种砌筑形式？各有何特点？
2. 砖墙砌筑的施工工艺是什么？
3. 什么是皮数杆？皮数杆有何作用？如何布置？
4. 何谓"三一砌砖法"？其优点是什么？
5. 砖砌体工程质量有哪些要求？
6. 构造柱的构造要求有哪些？
7. 框架填充墙的施工要点有哪些？

项目5 钢筋混凝土工程施工技术

【学习目标】

能力目标：掌握模板方案的编制，熟悉钢筋的分类及配料，掌握钢筋加工及安装工艺，了解混凝土材料制备，掌握混凝土现场浇筑技术。

知识点：模板类型，模板安装，模板拆除，钢筋配料，钢筋加工，钢筋连接，钢筋验收，混凝土浇筑，混凝土质量。

【项目介绍】

钢筋混凝土工程施工是最重要的建筑施工过程，也是主体结构工程施工的主要分部工程。钢筋混凝土工程施工主要包括模板、钢筋和混凝土等施工工艺。本项目介绍现浇钢筋混凝土施工涉及的模板工程施工、钢筋工程施工、混凝土工程施工、预应力混凝土结构施工四个学习任务，内容涵盖了钢筋混凝土工程施工的大部分内容。重点介绍现浇钢筋混凝土结构施工工艺。

任务 5.1　模 板 工 程 施 工

5.1.1　概述

模板工程应编制专项施工方案。滑模、爬模、飞模等工具式模板工程及高大模板支架工程的专项施工方案，应进行技术论证。对模板及支架，应进行设计。模板及支架应具有足够的承载力、刚度和稳定性，应能可靠地承受施工过程中所产生的各类荷载。模板及支架应保证工程结构和构件各部分形状、尺寸和位置准确，且应便于钢筋安装和混凝土浇筑、养护。模板及支架材料的技术指标应符合国家现行有关标准的规定。

5.1.2　模板分类与构造

按模板材料分类，有木模板、竹模板、钢木模板、钢模板、塑料模板、铸铝合金模板、玻璃钢模板等；按模板施工工艺分类，有组合式模板、大模板、滑升模板、爬升模板、永久性模板以及飞模、模壳、隧道模等。

组合模板是一种工具式的定型模板，由具有一定模数的若干类型的板块、角模、支撑和连接件组成，拼装灵活，可拼出多种尺寸和几何形状，通用性强，适应各类建筑物的梁、柱、板、墙、基础等构件的施工需要，也可拼成大模板、隧道模和台模等，如图5.1所示。根据平面模板材料不同，常用的为定型组合式钢模板和钢木定型模板两类。

图 5.1 组合式钢模板

5.1.2.1 定型组合式钢模板

常见的定型组合式钢模板包括钢模板、连接件和支承件 3 部分。

（1）钢模板包括平面模板、阳角模板、阴角模板和连接角模。单块钢模板由面板、边框和加劲肋焊接而成。面板厚 2.3mm 或 2.5mm，边框和加劲肋上面按一定距离（如 150mm）钻孔，可利用 U 形卡和 L 形插销等拼装成大块模板。钢模板的宽度以 50mm 进级，长度以 150mm 进级，其规格和型号已做到标准化、系列化。如型号为 P3015 的钢模板，P 表示平面模板，3015 表示宽×长为 300mm×1500mm。又如型号为 Y1015 的钢模板，Y 表示阳角模板，1015 表示宽×长为 100mm×1500mm。如拼装时出现不足的模数的空隙时，用镶嵌木条补缺，用钉子或螺栓将木条与板块边框上的孔洞连接。通用钢模板材料、规格和用途见表 5.1 和表 5.2。

表 5.1　　　　　　　　　　　通用钢模板材料和规格　　　　　　　　单位：mm

序号	名称	宽度	长度	肋高	材料	备注
1	平面模板	600、550、500、450、400、350、300、250、200、150、100	1800、1500、1200、900、750、600、450	55	Q235 钢板 $\delta=2.5$ $\delta=2.75$	通用模板
2	阴角模板	150×150、100×150				
3	阳角模板	100×100、50×50				
4	连接角模	50×50				

表 5.2　　　　　　　　　　　通 用 钢 模 板 的 用 途

名称	图 示	用 途
平面模板		用于基础、柱、墙体、梁和板等多种结构平面部位
阴角模板		用于结构的内角及凹角的转角部位

续表

名称	图　示	用　途
阳角模板	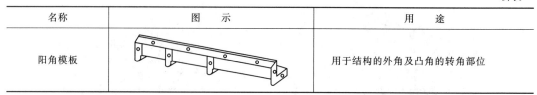	用于结构的外角及凸角的转角部位

钢模板一次性投资大，需多次周转使用才有经济效益，工人操作劳动强度大，回收及修整的难度大，钢定型模板已逐渐较少使用。

（2）连接件有U形卡、L形插销、对拉螺栓、钩头螺栓、紧固螺栓和扣件等。连接件的用途见表5.3。

表5.3　　　　　　　　　　　　　连接件的用途

序号	名称	图　示	用　途
1	U形卡		用于钢模板纵横向拼接，将相邻钢模板卡紧固定
2	L形插销		用来增强钢模板的纵向刚度，保证接缝处板面平整
3	对拉螺栓	内拉杆　顶帽　外拉杆　　L　混凝土壁厚　L	用于拉结两侧模板，保证两侧模板的间距，使模板具有足够的刚度和强度，能承受混凝土的侧压力及其他荷载
4	钩头螺栓		用于钢模板与内、外龙骨之间的连接固定
5	紧固螺栓		用于紧固内外钢楞，增强拼接模板的整体刚度
6	扣件	碟式扣件　　3形扣件	用于钢楞及钢模板或钢楞之间的紧固连接，与其他配件一起将钢模板拼装连接成整体

（3）支承件包括钢楞、柱箍、梁卡具、圈梁卡、钢管、斜撑、组合支柱、钢管脚手支架、平面可调桁架和曲面可变桁架等。

常用钢管支架如图5.2（a）所示，它由内外两节钢管制成，其高低调节距模数为100mm；支架底部除垫板外，均用木楔调整标高，以利于拆卸；另一种钢管支架本身装有调节螺杆，能调节一个孔距的高度，使用方便，但成本略高，如图5.2（b）所示；当荷载较大、单根支架承载力不足时，可用组合钢支架或钢管井架，如图5.2（c）所示；还可用扣件式钢管脚手架、门式脚手架做支架，如图5.2（d）所示。

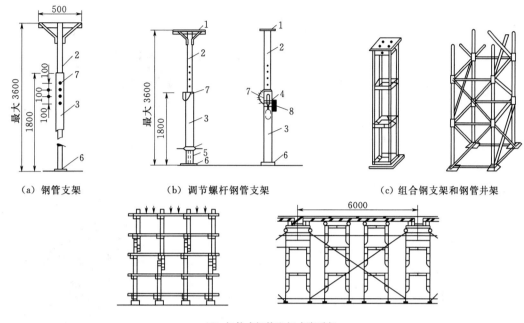

图 5.2　钢管支架

1—顶板；2—插管；3—套管；4—转盘；5—螺杆；6—底板；7—插销；8—转动手柄

由组合钢模板拼成的整片墙模或柱模，在吊装就位后，应由斜撑调整和固定其垂直位置，如图 5.3 所示。梁卡具，又称梁托架，用于固定矩形梁、圈梁等模板的侧模板，可节约斜撑等材料，也可用于侧模板上口的卡固定位，如图 5.4 所示。

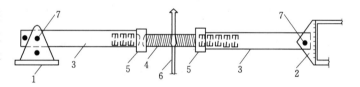

图 5.3　斜撑

1—底座；2—顶撑；3—钢管斜撑；4—花篮螺丝；5—螺母；6—弦杆；7—销钉

钢桁架两端可支承在钢筋托具、墙、梁侧模板的横档以及柱顶梁底横档上，以支承梁或板的模板，常用的钢桁架有整榀式和组合式两种，如图 5.5 所示。

5.1.2.2　钢木定型模板

钢木定型模板的面板由钢板改为覆塑竹胶合板、纤维板等，自重比钢模板轻约 1/3，用钢量减少约 1/2，是一种针对钢模板投资大、工人劳动强度大的改良模板。常见的有钢框木模板、钢框覆塑竹胶合模板以及钢框木定型模板组合的大模板，如图 5.6 所示。

5.1.2.3　覆塑竹胶合模板

覆塑竹胶合模板是目前广泛使用的一种模板，

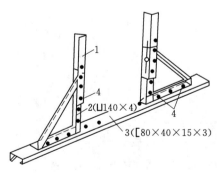

图 5.4　梁卡具

1—调节杆；2—三角架；3—底座；4—螺栓

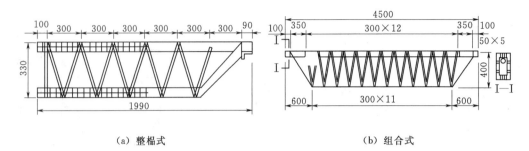

（a）整榀式　　　　　　　　　　　　（b）组合式

图 5.5　钢桁架

（a）钢框木模板　　　（b）钢框覆塑竹胶合模板　　　（c）钢框木定型模板组合的大模板

图 5.6　常见的几种钢木定型模板

有单面覆塑和双面覆塑，规格为 2440mm×1220mm，厚度 10～12mm，通常由 5 层、7 层、9 层、11 层等奇数层单板经热压固化而胶合成型，一般采用竹胶合模板。竹胶合模板组织严密、坚硬强韧，板面平整光滑，可钻可锯、耐低温高温，可用作现浇清水混凝土专用模板，如图 5.7 和图 5.8 所示。

图 5.7　酚醛树脂胶合板模板　　　　　图 5.8　竹胶合板模板铺设的楼面模板

竹胶合模板相邻层的纹理方向相互垂直，通常最外层表板的纹理方向和胶合板版面的长向平行，因此，整张胶合板的长向为强方向，短向为弱方向，使用时必须加以注意。竹胶合板模板适用于高层建筑中的水平模板、剪力墙和垂直墙板。

竹胶合模板加工时，首先制定合理的方案，锯片要求是合金锯片，要在板下垫实后再锯切，以防出现毛边。竹胶合模板前 5 次使用不必涂脱模剂，以后每次应及时清洁板面，保持表面平整、光滑，以增加使用效果和次数。竹胶合模板存储时，板面堆放下应垫方木条，不得与地面接触，保持通风良好，防止日晒雨淋，定期检查。

5.1.2.4 大模板

大模板是一种大尺寸的工具式模板，常用于剪力墙、筒体、桥墩的施工。由于一面墙用一块大模板，装拆均用起重机械吊装，故机械化程度高，能够减少用工量和缩短工期。

大模板的板面是直接与混凝土接触的部分，它承受着混凝土浇筑时的侧压力，要求有足够的刚度，表面平整，能多次重复使用。钢板、木（竹）胶合板以及化学合成材料面板等均可作为面板的材料，其中常用的是钢板和木（竹）胶合板，如图 5.9 和图 5.10 所示。

图 5.9 全钢大模板

图 5.10 钢木大模板

大模板由面板、次肋、主肋、支撑桁架及稳定装置组成，常用的是组合式大模板，面板要求平整、刚度好；板面须喷涂脱模剂以利脱模。两块相对的大模板通过对销螺栓和顶部卡具固定；大模板存放时应打开支撑架，将板面后倾一定角度，防止倾倒伤人。组合式大模板是目前常用的一种模板形式，它通过固定与大模板板面的角模，能把纵横墙的模板组装在一起，房间的纵横墙体混凝土可以同时浇筑，所以房屋整体性好。它还具有稳定、拆装方便、墙体阴角方正、施工质量好等特点，并可以利用模数条模板加以调整，以适应不同开间、进深的需要。

5.1.2.5 飞模

飞模，又称台模、桌模，因其形状像一个台面，使用时利用起重机械将该模板体系直接从浇筑完毕的楼板下整体吊运飞出，周转到上层布置而得名。其适用于大开间、大柱网、大进深的现浇钢筋混凝土楼板施工，对于无柱帽现浇混板柱结构楼盖尤其适用。飞模分为有支腿飞模和无支腿飞模两类，国内常用有支腿飞模、设有伸缩式或折叠式支腿。飞模有钢管组合式飞模、门式架飞模、跨越式桁架飞模。飞模施工如图 5.11 和图 5.12 所示。

图 5.11　飞模转层

图 5.12　飞模在楼层间整体移动

5.1.2.6　滑动模板

滑动模板施工是以滑模千斤顶、电动提升机或手动提升机为提升动力，带动模板（或滑框）沿着混凝土（或模板）表面滑动而成型的现浇混凝土结构的施工方法的总称，简称"滑模施工"。滑模装置主要由模板系统、操作平台系统、液压系统、施工精度控制系统和水电配套系统等部分组成。

液压滑动模板的工作原理：滑动模板（高 1.5～1.8m）通过围圈与提升架相连，固定在提升架上的千斤顶（35～120kN）通过支承杆（ϕ25～48 钢管）承受全部荷载并提供滑升动力。滑升施工时，依次在模板内分层（30～45cm）绑扎钢筋、浇筑混凝土，并滑升模板。滑升模板时，整个滑模装置沿不断接长的支承杆向上滑升，直至设计标高；滑出模板的混凝土出模强度已能承受自重和上部新浇筑混凝土重量，保证出模混凝土不致塌落变形。

采用滑模施工的工程，一般应满足以下要求：

（1）工程的结构平面应简洁，各层构件沿平面投影应重合，且没有阻隔、影响滑升的突出构造。

（2）当工程平面面积较大，采用整体滑升有困难或有分区施工流水安排时，可分区进行滑模施工。当区段分界与变形缝不一致时，应对分界处做设计处理。

（3）直接安装设备的梁，当地脚螺栓的定位精度要求较高时，该梁不宜采用滑模施工，或者必须采取能确保定位精度的可靠措施；对有设备安装要求的电梯井等小型筒壁结构，应适当放大其平面尺寸，一般每边放大不小于 50mm。

（4）尽量减少结构沿滑升方向截面（厚度）的变化。

（5）宜采用胀锚螺栓或锚枪钉等后设措施代替结构上的预埋件。必须采用预埋件时，应准确定位、可靠固定且不得突出混凝土表面。

（6）各种管线、预埋件等，宜沿垂直或水平方向集中布置排列。

（7）二次施工构件预留孔洞的宽度，应比构件截面每边增大 30mm。

5.1.2.7　爬模

爬升模板，简称"爬模"，是通过附着装置支承在建筑结构上，以液压油缸或千斤顶为爬升动力，以导轨为爬升轨道，随建筑结构逐层爬升、循环作业的施工工艺。

爬模的工作原理：以建筑物的钢筋混凝土墙体为支承主体，通过附着于已浇筑完成的钢筋混凝土墙体上的爬升支架或大模板，利用连接爬升支架与模板的爬升设备，使一方固定，另一方相对运动，交替向上爬升，以完成模板的爬升、下降、就位和校正等工作。

爬升模板施工工艺一般具有以下特点：施工方便、安全。爬升模板顶升脚手架和模板，在爬升过程中，全部施工静荷载及活荷载都由建筑结构承受，从而保证安全施工；可减少耗工量。架体爬升、楼板施工和绑扎钢筋等各工序互不干扰；工程质量高，施工精度高；提升高度不受限制，就位方便；通用性和适用性强，可用于多种截面形状的结构施工，还可用于有一定斜度的构筑物（如桥墩、塔身、大坝等）施工。

5.1.2.8 隧道模

隧道模是一种组合式定型钢制模板，是用来同时施工浇筑房屋的纵横墙体、楼板及上一层的导墙混凝土结构的模板体系。若把许多隧道模排列起来，则一次浇灌就可以完成一个楼层的楼板和全部墙体。对于开间大小都统一的建筑物，这个施工方法尤为适用。该种模板体系的外形结构类似于隧道形式，故称为隧道模。采用隧道模施工的结构构件，表面光滑，能达到清水混凝土的效果，与传统模板相比，隧道模的穿墙孔位少，稍加处理即可进行油漆、贴墙纸等装饰作业。

采用隧道模施工对建筑的结构布局和房间的开间、进深、层高等尺寸要求较严格，比较适用于标准开间。隧道模是适用于同时整体浇筑竖向和水平结构的大型工具式模板体系，进行建筑物墙与楼板的同步施工，可将各标准开间沿水平方向逐段、逐层整体浇筑。对于非标准开间，可以通过加入插入式调节模板与台模结合使用，还可以解体改装做其他模板使用。隧道模使用效率较高，施工周期短，用工量较少，隧道模与常用的组合钢模板相比，可节省一半以上的劳动力，工期缩短 50% 以上。

5.1.3 模板设计

模板及支架应根据工程结构形式、荷载大小、地基土类别、施工设备和材料供应等条件进行设计。模板及支架的设计应符合下列规定：模板及支架的结构设计宜采用以概率理论为基础、以分项系数表达的极限状态设计方法；模板及支架的设计计算分析中所采用的各种简化和近似假定，应有理论或试验依据，或经工程验证可行；模板及支架应根据施工期间各种受力状况进行结构分析，并确定其最不利的作用效应组合。

模板及支架设计应包括下列内容：模板及支架的选型及构造设计；模板及支架上的荷载及其效应计算；模板及支架的承载力、刚度和稳定性验算；绘制模板及支架施工图。

5.1.3.1 设计荷载

模板及支架的设计应计算不同工况下的各项荷载。常见的荷载应包括模板及支架自重（G_1）、新浇筑混凝土自重（G_2）、钢筋自重（G_3）、新浇筑混凝土对模板侧面的压力（G_4）、施工人员及施工设备荷载（Q_1）、泵送混凝土及倾倒混凝土等因素产生的荷载（Q_2）、风荷载（Q_3）等，各项荷载的标准值可按《混凝土结构工程施工规范》（GB 50666—2011）附录 A 确定。

5.1.3.2 承载力极限状态设计

模板及支架结构构件应按短暂设计状况下的承载能力极限状态进行设计，并应符合下式要求：

$$\gamma_0 S \leqslant \gamma_R R \tag{5.1}$$

式中：γ_0 为结构重要性系数，对重要的模板及支架宜取 $\gamma_0 \geqslant 1.0$，对于一般的模板及支架应取 $\gamma_0 \geqslant 0.9$；S 为荷载基本组合的效应设计值，可按《混凝土结构工程施工规范》第 4.3.6 条的规定进行计算；R 为模板及支架结构构件的承载力设计值，应按国家现行有关标准计算；γ_R 为承载力设计值调整系数，应根据模板及支架重复使用情况取用，不应大于 1.0。

模板及支架的荷载基本组合的效应设计值，可按下式计算：

$$S_d = 1.35 \sum_{i \geqslant 1} S_{Gik} + 1.4 \psi_{cj} \sum_{j \geqslant 1} S_{Qik} \tag{5.2}$$

式中：S_{Gik} 为第 i 个永久荷载标准值产生的荷载效应值；S_{Qik} 为第 i 个可变荷载标准值产生的荷载效应值；ψ_{cj} 为第 j 个可变荷载的组合值系数，宜取 $\psi_{cj} \geqslant 0.9$。

混凝土水平构件的底模板及支架、高大模板支架、混凝土竖向构件和水平构件的侧面模板及支架，宜按表 5.4 的规定确定最不利的作用效应组合。承载力验算应采用荷载基本组合，变形验算应采用荷载标准组合。

表 5.4   模板及支架最不利的作用效应组合

模板结构类别	最不利的作用效应组合	
	计算承载力	变形验算
混凝土水平构件的底模板及支架	$G_1 + G_2 + G_3 + Q_1$	$G_1 + G_2 + G_3$
高大模板支架	$G_1 + G_2 + G_3 + Q_1$	$G_1 + G_2 + G_3$
	$G_1 + G_2 + G_3 + Q_2$	
混凝土竖向构件或水平构件的侧面模板及支架	$G_4 + Q_3$	G_3

注　1. 对于高大模板支架，表中（$G_1 + G_2 + G_3 + Q_2$）的组合用于模板支架的抗倾覆验算。

　　2. 混凝土竖向构件或水平构件的侧面模板及支架的承载力计算效应组合中的风荷载 Q_3 只用于模板位于风速大和离地高度大的场合。

　　3. 表中的 "+" 仅表示各项荷载参与组合，而不表示代数相加。

模板支架的高宽比不宜大于 3；当高宽比大于 3 时，应增设稳定性措施，并应进行支架的抗倾覆验算。模板的抗倾覆验算时应符合下列规定：

$$\gamma_0 k M_{sk} \leqslant M_{RK} \tag{5.3}$$

式中：γ_0 为结构重要性系数；k 为模板及支架的抗倾覆安全系数，不应小于 1.4；M_{sk} 为按不利工况下倾覆荷载组合计算的倾覆力矩标准值；M_{RK} 为按最不利工况下抗倾覆力矩标准值，其中永久荷载标准值和可变荷载标准值的组合系数取 1.0。

5.1.3.3　变形验算

模板及支架的变形限值应符合下列规定：对结构表面外露的模板，挠度不得大于模板构件计算跨度的 1/400；对结构表面隐蔽的模板，挠度不得大于模板构件计算跨度的 1/250；清水混凝土模板，挠度应满足设计要求；支架的轴向压缩变形值或侧向弹性挠度值不得大于计算高度或计算跨度的 1/1000。模板支架结构钢构件的长细比不应超过表 5.5 规定的允许值。

表 5.5 模板支架结构钢构件允许长细比

序　号	构件类型	长细比
1	受压构件的支架立柱及桁架	180
2	受压构件的斜撑、剪刀撑	200
3	受拉构件的钢杆件	350

5.1.3.4　其他

对于多层楼板连续支模情况，应计入荷载在多层楼板间传递的效应，宜分别验算最不利工况下的支架和楼板结构的承载力；支承于地基土上的模板支架，应按现行国家标准《建筑地基基础设计规范》（GB 50007—2011）的有关规定对地基土进行验算；支承于混凝土结构构件上的模板支架，应按现行国家标准《混凝土结构设计规范（2015 版）》（GB 50010—2010）的有关规定对混凝土结构构件进行验算。采用扣件钢管搭设的模板支架设计时应符合下列规定：扣件钢管模板支架宜采用中心传力方式；当采用顶部水平杆将垂直荷载传递给立杆的传力方式时，顶层立杆应按偏心受压杆件验算承载力，且应计入搭设的垂直偏差影响；支承模板荷载的顶部水平杆可按受弯构件进行验算；构造要求以及扣件抗滑移承载力验算，可按现行业标准《建筑施工扣件式钢管脚手架安全技术规范》（JGJ 130—2011）的有关规定执行。采用门式、碗扣式、盘扣式或盘销式等钢管架搭设的模板支架，应采用支架立柱杆端插入可调托座的中心传力方式，其承载力及刚度可按国家现行有关标准的规定进行验算。

5.1.4　模板制作与安装

5.1.4.1　模板制作

模板应按图加工、制作；通用性强的模板宜制作成定型模板。模板面板背侧的木方/钢筋高度应一致。制作胶合板模板时，其板面拼缝处应密封；地下室外墙和人防工程墙体的模板对拉螺栓中部应设止水片，止水片应与对拉螺栓环焊；与通用钢管支架匹配的专用支架，应按图加工、制作。搁置于支架顶端可调托座上的主梁，可采用木方、木工字梁或截面对称的型钢制作。

5.1.4.2　模板安装

（1）地基要求。支架立柱和竖向模板安装在基土上时，应符合下列规定：应设置具有足够强度和支承面积的垫板，且应中心承载；基土应坚实，并应有排水措施；对湿陷性黄土，应有防水措施；对冻胀性土，应有防冻融措施；对软土地基，当需要时可采用堆载预压的方法调整模板面安装高度。

（2）基本要求。竖向模板安装时，应在安装基层面上测量放线，并应采取保证模板位置准确的定位措施。对竖向模板及支架，安装时应有临时稳定措施。安装位于高空的模板时，应有可靠的防倾覆措施。应根据混凝土一次浇筑高度和浇筑速度，采取合理的竖向模板抗侧移、抗浮和抗倾覆措施。对跨度不小于 4m 的梁、板，其模板起拱高度宜为梁、板跨度的 1/1000～3/1000。

模板安装应保证混凝土结构构件各部分形状、尺寸和相对位置准确，并应防止漏浆；模板安装应与钢筋安装配合进行，梁柱节点的模板宜在钢筋安装后安装；模板与混凝土接触面应清理干净并涂刷脱模剂，脱模剂不得污染钢筋和混凝土接槎处；模板安装完成后，应将模板内的杂物清除干净；后浇带的模板及支架应独立设置。固定在模板上的预埋件、预留孔和预留洞均不得遗漏，且应安装牢固、位置准确。

（3）模板支架。采用扣件式钢管做高大模板支架的立杆时，支架搭设应完整，并应符合下列规定：钢管规格、间距和扣件应符合设计要求；立杆上应每步设置双向水平杆，水平杆应与立杆扣接；立杆底部应设置垫板。采用扣件式钢管做高大模板支架的立杆时，还应符合下列规定：对大尺寸混凝土构件下的支架，其立杆顶部应插入可调托座。可调托座距顶部水平杆的高度不应大于 600mm，可调托座螺杆外径不应小于 36mm，插入深度不应小于180mm；立杆的纵、横向间距应满足设计要求，立杆的步距不应大于 1.8m；顶层立杆步距应适当减小，且不应大于 1.5m；支架立杆的搭设垂直偏差不宜大于 5/1000，且不应大于100mm；在立杆底部的水平方向上应按纵下横上的次序设置扫地杆；承受模板荷载的水平杆与支架立杆连接的扣件，其拧紧力矩不应小于 40N·m，且不应大于 65N·m。

采用碗扣式、插接式和盘销式钢管架搭设模板支架时，应符合下列规定：碗扣架或盘销架的水平杆与立柱的扣接应牢靠，不应滑脱；立杆上的上、下层水平杆间距不应大于1.8m；插入立杆顶端可调托座伸出顶层水平杆的悬臂长度不应超过 650mm，螺杆插入钢管的长度不应小于 150mm，其直径应满足与钢管内径间隙不小于 6mm 的要求。架体最顶层水平杆步距应比标准步距缩小一个节点间距；立柱间应设置专用斜杆或扣件钢管斜杆加强模板支架。

采用门式钢管架搭设模板支架时，应符合下列规定：支架应符合现行行业标准《建筑施工门式钢管脚手架安全技术规范》（JGJ 128—2010）的有关规定；当支架高度较大或荷载较大时，宜采用主立杆钢管直径不小于 48mm 并有横杆加强杆的门架搭设。

支架的垂直斜撑和水平斜撑应与支架同步搭设，架体应与成形的混凝土结构拉结。钢管支架的垂直斜撑和水平斜撑的搭设应符合国家现行有关钢管脚手架标准的规定。对现浇多层、高层混凝土结构，上、下楼层模板支架的立杆应对准，模板及支架钢管等应分散堆放。

5.1.5　模板拆除与维护

模板拆除时，可采取先支的后拆、后支的先拆，先拆非承重模板、后拆承重模板的顺序，并应从上而下进行拆除。当混凝土强度达到设计要求时，方可拆除底模及支架；当设计无具体要求时，同条件养护试件的混凝土抗压强度应符合表 5.6 的规定。当混凝土强度能保证其表面及棱角不受损伤时，方可拆除侧模。多个楼层间连续支模的底层支架拆除时间，应根据连续支模的楼层间荷载分配和混凝土强度的增长情况确定。快拆支架体系的支架立杆间距不应大于 2m。拆模时应保留立杆并顶托支承楼板，拆模时的混凝土强度可取构件跨度为 2m 按表 5.6 的规定确定。

表 5.6　　　　　　　　　　**底模拆除时的混凝土强度要求**

板件类型	构件跨度/m	达到设计混凝土强度等级值的百分率计/%
板	≤2	50
	>2，≤8	75
	>8	100

板件类型	构件跨度/m	达到设计混凝土强度等级值的百分率计/%
梁、拱、壳	≤8	75
	>8	100
悬臂结构		100

对于后张预应力混凝土结构构件，侧模宜在预应力张拉前拆除；底模支架不应在结构构件建立预应力前拆除。拆下的模板及支架杆件不得抛扔，应分散堆放在指定地点，并应及时清运。模板拆除后应将其表面清理干净，对变形和损伤部位应进行修复。

5.1.6 质量验收

模板、支架杆件和连接件的进场检查应符合下列规定：模板表面应平整；胶合板模板的胶合层不应脱胶翘角；支架杆件应平直，应无严重变形和锈蚀；连接件应无严重变形和锈蚀，并不应有裂纹；模板规格、支架杆件的直径、壁厚等，应符合设计要求；对在施工现场组装的模板，其组成部分的外观和尺寸应符合设计要求；有必要时，应对模板、支架杆件和连接件的力学性能进行抽样检查；对外观，应在进场时和周转使用前全数检查；对尺寸和力学性能可按国家现行有关标准的规定进行抽样检查。对固定在模板上的预埋件、预留孔和预留洞应检查其数量和尺寸，允许偏差应符合表5.7的规定。对现浇结构模板，应检查尺寸，允许偏差和检查方法应符合表5.8的规定。

表 5.7　　　　　　　　　　　预埋件、预留孔和预留洞的允许偏差

项　　目		允许偏差/mm
预埋钢板中心线位置		3
预埋管、预留孔中心线位置		3
插筋	中心线位置	5
	外露长度	+10，0
预埋螺栓	中心线位置	2
	外露长度	+10，0
预留洞	中心线位置	10
	截面内部尺寸	+10，0

表 5.8　　　　　　　　　　　现浇结构模板允许偏差和检查方法

项　　目		允许偏差/mm	检查方法
轴线位置		5	钢尺检查
底模上表面标高		±5	水准仪或拉线、钢尺检查
截面内部尺寸	基础	5	钢尺检查
	柱、墙、梁	+10，0	
层高垂直度	≤5m	6	经纬仪或吊线、钢尺检查
	>5m	8	
相邻两板表面高低差		2	钢尺检查
表面平整度		5	2m靠尺或塞尺检查

任务 5.2　钢 筋 工 程 施 工

5.2.1　概述

钢筋工程是建筑施工中的重中之重，目前在建筑施工中得到越来越广泛的应用。钢筋的制作与绑扎质量是决定钢筋混凝土结构质量的关键。钢筋工程施工技术主要包括钢筋的配料、代换、加工、连接、安装等内容。

钢筋工程宜采用高强钢筋。在运输、存放及施工过程中，应采取避免钢筋混淆的措施。当需要进行钢筋代换时，应办理设计变更文件。钢筋在运输和存放时，不得损坏包装和标志，并应按牌号、规格、等级分别堆放。室外堆放时，应采用避免钢筋锈蚀的措施。

为了加强对钢筋外观质量的控制，钢筋进场时和使用前均应对进厂钢筋的外观质量进行检查（全数检查）。钢筋应平直、无损伤，表面不得有裂纹、油污、颗粒状或片状老锈，弯折钢筋不得敲直后作为受力钢筋使用。钢筋对混凝土结构构件的承载力至关重要，对其质量应从严要求。钢筋应符合现行国家标准的要求。钢筋进场时，应检查产品合格证和出厂检验报告，并按规定进行抽样检验。

5.2.2　钢筋配料

5.2.2.1　钢筋的配料计算

钢筋的配料是根据构件配筋图，先绘出各种形状和规格的单根钢筋简图并加以编号，然后分别计算下料长度和根数，填写配料单，申请加工。钢筋因弯曲或弯钩会使其长度发生变化，在配料时不能直接按图样中的尺寸下料，而应根据混凝土保护层、钢筋弯曲、弯钩长度及图样中的尺寸计算其下料长度，各种钢筋下料长度的计算可按下列方法：

直钢筋下料长度＝构件长度－保护层厚＋弯钩增加长度

弯起钢筋下料长度＝直段长度＋斜段长度－弯曲调整值＋弯钩增加长度

箍筋下料长度＝箍筋外皮周长（或箍筋内皮周长）＋箍筋调整值

（1）弯钩增加长度。钢筋弯钩有半圆弯钩、直弯钩及斜弯钩 3 种形式（图 5.13），各种弯钩增加长度 l_z 按下式计算：

半圆弯钩　　　　　　　　　$l_z = 1.071D + 0.571d + l_p$ 　　　　　　　　　（5.4）

直弯钩　　　　　　　　　　$l_z = 0.285D - 0.215d + l_p$ 　　　　　　　　　（5.5）

斜弯钩　　　　　　　　　　$l_z = 0.678D + 178d + l_p$ 　　　　　　　　　（5.6）

式中：D 为圆弧弯曲直径，对 HPB235、HPB300 级钢筋取 $2.5d$，HRB335 级钢筋取 $4d$，HRB400、RRB400 级钢筋取 $5d$；d 为钢筋直径；l_p 为弯钩的平直部分长度。

采用 HPB300 级钢筋，按圆弧弯曲直径为 $2.5d$，$l_p = 3d$ 考虑，半圆弯钩增加长应为 $6.25d$；直弯钩 l_p 按 $5d$，考虑增加长度应为 $5.5d$；斜弯钩 l_p 按 $10d$ 考虑，增加长度为 $12d$。

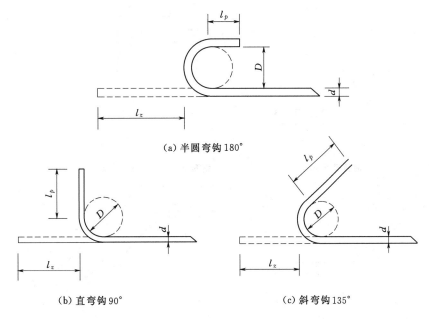

图 5.13　钢筋弯钩形式

（2）弯起钢筋斜长计算。梁类构件常配置弯起钢筋，弯起角分为 30°、45°和 60°几种，弯起钢筋的斜长系数如图 5.14 所示。

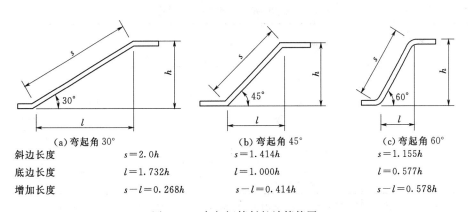

图 5.14　弯起钢筋斜长计算简图

（3）弯起调整值。钢筋弯曲时，内皮缩短，外皮延长，只中心线尺寸不变，故下料长度即中心线尺寸。一般钢筋成型后量度尺寸都是沿直线量外包尺寸；同时弯曲处又能成圆弧，因此弯曲钢筋的量度尺寸大于下料尺寸，两者之间的差值称为"弯曲调整值"，即在下料时，下料长度应等于量度尺寸减去弯曲调整值。

不同级别的钢筋弯折 90°和 135°时［图 5.15（a）、（c）］的弯曲调整值参见表 5.9，对一次弯折钢筋［图 5.15（b）］和弯起钢筋［图 5.15（d）］的弯曲直径 D 不应小于钢筋直径 d 的 5 倍，其弯折角度为 30°、45°、60°的弯曲调整值参见表 5.10。

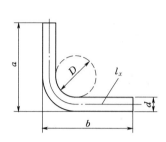

（a）钢筋弯折 90°

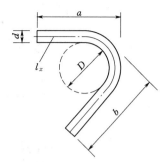

（b）钢筋第一次弯折 30°、45°、60°

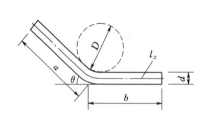

（c）钢筋弯折 135°

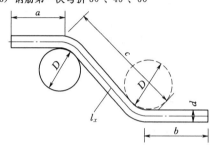

（d）钢筋弯折 30°、45°、60°

图 5.15　钢筋弯曲调整值计算简图

a、b—量度尺寸；l_x—下料长度

表 5.9　　　　　　　　　　　钢筋弯折 90°和 135°时的弯曲调整值

弯折角	钢筋级别	弯曲调整值	
		计算式	取值
90°	HPB300 级	$\Delta = 0.215D + 1.215d$	1.75d
	HRB335 级		2.08d
	HRB400 级		2.29d
135°	HPB300 级	$\Delta = 0.822d - 0.178D$	0.38d
	HRB335 级		0.11d
	HRB400 级		$-0.07d$

注　1. 弯曲直径：HPB235 级钢筋 $D = 2.5d$；HRB335 级钢筋 $D = 4d$；HRB400、RRB400 级钢筋 $D = 5d$。

　　2. 弯曲图见图 5.15 钢筋弯曲调整值计算简图（a）、（b）。

表 5.10　　　　　　　钢筋一次弯折和弯起 30°、45°、60°的弯曲调整值

弯折角度	一次弯折的弯曲调整值		弯起钢筋的弯曲调整值	
	计算式	按 $D = 5d$	计算式	按 $D = 5d$
30°	$\Delta = 0.006D + 0.274d$	0.3d	$\Delta = 0.012D + 0.28d$	0.34d
45°	$\Delta = 0.022D + 0.436d$	0.55d	$\Delta = 0.043D + 0.457d$	0.67d
60°	$\Delta = 0.054D + 0.631d$	0.9d	$\Delta = 0.108D + 0.685d$	1.23d

注　弯曲图见图 5.15 钢筋弯曲调整值计算简图（c）、（d）。

（4）箍筋弯钩增加长度。箍筋的末端应做弯钩，用 HPB235、HPB300 级钢筋或冷拔低碳钢丝制作的箍筋，其弯钩的弯曲直径应大于受力钢筋直径，且不小于箍筋直径的 2.5 倍；弯钩平直部分的长度，对一般结构不宜小于箍筋直径的 5 倍，对抗震要求的结构不应小于箍筋的 10 倍。弯钩形式可按图 5.16（a）、（b）加工，对有抗震要求和受扭的结构可按图 5.16（c）加工。

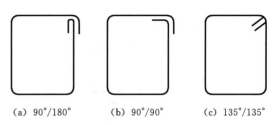

图 5.16　箍筋弯钩示意图

常用规格钢筋箍筋弯钩长度增加长度可参见表 5.11。

表 5.11　　　　　　　　　　　　箍筋弯钩长度增加长度参考表

钢筋直径 d/mm	一般结构箍筋两个弯钩增加长度/mm		抗震结构两个弯钩增加长度（28d）/mm
	两个弯钩均为 90°（15d）	一个弯钩 90°另一个弯钩 180°（17d）	
≤5	75	85	140
6	90	102	168
8	120	136	224
10	150	170	280
12	180	204	336

注　箍筋一般用内皮尺寸标示，每边加上 2d，即成为外皮尺寸，表中已计入。

5.2.2.2　配料单及配料牌的制作

（1）配料单的制作。钢筋配料单是根据施工图纸中钢筋的品种、规格及外形尺寸、数量进行编号，并计算下料长度，用表格形式表达的单据。

1）配料单的作用。钢筋配料单是确定钢筋下料加工的依据，是提出材料计划、签发任务单和限额领料单的依据，它是钢筋施工的重要工序，合理的配料单，能节约材料、简化施工操作。

2）配料单的形式。钢筋配料单一般由构件名称、钢筋编号、钢筋简图、直径、钢号、数量、下料长度及重量等内容组成，表 5.12 是某办公楼钢筋混凝土简支梁 L1 的配料单形式。

表 5.12　　　　　　　　　　　　　　钢 筋 配 料 单

构件名称	钢筋编号	钢筋简图	直径/mm	钢号	下料长度/m	单位根数	合计根数	重量/kg
某办公楼 L1 梁 共 5 根	1	⊏ 5950 ⊐	18	Φ	6.18	2	10	123.5
	2	⊏ 5950 ⊐	10	Φ	6.07	2	10	37.5
	3	4400　566　375	18	Φ	6.48	1	5	64.7

续表

构件 名称	钢筋 编号	钢筋简图	直径 /mm	钢号	下料 长度/m	单位 根数	合计 根数	重量 /kg
某办公 楼 L1 梁 共 5 根	4	3400　566　875	18	Φ	6.48	1	5	64.7
	5	400　150	6	Φ	1.25	31	155	43.1
备注		合计Φ6 为 43.1kg，Φ10 为 37.5kg，Φ18 为 252.9kg						

3）编制步骤：熟悉图纸、识读构件配筋图，弄清每一编号钢筋的直径、规格、种类、形状和数量，以及在构件中的位置和相互关系；绘制钢筋简图；计算每种规格的钢筋下料长度；填写钢筋配料单；填写钢筋料牌。

（2）标牌与标识的制作。钢筋除填写配料单外，还需将每一编号的钢筋制作相应的标牌与标识，也即料牌，作为钢筋加工的依据，并在安装中作为区别工程项目的标志。

【例 5.1】　试编写某办公楼钢筋混凝土简支梁 L4（图 5.17）的钢筋配料单。

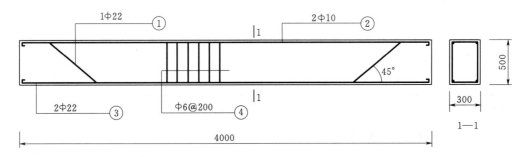

图 5.17　办公楼钢筋混凝土简支梁 L4 配筋图

解： 图中①号钢筋为弯起钢筋，数量 1 根，直径为 22mm；②号钢筋为架立筋，数量 2 根，直径 10mm；③号钢筋为纵向受力钢筋，直径 22mm，①、②、③号钢筋均为 HPB300 级，端部均为半圆弯钩；④号钢筋为箍筋，直径为 6mm，间距 20mm。下料长度计算：保护层厚度为 25mm。

①单根长度 $= 4000 - 25 \times 2 + 6.25d \times 2 + 450 \times 0.41 \times 2 - 0.5d \times 4 = 4550$；根数 $= 1$

②单根长度 $= 4000 - 25 \times 2 + 6.25d \times 2 = 4075$；根数 $= 2$

③单根长度 $= 4000 - 25 \times 2 + 6.25d \times 2 = 4225$；根数 $= 2$

④单根长度 $= (500 + 300) \times 2 - 27 = 1573$；根数 $= (4000 - 25 \times 2) \div 200 + 1 = 21$

编号	简　图	钢号	直径 /mm	下料长度 /mm	单位 根数	合计 /m	重量 /kg
①		Φ	22	4550	1	4.6	13.6
②	3950	Φ	10	4075	2	8.2	5.0

续表

编号	简　图	钢号	直径/mm	下料长度/mm	单位根数	合计/m	重量/kg
③	3950	Φ	22	4225	2	8.5	25.2
④	462 262	Φ	6	1573	21	33.0	7.3

5.2.3　钢筋的代换

当施工中遇到钢筋的品种或规格与设计要求不符时，就需要按钢筋等强度代换、等面积代换原则进行代换。

（1）代换原则。充分了解设计意图、构件特征、使用条件和代换钢筋性能，严格遵守现行设计、施工规范及有关技术规定。对抗裂性要求高的构件（如吊车梁、薄腹梁、桁架下弦等），不宜用 HPB300 级光面钢筋代换 HRB335 级、HRB400 级变形钢筋，以免裂缝开展过宽。代换应符合配筋构造规定（如钢筋的最小直径、间距、根数、锚固长度和配筋百分率）。梁内纵向受力钢筋与弯起钢筋应分别进行代换，以保证正截面与斜截面强度。偏心受压构件或偏心受拉构件（如框架柱、有吊车的厂房柱、桁架上弦等）钢筋代换时，应按受面（受压或受拉）分别代换，不得取整个截面配筋量计算。同一截面内配置不同种类和直径的钢筋代换时，每根钢筋拉力差不宜过大（同品种钢筋直径差一般不大于 5mm），以免构件受力不匀。

进行钢筋代换的效果，除应考虑代换后仍能满足结构各项技术性能要求外，同时还要保证材料的经济性和加工操作的方便。钢筋代换后，其用量不宜大于原设计用量的 5%，也不低于原设计用量的 2%。重要结构和预应力混凝土钢筋的代换应征得设计单位同意。吊车梁等承受反复荷载的构件，必要时，应在钢筋代换后进行疲劳验算。

（2）等强度代换。钢筋等强度代换可采用下式计算：

$$n_2 \geqslant \frac{n_1 d_1^2 f_{y1}}{d_2^2 f_{y2}} \tag{5.7}$$

式中：n_2 为代换钢筋根数；n_1 为原设计钢筋根数；d_2 为代换钢筋直径；d_1 为原设计钢筋直径；f_{y2} 为代换钢筋抗拉强度设计值；f_{y1} 为原设计钢筋抗拉强度设计值，钢筋强度设计值详见表 5.13。

上式有两种特例：

1）设计强度相同、直径不同的钢筋代换：

$$n_2 \geqslant n_1 \frac{d_1^2}{d_2^2} \tag{5.8}$$

2）直径相同、强度设计值不同的钢筋代换：

$$n_2 \geqslant n_1 \frac{f_{y1}}{f_{y2}} \tag{5.9}$$

表 5.13	钢 筋 强 度 设 计 值			单位：N/mm²
项次	钢筋种类	符号	抗拉强度设计值 f_y	抗压强度设计值 f'_y
1	热轧钢筋	HPB300　Φ	270	270
		HRB335　$\overline{\Phi}$	300	300
		HRB400	360	360
		RRB400	360	360
2	冷轧带肋钢筋	CRB550	360	360
		CRB650	430	380
		CRB800	530	380

（3）等面积代换。当构件按最小配筋控制时，可按钢筋面积相等的方法进行代换：

即
$$A_{s1} = A_{s2} \tag{5.10}$$

或
$$n_1 d_1^2 = n_2 d_2^2 \tag{5.11}$$

式中：A_{s1}、n_1、d_1 分别为原设计钢筋的计算截面面积（mm²）、根数、直径（mm），A_{s2}、n_2、d_2 分别为拟代换钢筋的计算截面面积（mm²）、根数、直径（mm）。

（4）抗裂度、挠度验算。当结构构件按裂缝宽度或挠度控制时（如水池、水塔、储液罐、承受水压作用的地下室墙、烟囱、储仓、重型吊车梁及屋架、托架的受拉构件等的钢筋代换），如用同品种粗钢筋等强度代换细钢筋，或用光面钢筋代替变形钢筋，应按《混凝土结构设计规范》（GB 50010—2010）重新验算裂缝宽度，如代换后钢筋的总截面面积减小，应同时验算裂缝宽度和挠度。

5.2.4　钢筋加工

5.2.4.1　除锈、调直及切断

（1）钢筋除锈。工程中钢筋的表面洁净，以保证钢筋与混凝土之间的握裹力。钢筋上的油漆、漆污和用锤敲击时能剥落的乳皮、铁锈等应在使用前清除干净。带有颗粒状或片状老锈的钢筋不得使用。

钢筋除锈一般有以下几种方法：手工除锈，即用钢丝刷、砂轮等工具除锈；钢筋冷拉或钢丝调直过程中除锈；机械方法除锈，如采用电动除锈机；喷砂或酸洗除锈。对大量的钢筋除锈，可通过钢筋冷拉或钢筋调直机调直过程中完成；少量的钢筋除锈可采用电动除锈机或喷砂方法；钢筋局部除锈可采取人工用钢丝刷或砂轮等方法进行。也可将钢筋通过砂箱往返搓动除锈。电动除锈的圆盘钢丝刷有成品供应（也可用废钢丝绳头拆开编成）直径 20～30cm、厚5～15cm，转速 1000r/min，电动机功率为 1.0～1.5kW。如除锈后钢筋表面有严重麻坑、斑点等伤蚀截面时，应降级使用或剔除不用，带有蜂窝状锈迹的钢丝不得使用。

（2）钢筋调直。钢筋调直分人工调直和机械调直两类。人工调直可分为绞盘调直（多用于 12mm 以下的钢筋、板柱）、铁柱调直（用于粗钢筋）、蛇形管调直（用于冷拔低碳钢丝）。机械调直常用的有钢筋调直机调直（用于冷拔低碳钢丝和细钢筋）、卷扬机调直

（用于粗细钢筋）。钢筋调直的具体要求如下：

1）对局部曲折、弯曲或成盘的钢筋，应加以调直。

2）钢筋调直普遍使用慢速卷扬机拉直和用调直机调直，在缺乏调直设备时，粗钢筋可采用弯曲机、平直锤或用卡盘、扳手、锤击矫直；细钢筋可用绞盘（磨）拉直或用导车轮、蛇形管调直装置来调直。

3）采用钢筋调直机调直冷拔低碳钢丝和细钢筋时，要根据钢筋的直径选用调直模和传送辊，并要恰当掌握直模的偏移量和压紧程度。

4）用卷扬机拉直钢筋时，应注意控制冷拉率；HPB300 级钢筋不宜大于 4%；HRB335、HRB400 级钢筋不准采用冷拉钢筋的结构，不宜大于 1%。用调直机调直钢丝和用锤击法直粗钢筋时，表面伤痕不应使截面积减少 5% 以上。

5）调直后的钢筋平直，无局部曲折；冷拔低碳钢丝表面不得有明显擦伤。应当注意：冷拔低碳钢丝调直机调直后，其抗拉强度一般要降低 10%～15%，使用前要加强检查，按调直后的抗拉强度选用。

6）已调直的钢筋应按级别、直径、长短、根数分扎成若干扎，分区堆放整齐。

（3）钢筋切断。钢筋切断分为机械切断和人工切断两种。机械切断常用钢筋切断机，操作时要保证断料正确，钢筋与切断机口要垂直，并严格执行操作规程，确保安全。在切断过程中，如发现钢筋有劈裂、缩头或严重的弯头，必须切除。手工切断常用手动切断机（用于直径 16mm 以下的钢筋），克子（又称"踏扣"，用于直径 6～32mm 的钢筋）、断线钳（用于钢丝）等几种工具。切断操作应注意以下几点：

1）钢筋切断应合理统筹配料，将相同规格的钢筋根据不同长短搭配，统筹排料，一般先断长料，后断短料，以减少短头、接头和损耗。避免用短尺量长料，以免产生累积误差；切断操作时，应在工作台上标出尺寸刻度并设置控制断料尺寸用的挡板。

2）向切断机送料时，应将钢筋摆直，避免弯成弧形，操作者应将钢筋握紧，并应在冲动刀片向后退时送进钢筋；切断长 300mm 以上钢筋时，应将钢筋套在钢管内送料，防止发生事故。

3）操作中，如发现钢筋硬度异常（过硬或过软）与钢筋级别不相称时，应考虑对该批钢筋进一步检验；热处理预应力钢筋切断时，只允许用切断机或氧乙炔割断，不得用电弧切割。

4）切断后的钢筋断口不得有马蹄形或起弯等现象，钢筋长度偏差应为 ±10mm。

5.2.4.2 钢筋的弯曲成型

弯曲成型是将已切断、配好的钢筋按照施工图纸的要求加工成规定的形状尺寸。钢筋弯曲成型的顺序：准备工作→画线→做样件→弯曲成型。弯曲分为人工弯曲和机械弯曲两种。

（1）准备工作。钢筋弯曲成什么样的形状，各部分的尺寸是多少，主要依据钢筋配料单，这是最基本的操作依据。因此，钢筋弯曲成型的准备工作主要为准备钢筋配料单和配料牌。配料单的编制和配料牌的制作已在钢筋配料中介绍。同时，钢筋的除锈、调制与切断工作已经完成。

（2）画线。在弯曲成型之前，除应熟悉待加工钢筋的规格、形状和各部尺寸，确定弯曲操作步骤及准备工具等之外，还需将钢筋的各段长度尺寸画在钢筋上。

精确画线的方法：大批量加工时，应根据钢筋的弯曲类型、弯曲角度、弯曲半径、扳距等因素，分别计算各段尺寸，再根据各段尺寸分段画线。这种画线方法比较烦琐。现场小批量的钢筋加工，常采用简便的画线方法：即在画钢筋的分段尺寸时，将不同角度的弯折量度差在弯操作方向相反的一侧长度内扣除，画上分段尺寸线，这条线称为弯曲点线。根据弯曲点线并按规定方向弯曲后得到的成型钢筋，基本与设计图要求的尺寸相符。

现以梁中弯起钢筋为例，说明弯曲点线的画线方法，如图 5.18 所示。

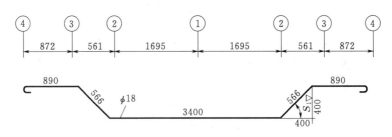

图 5.18　弯起钢筋计算例图

第一步，在钢筋的中心线画第一道线。

第二步，取中段（3400）的 1/2 减去 $0.25d_0$，四舍五入即在 $1700 - 4.5 = 1695$（mm）处画第二道线。

第三步，取斜长（566）减去 $0.25d_0$，即在 $566 - 4.5 = 561$（mm）处画第三道线。

第四步，取直段长（890）减去 $1d_0$，即在 $890 - 18 = 872$（mm）处画第四道线。

以上各线段即钢筋的弯曲点线，弯制钢筋时即按这些线段进行弯制。弯曲角度须在工作台上放出大样。需说明的一点是，画线时所减去的值应根据钢筋直径和弯折角度具体确定，此处所取值仅为便于说明。弯制形状比较简单或同一形状根数较多的钢筋，可以不画线，而在工作台上按各段尺寸要求，固定若干标志，按标准操作。此法工效高。

（3）做样件。弯曲钢筋画线后，即可试弯 1 根，以检查画线的结果是否符合设计要求。如不符合，应对弯曲顺序、画线、弯曲标志、扳距等进行调整，待调整合格后方可成批弯制。

（4）弯曲成型。

1）手工弯曲成型。不同钢筋的弯曲步骤分述如下：

a. 箍筋的弯曲成型。箍筋弯曲成型的步骤分为五步，如图 5.19 所示。在操作前，首先要在手摇扳的左侧工作台上标出钢筋 1/2 长、箍筋长边内侧长和短边内侧长（也可标长边外侧长和短边外侧长）三个标志。

箍筋弯曲成型如图 5.19 所示，第一步在钢筋 1/2 长处弯折 90°；第二步弯折短边 90°；第三步弯长边 135° 弯钩；第四步弯短边 90°；第五步弯短边 135° 弯钩。因为第三步、第五步的弯钩角度大，所以要比第二步、第四步操作时靠标志略松些，预留一些长度，以免箍筋不方正。

b. 弯起钢筋的弯曲成型。弯起钢筋的弯曲成型如图 5.20 所示，一般弯起钢筋长度较大，故通常在工作台两端设置卡盘，分别在工作台两端同时完成成型工序。

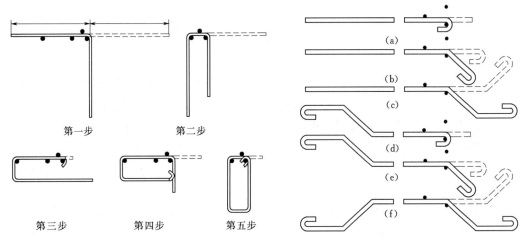

图 5.19　箍筋弯曲成型步骤　　　　图 5.20　弯起钢筋的弯曲成型步骤

当钢筋的弯曲形状比较复杂时，可预先放出实样，再用扒钉钉在工作台上，以控制各个弯转角，如图 5.21 所示。第一步在钢筋中段弯曲处钉两个扒钉，弯第一对 45°弯；第二步在钢筋上段弯曲处钉两个扒钉，弯第二对 45°弯；第三步在钢筋弯钩处钉两个扒钉，弯两对弯钩；第四步起出扒钉。这种成型方法，形状较准确，平面平整。

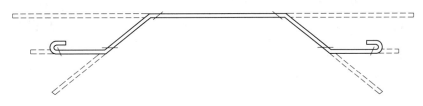

图 5.21　钢筋扒钉成型

各种不同钢筋弯折时，常将端部弯钩作为最后一个弯折程序，这样可以将配料弯折过程中的误差留在弯钩内，不致影响钢筋的整体质量。

2）机械弯曲成型。常用钢筋弯曲机可弯曲钢筋最大公称直径为 40mm，用 GW40 表示型号，其他还有 GW12、GW20、GW25、GW32、GW50、GW65 等，型号的数字标志可弯曲钢筋的最大公称直径。表 5.14 列出几种常用钢筋弯曲机的主要技术性能。

表 5.14　　　　　　　　　　　　常用钢筋弯曲机的主要技术性能

参　　数	GW40	GW40A	GW50
可弯曲钢筋直径/mm	6～40	6～40	25～50
弯曲速度/(r/min)	5	9	2.5
电动机功率/kW	350	350	320

参　数		GW40	GW40A	GW50
外形尺寸	长/mm	870	1050	1450
	宽/mm	760	760	800
	高/mm	710	828	760
整机重量/kg		400	450	580

各种钢筋弯曲机可弯曲钢筋直径是按抗拉强度为450N/mm² 的钢筋取值的，对于级别较高、直径较大的钢筋，如果用GW40型钢筋弯曲机不能胜任，就可采用GW50型来弯曲。更换传动轮，可使工作盘得到三种转速，弯曲直径较大的钢筋必须使转速放慢，以避免损坏设备。在不同转速的情况下，一次最多能弯曲的钢筋根数按其直径的大小应按弯曲机的说明书执行。

3）成品管理。对钢筋加工序而言，弯曲成型后的钢筋就算是"成品"。弯曲成型后的钢筋质量必须通过加工操作人员自检；进入成品仓库的钢筋要由专职质量检查人员复检合格。钢筋加工的质量按照《混凝土结构工程施工质量验收规范》（GB 50204—2015）的规定，受力钢筋的弯钩和弯折应符合表5.15的规定。

表5.15　　　　　　　　　钢筋弯钩、弯折形状和尺寸要求

钢筋类型	牌号部位	形　状	弯弧内直径	弯钩平直部分长度 l_p
受力钢筋	HPB235，HPB300	180°弯钩	≥2.5d	≥3d
	HRB335，HRB400	135°弯钩	≥4d	按设计要求
	按设计要求	≤90°弯钩	≥5d	按设计要求
箍筋	一般结构	≥90°弯钩	≥2.5d_0，≥d	≥5d_0
	抗震结构	135°弯钩	≥2.5d_0，≥d	≥10d_0

注　表中 d 为受力钢筋直径，d_0 为箍筋直径。

弯曲成型好了的钢筋必须轻抬轻放，避免产生变形；经过验收检查合格后，成品应按编号拴上料牌，并应特别注意缩尺钢筋的料牌勿遗漏。清点某一编号钢筋成品无误后，在指定的堆放地点，要按编号分隔整齐堆入，并标识所属工程名称。钢筋成品应堆放在库房里，库房应防雨防水，地面保持干燥，并做好支垫。与安装班组联系好，按工程名称、部位及钢筋编号、需用顺序堆放，防止先用的被压在下面，使用时因翻垛而造成钢筋变形。

5.2.4.3　钢筋的冷加工

（1）钢筋的冷拉。

1）冷拉原理及时效强化。工程中将钢材于常温下进行冷拉使之产生塑性变形，从而提高钢材屈服强度，这个过程称为冷拉强化。产生冷拉强化的原理是：钢材在塑性变形中晶格的缺陷增多，而缺陷的晶格严重畸变对晶格进一步滑移将起到阻碍作用，故钢材的屈服点提高，塑性和韧性降低。由于塑性变形中产生了内应力，故钢材的弹性模量降低。将经过冷拉的钢筋于常温下存放15～20d或加热到100～200℃并保持一定时间，这个过程称为时效处理，前者称为自然时效，后者称为人工时效。冷拉以后再经时效处理的钢筋，

其屈服点进一步提高，抗拉极限强度也有所增长，塑性继续降低。由于时效强化处理过程中内应力的消减，对钢筋或低碳钢盘条按一定程度进行冷拉或冷拔加工，以提高屈服强度，节约钢材。

2) 钢筋冷拉参数及控制方法。钢筋的冷拉力的冷拉率是影响钢筋冷拉质量的两个主要参数。钢筋的冷拉率就是钢筋冷拉时包括其弹性和塑性变形的总伸长值与钢筋原长的比值（%）。在一定限度范围内，冷拉应力或冷拉率越大，则屈服强度提高越多，而塑性也越降低。但钢筋冷应后仍有一定的塑性，其屈服强度与抗拉强度的比值（屈服比）不宜太大，以使钢筋有一定的强度储备。

钢筋冷拉可采用通过控制应力来控制冷拉率的方法。用作预应力筋的钢筋，冷拉时宜采用控制应力的方法，或采用既控制应力，又控制冷拉率的方法。不能分清炉批号的热轧钢筋的冷拉不应采用控制冷拉率的方法。

$$冷拉应力 = \frac{冷拉力}{钢筋公称面积}；冷拉率 = \frac{钢筋冷拉伸长值}{钢筋原有长度}$$

$$钢筋冷拉伸长值 = 钢筋冷拉后长度 - 钢筋原有长度$$

采用控制应力的方法冷拉钢筋时，其冷拉控制应力及最大冷拉率应符合表 5.16 的规定，冷拉时应随时检查钢筋的冷拉率，当超过表 5.16 的规定时，应进行力学性能检验。

表 5.16　　　　　　　　　　　　　冷拉控制应力及最大冷拉率

钢筋级别	钢筋直径/mm	冷拉控制应力/MPa	最大冷拉率/%
HPB235/HPB300	≤12	280	10.0
HRB335	≤25	450	5.5
	28～40	430	5.5
HRB400	8～40	500	5.0

采用控制冷拉率的方法冷拉钢筋时，其冷拉率应由试验确定。即在同炉批的钢筋中切取试样（不少于 4 个），按表 5.17 冷拉应力拉伸钢筋，测定各试样的冷拉率，取其平均值作为该批钢筋实际采用的冷拉率。冷拉率确定后，便可根据钢筋的长度求出钢筋的冷拉长度。冷拉多根连接的钢筋，冷拉率可按总长计算，但冷拉后每根钢筋的冷拉率应符合表 5.16 的规定。

表 5.17　　　　　　　　　　　　测定冷拉率时钢筋的冷拉应力

钢筋级别	钢筋直径/mm	冷拉控制应力/MPa
HPB235/HPB300	≤12	280
HRB335	≤25	450
	28～40	430
HRB400	8～40	500

注　当钢筋平均冷拉率低于 1% 时，仍应按 1% 进行冷拉。

3) 钢筋冷拉操作。钢筋冷拉的主要工序有钢筋上盘、放圈、切断、夹紧夹具、冷拉开始、观察控制值、停止冷拉、放松夹具、捆扎堆放。

冷拉设备主要由拉力装置、承力结构、钢筋夹具及测量装置等组成。拉力装置一般由卷扬机、张拉小车及滑轮组成。当缺乏卷扬机时，也可采用普通液压千斤顶、长冲程千斤顶或预应力用的选手顶等代替。但用选手顶冷拉时生产率较低，且选手顶容易磨损。承力结构可采用钢筋混凝土压杆；当拉力较小或在临时性工程中，可采用地锚。

冷拉长度测量可用标尺，测力计可用电子秤或附有油表的液压千斤顶或弹簧测力计。测力计一般宜设置在张拉端定滑轮组处，若设置在固定端时，应设防护装置，以免钢筋断裂时损坏测力计。为安全起见，冷拉时钢筋应缓缓拉伸，缓缓放松，并应防止斜拉，正对钢筋两端不允许站人，冷拉时人员不得跨越钢筋。

冷拉操作要点如下：对钢筋的炉号、原材料的质量进行检查，不同炉号的钢筋分别进行冷拉，不得混杂。冷拉前，应对设备，特别是测力计进行校验和复核，并做好记录，以确保冷拉质量。钢筋应先拉直（约为冷拉应力的10%），然后量其长度再进行冷拉。

冷拉时，为使钢筋变形充分发展，冷拉速度不宜快，一般以 0.5～1m/min 为宜，当达到规定的控制应力（或冷拉长度）后，须稍停（约1～2min），待钢筋变形充分发展后，再放松钢筋，冷拉结束。钢筋在负温下进行冷拉时，其温度不宜低于 −20℃，如采用控制应力方法时，冷拉率与常温相同。钢筋伸长的起点应以钢筋发生初应力时为准。如无仪表观测时，可观测钢筋表面的浮锈或氧化皮，以开始剥落时起计。

预应力钢筋应先对焊后冷拉，以免后焊高温而使冷拉后的强度降低。如焊接接头被拉断，可切除该焊区总长约 200～300mm，重新焊接后再冷拉，但一般不超过两次。钢筋时效可采用自然时效，冷拉后宜在常温（15～20℃）下放置一段时间（一般为 7～14d）后使用。钢筋冷拉后应防止经常雨淋、水湿，因钢筋冷拉后性质尚未稳定，遇水易变脆，且易生锈。

（2）钢筋的冷拔。

1）钢筋冷拔原理及应用。冷拔是使直径 6～8cm 的 HPB235 钢筋在常温下强力通过特制的直径逐渐减小的钨合金拔丝模孔，使钢筋产生塑性变形，以改变其物理力学性能。钢筋冷拔后横向压缩纵向拉伸，内部晶格产生滑移，抗拉强度可提高 40%～90%；与冷拉相比，冷拉是纯拉伸应力，而冷拔既有拉伸应力又有压缩应力。冷拔后冷拔低碳钢丝没有明显的屈服现象，按其材质特性可分甲、乙两级，甲级钢丝适用于做预应力筋，乙级钢丝适用于做焊接网，焊接骨架、箍筋的构造钢筋。

2）钢筋冷拔工艺。冷拔工艺过程如下：轧头→剥壳→通过润滑剂盒→进入拔丝模孔。轧头在轧头机上进行，目的是将钢筋端头轧细，以便穿过拔丝模孔。剥壳是通过 3～6 个上下排列的辊子除去钢筋表面坚硬的渣壳，润滑剂常用石灰、动植物油、肥皂、白蜡和水按一定比例制成。剥壳和通过润滑剂能使铁渣不致进入拔丝模孔口，以提高拔丝模的使用寿命，并减少因拔丝模孔存在铁渣擦伤钢表面的现象。剥壳后，钢筋再通过润滑剂充分润滑，进入拔丝模进行冷拔。

3）钢筋冷拔操作。冷拔前应对原材料进行必要的检验。对钢号不明或无出厂证明的钢材，应取样检验。遇截面不规整的扁圆、带刺、过硬、潮湿的钢筋，不得用于冷拔，以免损坏拔丝模和影响质量。

钢筋冷拔前必须经过轧头和除锈处理。除锈装置可以利用拔丝机卷筒和盘条转架，其中高 3～6 个单向错开或上下交错排列的带槽剥壳轮，钢筋经上下左右反复弯曲，即可除锈。也可使用与钢筋直径基本相同的废拔丝模以机械方法除锈。为方便钢筋穿过丝模，钢筋头要轧细一段（约长 150～200mm），轧压至直径比拔丝模孔小 0.5～0.8mm，以便顺利穿过横孔。为减少轧头次数，可用对焊方法将钢筋连接，但应将焊缝的凸缝用砂轮锉平磨滑，以保护设备及拉丝模。在操作前，应按常规对设备进行检查和空载运转一次。安装拔丝模时，要分清正反面，安装后应将固定螺栓拧紧。为减少拔丝力和拔丝模孔损耗，抽拔时须涂润滑剂，一般在拔丝模前安装一个润滑盒，使钢筋黏滞润滑进入拔丝模。润滑剂的配方为：动物油（羊油或牛油）：肥皂：石蜡：生石灰：水 ＝ （0.15～0.20）：（1.6～3.0）：1：2：2。

拔丝速度宜控制在 0.2～0.3m/s。钢筋连拔不宜超过三次，如需现拔，应对钢筋消除内应力，采用低温（600～800℃）退火处理使钢筋变软。加热后取出埋入砂中，使其缓冷，冷却速度应控制在 150℃/h 以内。拔丝的成品，应随时检查砂孔、沟痕、夹皮等缺陷，以便随时更换拔丝模或调整转速。

（3）钢筋冷轧扭。

1）钢筋冷轧扭工艺。钢筋冷轧扭工艺平面，由放盘架、调直箱、轧机、扭转装置、切断机、落料架、冷却系统及控制系统等组成。加工工艺程序为：圆盘钢筋从放盘架上引出后，经调直箱调直并清除氧化铁皮，再经轧机将圆筋轧扁；在轧辊推动下，强迫钢筋通过扭转装置，从而形成表面为连续螺旋曲面和麻花状的钢筋，再穿过切断机的圆切刀刀孔进入落料架的料槽，当钢筋触到定位开关后，切断机将钢筋切断，落到架上。

钢筋长度可通过调整定位开关在落料架上的位置来控制。钢筋调直、扭转及输送的动力均来自轧辊在轧制钢筋时产生的摩擦力。

2）钢筋冷轧扭质量控制。为保证达到要求的抗拉强度和保证不小于 3％ 的延伸率，加工时应严格控制以下几点：①原材料必须经过检验，应符合《碳素结构钢》（GB/T 700—2006）及《低碳钢热轧圆盘条》（GB/T 701—2008）的规定；②轧扁厚度对机械性能的影响很大，应控制在允许范围内，螺距也应符合要求；③轧制品的检验应按《冷轧扭筋应用技术规程》（JGJ 115—2016）的有关规定进行，严格检验成品，把好质量关；④成品钢筋不宜露天堆放，以防止锈蚀；⑤储存不应过长，尽可能做到随轧制随使用。

5.2.5 钢筋连接

钢筋连接的方式主要有焊接、机械连接三种。

5.2.5.1 钢筋的焊接

（1）焊接的方式方法。在钢筋混凝土预制加工现场施工中，钢筋成型加工常应用焊接的方法。通过钢筋的焊接，既可保证钢筋接头质量，又可节省钢材。

1）焊接方法。目前普遍采用的焊接方法有：电阻点焊、闪光对焊、电弧焊、窄间隙电弧焊、电渣压力焊、气压焊等。各种焊接方法介绍如下：

钢筋电阻点焊。将两钢筋安放成交叉叠接形式，压紧于两电极之间，利用电阻热熔化母材金属，加压形成焊点的一种压焊方法。

钢筋闪光对焊。将两钢筋安放成对接形式，利用电阻热使接触点金属熔化，产生强烈飞溅，形成闪光，迅速施加顶锻力完成焊接的一种压焊方法。

钢筋电弧焊。以焊条为一极，钢筋为另一级，利用焊接电流通过产生的电弧热进行焊接的一种熔焊方法。

钢筋窄间隙电弧焊。将两钢筋安放成水平对接形式，并置于铜模内，中间留有少量间隙，用焊条从接头根部引弧，连续向上焊接完成的一种电弧方法。

钢筋电渣压力焊。将两钢筋安放成竖向对接形式，利用焊接电流通过两钢筋端面间隙，在焊接层下形成电弧过程和电渣过程，产生电弧热和电阻热，熔化钢筋，加压完成的一种压焊方法。

钢筋气压焊。采用氧乙炔火焰或其他火焰对两钢筋对接处加热，使其达到塑性状态（固态）或熔化状态（熔态）后，加压完成的一种压焊方法。

2）焊接规定。电渣压力焊适用于柱、墙、构筑物等现浇混凝土结构中竖向受力钢筋的连接；不得在竖向焊接后横直于梁、板等构件中做水平钢筋用。在工程开工正式焊接之前，参与该项焊接的焊工应进行现场条件下的焊接工艺试验，并经试验合格后，方可正式生产。试验结果应符合质量检验与验收的要求。钢筋焊接施工之前，应清除钢筋、钢板焊接部位以及钢筋与电极接触处表面上的锈斑、油污和杂物等；钢筋端部当有弯折、扭曲时，应予以矫直或切除。带肋钢筋进行闪光对焊、电弧焊、电渣压力焊和气压焊时，宜将纵肋对纵肋安放和焊接。当采用低氢型碱性焊条时，应按使用说明书的要求烘焙，且宜放入保温筒内保温使用；酸性焊条若在运输或存放中受潮，烘焙后方能使用。焊剂应存放在干燥的库房内，当受潮时，在使用前应经 250～300℃烘焙 2h。使用中回收的焊剂应清除熔渣和杂物，并应与新焊剂混合均匀后使用。

（2）钢筋电弧焊连接。电弧焊是利用电弧产生的高温，集中热量溶化钢筋端面和焊条末端，使焊条金属过渡到熔化的焊缝内，金属冷却凝固后，便形成焊接接头。钢筋电弧焊包括帮条焊、搭接焊、熔槽帮条焊、窄间隙焊和坡口焊 5 种接头形式。

1）帮条焊。帮条焊时，宜采用双面焊，如图 5.22（a）所示；当不能进行双面焊时，方可采用单面焊，如图 5.22（b）所示。帮条长度应符合表 5.18 的规定。当帮条牌号与主筋相同时，帮条直径可与主筋相同或小一个规格；当帮条直径与主筋相同时，帮条牌号可与主筋相同或低一个牌号。

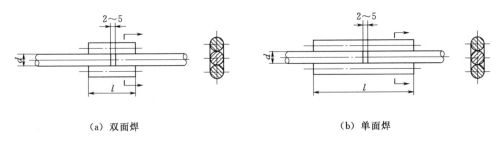

（a）双面焊　　　　　　　　　　　　　（b）单面焊

图 5.22　钢筋帮条焊接头

表 5.18 　　　　　　　　　　　　　　 **钢 筋 帮 条 长 度**

钢筋牌号	焊缝型式	帮条长度 l
HPB235	单面焊	≥8d
	双面焊	≥4d
HRB335 HRB400 RRB400	单面焊	≥10d
	双面焊	≥5d

注 d 为主筋直径，mm。

2）搭接焊。搭接焊时，宜采用双面焊，如图 5.23（a）所示。当不能进行双面焊时，方可采用单面焊，如图 5.23（b）所示。

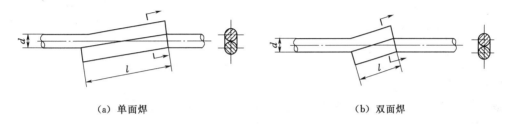

（a）单面焊 　　　　　　　　　　　　　　　（b）双面焊

图 5.23　钢筋搭接焊接头

帮条焊接头或搭接焊接头的焊缝厚度 s 不应小于主筋直径的 0.3 倍，焊缝宽度 b 不应小于主筋直径的 0.8 倍。

3）熔槽帮条焊。熔槽帮条焊适用于直径 20mm 及以上钢筋的现场安装焊接。焊接时应加角钢作垫板模。接头形式如图 5.24 所示。

4）窄间隙焊。窄间隙焊适用于直径 16mm 及以上钢筋的现场水平连接。焊接时钢筋端部应置于铜模中，并应留出一定间隙，用焊条连续焊接，熔化钢筋端面和使熔敷金属填充间隙，形成接头，如图 5.25 所示。

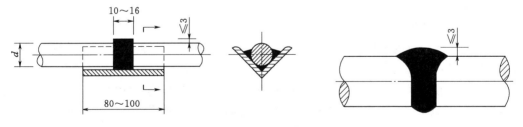

图 5.24　钢筋熔槽帮条焊接头 　　　　　　　图 5.25　钢筋窄间隙焊接头

5）坡口焊。坡口焊的准备工作和焊接工艺应符合下列要求：坡口面应平顺，切口边缘不得有裂纹、钝边和缺棱；坡口角度可按图 5.26 中的数据选用。

焊接板厚度宜为 4～6mm，长度宜为 40～60mm；平焊时，垫板宽度应为钢筋直径加 10mm；立焊时，垫板宽度宜等于钢筋直径；焊缝的宽度应大于 V 形坡口的边缘 2～3mm，焊缝余高不得大于 3mm，并平缓过渡至钢筋表面；钢筋与钢垫板之间，应加焊二三层侧面焊缝；当发现接头中有弧抗、气孔及咬边等缺陷时，应立即补焊。

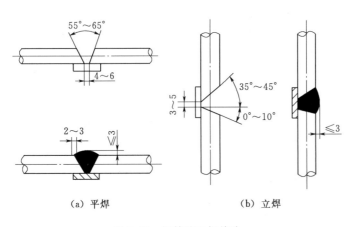

（a）平焊　　　　　　（b）立焊

图 5.26　钢筋坡口焊接头

（3）钢筋闪光对焊连接。钢筋闪光对焊是两根钢筋沿着整个接触端面熔焊连接的方法，它适用于水平钢筋非施工现场连接。闪光对焊工艺对钢筋面要求不严格，可以免去钢筋端面磨平工序，因而简化了操作，提高了工效。由于在闪光时接触面积小，接触点电流密度大，热量集中，加热迅速，所以热影响区小，接头质量好；又因采用了预热方法，在较小功率的对焊机上能焊接较大截面的钢筋，所以闪光对焊是目前普遍采用的焊接方法。

闪光对焊时，应选择合适的调伸长度、烧化留量、顶锻留量以及变压器级数等焊接参数。连续闪光焊时的留量应包括烧化留量、有电顶锻留量和无电顶锻留量；预热闪光焊时的留量应包括：一次烧化留量、预热留量、二次烧化留量、有电顶锻留量和无电顶锻留量。

变压器级数应根据钢筋牌号、直径、焊机容量以及焊接工艺方法等具体情况选择。RRB400 钢筋闪光对焊时，与热轧钢筋比较，应减小调伸长度，提高焊接变压器级数，缩短加热时间，快速顶锻，形成快热快冷条件，使热影响区长度控制在钢筋直径的 0.6 倍范围之内。HRB500 钢筋焊接时，应采用预热闪光焊或闪光-预热闪光焊工艺。当接头拉伸试验结果发生脆性断裂，或弯曲试验不能达到规定要求时，尚应在焊机上进行焊后热处理。当螺丝端杆与预应力钢筋对焊时，宜事先对螺丝端杆进行预热，并减小调伸长度；钢筋一侧的电极应垫高，确保两者轴线一致。

采用 UN2-150 型对焊机（电动机凸轮传动）或 UN17-150-1 型对焊机（气-液压传动）进行大直径钢筋焊接时，宜首先采取锯割或气割方式对钢筋端面进行平整处理；然后，采取预热闪光焊工艺。

封闭环式箍筋采用闪光对焊时，钢筋断料宜采用无齿锯切割，断面应平整。当箍筋直径为 12mm 及以上时，宜采用 UN1-75 型对焊机和连续闪光焊工艺；当箍筋直径为 6～10mm，可使用 UN1-40 型对焊机，并应选择较大变压器级数；在闪光对焊生产中，当出现异常现象或焊接缺陷时，应查找原因，采取措施，及时消除。

（4）钢筋电渣压力焊连接。钢筋电渣压力焊是将两根钢筋安放成竖向对接形式，利用焊接电流通过两根钢筋端面间隙，在焊剂层下形成电弧过程和电渣过程，产生电弧热和电阻热，熔化钢筋，加压完成的一种压焊方法。这种焊接方法比电弧焊节省钢材，工效高、成本低，适用于现浇钢筋混凝土结构中竖向或斜向（倾斜度在 4∶1 范围内）钢筋的连接。电渣压力焊在供电条件差、电压不稳、雨季或防火要求高的场合应慎用。

焊接夹具的上下钳口应夹紧于上、下钢筋上；钢筋一经夹紧，不得晃动。引弧可采用直接引弧法与铁丝圈（焊条芯）引弧法。引燃电弧后，应先进行电弧过程，然后加快上钢筋下送速度，使钢筋端面与液态渣池接触，转变为电渣过程，最后在断电的同时，迅速下压上钢筋，挤出熔化金属和熔渣。接头焊毕，应稍作停歇方可回收焊剂和卸下焊接夹具；敲去渣壳后，四周焊包凸出钢筋表面的高度不得小于 4mm。在焊接生产中焊工应进行自检，当发现偏心、弯折、烧伤等焊接缺陷时，应查找原因和采取措施，及时消除。

（5）钢筋电阻点焊连接。钢筋电阻点焊是将表面清理好的钢筋叠合在一起，放在两个电极间预压夹紧，使两根钢筋连接点紧密接触，然后接通电流，使接触点处产生电阻热，把钢筋加热到熔化状态而形成熔核，周围加热到塑性状态，在压力下形成了紧密的塑性金属环，将熔核围起来，使其不致外溢，这时切断电流，使熔核在压力下冷凝，即获得牢固的焊点。混凝土结构中的钢筋焊接骨架和钢筋焊接网，宜采用电阻点焊制作。

点焊过程可分为预压、通电、锻压三个阶段。在通电开始一段时间内，接触点广大，固态金属因加热膨胀，在焊接压力作用下，焊接处金属产生塑性变形，并挤向工作间隙缝中；继续加热后，开始出现熔化点，并逐渐扩大成所要求的核心尺寸时切断电流。

焊点的压入深度，应符合：热轧钢筋点焊时，压入深度为较小钢筋直径的 25%～45%；冷拔光圆钢丝、冷轧带肋钢筋点焊时，压入深度应为较小钢筋直径的 25%～40%。

电阻点焊应根据钢筋牌号、直径及焊机性能等具体情况，选择合适的变压器级数、焊接通电时间和电极压力；焊点的压入深度应为较小钢筋直径的 18%～25%；钢筋多头点焊机宜用于同规格焊接网的成批生产。当点焊生产时，除符合上述规定外，尚应准确调整好各个电极之间的距离、电极压力，并应经常检查各个焊点的焊接电流和焊接通电时间。

当采用钢筋焊接网成型机组进行生产时，应按设备使用说明书中的规定进行安装、调试和操作，根据钢筋直径选用合适的电极压力和焊接通电时间；在点焊生产中，应经常保持电极与钢筋之间接触面的清洁平整；当电极使用变形时，应及时修整；钢筋点焊生产过程中，随时检查制品的外观质量，当发现焊接缺陷时，应查找原因并采取措施，及时消除。

（6）钢筋气压焊连接。钢筋气压焊是采用氧-乙炔火焰或其他火焰对两钢筋对接处加热，使其达到塑性态，加压完成的一种压焊方法。由于加热和加压使接合面附近金属受到镦锻式压延，被焊金属产生强烈塑性变形，促使两接合面接近到原子间的距离，进入原子作用的范围内，实现原子间的互相嵌入扩散及键合，并在热变形过程中，完成晶粒重新组合的再结晶过程而获得牢固的接头。

钢筋气压焊工艺具有设备简单、操作方便、质量好、成本低等优点，但对焊工要求严，焊前对钢筋端面处理要求高。气压焊可用于钢筋在垂直位置、水平位置或倾斜位置的对接焊接。当两钢筋直径不同时，其两直径之差不得大于 7mm。

气压焊按加热温度和工艺方法的不同，可分为熔态气压焊（开式）和固态气压焊（闭式）两种；在一般情况下，宜优先采用熔态气压焊，其操作过程如下：安装前，两钢筋端面之间应预留 3～5mm 间隙；气压焊开始时，首先使用中性焰加热，待钢筋端头至熔化状态，附着物随熔滴流走，端部呈凸状时，即加压，挤出熔化金属，并密合牢固；使用氧-液化石油气火焰进行熔态气压焊时，应适当增大氧气用量。在加热过程中，当在钢筋端面缝隙完全密合之前发生灭火中断现象时，应将钢筋取下重新打磨、安装，然后点燃火焰进行焊接。当发生在钢筋端面缝隙完全密合之后，可继续加热加压。

5.2.5.2　钢筋的机械连接

钢筋机械连接是通过连接件的机械咬合作用或钢筋端面的承压作用，将一根钢筋中的力传递至另一根钢筋的连接方法。具有施工简便、工艺性能良好、接头质量可靠、不受钢筋焊接性能的制约、可全天候施工、节约钢材和能源等优点。常用的机械连接接头类型有：挤压套筒接头、锥螺纹套筒接头、直螺纹套筒接头、熔融金属充填套筒接头、水泥灌浆充填套筒接头和受压钢筋端面平接头等。

（1）带肋钢筋套筒挤压连接。带肋钢筋套筒挤压连接是将需要连接的带肋钢筋，插于特制的钢套筒内，利用挤压机压缩套筒，使之产生塑性变形，靠变形后的钢套筒与带肋钢筋之间的紧密咬合来实现钢筋的连接，适用于钢筋直径为16～40mm的热轧HRB335、HRB400带肋钢筋的连接。钢筋挤压连接有钢筋径向挤压连接和钢筋轴向挤压连接两种形式。

1）带肋钢筋套筒径向挤压连接。带肋钢筋套筒径向挤压连接采用挤压机沿径向（即与套筒轴线垂直方向）将钢套筒挤压产生塑性变形，使之紧密地咬住带肋钢筋的横肋，实现两根钢筋的连接（图5.27）。当不同直径的带肋钢筋采用挤压接头连接时，若套筒两端外径和壁厚相同，被连接钢筋的直径相差不应大于5mm。

挤压连接工艺流程为：钢筋套筒检验→钢筋断料，刻划钢筋套入长度，定出标记→套筒套入钢筋→安装挤压机→开动液压泵，逐渐加压套筒至接头成型→卸下挤压机→接头外形检查。其工艺要点如下：

a. 将钢筋套入钢套筒内，使钢套筒端面与钢筋伸入位置标记线对齐（图5.28）。为了减少高处作业的难度，加快施工速度，可以先在地面预先压接半个钢筋接头，然后集装吊运到作业区，完成另半个钢筋接头（图5.29）。

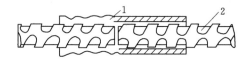

图5.27　钢筋径向挤压
1—钢套管；2—钢筋

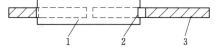

图5.28　钢筋伸入位置标记线
1—钢套筒；2—标记线；3—钢筋

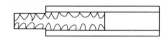

（a）把已下好料的钢筋插到套管中央

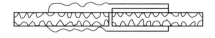

（b）放在挤压机内，压结已插钢筋的半边

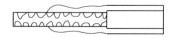

（c）把已预压半边的钢筋插到待接钢筋上

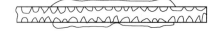

（d）压接另一半套筒

图5.29　预制半个钢筋接头工序示意图

b. 按照钢套筒压痕位置标记，对正压模位置，并使压模运动方向与钢筋两纵肋所在的平面相垂直，即保证最大压接面能在钢筋的横肋上。压痕一般由各生产厂家根据各自设备、压模刃口的尺寸和形状，通过在其所售钢套筒上喷上挤压道数标志或出厂技术文件中确定。凡属压痕道数只在出厂技术文件中确定的，应在施工现场按出厂技术文件涂刷压接标记，压痕宽度为 12mm（允许偏差 ±1mm）、压痕间距 4mm（允许偏差 ±1.5mm）。

c. 挤压工艺参数。

（a）压接顺序。从中间逐步向外压接，这样可以节省套筒材料约 10%。

（b）压接力。压接力大小以套筒金属与钢筋紧密挤压在一起为好。压接力过大，将使套筒过度变形而导致接头强度降低（即位伸时在套筒压痕处破坏）；压接力过小，接头强度或残余变形量就不能满足要求。不同型号挤压设备的技术参数见表 5.19 和表 5.20。

表 5.19　　　　　　　　　　YJ650 和 YJ800 型挤压机的技术参数

钢筋直径/mm	钢套筒外径×长度 $(\varphi \times L)/(mm \times mm)$	压接力/kN	每端压接道数
25	43×175	550	3
28	49×196	600	4
32	54×224	650	5
36	60×252	750	6

表 5.20　　　　　　　　　　　　YJ32 型挤压机的技术参数

钢筋直径 /mm	钢套筒 型号	钢套筒尺寸/mm			压模型号	压接力 /kN	每端压 接道数	压痕最小直径 允许范围/mm
		外径	内径	长度				
32	G32	55.5	36.5	240	M32	588	6	46.0~49.5
28	G28	50.5	34.0	210	M28	588	5	40.5~44.0
25	G25	45.0	30.0	200	M25	588	4	36.0~40.5

（c）压接道数。它直接关系到钢筋连续的质量和施工速度。道数过多，施工速度慢；过少，则接头性能特别是残余变形量不能满足要求。不同型号挤压机的压接道数可参见表5.19 和表 5.20。压痕最小直径一般是通过挤压机上的压力表读数来间接控制的。由于钢套筒的材质不同，造成其硬度、韧性等也不同，因此会造成挤压至所要求的压痕最小直径时所需要的压力也不同。实际挤压时，压力表读数为 $60\sim70\text{N}/\text{mm}^2$，也有在 $54\sim80\text{MPa}$ 之间的，这就要求操作者在挤压不同批号和炉号的钢套筒时必须进行试压，以确定挤压到标准所要求的压痕直径时所需的压力值。

2）带肋钢筋套筒轴向挤压连接。带肋钢筋套筒轴向挤压连接是采用挤压机和压模对钢套筒及插入的两根对接钢筋，朝其轴向方向进行挤压，使套筒咬合到带肋钢筋的肋间，使其结合成一体，如图5.30 所示。

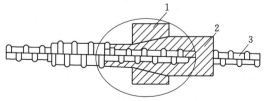

图 5.30　钢筋套筒轴向挤压
1—压模；2—钢套筒；3—钢筋

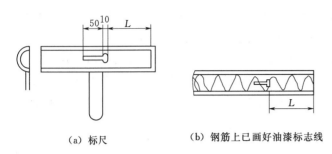

（a）标尺　　　　　　（b）钢筋上已画好油漆标志线

图 5.31　标尺画油漆标志线

a. 工艺要点。为了能够准确地判断钢筋伸入钢套筒内的长度，在钢筋两端用标尺画出油漆标志线（图 5.31）。套筒握裹长度（即钢筋插入套筒的长度）见表 5.21。

选定套筒与压模，并使其配套；接好泵站电源与半挤压机（或挤压机）的超高压油管；启动泵站，按手控开关的"上""下"按钮，往复动作油缸几次，检查泵站和半挤压机（或挤压机）是否正常。一般采取预先压接半个钢筋接头后，再运往作业地点进行另半个钢筋接头的整根压接连续。压接后的接头，其套筒握裹钢筋的长度应达到油漆标记线，达不到的接头，可绑扎补强钢筋或切去重新压接。

表 5.21　　　　　　　　　套 筒 握 裹 长 度　　　　　　　　　单位：mm

钢筋直径	$\phi 25$	$\phi 28$	$\phi 32$
钢筋握裹长度 L	105	110	115

压接后的接头应用量规检测。凡量规通不过的套筒接头，可补压一次。若仍达不到要求，则需要换压模再行挤压。经过两次挤压，套筒接头仍达不到要求的压模，不得再继续使用。

b. 挤压连接的质量检验。钢筋套筒进场，必须有原材料试验单与套筒出厂合格证，并由该技术提供单位提交有效的型式检验报告。钢筋套筒挤压连接开始前及施工过程中，应对每批进场钢盘进行挤压连接工艺检验。工艺检验应符合下列要求：每种规格钢筋的接头试件不应少于 3 个；接头试件的钢筋母材应进行抗拉强度试验；3 个接头试件强度均应符合现行行业标准《钢筋机械连接通用技术规程》（JGJ 107）中相应等级的强度要求，对于 A 级接头，试件抗拉强度尚应不小于 0.9 倍钢筋母材的实际抗拉强度，计算实际抗拉强度时，应采用钢筋的实际横截面面积。钢筋套筒挤压接头现场检验，一般只进行接头外观检查和单向拉伸试验。

（a）取样数量。同批条件为：材料、等级、型式、规格、施工条件相同。批的数量为 500 个接头，不足此数时也作为一个验收批；对每一验收批，应随机抽取 10% 的挤压接头做外观检查；抽取 3 个试件做单向拉伸试验。在现场检验合格的基础上，连续 10 个验收批单向拉伸试验合格率为 100% 时，可以扩大验收批所代表的接头数量一倍。

（b）外观检查。挤压接头的外观检查，应符合下列要求：挤压后套筒长度应为 1.10～1.15 倍原套筒长度，或压痕处套筒的外径为 0.8～0.9 倍原套筒的外径；挤压接头的压痕道数应符合型式检验确定的道数；接头处弯折不得大于 4°；挤压后的套筒不得有肉眼可见的裂缝。如外观质量合格数不小于抽检数的 90%，则该批为合格。如不合格数超过抽检数的 10%，则应逐个进行复验。在外观不合格的接头中抽取 6 个试件做单向拉伸试验，再行判别。

(c) 单向拉伸试验。3 个接头试件的抗拉强度均应满足 A 级或 B 级抗拉强度的要求。如有一个试件的抗拉强度不符合要求，则加倍抽样复验。复验中如仍有一个试件检验结果不符合要求，则该验收批单向拉伸试验判为不合格。

(2) 钢筋锥螺纹套筒连接。锥螺纹钢筋接头是利用锥形螺纹能承受轴向力和水平力以及密封性能较好的原理，依靠机械力将钢筋连接在一起。操作时，先用专用套丝机将钢筋的待连接端加工成锥形外螺纹；然后，通过带锥形内螺纹的钢连接套筒将两根待接钢筋连接；最后利用力矩扳手按规定的力矩值使钢筋和连接钢套筒拧紧在一起（图5.32）。

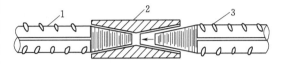

图 5.32　锥螺纹钢筋连续
1—已连续的钢筋；2—锥螺纹套筒；3—未连续的钢筋

这种接头工艺简便，能在施工现场连接直径 16～40mm 的热轧 HRB335、HRB400 级同径和异径的竖向或水平钢，且不受钢筋是否带肋和含碳量的限制。适用于按一、二级抗震等级设施的工业和民用建筑钢筋混凝土结构的热轧 HRB335、HRB400 级钢筋的连接施工。但不得用于预应力钢筋的连接。对于直接承受动荷载的结构构件，其接头还应满足抗疲劳性能等设计要求。

锥螺纹连接套筒的材料宜采用 45 号优质碳素结构钢或其他经试验确认符合要求的钢材制成，其抗拉承载力不应小于被连接钢筋受拉承载力标准值的 1.10 倍。锥螺纹套筒的加工，宜在专业工厂进行，以保证产品质量。套筒加工后，经检验合格的产品，其两端锥孔应采用塑料密封盖封严。套筒的外表面应标有明显的钢筋级别及规格标记。

1) 钢筋锥螺纹加工。钢筋应先调直再下料。钢筋下料可用钢筋切断机或砂轮锯，但不得用气割下料。下料时，要求切口端面与钢筋轴线垂直，端头不得挠曲或出现马蹄形；加工好的钢筋锥螺纹丝头的锥度、牙形、螺距等必须与连接套的锥度、牙形、螺距一致。并应进行质量检验，检验内容包括锥螺纹丝头牙形检验和锥螺纹丝头锥度与小端直径检验。其加工工艺为：下料→套丝→用牙形规和卡规（或环规）逐个检查钢筋套丝质量→质量合格的丝头用塑料保护帽盖封，待查和待用。锥螺纹的完整牙数不得小于表 5.22 的规定值。

表 5.22　　　　　　　　　　　　　钢筋锥螺纹完整牙数表

钢筋直径/mm	16～18	20～22	25～28	32	36	40
完整牙数	5	7	8	10	11	12

钢筋经检验合格后，方可在套丝机上加工锥螺纹。为确保钢筋的套丝质量，操作人员必须坚持上岗证制度。操作前应先调整好定位尺，并按钢筋规格配置相对应的加工导向套。对于大直径钢筋要分次加工到规定的尺寸，以保证螺纹的精度和避免损坏梳刀；钢筋套丝时，必须采用水溶性切削冷却润滑液，当气温低于 0℃ 时，应掺入 15%～20% 亚硝酸钠，不得采用机油作冷却润滑液。

2) 钢筋连接。连接钢筋之前，先回收钢筋待连接端的保护帽和连接套上的密封盖，并检查钢筋规格是否与连接套规格相同，检查锥螺纹丝头是否完好无损、有无杂质。

连接钢筋时,应先把已拧好连接套的一端钢筋对正轴线拧到被连接的钢筋上,然后用力矩扳手按规定的力矩值把钢筋接头拧紧,不得超拧,以防止损坏接头丝扣。拧紧后的接头应画上油漆标记,以防有的钢筋接头漏拧。拧紧时要拧到规定扭矩值,待测力扳手发出指示响声时,才认为达到了规定的扭矩值。锥螺纹钢筋接头拧紧力矩值见表 5.23,但不得加长扳手杆来拧紧。质量检验与施工安装使用的力矩扳手应分开使用,不得混用。

表 5.23　　　　　　　　　　　　锥螺纹钢筋接头拧紧力矩值

钢筋直径/mm	16	18	20	22	25～28	32	36～40
扭紧力矩/(N·m)	118	147	177	216	275	314	343

在构件受拉区段内,同一截面连接接头数量不宜超过钢筋总数的 50%;受压区不受限制。连接头的错开间距大于 500mm,保护层不得小于 15mm,钢筋间净距应大于 50mm。

在正式安装前要做 3 个试件,进行基本性能试验。当有 1 个试件不合格,应取双倍试件进行试验,如仍有 1 个不合格,则该批加工的接头为不合格,严禁在工程中使用。对连接套应有出厂合格证及质保书。每批接头的基本试验应有试验报告。连接套与钢筋应配套一致。连接套应有钢印标记;安装完毕后,质量检测员应用自用的专用测力扳手对拧紧的扭矩值加以抽检。

3) 质量检验。锥螺纹套筒的验收,应检查:套筒的规格、型号与标记;套筒的内螺纹圈数、螺距与齿高;螺纹有无破损、歪斜、不全、锈蚀等现象。其中套筒检验的重要一环是用锥螺纹塞规检查同规格套筒的加工质量。当套筒大端边缘在锥螺纹塞规大端缺口范围内时,套筒为合格品;预压后的钢筋端头应逐个进行自检。经自检合格的预压端头,质检人员应按要求对每种规格本次加工批抽检 10%,如有一个端头不合格,则应责成操作工人对该加工批全数检查,不合格钢筋端头应二次预压或部分切除重新预压;随机抽取同规格接头数的 10%进行外观检查。应满足钢筋与连接套的规格一致,接头丝扣无完整丝扣外露;如发现有一个完整丝扣外露,即为连接不合格,必须查明原因,责令工人重新拧紧或进行加固处理;用质检的力矩扳手,按表 5.24 规定的接头拧紧力矩值抽检接头的连接质量。抽验数量:梁、柱构件按接头数的 15%,且每个构件的接头抽验数不得少于 1 个接头;基础、墙、板构件按各自接头数,每 100 个接头作为一个验收批,不足 100 个也作为一个验收批,每批抽检 3 个接头。抽检的接头应全部合格,如有 1 个接头不合格,则该验收批接头应逐个检查,对查出的不合格接头应采用电弧贴角焊缝方法补强,焊缝高度不得小于 5mm。

表 5.24　　　　　　　　　　　　直螺纹钢筋接头拧紧力矩值

钢筋直径/mm	16～18	20～22	25	28	32	36～40
扭紧力矩/(N·m)	100	200	250	280	320	350

接头的现场检验按验收批进行。同一施工条件下的同一批材料的同等级、同规格接头,以 500 个为一个验收批进行检验与验收,不足 500 个也作为一个验收批;对接头的每一验收批,应在工程结构中随机抽取 3 个试件做单向拉伸试验,按设计要求的接头性能等级进行检验与评定;在现场连续检验 10 个验收批,全部单向拉伸试件一次抽样均合格时,

验收批接头数量可扩大一倍；当质检部门对钢筋接头的连接性产生怀疑时，可以用非破损张拉设备做接头的非破损拉伸试验。

（3）钢筋冷镦粗直螺纹套筒连接。镦粗直螺纹接头工艺是先利用冷镦机将钢筋端部镦粗，再用套丝机在钢筋端部的镦粗段上加工直螺纹，而后用连接套筒将两根钢筋对接。由于钢筋端部冷镦后，不仅截面加大；而且强度也有提高。加之，钢筋端部加工直螺纹后，其螺纹底部的最小直径，应不小于钢筋母材的直径。因此，该接头可与钢筋母材等强。其工艺流程如图 5.33 所示。

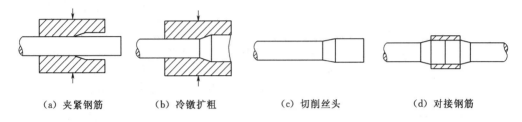

（a）夹紧钢筋　　　　（b）冷镦扩粗　　　　（c）切削丝头　　　　（d）对接钢筋

图 5.33　镦粗直螺纹工艺简图

1）工艺要点。对连接钢筋可自由转动的，先将套筒预先部分或全部拧入一个被连接钢筋的螺纹内，而后转动连接钢筋或反拧套筒到预定位置，最后用扳手转动连接钢筋，使其相互对顶锁定连接套筒；对于钢筋完全不能转动，如弯折钢筋或还有调整钢筋内力的场合，如施工缝、后浇带，可将锁定螺母和连接套筒预先拧入加长的螺纹内，再反拧入另一根钢筋端头螺纹上，最后用锁定螺母锁定连接套筒；或配套应用带有正反螺纹的套筒，以便从一个方向上能松开或拧紧两根钢筋；直螺纹钢筋连接时，应采用扭力扳手按表 5.24 规定的力矩值把钢筋接头拧紧。

2）质量检验。钢筋连接开始前及施工过程中，应对每批进场钢筋进行接头连接工艺检验。做单向拉伸试验的每种规格钢筋的接头试件不应少于 3 个。其抗拉强度应能发挥钢筋母材强度或大于 1.15 倍钢筋抗拉强度标准值；接头的现场检验按验收批进行。同一施工条件下采用同一批材料的同等级别、同规格接头，以 500 个为 1 个验收批。当 3 个试件的抗拉强度都能发挥钢筋母材强度或大于 1.15 倍钢筋抗拉强度标准值时，该验收批达到 SA 级强度指标。如有 1 个试件的抗拉强度不符合要求，应加倍取样复验。如 3 个试件的抗拉强度仅达到该钢筋的抗拉强度标准值，则该验收批降为 A 级强度指标。在现场连续检验 10 个验收批，全部单向拉伸试件一次抽样均合格时，验收批接头数量可扩大一倍。

（4）钢筋滚压直螺纹套筒连接。钢筋滚压普通螺纹套筒连接是利用金属材料塑性变形后冷作硬化增强金属材料强度的特性，使接头与母材等强的连接方法。根据滚压普通螺纹成形方式可分为直接滚压螺纹、挤压肋滚压螺纹、剥肋滚压螺纹三种类型。

1）常用机具的选用。直接滚压螺纹加工。采用钢筋滚丝机（型号 GZL - 32、GYZL - 40、GSJ - 40、HGS40 等）直接滚压螺纹。此法螺纹加工简单，设备投入少；但螺纹精度差，由于钢筋粗细不均，会导致螺纹直径差异，使施工受影响。

挤压肋滚压螺纹加工。采用专用挤压设备滚轮，先将钢筋的横肋和纵肋进行预压平处理，然后再滚压螺纹。其目的是减轻钢筋肋对成形螺纹的影响。此法对螺纹精度有一定提高，但仍不能从根本上解决钢筋直径差异对螺纹精度的影响。

剥肋滚压螺纹加工。采用钢筋剥肋滚丝机（型号 GHG40、GHG50），先将钢筋的横肋和纵肋进行剥切处理后，使钢筋滚丝前的柱体直径达到同一尺寸，然后进行螺纹滚压成形。此法螺纹精度高，接头质量稳定，施工速度快，价格适中，具有较大的发展前景。

2）工艺要点。连接钢筋时，钢筋规格和套筒的规格必须一致，钢筋和套筒的螺纹应干净、完好无损；采用预埋接头时，连接套筒的位置、规格和数量应符合设计要求。带连接套筒的钢筋应固定牢靠，连接套筒的外露端面应有保护盖；滚压普通螺纹接头应使用扭力扳手或管钳进行施工，将两个钢筋丝头在套筒中间位置相互顶紧，接头拧紧力矩应符合表 5.24 的规定。扭力扳手的精度为 ±5%。经拧紧后的滚压普通螺纹接头应做出标记，单边外露螺纹长度不应超过 2 个螺距。

3）质量检验。根据《混凝土结构工程施工质量验收规范》（GB 50204—2015）中的第 5.4.3 条，对直螺纹套筒连接质量要求如下：对机械连接接头，直螺纹接头安装后应按现行行业标准《钢筋机械连接技术规程》（JGJ 107）的规定检验拧紧扭矩；挤压接头应量测压痕直径，其检验结果应符合该规程的相关规定。检查数量：按现行行业标准《钢筋机械连接技术规程》（JGJ 107）的规定确定。检验方法：使用专用扭力扳手或专用量规检查。

5.2.6 钢筋绑扎与安装

5.2.6.1 绑扎前的准备

（1）施工图纸的学习与审查。施工图是钢筋绑扎、安装的依据，故必须熟悉施工图上明确规定的钢筋安装位置、标高、形状、各细部尺寸及其他要求，并应仔细审查各图纸之间是否有矛盾，钢筋规格数量是否有误，施工操作有无困难。

（2）钢筋安装工艺的确定。钢筋安装工艺在一定程度上影响着钢筋绑扎的顺序，故必须根据单位工程已确定的基本施工方案、建筑物构造、施工场地、操作脚手架、起重机械来确定钢筋的安装工艺。

（3）材料准备。核对钢筋配料单和料牌，并检查已加工好的钢筋型号、直径、形状、尺寸、数量是否符合施工图要求，如发现有错配或漏配钢筋现象，要及时向施工员提出纠正或增补；检查钢筋绑扎的锈蚀情况，确定是否除锈和采用哪种除锈方法等；钢筋绑扎用的情况，可采用 20~22 号铁丝，其中 22 号铁丝只用于绑扎直径 12mm 以下的钢筋。铁丝长度可参考表 5.25 的数值采用；因铁丝是成盘供应的，故习惯上是按每盘铁丝周长的几分之一来切断。

表 5.25　　　　　　　　　　　钢筋绑扎铁丝长度参考值　　　　　　　　　单位：mm

钢筋直径	3~5	6~8	10~12	14~16	18~20	22	25	28	32
3~5	120		150	170	190				
6~8		130	170	190	220	250	270	290	320
10~12		150	190	220	250	270	290	310	340
14~16			250	270	290	310	330	360	
18~20				290	310	330	350	380	
22					330	350	370	400	

准备控制混凝土保护层用的水泥砂浆垫块或塑料卡。水泥砂浆垫块的厚度，应等于保护层厚度。垫块的平面尺寸，当保护层厚度等于或小于 20mm 时为 30mm×30mm，大于 20mm 时为 50mm×50mm。当在垂直方向使用垫块中埋入 20 号铁丝。

塑料卡的形状有两种：塑料垫块和塑料环圈，如图 5.34 所示。塑料垫块用于水平构件（如梁、板），在两个方向均有凹槽，以便适应两种保护层厚度。塑料环圈用于垂直构件（如柱、墙），使用时钢筋从卡嘴进入卡腔；由于塑料环圈有弹性，可使卡腔的大小能适应钢筋直径的度化。

（4）工具准备。铅丝钩是主要的钢筋绑扎工具，其形状如图 5.35 所示，是用直径 12~16mm、长度为 160~200mm 的圆钢筋制

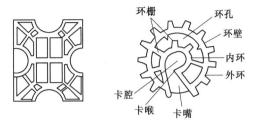

（a）塑料垫块　　（b）塑料环圈

图 5.34　控制混凝土保护层用的塑料卡

作的。根据工程需要，可在其局部加上套管、小板口等形式的钩子。

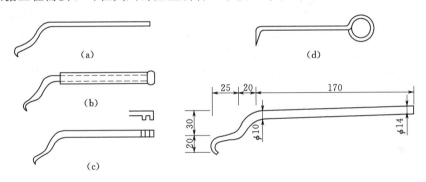

图 5.35　铅丝钩

小撬棒用来调整钢筋间距，矫直钢筋的部分弯曲，垫保护层水泥垫块等，如图 5.36（a）所示。

起拱板子是在绑扎现浇楼板钢筋时用来弯制楼板弯起钢筋的工具。楼板的弯起钢筋不是预先弯曲成型好再绑扎，而是待弯起钢筋和分布钢筋绑扎成网片后用起拱板子来操作的。

绑扎钢筋骨架需用钢筋绑扎架，根据绑扎骨架的轻重、形状可选用不同规格的轻型、重型、坡式等各式钢筋骨架，如图 5.36（c）所示。

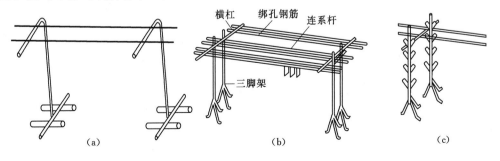

图 5.36　钢筋骨架绑扎架

（5）画出钢筋位置线。平板或墙板的钢筋，在模板上画线；柱的箍筋，在两根对角线主筋上画点；梁的箍筋，则在架立筋上画点；基础的钢筋，在两向各取一根钢筋画点或在垫层上画线。钢筋接头的位置，应根据来料规格，结合设计文件对有关接头位置、数量的规定，使其错开，在模板上画线。

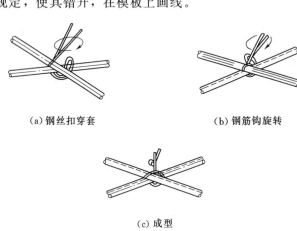

（a）钢丝扣穿套　　　　　　　　（b）钢筋钩旋转

（c）成型

图 5.37　一面顺扣操作法

5.2.6.2　绑扎钢筋操作方法

绑扎钢筋是借助钢筋钩用铁线把各种单根钢筋绑扎成整体骨架或网片。绑扎钢筋的扎扣方法按稳固、顺势等操作的要求可分为若干种，其中最常用的是一面顺扣绑扎方法，如图 5.37 所示。

（1）一面顺扣操作法。绑扎时先将铁丝扣穿套钢筋交叉点，接着用钢筋钩钩住铁丝弯成圆圈的一端，旋转钢筋钩，一般旋 1.5～2.5转即可。操作时，扎扣要短，才能少转快扎。这种方法操作简便，绑点牢靠，适用于钢筋网、骨架各个部位的绑扎。

（2）其他绑扎方法。钢筋绑扎除一面顺扣操作法之外，还有十字花扣、反十字花扣、兜扣、缠扣、兜扣加缠、套扣等，这些方法主要根据绑扎部位的实际需要进行选择，如图5.38 所示为其他几种绑扎方式。其中：十字花扣、兜扣适用于平板钢筋网和箍筋处绑扎；缠扣主要用于混凝土墙体和柱子箍筋的绑扎；反十字花扣、兜扣加缠适用于梁骨架的箍筋与主筋的绑扎；套扣用于梁的架立钢筋和箍筋的绑扎点处。

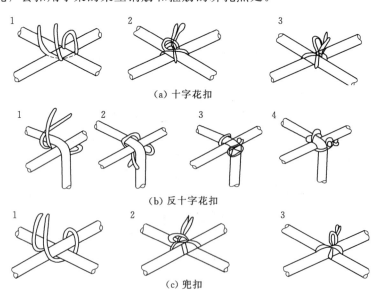

（a）十字花扣

（b）反十字花扣

（c）兜扣

图 5.38（一）　钢筋的其他绑扎方法
1，2，3，4—绑扎顺序

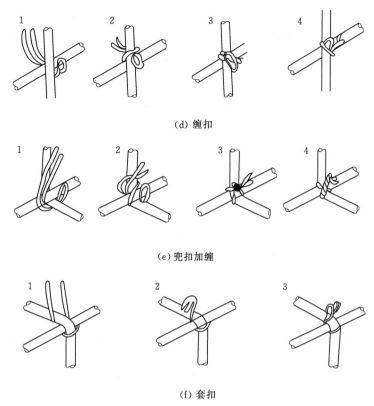

（d）缠扣

（e）兜扣加缠

（f）套扣

图 5.38（二） 钢筋的其他绑扎方法

1，2，3，4—绑扎顺序

5.2.6.3 钢筋绑扎接头的处理

（1）接头位置。钢筋绑扎接头宜设置在受力较小处。同一纵向受力钢筋不宜设置两个或两个以上接头。接头末端至钢筋弯起点的距离不应小于钢筋直径的 10 倍。同一构件中相邻纵向受力钢筋的绑扎搭接接头宜相互错开。

（2）接头面积百分率。同一连接区段内，纵向钢筋搭接接头面积百分率为该区段内有搭接接头的纵向受力钢筋截面面积与全部纵向受力钢筋截面面积的比值。钢筋绑扎搭接接头连接区段的长度 $1.3l_1$（l_1 为搭接长度），凡搭接接头中点位于该连接区段长度内的搭接接头增色属于同一连接区段（图 5.39）。同一连接区段内，

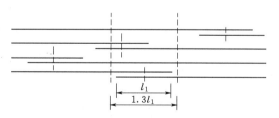

图 5.39 同一连接区段内的纵向受拉
钢筋绑扎搭接接头

纵向受拉钢筋搭接接头面积百分率应符合设计要求；当设计无具体要求时，应符合下列规定：

对梁、板类及墙类构件，不宜大于 25%；对柱类构件，不宜大于 50%；当工程中确有必要增大接头面积百分率时，对梁类构件不应大于 50%；对其他构件，可根据实际情况放宽；纵向受压钢筋搭接接头面积百分率，不宜大于 50%。绑扎搭接接头中钢筋的横

向间距不应小于钢筋直径，且不应小于 25mm。

当纵向受接钢筋的绑扎搭接接头面积百分率不大于 25% 时，其最小搭接长度应符合表 5.2 的规定。当纵向受拉钢筋搭接接头面积百分率不大于 25% 时，表 5.26 中的数值应增大。

表 5.26　　　　　　　　　纵向受拉钢筋的最小搭接长度　　　　　　　　单位：mm

钢筋种类	混凝土强度等级			
	C15	C20～C25	C30～C35	≥C40
HPB300 级光圆钢筋	45d	35d	30d	25d
HPB335 级带肋钢筋	55d	45d	35d	30d
HPB400 级带肋钢筋	—	55d	40d	35d

注　1. 受压钢筋绑扎接头的搭接长度应为表中数值的 0.7 倍。
　　　2. 在任何情况下，纵向受拉钢筋的搭接长度不应小于 300mm，受压钢筋搭接长度不应小于 200mm。
　　　3. 两根直径不同的钢筋的搭接长度，以较细钢筋的直径计算。

（3）保护层及其他。当出现如钢筋直径大于 25mm，混凝土凝固过程中受力钢筋易受扰动，带肋钢筋末端采取机械锚固措施，混凝土保护层厚度大于钢筋直径的 3 倍，抗震结构构件等宜采用焊接方法。在绑扎接头的搭接长度范围内，应采用铁丝绑扎三点。

任务 5.3　混凝土工程施工

5.3.1　概述

混凝土工程施工是现浇混凝土工程施工的重要过程，主要包括混凝土的制备、运输、浇筑、振捣和养护等施工工艺。现浇混凝土工程施工中一般采用预拌商品混凝土，即混凝土的制备及运输由商品混凝土公司负责。现浇混凝土工程施工的主要内容为混凝土的浇筑、振捣和养护。

混凝土浇筑前应完成下列工作：隐蔽工程验收和技术复核；对操作人员进行技术交底；根据施工方案中的技术要求，检查并确认施工现场具备实施条件；施工单位应填报浇筑申请单，并经监理单位签认。浇筑前应检查混凝土送料单，核对混凝土配合比，确认混凝土强度等级，检查混凝土运输时间，测定混凝土坍落度，必要时还应测定混凝土扩展度，在确认无误后再进行混凝土浇筑。

混凝土拌合物入模温度不应低于 5℃，且不应高于 35℃。混凝土运输、输送、浇筑过程中严禁加水；混凝土运输、输送、浇筑过程中散落的混凝土严禁用于结构浇筑。混凝土应布料均衡。应对模板及支架进行观察和维护，发生异常情况应及时进行处理。混凝土浇筑和振捣应采取防止模板、钢筋、钢构、预埋件及其定位件移位的措施。

5.3.2　混凝土制备
5.3.2.1　一般规定

混凝土制备应符合下列规定：预拌混凝土应符合现行国家标准《预拌混凝土》（GB 14902）的有关规定；现场搅拌混凝土宜采用具有自动计量装置的设备集中搅拌；当不具

备上述规定的条件时，应采用符合现行国家标准《混凝土搅拌机》（GB/T 9142）的搅拌机进行搅拌，并应配备计量装置。

混凝土运输应符合下列规定：混凝土宜采用搅拌运输车运输，运输车辆应符合国家现行有关标准的规定；运输过程中应保证混凝土拌合物的均匀性和工作性；应采取保证连续供应的措施，并应满足现场施工的需要。

5.3.2.2　原材料要求

水泥的选用应符合下列规定：水泥品种与强度等级应根据设计、施工要求以及工程所处环境条件确定；普通混凝土结构宜选用通用硅酸盐水泥；有特殊需要时，也可选用其他品种的水泥；对于有抗渗、抗冻融要求的混凝土，宜选用硅酸盐水泥或普通硅酸盐水泥；处于潮湿环境的混凝土结构，当使用碱活性骨料时，宜采用低碱水泥。

粗骨料宜选用粒形良好、质地坚硬的洁净碎石或卵石，并应符合下列规定：粗骨料最大粒径不应超过构件截面最小尺寸的 1/4，且不应超过钢筋最小净间距的 3/4；对实心混凝土板，粗骨料的最大粒径不宜超过板厚的 1/3，且不应超过 40mm；粗骨料宜采用连续粒级，也可用单粒级组合成满足要求的连续粒级。粗骨料含泥量应符合表 5.27 的规定。

表 5.27　粗骨料含泥量与泥块含量

混凝土强度等级	＞C60	C25～C60	＜C25
含泥量（按质量计）/%	≤0.5	≤1.0	≤2.0
泥块含量（按质量计）/%	≤0.2	≤0.5	≤0.7

细骨料宜选用级配良好、质地坚硬、颗粒洁净的天然砂或机制砂，并应符合下列规定：细骨料宜选用Ⅱ区中砂。当选用Ⅰ区砂时，应提高砂率，并应保持足够的胶凝材料用量，满足混凝土的工作性要求；当采用Ⅲ区砂时，宜适当降低砂率。混凝土细骨料中氯离子含量应符合下列规定：对钢筋混凝土，按干砂的质量百分率计算不得大于 0.06%；对预应力混凝土，按干砂的质量百分率计算不得大于 0.02%；含泥量、泥块含量指标应符合表 5.28 的规定；海砂应符合现行行业标准《海砂混凝土应用技术规范》（JGJ 206）的有关规定。

表 5.28　细骨料含泥量与泥块含量

混凝土强度等级	＞C60	C25～C60	＜C25
含泥量（按质量计）/%	≤2.0	≤3.0	≤5.0
泥块含量（按质量计）/%	≤0.5	≤1.0	≤2.0

强度等级为 C60 及以上的混凝土所用骨料除应符合上述规定外，还应符合下列规定：粗骨料压碎指标的控制值应经试验确定；粗骨料最大粒径不宜超过 25mm，针片状颗粒含量不宜大于 8.0%，含泥量不应大于 0.5%，泥块含量不应大于 0.2%；细骨料细度模数宜控制为 2.6～3.0，含泥量不应大于 2.0%，泥块含量不应大于 0.5%。对于有抗渗、抗冻融或其他特殊要求的混凝土，宜选用连续级配的粗骨料，最大粒径不宜大于 40mm，含泥量不应大于 1.0%，泥块含量不应大于 0.5%；所用细骨料含泥量不应大于 3.0%，泥

块含量不应大于1.0%。

外加剂的选用应根据混凝土原材料、性能要求、施工工艺、工程所处环境条件和设计要求等因素通过试验确定，并应符合下列规定：当使用碱活性骨料时，由外加剂带入的碱含量（以当量氧化钠计）不宜超过1.0kg/m³，混凝土总碱含量还应符合现行国家标准《混凝土结构设计规范》（GB 50010）等的有关规定；不同品种外加剂首次复合使用时，应检验混凝土外加剂的相容性。

混凝土拌和及养护用水应符合现行行业标准《混凝土用水标准》（JGJ 63）的有关规定。未经处理的海水严禁用于钢筋混凝土和预应力混凝土拌制和养护。

原材料进场后，应按种类、批次分开储存与堆放，应标识明晰，并应符合下列规定：散装水泥、矿物掺合料等粉体材料应采用散装罐分开储存。袋装水泥、矿物掺合料、外加剂等应按品种、批次分开码垛堆放，并应采取防雨、防潮措施，高温季节应有防晒措施；骨料应按品种、规格分别堆放，不得混入杂物，并应保持洁净与颗粒级配均匀。骨料堆放场地的地面应做硬化处理，并应采取排水、防尘和防雨等措施；液体外加剂应放置在阴凉干燥处，应防止日晒、污染、浸水，使用前应搅拌均匀；如有离析、变色等现象，应经检验合格后再使用。

5.3.2.3　混凝土配合比

混凝土配合比是指混凝土制备过程中各组分（水泥、砂子、石子、外加剂及水等）的构成比例。混凝土配合比设计就是根据工程要求、结构形式和施工条件来确定各组成材料数量之间的比例关系。常用的表示方法有两种：一种是以1m³混凝土中各项材料的质量表示，如某配合比：水泥240kg，水180kg，砂630kg，石子1280kg，矿物掺合料160kg，该混凝土1m³总质量为2490kg；另一种是以各项材料相互间的质量比来表示（以水泥质量为1），将上例换算成质量比为：水泥∶砂∶石∶掺合料＝1∶2.63∶5.33∶0.67，水胶比＝0.45。

混凝土配合比设计应符合下列要求，并应经试验确定：应在满足混凝土强度、耐久性和工作性要求的前提下，减少水泥和水的用量；当有抗冻、抗渗、抗氯离子侵蚀和化学腐蚀等耐久性要求时，还应符合现行国家标准《混凝土结构耐久性设计规范》（GB/T 50476）的有关规定；应计入环境条件对施工及工程结构的影响；试配所用的原材料应与施工实际使用的原材料一致。

设计配合比是以干燥材料为基准的，而工地存放的砂、石材料都含有一定的水分。所以现场材料的实际称量应按工地砂、石的含水情况进行修正，修正后的配合比称为施工配合比。现假定工地测出的砂的含水率为$a\%$、石子的含水率为$b\%$，则将上述设计配合比换算为施工配合比，其材料的重量应为：

水泥：$m'_c = m_c$（kg）；砂：$m'_s = m_s(1+a\%)$（kg）；矿物掺合料：$m'_f = m_f$（kg）

石子：$m'_g = m_g(1+b\%)$（kg）；水：$m'_w = m_w - m_s \times a\% - m_g \times b\%$（kg）

混凝土配合比的试配、调整和确定应按下列步骤进行：采用工程实际使用的原材料和计算配合比进行试配。每盘混凝土试配量不应小于20L；进行试拌，并调整砂率和外加剂掺量等使拌合物满足工作性要求，提出试拌配合比；在试拌配合比的基础上，调整胶凝材料用量，提出不少于 3 个配合比进行试配。根据试件的试压强度和耐久性试验结果，选定设计配合比；应对选定的设计配合比进行生产适应性调整，确定施工配合比；对采用搅拌运输车运输的混凝土，在运输时间较长的情况下，试配时应控制混凝土坍落度损失值。施工配合比应经有关人员批准。混凝土配合比使用过程中，应根据反馈的混凝土动态质量信息及时对配合比进行调整。

5.3.2.4　混凝土搅拌

混凝土搅拌是将水泥、石灰、水等材料混合后搅拌均匀的一种操作方法。混凝土搅拌分为两种：人工搅拌和机械搅拌，一般工程多用机械搅拌的方式。

混凝土搅拌常见投料顺序有一次投料法、二次投料法和水泥裹砂法。采用分次投料搅拌方法时，应通过试验确定投料顺序、数量及分段搅拌的时间等工艺参数。掺合料宜与水泥同步投料，液体外加剂宜滞后于水和水泥投料；粉状外加剂宜溶解后再投料。

（1）一次投料法，这是目前最常见的方法。即将砂、石、水泥和水混合在一起加入搅拌筒中同时进行搅拌。加料过程中为了减少水泥的飞扬和水泥的粘罐现象，先倒砂子（或石子）再倒水泥，然后再倒入石子（或砂子），也就是说将水泥加在砂、石之间，最后由上料斗将干物料送入搅拌筒内，加水搅拌。

（2）二次投料法，这种投料法又分为预拌水泥砂浆法和预拌水泥净浆法。预拌水泥砂浆法是先将水泥、砂和水加入搅拌机内进行充分搅拌，成为均匀的水泥砂浆后，再加入石子搅拌成均匀的混凝土。国内一般是用强制式搅拌机拌制水泥砂浆约 1～1.5min，然后再加入石子搅拌约 1～1.5min。预拌水泥净浆法是先将水泥和水充分搅拌成均匀的水泥净浆后，再加入砂和石子搅拌成混凝土。国内外的试验表明，二次投料法搅拌的混凝土与一次投料法相比较，混凝土的强度可提高 15%。在强度相同的情况下，可节约水泥 15%～20%。

（3）水泥裹砂法，又称 SEC 法，采用这种方法拌制的混凝土称为 SEC 混凝土或造壳混凝土。该法的搅拌程序是先加一定量的水使砂表面的含水量调到某一规定的数值后（一般为 5%～25%），再加入石子并与湿砂拌匀，然后将全部水泥投入与砂石共同拌和，使水泥在砂石表面形成一层低水灰比的水泥浆壳，最后将剩余的水和外加剂加入搅拌成混凝土。采用 SEC 法制备的混凝土与一次投料法相比较，强度可提高 20%～30%，混凝土不易产生离析和泌水现象。

混凝土搅拌机械按工作性质分为间歇式（分批式）和连续式；按搅拌原理分为自落式和强制式；按安装方式分为固定式和移动式；按出料方式分为倾翻式和非倾翻式；按拌筒结构形式分为犁式、鼓筒式、双锥式、圆盘立轴式和圆槽卧轴式等。随着混凝土材料和施工工艺的发展，又相继出现了许多新型结构的混凝土搅拌机，如蒸汽加热式搅拌机、超临界转速搅拌机、声波搅拌机、无搅拌叶片的摇摆盘式搅拌机和二次搅拌的混凝土搅拌机等。

混凝土宜采用强制式搅拌机搅拌，并应搅拌均匀。混凝土搅拌的最短时间可按表 5.29 采用，当能保证搅拌均匀时可适当缩短搅拌时间。搅拌强度等级为 C60 及以上的混凝土时，搅拌时间应适当延长。

表 5.29		混凝土搅拌的最短时间（s）		
混凝土坍落度/mm	搅拌机机型	搅拌机出料量/L		
		<250	250～500	>500
≤40	强制式	60	90	120
>40 且<100	强制式	60	60	90
≥100	强制式	60		

注　1. 混凝土搅拌的最短时间系指全部材料装入搅拌筒中起，到开始卸料止的时间。

　2. 当掺有外加剂与矿物掺合料时，搅拌时间应适当延长。

　3. 当采用自落式搅拌机时，搅拌时间宜延长 30s。

　4. 当采用其他形式的搅拌设备时，搅拌的最短时间也可按设备说明书的规定或经试验确定。

5.3.3　混凝土运输

5.3.3.1　基本要求

混凝土运输是整个混凝土施工中的一个重要环节，对工程质量和施工进度影响较大。混凝土料在运输过程中应满足下列基本要求：运输设备应不吸水、不漏浆，运输过程中不发生混凝土拌合物分离、严重泌水及过多降低坍落度。同时运输两种以上强度等级的混凝土时，应在运输设备上设置标志，以免混淆。尽量缩短运输时间、减少转运次数。因故停歇过久，混凝土产生初凝时，应作废料处理。在任何情况下，严禁中途加水后运入仓内。运输道路基本平坦，避免拌合物振动、离析、分层。混凝土运输工具及浇筑地点，必要时应有遮盖或保温设施，以避免因日晒、雨淋、受冻而影响混凝土的质量。混凝土拌合物自由下落高度以不大于 2m 为宜，超过此界限时应采用缓降措施。

5.3.3.2　运输过程

混凝土运输包括两个运输过程：一是从拌和机前到浇筑仓前，主要是水平运输；二是从浇筑仓前到仓内，主要是垂直运输。混凝土的水平运输又称为供料运输。常用的运输方式有人工、机动翻斗车、混凝土搅拌运输车、自卸汽车、混凝土泵、皮带机、机车等几种，应根据工程规模、施工场地宽窄和设备供应情况选用。混凝土的垂直运输又称为入仓运输，主要由起重机械来完成，常见的起重机有履带式、门机、塔机等几种。

5.3.4　混凝土现场浇筑

5.3.4.1　混凝土浇筑前的准备工作

检查模板的标高、位置及严密性，支架的强度、刚度、稳定性，清理模板内的垃圾、泥土、积水和钢筋上的油污，高温天气模板宜浇水湿润；做好钢筋及预留预埋管线的验收和钢筋保护层检查，做好钢筋工程隐蔽记录；准备和检查材料、机具等；做好施工组织和技术、安全交底工作。

5.3.4.2　混凝土浇筑的一般规定

混凝土须在初凝前浇筑：如已有初凝现象，则应再进行一次强力搅拌方可入模。如混凝土在浇筑前有离析现象，也须重新拌和才能浇筑；混凝土浇筑时的自由倾落高度：对于素混凝土或少筋混凝土，由料斗、漏斗进行浇筑时，倾落高度不超过 2m；对竖向结构（柱、墙）倾落高度不超过 3m；对于配筋较密或不便于捣实的结构倾落高度不超过 60cm。否则应采用串筒、溜槽和振动串筒下料，以防产生离析；浇筑竖向结构混凝土前，底部应先浇入 50～100mm 厚与混凝土成分相同的水泥砂浆，以避免产生蜂窝、麻面及烂根现象。

混凝土浇筑应连续进行，由于技术或施工组织上的原因必须间歇时，其间歇时间应尽可能缩短，并在下层混凝土未凝结前，将上层混凝土浇筑完毕。为使混凝土振捣密实，混凝土必须分层浇筑。其浇筑层厚度见表 5.30。混凝土运输、浇筑及间隙的全部时间不得超过表 5.31 的允许间歇时间；混凝土在初凝后、终凝前应防止振动。当混凝土抗压强度达到 1.2MPa 时才允许在上面继续进行施工活动。

表 5.30   **混凝土浇筑层厚度**   单位：mm

捣实混凝土的方法		浇筑层厚度
插入式振捣		振捣器作用部分长度的 1.25 倍
表面振动		200
人工捣固	在基础、无筋混凝土和配筋稀疏结构中	250
	在梁、墙板、柱结构中	200
	在配筋密列的结构中	150
轻骨料混凝土	插入式振捣器	300
	表面振动（振动时需加荷）	200

表 5.31   **混凝土运输、浇筑和间隙的允许间歇时间（min）**

混凝土强度等级	气温	
	≤25℃	>25℃
C30 及 C30 以下	210	180
C30 以上	180	150

5.3.4.3 混凝土的浇筑方法

（1）柱子混凝土的浇筑。柱子应分段浇筑，每段高度不大于 3.5m。柱子高度不超过 3m，可从柱顶直接下料浇筑，超过 3m 时应采用串筒或在模板侧面开孔分段下料浇筑；柱子开始浇筑时应在柱底先浇筑一层 50～100mm 厚的水泥砂浆或减半石混凝土；柱子混凝土应分层下料和捣实，分层厚度不大于 50cm，振动器不得触动钢筋和预埋件；柱子混凝土应一次连续浇筑完毕，浇筑后应停歇 1～1.5h，待柱混凝土初步沉实再浇筑梁板混凝土。浇筑整排柱子时，应由两端由外向里对称顺序浇筑，以防柱模板在横向推力下向一方倾斜。

（2）板混凝土的浇筑。肋形楼板的梁板应同时浇筑，浇筑方法应由一端开始用"赶浆法"，即先将梁根据梁高分层浇筑成阶梯形，当达到板底位置时再与板的混凝土一起浇筑，随着阶梯形不断延长，梁板

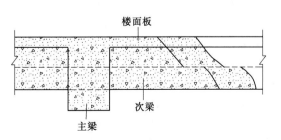

图 5.40 梁、板同时浇筑方法示意图

混凝土浇筑连续向前推进，如图 5.40 所示。

（3）剪力墙混凝土的浇筑。剪力墙应分段浇筑，每段高度不大于 3m。门窗洞口应两侧对称下料浇筑，以防门窗洞口位移或变形。窗口位置应注意先浇窗台下部，后浇窗间墙，以防窗台位置出现蜂窝孔洞。

5.3.4.4　施工缝的留设与处理

如果由于技术或施工组织上的原因，不能对混凝土结构一次性连续浇筑完毕，而必须停歇较长的时间，其停歇时间已超过混凝土的初凝时间，致使混凝土已初凝，而继续浇混凝土时，形成了接缝，即为施工缝。施工缝设置的原则，一般宜留在结构受力（剪力）较小且便于施工的部位。

柱子的施工缝宜留在基础与柱子交接处的水平面上，或梁的下面，或吊车梁柱的下面、吊车梁的上面、无梁楼盖柱帽的下面。高度大于 1m 的钢筋混凝土梁的水平施工缝，应留在楼板底面下 20～30mm 处；当板下有梁托时，留在梁托下部；单向平板的施工缝，可留在平行于短边的任何位置处；对于有主次梁的楼板结构，宜顺着次梁方向浇筑，施工缝应留在次梁跨度的中间 1/3 范围内，如图 5.41 所示。

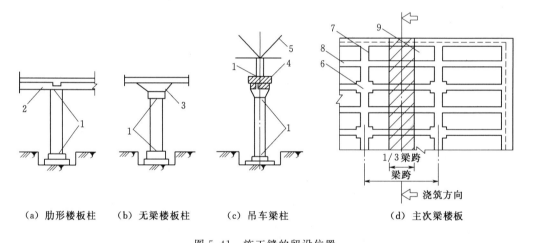

（a）肋形楼板柱　　（b）无梁楼板柱　　（c）吊车梁柱　　　　（d）主次梁楼板

图 5.41　施工缝的留设位置

1—施工缝；2—梁；3—柱帽；4—吊车梁；5—屋架；6—柱；7—主梁；8—次梁；9—板

施工缝处继续浇筑混凝土时，应待混凝土的抗压强度不小于 1.2MPa 方可进行。施工缝浇筑混凝土之前，应除去施工缝表面的水泥薄膜、松动石子和软弱的混凝土层，并加以充分湿润和冲洗干净，不得有积水。浇筑时，施工缝处宜先铺水泥浆（水泥∶水＝1∶0.4），或与混凝土成分相同的水泥砂浆一层，厚度为 30～50mm，以保证接缝的质量。浇筑过程中，施工缝应细致捣实，使其紧密结合。

浇带是在建筑施工中为防止现浇钢筋混凝土结构由于自身收缩不均或沉降不均可能产生的有害裂缝，按照设计或施工规范要求，在基础底板、墙、梁相应位置留设的临时施工缝。后浇带将结构暂时划分为若干部分，经过构件内部收缩，在若干时间后再浇捣该施工缝混凝土，将结构连成整体的地带。后浇带的浇筑时间宜选择气温较低时，可用浇筑水泥或水泥中掺微量铝粉的混凝土，其强度等级应比构件强度高一级，防止新老混凝土之间出现裂缝，造成薄弱部位。设置后浇带的部位还应该考虑模板等措施不同的消耗因素。

5.3.5　混凝土的振捣

混凝土振动密实的原理：振动机械将振动能量传递给混凝土拌合物时，混凝土拌合物中所有的骨料颗粒都受到强迫振动，呈现出所谓的"重质液体状态"，因而混凝土拌合物中的骨料犹如悬浮在液体中，在其自重作用下向新的稳定位置沉落，排除存在于混凝土拌合物中的气体，消除孔隙，使骨料和水泥浆在模板中得到致密的排列。

插入式振动器，坍落度小的用高频，坍落度大的可用低频；骨料粒径小的用高频，骨料粒径大的用低频。振捣方法包括垂直振捣与斜向振捣。前者容易掌握插点距离、控制插入深度（不超过振动棒长度的 1.25 倍），不易产生漏振，不易触及模板、钢筋，混凝土振后能自然沉实、均匀密实；斜向振捣操作省力，效率高、出浆快，易于排出空气，不会产生严重的离析现象，振动棒拔出时不会形成孔洞。

插点的分布有行列式和交错式两种。对普通混凝土插点间距不大于 $1.5R$（R 为振动器作用半径，$R=300\sim400\text{mm}$）；对轻骨料混凝土则不大于 $1.0R$。与模板、钢筋的距离不大于作用半径的 0.5 倍，应将振动棒上下来回抽动 $50\sim100\text{mm}$，插入下一层未初凝混凝土中的深度不小于 50mm，每一插点的振捣时间为 $20\sim30\text{s}$ 为宜。直上和直下、快插与慢拔；插点要均布，切勿漏点插；上下要振动，层层要扣搭；时间掌握好，密实质量佳。

表面振动器主要有平板振动器、振动梁、混凝土整平机和渠道衬砌机等，其作用深度较小，多用在混凝土表面进行振捣。平板振动器适用于楼板、地面及薄型水平构件的振捣，振动梁和混凝土整平机常用于混凝土道路的施工。

外部振动器又称附着式振动器，它通过螺栓或夹钳等固定在模板外部，通过模板将振动传给混凝土拌合物，因而模板应有足够的刚度。它宜于振捣断面小且钢筋密的构件，如薄腹梁、箱型桥面梁等及地下密封的结构，无法采用插入式振捣器的场合。其有效作用范围可通过实测确定。

5.3.6　混凝土的养护

为了保证混凝土有适宜的硬化条件，使其强度不断增长，必须对混凝土进行养护。混凝土的养护包括自然养护和蒸汽养护。混凝土养护期间，应重点加强混凝土的湿度和温度控制，尽量减少表面混凝土的暴露时间，及时对混凝土暴露面进行紧密覆盖（可采用篷布、塑料布等进行覆盖），防止表面水分蒸发。暴露面保护层混凝土初凝前，应卷起覆盖物，用抹子搓压表面至少两遍，使之平整后再次覆盖，此时应注意覆盖物不要直接接触混凝土表面，直至混凝土终凝为止。

（1）蒸汽法。混凝土的蒸汽养护可分为静停、升温、恒温、降温四个阶段，混凝土的蒸汽养护应分别符合下列规定：静停期间应保持环境温度不低于 5℃，灌筑结束 $4\sim6\text{h}$ 且混凝土终凝后方可升温；升温速度不宜大于 10℃/h；恒温期间混凝土内部温度不宜超过 60℃，最大不得超过 65℃，恒温养护时间应根据构件脱模强度要求、混凝土配合比情况以及环境条件等通过试验确定；降温速度不宜大于 10℃/h。

（2）自然养护。混凝土带模养护期间，应采取带模包裹、浇水、喷淋洒水等措施进行保湿、潮湿养护，保证模板接缝处不致失水干燥。为了保证顺利拆模，可在混凝土浇筑 $24\sim48\text{h}$ 后略微松开模板，并继续浇水养护至拆模后再继续保湿至规定龄期。

（3）养生液法。喷涂薄膜养生液养护适用于不易洒水养护的异型或大面积混凝土结构。它是将过氯乙烯树脂料溶液用喷枪喷涂在混凝土表面上，溶液挥发后在混凝土表面形成一层塑料薄膜，将混凝土与空气隔绝，阻止其中水分的蒸发以保证水化作用的正常进行。在长期暴露的混凝土表面上一般采用灰色养护剂或清亮材料养护。灰色养护剂的颜色接近于混凝土的颜色，而且对表面还有粉饰和加色作用，到风化后期阶段，它的外观要比用白色养护剂好得多。清亮养护剂是透明材料，不能粉饰混凝土，只能保持原有的外观。

（4）满水法。采用厚为 12mm 以上的九夹板条（宽为 100mm）在浇捣混凝土板过程中随抹平时沿现浇板四周临边搭接铺贴，每米用两个长 35mm 的铁钉固定；楼梯踏步和现浇板高低处也同样用板铺贴，楼梯踏步贴板要求平整，步高差小于 3mm；混凝土板较大时应按浇捣时间及平面大小分块养护，分界处同样用宽 100mm 夹板条铺贴；板条铺设要求平整，紧靠临边；混凝土浇捣后要及时用粗木蟹抹平，及时养护，尤其是夏天高温初凝前应采用喷雾养护，及粗蟹二次抹平，在终凝前用满水法（即在板面先铺一张三夹板之类的平板，水再通过板面流向混凝土面，直到溢出板条）养护 3～7d，条件允许时养护时间宜延长；在养护期间切忌拢动混凝土；楼梯踏步板条宜在混凝土强度达到 100% 以后再取消。这种养护方式能很好地保证混凝土在恒温、恒湿的条件下得到养护，能大大减少因温湿变化及失水所引起的塑性收缩裂缝，能很好地控制板厚及板面平整度，能很好地保证混凝土表面强度，避免楼面面层空鼓的现象，能很好地保证混凝土外观质量、减少装饰阶段找平、凿平、护角等费用。

（5）养护膜。混凝土节水保湿养护膜是以新型可控高分子材料为核心，以塑料薄膜为载体，粘附复合而成，高分子材料可吸收自身重量 200 倍的水分，吸水膨胀后变成透明的晶状体，把液体水变为固态水，然后通过毛细管作用，源源不断地向养护面渗透，同时又不断吸收养护体在混凝土水化热过程中的蒸发水。因此在一个养护期内养护膜能保证养护体面保持湿润，相对湿度大于或等于 90%，有效抑制微裂缝，保证工程质量。作为一种新兴材料，混凝土保湿养护膜被广泛应用于公路、铁路、水利等工程建设的各个领域，在混凝土质量问题预防中越来越多地发挥着作用。

5.3.7　大体积钢筋混凝土结构的施工

《大体积混凝土施工规范》（GB 50496—2009）中规定：混凝土结构物实体最小几何尺寸不小于 1m 的大体量混凝土，或预计会因混凝土中胶凝材料水化引起的温度变化和收缩而导致有害裂缝产生的混凝土，称为大体积混凝土。现代建筑中时常涉及大体积混凝土施工，如高层楼房基础、大型设备基础、水利大坝等。它主要的特点就是体积大，一般实体最小尺寸大于或等于 1m。它的表面系数比较小，水泥水化热释放比较集中，内部升温比较快。混凝土内外温差较大时，会使混凝土产生温度裂缝，影响结构安全和正常使用。所以必须从根本上分析它，来保证施工的质量。

5.3.7.1　大体积混凝土浇筑方案

大体积混凝土的浇筑方案。大体积混凝土浇筑时，浇筑方案可以选择全面分层、分段分层、斜面分层 3 种方式，如图 5.42 所示。混凝土浇筑宜从低处开始，沿长边方向自一端向另一端进行。当混凝土供应量有保证时，也可多点同时浇筑，保证结构的整体性。

（1）全面分层法。浇筑混凝土时从短边开始，沿长边方向进行浇筑，要求在逐层浇筑

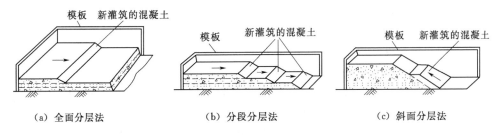

图 5.42　大体积混凝土浇筑方法

过程中，第二层混凝土要在第一层混凝土初凝前浇筑完毕。在整个基础内全面分层浇筑混凝土，要做到第一层全面浇筑完毕浇筑第二层时，第一层浇筑的混凝土还未初凝，如此逐层进行，直至浇筑好。这种方案适用于结构的平面尺寸不太大，施工时从短边开始，沿长边进行较适宜。

（2）分段分层法。分段分层法适用于结构厚度不大而面积或长度较大的结构。混凝土从底层开始浇筑，进行一定距离后浇筑第二层，如此依次向前浇筑以上各分层。

（3）斜面分层法。斜面分层法是混凝土振捣工作从浇筑层下端开始逐渐上移，多用于长度较大的结构。斜面分层的原则与平面分层基本是一样的，斜面的角度一般取小于或等于 45°（视混凝土的坍落度而定），每层厚度按垂直于斜面的距离计算，不大于振动棒的有效振捣深度，一般取 500mm 左右。适用于长度超过厚度的 3 倍的结构，振捣工作应从浇筑层的下端开始，逐渐上移，以保证混凝土施工质量。

5.3.7.2　大体积混凝土的振捣与养护

混凝土应采取振捣棒振捣。在振动界限以前对混凝土进行二次振捣，排除混凝土因泌水在粗骨料、水平钢筋下部生成的水分和空隙，提高混凝土与钢筋的握裹力，防止因混凝土沉落而出现的裂缝，减少内部微裂，增加混凝土密实度，使混凝土抗压强度提高，从而提高抗裂性。

大体积混凝土的养护。大体积混凝土应进行保温、保湿养护，在每次混凝土浇筑完毕后，除应按普通混凝土进行常规养护外，还应及时按温控技术措施的要求进行保温养护；保湿养护的持续时间不得少于 14d，应经常检查塑料薄膜或养护剂涂层的完整情况，保持混凝土表面湿润。

5.3.7.3　大体积混凝土防裂技术措施

宜采取以保温、保湿养护为主体，抗放兼施为主导的大体积混凝土温控措施。由于水泥水化热引起混凝土浇筑体内部温度剧烈变化，使混凝土浇筑体早期塑性收缩和混凝土硬化过程中的收缩增大，使混凝土浇筑体内部的温度-收缩应力剧烈变化，而导致混凝土浇筑体或构件发生裂缝。因此，应在大体积混凝土工程设计、设计构造要求、混凝土强度等级选择、混凝土后期强度利用、混凝土材料选择、配比的设计、制备、运输、施工，混凝土的保温、保湿养护以及在混凝土浇筑硬化过程中浇筑体内温度及温度应力的监测和应急预案的制定等技术环节，采取一系列的技术措施。

（1）温度控制。大体积混凝土工程施工前，宜对施工阶段大体积混凝土浇筑体的温度、温度应力及收缩应力进行试算，并确定施工阶段大体积混凝土浇筑体的升温峰值、里表温差及降温速率的控制指标，制定相应的温控技术措施。温控指标符合下列规定：混凝土浇筑体在入模温度基础上的温升值不宜大于 50℃；混凝土浇筑块体的里表温差（不含混凝土收缩的当量温度）不宜大于 25℃；混凝土浇筑体的降温速率不宜大于 2.0℃/d；混凝土浇筑体表面与大气温差不宜大于 20℃。

（2）配合比及试验。大体积混凝土配合比的设计除应符合工程设计所规定的强度等级、耐久性、抗渗性、体积稳定性等要求外，尚应符合大体积混凝土施工工艺特性的要求，并应符合合理使用材料、减少水泥用量、降低混凝土绝热温升值的要求。

在混凝土制备前，应进行常规配合比试验，并应进行水化热、泌水率、可泵性等对大体积混凝土控制裂缝所需的技术参数的试验；必要时，其配合比设计应当通过试泵送；大体积混凝土应选用中、低热硅酸盐水泥或低热矿渣硅酸盐水泥，大体积混凝土施工所用水泥其 3d 的水化热不宜大于 240kJ/kg，7d 的水化热不宜大于 270kJ/kg；大体积混凝土配制可掺入缓凝、减水、微膨胀的外加剂，外加剂应符合现行国家标准《混凝土外加剂》（GB 8076—2008）、《混凝土外加剂应用技术规范》（GB 50119—2013）和有关环境保护的规定。

（3）拌和方案。在确定混凝土配合比时，应根据混凝土的绝热温升、温控施工方案的要求等，提出混凝土制备时粗细骨料和拌和用水及入模温度控制的技术措施。如降低拌和水温度（拌和水中加冰屑或用地下水）；骨料用水冲洗降温，避免暴晒等。

（4）施工方法。超长大体积混凝土应选用留置变形缝、后浇带或采取跳仓法施工，控制结构不出现有害裂缝；结合结构配筋，配置控制温度和收缩的构造钢筋。大体积混凝土浇筑宜采用二次振捣工艺，浇筑面应及时进行二次抹压处理，减少表面收缩裂缝。

5.3.8　混凝土的质量验收

5.3.8.1　混凝土结构施工质量检查

混凝土结构施工质量检查可分为过程控制检查和拆模后的实体质量检查。过程控制检查应在混凝土施工全过程中，按施工段划分和工序安排及时进行；拆模后的实体质量检查应在混凝土表面未做处理和装饰前进行。

混凝土结构质量的检查，应符合下列规定：检查的频率、时间、方法和参加检查的人员，应当根据质量控制的需要确定；施工单位应对完成施工的部位或成果的质量进行自检，自检应全数检查；混凝土结构质量检查应做出记录。对于返工和修补的构件，应有返工修补前后的记录，并应有图像资料；混凝土结构质量检查中，对于已经隐蔽、不可直接观察和量测的内容，可检查隐蔽工程验收记录；需要对混凝土结构的性能进行检验时，应委托有资质的检测机构检测并出具检测报告。

混凝土结构的质量过程控制宜检查下列内容：混凝土拌合物包括：坍落度、入模温度等；大体积混凝土的温度测控。混凝土浇筑包括：混凝土输送、浇筑、振捣等；混凝土浇筑时模板的变形、漏浆等；混凝土浇筑时钢筋和预埋件（预埋管线、预留孔洞）位置；混凝土试件制作；混凝土养护。混凝土结构拆除模板后的实体质量检查包括：构件的尺寸、位置；轴线位置、标高；截面尺寸、表面平整度；垂直度（构件垂直度、单层垂直度和全高垂直度）；预埋件，数量、位置；构件的外观缺陷；构件的连接及构造做法。

混凝土结构质量过程控制检查、拆模后实体质量检查的方法与合格判定，应符合现行国家标准《混凝土结构工程施工质量验收规范》（GB 50204）等的有关规定。有关标准未做规定时，可在施工方案中作出规定并经监理单位批准后实施。

5.3.8.2　混凝土施工质量验收要求

（1）一般要求。混凝土现浇结构质量验收应符合下列规定：结构质量验收应在拆模后混凝土表面未作修整和装饰前进行；已经隐蔽的不可直接观察和量测的内容，可检查隐蔽工程验收记录；修整或返工的结构构件部位应有实施前后的文字及其图像记录资料。混凝土现浇结构外观质量应根据缺陷类型和缺陷程度进行分类，并应符合表 5.32 的分类规定。

表 5.32　　　　　　　　　　　　混凝土施工质量验收表

名　称	现　　象	严重缺陷	一般缺陷
露筋	构件内钢筋未被混凝土包裹而外露	纵向受力钢筋有露筋	其他钢筋有少量露筋
蜂窝	混凝土表面缺少水泥砂浆而形成石子外露	构件主要受力部位有蜂窝	其他部位有少量蜂窝
孔洞	混凝土中孔穴深度和长度均超过保护层厚度	构件主要受力部位有孔洞	其他部位有少量孔洞
夹渣	混凝土中夹有杂物且深度超过保护层厚度	构件主要受力部位有夹渣	其他部位有少量夹渣
疏松	混凝土中局部不密实	构件主要受力部位有疏松	其他部位有少量疏松
裂缝	缝隙从混凝土表面延伸至混凝土内部	构件主要受力部位有影响结构性能或使用功能的裂缝	其他部位有少量不影响结构性能或使用功能的裂缝
连接部位缺陷	构件连接处混凝土缺陷及连接钢筋/连接件松动	连接部位有影响结构传力性能的缺陷	连接部位有基本不影响结构传力性能的缺陷
外形缺陷	缺棱掉角、棱角不直、翘曲不平、飞边凸肋等	清水混凝土构件有影响使用功能或装饰效果的外形缺陷	其他混凝土构件有不影响使用功能的外形缺陷
外表缺陷	构件表面麻面、掉皮、起砂、沾污等	具有重要装饰效果的清水混凝土构件有外表缺陷	其他混凝土构件有不影响使用功能的外表缺陷

混凝土现浇结构外观质量、位置偏差、尺寸偏差不应有影响结构性能和使用功能的缺陷，质量验收应作出记录。装配整体式结构现浇部分的外观质量、位置偏差、尺寸偏差验收应符合本章要求；装配结构与现浇结构之间的结合面应符合设计要求。

（2）外观质量。主控项目包括：现浇结构的外观质量不应有严重缺陷。对已经出现的严重缺陷，应由施工单位提出技术处理方案，并经监理（建设）单位认可后进行处理。对经处理的部位，应重新检查验收。检查数量：全数检查。检验方法：观察，检查技术处理方案。

一般项目包括：现浇结构的外观质量不应有一般缺陷。对已经出现的一般缺陷，应由施工单位按技术处理方案进行处理，并重新检查验收。检查数量：全数检查。检验方法：观察，检查技术处理方案。

（3）位置和尺寸偏差。主控项目包括：现浇结构不应有影响结构性能和使用功能的尺寸偏差；混凝土设备基础不应有影响结构性能和设备安装的尺寸偏差。对超过尺寸允许偏差要求且影响结构性能、设备安装、使用功能的结构部位，应由施工单位提出技术处理方案，并经设计单位及监理（建设）单位认可后进行处理。对经处理后的部位，应重新验收。检查数量：全数检查。检验方法：量测，检查技术处理方案。

一般项目为现浇结构混凝土拆模后的位置和尺寸偏差应符合表 5.33 的规定。

表 5.33　　　　　　　　　　　　现浇结构尺寸偏差和检验方法

项　目			允许偏差/mm	检验方法
轴线位置	基础		15	钢尺检查
	独立基础		10	
	墙、柱、梁		8	
	剪力墙		5	
垂直度	层高	≤5m	8	经纬仪或吊线、钢尺检查
		>5m	10	经纬仪或吊线、钢尺检查
	全高 H		$H/1000$ 且≤30	经纬仪、钢尺检查
标高	层高		±10	水准仪或拉线、钢尺检查
	全高		±30	
截面尺寸			+8，−5	钢尺检查
电梯井	井筒长、宽对定位中心线		+25	钢尺检查
	井筒全高 H 垂直度		$H/1000$ 且≤30	经纬仪、钢尺检查
表面平整度			8	2m 靠尺和塞尺检查
预埋设施中心线位置	预埋件		10	钢尺检查
	预埋螺栓		5	
	预埋管		5	
预留洞中心线位置			15	钢尺检查

注　检查轴线、中心线位置时，应沿纵、横两个方向测量，并取其中偏差的较大值。

检查数量：按楼层、结构缝或施工段划分检验批。在同一检验批内，对梁、柱和独立基础，应抽查构件数量的 10%，且不少于 3 件；对墙和板，应按有代表性的自然间抽查 10%，且不少于 3 间；对大空间结构，墙可按相邻轴线间的高度 5m 左右划分检查面，板可按纵、横轴线划分检查面，抽查 10%，且均不少于 3 面；对电梯井，应全数检查；对设备基础，应全数检查。

5.3.8.3　现浇混凝土结构质量缺陷及防治处理

（1）质量缺陷。现浇结构外观质量缺陷，应由监理（建设）单位、施工单位等各方根据其对结构性能和使用功能影响的严重程度进行检查验收，混凝土质量缺陷产生的主要原因如下：

蜂窝：由于混凝土配合比不准确，浆少而石子多，或搅拌不均造成砂浆与石子分离，或浇筑方法不当，或振捣不足，以及模板严重漏浆。

麻面：模板表面粗糙不光滑，模板湿润不够，接缝不严密，振捣时发生漏浆。

露筋：浇筑时垫块位移，甚至漏放，钢筋紧贴模板，或者因混凝土保护层处漏振或振捣不密实而造成露筋。

孔洞：混凝土结构内存在空隙，砂浆严重分离，石子成堆，砂与水泥分离。另外，有泥块等杂物掺入也会形成孔洞。

缝隙和薄夹层：主要是混凝土内部处理不当的施工缝、温度缝和收缩缝，以及混凝土内有外来杂物而造成的夹层。

裂缝：构件制作时受到剧烈振动，混凝土浇筑后模板变形或沉陷，混凝土表面水分蒸发过快，养护不及时等，以及构件堆放、运输、吊装时位置不当或受到碰撞。

产生混凝土强度不足的原因是多方面的，主要是由于混凝土配合比设计、搅拌、现场浇捣和养护四个方面的原因造成的。

配合比设计方面有时不能及时测定水泥的实际活性，影响了混凝土配合比设计的正确性；另外，套用混凝土配合比时选用不当及外加剂用量控制不准等，都有可能导致混凝土强度不足。分离，或浇筑方法不当，或振捣不足，以及模板严重漏浆。

搅拌方面任意增加用水量，配合比称料不准，搅拌时颠倒加料顺序及搅拌时间过短等造成搅拌不均匀，导致混凝土强度降低。

现场浇捣方面主要是施工中振捣不实，以及发现混凝土有离析现象时，未能及时采取有效措施来纠正。

养护方面主要是不按规定的方法、时间对混凝土进行妥善的养护，以致造成混凝土强度降低。

（2）防治处理。表面抹浆修补。对数量不多的小蜂窝、麻面、露筋、露石的混凝土表面，主要是保护钢筋和混凝土不受侵蚀，可用 1∶2～1∶2.5 水泥砂浆抹面修整。

细石混凝土填补。当蜂窝比较严重或露筋较深时，应取掉不密实的混凝土，用清水洗净并充分湿润后，再用比原强度等级高一级的细石混凝土填补并仔细捣实。

水泥灌浆与化学灌浆。对于宽度大于 0.5mm 的裂缝，宜采用水泥灌浆；对于宽度小于 0.5mm 的裂缝，宜采用化学灌浆。

任务 5.4　预应力混凝土结构施工

预应力混凝土结构，就是在结构承受外荷载以前，预先用某种方法，使结构内部造成一种应力状态，使其在使用阶段产生拉应力的区域预先受到压应力，这部分压应力与使用荷载时所产生的拉应力能抵消一部分或全部，使构件达到不出现裂缝，或推迟出现裂缝的时间和限制裂缝的开展，以提高结构及构件的刚度。预应力混凝土与普通钢筋混凝土相比，具有抗裂性好、刚度大、材料省、自重轻、结构寿命长等优点，在工程中的应用范围越来越广。它不但广泛应用于单层和多层房屋、桥梁、压力管道、油罐、水塔和轨枕等方面，而且已扩大应用到高层建筑、地下建筑、海洋结构及压力容器等新领域。

5.4.1　先张法施工

先张法是在浇筑混凝土前张拉预应力筋，并将张拉的预应力筋临时固定在台座或钢模上，然后才浇筑混凝土。待混凝土达到一定强度（一般不低于设计强度等级的 75%），保证预应力筋与混凝土有足够的黏结力时，放松预应力筋，借助于混凝土与预应力筋的黏结，使混凝土产生预压应力，如图 5.43 所示。

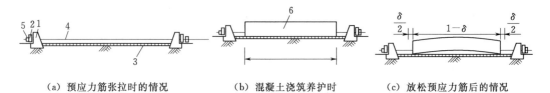

（a）预应力筋张拉时的情况　　（b）混凝土浇筑养护时　　（c）放松预应力筋后的情况

图 5.43　先张法施工示意图

1—台座承力结构；2—横梁；3—台面；4—预应力筋；5—锚固夹具；6—混凝土构件

5.4.1.1　先张法的施工设备

（1）张拉台座。台座是先张法生产中的主要设备之一，要求有足够的强度和稳定性，以免台座变形、倾覆、滑移而引起预应力值的损失。

槽式台座由端柱、传力柱、柱垫、横梁和台面等组成。一般多做成装配式的，长度一般不大于 76mm，宽度随构件外形及制作方式而定，一般不小于 1m。它既可承受张拉力，又可作养生槽。适用于生产张拉拉力较高的大中型预应力混凝土构件，如吊车梁、屋架等。

换埋式台座由钢立柱、预制混凝土挡板和砂床组成。它是用砂床埋住挡板、立柱，以此来代替现浇混凝土墩，抵抗张拉时的倾覆力矩。拆迁方便，可多次重复使用。适于流动性预制厂生产预应力多孔板和预应力折板等张拉力不大的中小型构件。

简易台座利用地坪或构件（如基础梁、吊车梁、柱子等）做成传力支座，承受张拉力。适于现场或山区少量制作中小型构件。

墩式台座由台墩、台面、横梁、定位板等组成。常用的为台墩与台面共同受力的形式。台座长度和宽度由场地大小、构件类型和产量等因素确定，一般长不大于 150mm，宽不大于 2m。在台座的端部应留出张拉操作用通道和场地，两侧应有构件运输和堆放的场地。依靠自重平衡张拉力，张拉力可达 1000～2000kN。墩式台座适于生产多种形式的构件，或叠层生产、成组立模生产中小型构件，张拉一次可生产多个构件，劳动效率高，又可减少钢丝滑动或台座横梁变形引起的应力损失。这种形式国内应用最广。

构架式台座一般采用装配式预应力混凝土结构，由多个 1m 宽重约 2.4t 的三角形块体组成，每一块体能承受的拉力约为 130kN，可根据台座需要的张拉力，设置一定数量的块体组成。适于生产张拉力不大的中小型构件。

（2）夹具。先张法夹具分为两类：一类是锚固夹具，将预应力筋固定在台座上；另一类是张拉夹具，张拉时夹持预应力筋。先张法常采用的预应力筋有钢筋和钢丝，夹具也分为钢筋夹具和钢丝夹具。

钢丝锚固夹具包括圆锥齿板夹具与墩头夹具等。圆锥齿板式夹具（锥销夹具）可分为无缝钢管圆锥齿板式夹具和圆锥槽式夹具。采用墩头夹具时，将预应力筋端部热墩或冷墩，通过承力分孔板锚固。

钢筋锚固常用圆套筒三片式夹具、螺丝端杆夹具等。圆套筒三片式夹具由套筒和夹片组成。其型号有 YJ12、YJ14，适用于先张法；用 YC - 18 型千斤顶张拉时，适用于锚固直径为 12mm、14mm 的单根冷拉 HRB335、HRB400、RRB400 级钢筋。

张拉夹具是夹持住预应力筋后，与张拉机械连接起来进行预应力筋张拉的机具。常用的张拉夹具有月牙形夹具、偏心式夹具、楔形夹具等，适用于张拉钢丝和直径 16mm 以下的钢筋。

（3）张拉设备。张拉机具要求简易可靠，能准确控制钢丝的拉力，能以稳定的速率加大拉力。简易张拉机具有电动螺杆张拉机、卷扬机、油压千斤顶等。

5.4.1.2　先张法的施工工艺

（1）预应力筋敷设。长线台座台面（或胎模）在铺设钢丝前应涂隔离剂。隔离剂不应沾污钢丝，以免影响钢丝与混凝土的黏结。如果预应力筋遭受污染，应使用适宜的溶剂加以清洗干净。在生产过程中，应防止雨水冲刷台面上的隔离剂。预应力钢丝宜用牵引车铺设。如果钢丝需要接长，可借助于钢丝拼接器用 20～22 号铁丝密排绑扎。绑扎长度，对冷轧带肋钢筋不应小于 $45d$，对刻痕钢丝不应小于 $80d$。钢丝搭接长度应比绑扎长度大 $10d$（d 为钢丝直径）。

（2）预应力筋的张拉。预应力筋张拉应根据设计要求，采用合适的张拉方法、张拉顺序、张拉设备及张拉程序进行，并应有可靠的保证质量措施和安全技术措施。预应力筋的张拉可采用单根张拉或多根同时张拉。当预应力筋数量不多，张拉设备拉力有限时，常采用单根张拉。当预应力筋数量较多，且张拉设备拉力较大时，则可采用多根同时张拉。在确定预应力筋的张拉顺序时，应考虑尽可能减少倾覆力矩和偏心力，应先张拉靠近台座截面重心处的预应力筋。

张拉控制应力。预应力筋的张拉工作是预应力施工中的关键工序，应严格按设计要求进行。预应力筋的张拉控制应力应符合设计要求。当施工中预应力筋需要超张拉时，可比设计要求提高 5%，但其最大张拉控制应力不得超过表 5.34 的规定。

表 5.34　　　　　　　　　　最大张拉控制应力允许值　　　　　　　　单位：N/mm²

钢筋种类	张 拉 方 法	
	先张法	后张法
消除应力钢丝、钢绞线	$0.80f_{ptk}$	$0.75f_{ptk}$
冷轧带肋钢筋	$0.75f_{ptk}$	$0.70f_{ptk}$
精轧螺纹钢筋	$0.95f_{pyk}$	$0.90f_{pyk}$

钢丝、钢绞线属于硬钢，冷拉热轧钢筋属于软钢。硬钢和软钢可根据它们是否存在屈服点划分，由于硬钢无明显屈服点，塑性较软钢差，所以其控制应力系数较软钢低。

预应力筋张拉程序有以下两种：①$0 \rightarrow 105\% \sigma_{con} \xrightarrow{\text{持荷 2min}} \sigma_{con}$；②$0 \rightarrow 103\% \sigma_{con}$。

以上两种张拉程序是等效的，施工中可根据构件设计标明的张拉力大小、预应力筋与锚具品种、施工速度等选用。

预应力筋进行超张拉（103%～105% 控制应力）主要是为了减少松弛引起的应力损失值。应力松弛是指钢材在常温高应力作用下，由于塑性变形而使应力随时间延续而降低的现象。这种现象在张拉后的头几分钟内发展得特别快，往后则趋于缓慢。例如，超过张拉应力 5% 并持荷 2min，再回到控制应力，松弛已完成 50% 以上。

预应力筋的张拉力根据设计的张拉控制应力与钢筋截面积及超张拉系数之积而定。

$$N = m\sigma_{con}A_y \tag{5.12}$$

式中：N 为预应力筋张拉力，N；m 为超张拉系数，$1.03 \sim 1.05$；σ_{con} 为预应力筋张拉控制应力，N/mm^2；A_y 为预应力筋的截面积，mm^2。

预应力筋张拉锚固后实际应力值与工程设计规定检验值的相对允许偏差为 $\pm 5\%$。

（3）预应力筋的放张。预应力筋放张时，混凝土强度应符合设计要求，当设计无具体要求时，不应低于设计强度等级的 75%。放张过早会由于混凝土强度不足，产生较大的混凝土弹性回缩或滑丝而引起较大的预应力损失。

放张过程中，应使预应力构件自由压缩。放张工作应缓慢进行，避免过大的冲击与偏心。当预应力筋为钢丝时，若钢丝数量不多，可采用剪切、锯割或氧-乙炔焰预热熔断的方法进行放张。放张时，应从靠近生产线中间处剪（熔）断钢丝，这样比靠近台座一端剪（熔）断时回弹要小，且有利于脱模。钢丝数量较多时，所有钢丝应同时放张，不允许采用逐根放张的方法；否则，最后的几根钢丝将可能由于承受过大的应力而突然断裂，导致构件应力传递长度骤增，或使构件端部开裂。放张可采用放张横梁来实现，横梁可用千斤顶或预先设置在横梁支点处的放张装置（砂箱或楔块等）来放张。采用湿热养护的预应力混凝土构件宜热态放张，不宜降温后放张。

5.4.2 后张法施工

后张法是先制作构件，在应放置预应力钢筋的部位预先留有孔道，待构件混凝土强度达到设计规定的数值后，用张拉机具夹持预应力筋将其张拉至设计规定的控制预应力，并借助锚具在构件端部将预应力筋锚固，最后进行孔道灌浆（或不灌浆）。其生产示意见图 5.44。

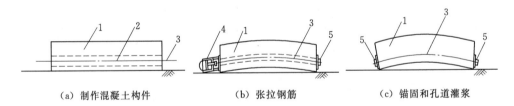

（a）制作混凝土构件 （b）张拉钢筋 （c）锚固和孔道灌浆

图 5.44 预应力混凝土后张法生产示意图
1—混凝土构件；2—预留孔道；3—预应力筋；4—千斤顶；5—锚具

在后张法施工中，锚具永久性地留在构件上，成为预应力构件的一个组成部分，不能重复使用。因此，在后张法施工中，必须有与不同预应力筋配套的锚具和张拉机具。

5.4.2.1 后张法的施工设备

（1）锚具。锚具是后张法结构或构件中为保持预应力筋拉力并将其传递到混凝土上用的永久性锚固装置。预应力筋用锚具、夹具和连接器按锚固方式不同，可分为夹片式（单孔与多孔夹片锚具）、支承式（镦头锚具、螺母锚具等）、锥塞式（钢质锥形锚具）和握裹式（挤压锚具、压花锚具等）四类。

1）夹片式锚具。单孔夹片锚具由锚环与夹片组成。夹片的种类很多。按片数可分为三片式或二片式。多孔夹片锚具是由多孔夹片锚具、锚垫板（也称"铸铁喇叭管""锚座"）、螺旋筋等组成。这种锚具是在一块多孔的锚板上，利用每个锥形孔装一副夹片，夹持一根钢绞线。其优点是任何一根钢绞线锚固失效，都不会引起整体锚固失效。每束钢绞线的根数不受限制。对锚板与夹片的要求，与单孔夹片锚具相同。多孔夹片锚固体系在后张法有黏结预应力混凝土结构中用途最广。国内生产厂家已有数十家，主要品牌有 QM、OVM、HVM、YM、YLM、TM 等。

2）镦头锚具。镦头锚具适用于锚固任意根数的 $\varphi^P 5$ 与 $\varphi^P 7$ 钢丝束。镦头锚具的型式与规格，可根据需要自行设计。常用的镦头锚具分为 A 型与 B 型。A 型由锚杯与螺母组成，用于张拉端。B 型为锚板，用于固定端。

3）锥形螺杆锚具。锥形螺杆锚具适用于锚固 14～28 根 $\varphi^S 5$ 钢丝束。它由锥形螺杆、套筒、螺母、垫板组成。EL 型锚具不能自锚，必须事先加上顶压套筒，才能锚固钢丝。锚具的顶紧力取张拉力的 120％～130％。

4）精轧螺纹钢筋锚具。精轧螺纹钢筋锚具适用于锚固直径 25mm 和 32mm 的高强精轧螺纹钢筋。JLM 型锚具与 LM 型锚具和 EL 型锚具的不同之处是不同专门的螺杆。钢筋本身就轧有外螺纹，可以直接拧上螺母进行锚固，也可以拧上连接器进行钢筋连接。JLM 型锚具的连接器为 JLL 型，可在钢筋的任意截面处拧上实现连接，避免了焊接。

5）钢质锥形锚具。钢质锥形锚具（又称"弗氏锚具"）适用于锚固 6～30$\varphi^P 5$ 和 12～24$\varphi^P 7$ 钢丝束。它由锚环与锚塞组成。

6）握裹式锚具。握裹式锚具主要包括挤压式锚具与压花锚具。挤压锚具是在钢绞线端部安装异形钢丝衬圈和挤压套，利用专用挤压机将挤压套挤过模孔后，使其产生塑性变形而握紧钢绞线，形成可靠的锚固。挤压锚具既可埋在混凝土结构内，也可安装在结构外，对有黏结预应力钢绞线、无黏结预应力钢绞线都适用，应用范围最广。压花锚具是利用专用压花机将钢绞线端头压成梨形散花头的一种握裹式锚具。压花锚具仅用于固定端空间较大且有足够的黏结长度的情况，但成本最低。

（2）张拉设备。后张法张拉设备包括千斤顶和高压油泵。千斤顶分为拉杆式、穿心式和锥锚式三类；高压油泵分为手动式和轴向电动式两种。

1）拉杆式千斤顶。拉杆式千斤顶主要适用于张拉焊有螺丝端杆锚具的粗钢筋、带有锥形螺杆锚具的钢丝束及镦头锚具钢丝束。工程中常用的 L600 型千斤顶技术性能见表 5.35。

表 5.35　　　　　　　　　　　　　L600 型千斤顶技术性能

项　目	数据	项　目	数据
额定油压/MPa	40	回程液压面积/cm²	38
张拉缸液压面积/cm²	162.6	回程油压/(N/mm²)	＜10
理论张拉力/kN	650	外形尺寸/mm	ϕ193×677
公称张拉力/kN	600	净重/kg	65
张拉行程/mm	150	配套油泵	ZB4-500 型电动油泵

2）穿心式千斤顶。穿心式千斤顶是中空通过钢筋束的千斤顶，是适应性较强的千斤顶。它既可张拉带有夹片锚具或夹具的钢筋束和钢绞线束，配上撑脚、拉杆等附件后，也可作为拉杆式千斤顶用。根据使用功能不同，又可分为 YC 型、YCD 型、YCQ 型、YCW 型等系列。YC 型又分为 YC18 型、YC20 型、YC60 型、YC120 型等。YC 型技术性能见表 5.36。

表 5.36　　　　　　　　　　　　　YC 型千斤顶技术性能

项　　目	YC18 型	YC20 型	YC60 型	YC120 型
额定油压/MPa	50	40	40	50
张拉缸液压面积/cm²	40.6	51	162.6	250
公称张拉力/kN	180	200	600	1200
张拉行程/mm	250	200	150	300
顶压缸活塞面积/cm²	13.5	—	84.2	113
顶压行程/mm	15	—	50	40
张拉缸回程液压面积/cm	22		12.4	160
顶压方式	弹簧		弹簧	液压
穿心孔径/mm	27	31	55	70

YC 型千斤顶的张拉力，一般有 180kN、200kN、600kN、1200kN 和 3000kN，张拉行程为 150～800mm，基本上已经形成各种张拉力和不同张拉行程的 YC 型千斤顶系列。现以 YC60 型千斤顶为例，说明其工作原理。

3）锥锚式千斤顶。锥锚式千斤顶又称双作用或三作用千斤顶，是一种专用千斤顶。适用于张拉以 KT - Z 型锚具为张拉锚具的钢筋束或钢绞线束和张拉以钢质锥形锚具为张拉锚具的钢绞线束。

5.4.2.2　后张法的施工工艺

后张法的施工工艺与预应力施工有关的主要是孔道留设、预应力筋张拉和孔道灌浆三部分。有黏结预应力施工过程：混凝土构件或结构制作时，在预应力筋部位预先留设孔道，然后浇筑混凝土并进行养护；制作预应力筋并将其穿入孔道；待混凝土达到设计要求的强度后，张拉预应力筋并用锚具锚固；最后进行孔道灌浆与封锚。这种施工方法通过孔道灌浆，使预应力筋与混凝土相互黏结，减轻了锚具传递预应力作用，提高了锚固可靠性与耐久性，广泛用于主要承重构件或结构。

（1）孔道预留。构件预留孔道的直径、长度、形状，由设计确定，如无规定时，孔道直径应比预应力筋直径的对焊接头处外径或需穿过孔道的锚具或连接器的外径大 10～15mm；对钢丝或钢绞线孔道的直径，应比预应力束外径或锚具外径大 5～10mm；且孔道面积应大于预应力筋的两倍，以利于预应力筋穿入，孔道之间净距和孔道至构件边缘的净距均不应小于 25mm。

管芯材料可采用钢管、胶管（帆布橡胶管或钢丝胶管）、镀锌双波纹金属软管（简称"波纹管"）、黑铁皮管、薄钢管等。钢管管芯适于直线孔道；胶管适用于直线、曲线或折线形孔道；波纹管（黑铁皮管或薄钢管）埋入混凝土构件内，不用抽芯，为一种新工艺，适于跨度大配筋密的构件孔道。

1）预应力构件管芯埋设和抽管。钢管抽芯法大都用于留设直线孔道时，预先将钢管埋设在模板内的孔道位置处。钢管要平直，表面要光滑，每根长度最好不超过 15m，钢管两端应各伸出构件的 500mm 左右。较长的构件可采用两根钢管，中间用套管连接。在混凝土浇筑过程中和混凝土初凝后，每间隔一定时间慢慢转动钢管，不让混凝土与钢管粘牢，等到混凝土终凝前抽出钢管。抽管过早，会造成坍孔事故；太晚，则混凝土与钢管黏结牢固，抽管困难。常温下的抽管时间约在混凝土浇灌后 3～6h。抽管顺序宜先上后下，抽管可采用人工或用卷扬机，速度必须均匀，边抽边转，与孔道保持直线。抽管后应及时检查孔道情况，做好孔道清理工作。

胶管抽芯法不仅可以留设直线孔道，也可留设曲线孔道。胶管弹性好，便于弯曲，一般有五层或七层帆布胶管和钢丝网橡皮管两种，工程实践中通常常用前一端密封，另一端接阀门充水或充气。胶管具有一定弹性，在拉力作用下，其断面能缩小，故在混凝土初凝后即可把胶管抽拔出来。夹布胶管质软，必须在管内充气或充水。在浇筑混凝土前，胶皮管中充入压力为 0.6～0.8MPa 的压缩空气或压力水，此时胶皮管直径可增大 3mm 左右，然后浇筑混凝土，待混凝土初凝后，放出压缩空气或压力水，胶管孔径变小，并与混凝土脱离，随即抽出胶管，形成孔道。抽管顺序一般应为先上后下，先曲后直。一般采用钢筋井字形网架固定管子在模内的位置，井字网架间距，钢管为 1～2m，胶管直线段为 500mm 左右，曲线段为 300～400mm。

预埋管法可以较好地适应多种形式的预应力钢筋。预埋管采用一种由镀锌薄钢带经波纹卷管机压波卷成的金属波纹软管，具有重量轻、刚度好、弯折方便、连接简单、与混凝土黏结较好等优点。波纹管的内径为 50～100mm，管壁厚 0.25～0.3mm。除圆形管外，另有新研制的扁形波纹管可用于板式结构中，扁管的长边边长为短边边长的 2.5～4.5 倍。这种孔道成型方法一般均用于采用钢丝或钢绞线作为预应力筋的大型构件或结构中，可直接把下好料的钢丝、钢绞线在孔道成型前就穿入波纹管中，这种可以省掉穿束工序，也可待孔道成型后再进行穿束。对连续结构中呈波浪状布置的曲线束，且高差较大时，应在孔道的每个峰顶处设置泌水孔；起伏较大的曲线孔道，应在弯曲的低点处设置泌水孔；对于较长的直线孔道，应每隔 12～15m 左右设置排气孔。泌水孔、排气孔必要时可考虑作为灌浆孔用。波纹管的连接可采用大一号的同型波纹管，接头管的长度为 200～250mm，以密封胶带封口。

2）曲线孔道留设。现浇整体预应力框架结构中，通常配置曲线预应力筋，因此在框架梁施工中必须留设曲线孔道。曲线孔道可采用白铁管或波形白铁管留孔，曲线白铁管的制作应在平直的工作台上借助于模具定位，利用液压弯管机进行弯曲成型，其弯曲部分的坐标按预应力筋曲线方程计算确定，弯制成型后的坐标误差应控制在 2mm 以内。

曲线白铁管一般可制成数节，然后在现场安装成所需的曲线孔道，接头部分用 300mm 长的白铁管套接。关于灌浆孔和泌水孔则在白铁管上打孔后用带嘴的弧形白铁（或塑料）压板形成。灌浆孔一般留设在曲线筋的最低部位，泌水孔设在曲线筋最高的拐点处。灌浆孔和泌水孔用 $\phi 20$ 塑料管，并伸出梁表面 50mm 左右。

（2）预应力筋制作。

1）单根预应力筋。预应力筋锚具的尺寸按设计规定采用或按规范选用。螺丝端杆外露在构件外的长度，根据垫板厚度、螺帽厚度和拉伸机与螺丝端杆连接所需长度来确定，一般可取 120～150mm。帮条锚具的长度由帮条长度和垫板厚度确定，一般取 70～80mm。镦头锚具的长度由镦头和垫板厚度确定，一般取 50mm 左右。镦头可将预应力筋端部镦粗后再与其他预应力筋对焊或先预制成镦头端杆，再与预应力筋对焊而成。

预应力筋下料长度，要考虑锚具的类型、焊接接头的压缩量、钢筋冷拉率及回弹率等因素。两端用螺丝端杆锚具时的计算简图如图 5.45（a）所示。其计算公式为

$$L_0 = l + 2b + 2h - 2l_7 + (30 \sim 50) \quad (\text{mm}) \tag{5.13}$$

$$L = \frac{L_0}{1 + r - \delta} + n_1 l_1 \tag{5.14}$$

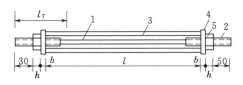

（a）两端用螺丝端杆锚具时　　　　　　　（b）一端用螺丝端杆另一端用帮条
（或粗镦头）锚具时

图 5.45　预应力粗钢筋下料长度计算简图

1—预应力筋；2—螺丝端杆；3—混凝土孔道；4—垫板；5—螺母；6—帮条锚具；7—混凝土构件

一端用螺丝端杆另一端用帮条（或粗镦头）锚具时的计算简图如图 5.45（b）所示。其计算公式为

$$L_0 = l + b + h + l_3 - l_7 + 50 \quad (\text{mm}) \tag{5.15}$$

$$L = \frac{L_0}{1 + r - \delta} + n_1 l_1 + n_2 l_2 \tag{5.16}$$

用帮条锚具时 $b = 1$。

2）预应力钢筋束（钢绞线束）。预应力钢筋束的钢筋直径一般在 12mm 左右，成圆盘状供货。预应力筋制作一般包括开盘冷拉、下料和编束等工序。如用镦头锚具，应增加镦头工序。

预应力钢筋束下料应在冷拉后进行。预应力钢绞线束为了减少钢绞线的构造变形和应力松弛损失，在张拉前，需经预拉。预拉应力值可采用钢绞线抗拉强度的 85%，预拉速度不宜过快，拉至规定应力后，应持荷 5～10min，然后放松。在钢绞线下料前，应在切割口两侧各 5cm 处用铁丝绑扎，切割后对切割口应立即焊牢，以免钢绞线松散。

预应力钢筋束或钢绞线束的编束，主要是为了保证穿筋在张拉时不发生扭结。编束工作一般把钢筋或钢绞线理顺后，用 18～22 号铁丝，每隔 1m 左右绑扎一道，形成束状，在空筋时要注意防止钢筋束（钢绞线束）扭结。预应力钢筋束或钢绞线束下料长度计算简图如图 5.46 所示。

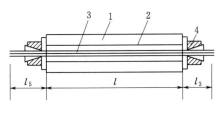

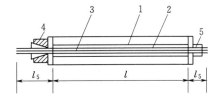

（a）两端张拉时　　　　　　　　　　（b）一端张拉时

图 5.46　预应力钢筋束或钢绞线束下料长度计算简图

1—混凝土构件；2—孔道；3—钢筋束；4—JM12 型锚具；5—帮条锚具

两端张拉时的计算公式为

$$L = l + 2l_5 \tag{5.17}$$

一端张拉时的计算公式为

$$L = l + l_5 + l_3 + 30 \text{（mm）} \tag{5.18}$$

3）预应力钢丝束。钢丝束的制作一般有调直、直料、编束和安装锚具等工序。当采用钢丝束镦头锚具时，为了保证张拉时钢丝束中每根钢丝应力值的均匀性，钢丝束制作时必须等长下料，同束钢丝中下料长度的相对误差应控制在 $L/5000$ 以内，且不得大于 5mm（L 为钢丝下料长度）。预应力钢丝束下料长度计算简图如图 5.47 所示。

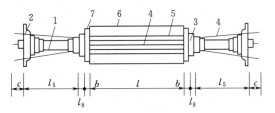

图 5.47　预应力钢丝束下料长度计算简图

1—双作用千斤顶；2—千斤顶卡环；3—锥形锚具；

4—钢丝束；5—孔道；6—混凝土构件；7—垫板

两端拉时的计算公式为

$$L = l + 2l_5 + 2l_8 + 2b + 2c \tag{5.19}$$

一端张拉时的计算公式为

$$L = l + l_5 + 2l_8 + 2b + c + 50 \text{（mm）} \tag{5.20}$$

式中：l_8 为锚具长度（锥形锚具取 40mm）；c 为钢丝外露出卡环端部长度。

为保证达到下料精度，一般有两种方法：一种是应力下料，即把钢丝拉至 300MPa 应力的状态下，划定长度，放松后剪切下料；另一种是用钢管限位法，即将钢丝通过小直径的钢管（钢管内径略粗于钢丝直径），在平直的工作台上等长下料。后一种方法比较简单，采用较广泛。

钢丝下料后，应逐根理顺进行编束。用镦头锚具时，根据钢丝分圈布置的特点，编束时首先将内圈和外圈钢丝分别用铁丝顺序编扎，然后将内圈钢丝放在外圈钢丝内扎牢。钢丝束编好后，先在一端套上锚杯并完成镦头工作，另一端钢丝的镦头，待钢丝束穿过孔道后再进行。

当用锥形螺杆锚具时，除应等长下料外，锚具的组装是一个重要环节。锥形螺杆锚具的组装方法如图 5.48 所示。首先把钢丝放在锥形螺杆的锥体部分，使钢丝均匀、整齐地贴紧锥体，然后套上套筒，用锤将套筒均匀地打紧，并使锥形螺杆中心与套筒中心在同一

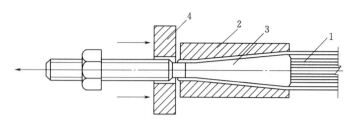

图 5.48　锥形螺杆锚具安装图
1—钢丝；2—套筒；3—锥形螺杆；4—压圈

直线上，最后用拉伸机使锥形螺杆的锥体部分进入套筒，套筒发生变形而锚固钢丝。组装锚具的张拉力为预应力筋张拉控制应力的 1.05 倍。锥形螺杆锚具其外径较大，为了减小构件孔道直径，一般仅在构件两端扩大孔道。因此，预应力钢丝束只能预先组装一端的锚具，而另一端则在钢丝束穿入孔道后，在现场组装。

对钢丝束镦头锚固体系，如采用镦头锚具一端张拉时，钢丝的下料长度可按图 5.49 所示计算。

（3）波纹管安装。

1）安装准备。按设计图纸中预应力的曲线坐标，以波纹管底边为准，在一侧模板上弹出曲线来，定出波纹管的位置；也可以梁底模板为基准，按预应力筋曲线上各点坐标，在垫好底筋保护层垫块的箍筋肢上做标志

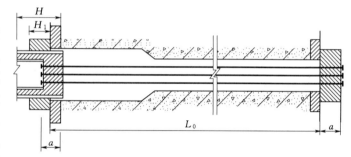

图 5.49　用镦头锚具时钢丝下料长度计算简图

（可用油漆点一下），定出波纹管的曲线位置。

2）固定与就位。波纹管的固定，可用钢筋支架（间距为 600mm）焊在箍筋肢上，箍筋下一定要把保护层垫块垫实、垫牢。波纹管放下就位后，其上用短钢筋再将管绑扎在箍筋肢上，以防止浇混凝土时将管子浮起（先穿入预应力筋的情况稍好）而造成质量事故。曲线和支架形式如图 5.50 和图 5.51 所示。

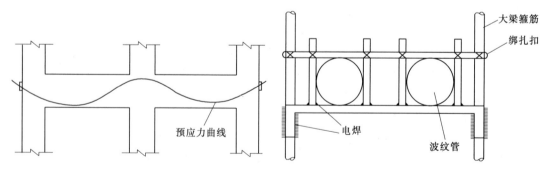

图 5.50　框架双框内预应力筋曲线位置

图 5.51　波纹管固定支架

3）安装要点。波纹管安装就位过程中，要避免反复弯曲造成管壁开裂。支架等应事先焊好。安装完后，应检查曲线形状是否符合设计要求，波纹管的固定是否牢固，接头是

否完好，管壁有无破损等。发现破损，应及时用粘胶带绑补好。波纹管的安装与坐标点允许偏差点，竖直方向为±10mm，水平方向为±20mm。

（4）预应力筋穿束。预应力筋穿束根据一次穿入数量，可分为整束穿和单根穿。钢丝束应整束穿；钢绞线宜采用整束穿，也可用单根穿。空束工作可由人工、卷扬机和穿束机进行。

1）人工穿束。人工穿束可利用起重设备将预应力筋吊起，工人站在脚手架上逐步穿入孔内。束的前端应扎紧并裹胶布，以便顺利通过孔道。对多波曲线束，宜采用特制的牵引头，工人在前头牵引，后头推送，用对讲机保持前后两端同时出现。对长度不大于60m的曲线束，人工穿束方便。

对束长为60～80m的预应力筋，也可采用人工先穿束，但在梁的中部留设约3m长的穿束助力段。助力段的波纹管应加大一号，在穿束前套接在原波纹管上留出穿束空间，待钢绞线穿入后再将助力段波纹管旋出接通，该范围内的箍筋暂缓绑扎。

2）用卷扬机穿束。对束长大于80m的预应力筋，采用卷扬机穿束。钢绞线与钢丝绳间用特制的牵引头连接。每次牵引2～3根钢绞线，穿束速度快。卷扬机宜采用慢速，每分钟约10m，电动机功率为1.5～2.0kW。

3）用穿束机穿束。用穿束机穿束适用于大型桥梁与构筑物单根穿钢绞线的情况。

穿束机有两种类型：一是由油泵驱动链板夹持钢绞线传送。速度可任意调节，穿束可进可退，使用方便；二是由电动机经减速箱减速后由两对滚轮夹持钢绞线传送，进退由电动机正反转控制。穿束时，钢绞线前头应套上一个子弹头形的壳帽。

（5）预应力筋张拉。

1）混凝土的张拉强度。预应力筋的张拉是制作预应力构件的关键，必须按规范有关规定精心施工。张拉时构件或结构的混凝土强度应符合设计要求，当设计无具体要求时，不应低于设计强度标准值的75%。以确保在张拉过程中，混凝土不至于受压而破坏。块体拼装的预应力构件，立凝处混凝土或砂浆强度如设计无规定时，不应低于块体混凝土设计强度等级的40%，且不得低于15MPa，以防止在张拉预应力筋时，压裂混凝土块体或使混凝土产生过大的弹性压缩。

2）张拉控制应力及张拉程序。预应力张拉控制应力应符合设计要求及最大张拉控制应力不能超过设计规定。其中后张法控制应力值低于先张法，这是因为后张法构件在张拉钢筋的同时，混凝土已受到弹性压缩，张拉力可以进一步补足；而先张法构件，是在预应力筋放松后，混凝土才受到弹性压缩，这时张拉力无法补足。此外，混凝土的收缩、徐变引起的预应力损失，后张法也比先张法小。为了减少预应力筋的松弛损失等，与先张法一样采用超张拉法，其张拉程序为：$0 \rightarrow 105\% \sigma_{con} \xrightarrow{\text{持荷 2min}} \sigma_{con}$ 或 $0 \rightarrow 103\% \sigma_{con}$。

3）张拉方法。张拉方法有一端张拉和两端张拉。两端张拉，宜先在一端张拉，再在另一端补足拉力。如有多根可一端张拉的预应力筋，宜将这些预应力筋的张拉端分别设在结构的两端。长度不大的直线预应力筋，可一端张拉。曲线预应力筋应两端张拉。抽芯成孔的直线预应力筋，长度大于24m时应两端张拉，不大于24m时可一端张拉。预埋波纹管成孔的直线预应力筋，长度大于30m时应两端张拉，不大于30m时可一端张拉。竖向预应力结构宜采用两端分别张拉，且以下端张拉为主。安装张拉设备时，应使直线预应力筋张拉力的作用线与孔道中心线重合；曲线预应力筋张拉力的作用线与孔道中心线末端的切线重合。

4）张拉值的校核。张拉控制应力值除了靠油压表读数来控制，在张拉时还应测定预应力筋的实际伸长。若实际伸长值与计算伸长值相差10%以上时，应检查原因，修正后再重新张拉。预应力筋的计算伸长值可由下式求得

$$\Delta L = \frac{\sigma_{con}}{E_s} L \tag{5.21}$$

式中：ΔL 为预应力筋的伸长值，mm；σ_{con} 为预应力筋张拉控制应力，N/mm^2，如需超张拉，σ_{con} 取实际超张拉的应力值；E_s 为预应力筋的弹性模量，N/mm^2；L 为预应力筋的长度，mm。

5）张拉顺序。选择合理的张拉顺序是保证质量的重要一环。当构件或结构有多根预应力筋（束）时，应采用分批张拉，此时按设计规定进行，如设计无规定或受设备限制必须改变时，则应经核算确定。张拉时宜对称进行，避免引起偏心。在进行预应力筋张拉时，可采用一端张拉法，也可采用两端同时张拉法。当采用一端张拉时，为了克服孔道摩擦力的影响，使预应力筋的应力得以均匀传递，采用反复张拉2~3次，可以达到较好的效果。

采用分批张拉时，应考虑后批张拉预应力筋所产生的混凝土弹性压缩对先批预应力筋的影响；即应在先批张拉的预应力筋的张拉应力中增加。

先批张拉的预应力筋的控制应力 σ_{con}^1 应为

$$\sigma_{con}^1 = \sigma_{con} + \frac{E_s}{E_h}\sigma_h \tag{5.22}$$

式中：σ_{con}^1 为先批预应力筋张拉控制应力；σ_{con} 为设计控制应力（即后批预应力筋张拉控制应力）；E_s 为预应力筋弹性模量；E_h 为混凝土弹性模量；σ_h 为张拉后批预应力筋时在已张拉预应力筋重心处产生的混凝土法向应力。

张拉平卧重叠浇筑的构件时，宜先上后下逐层进行张拉，为了减少上下层构件之间的摩阻力引起的预应力损失，可采用逐层加大张拉力的方法。若构件之间隔离层的隔离效果较好（如用塑料薄膜做隔离层或用砖做隔离层），用砖做隔离层时，大部分砖应在张拉预应力筋时取出，仅有局部的支承点，构件之间基本上架空，也可自上而下采用同一张拉力值。

6）张拉操作。整体构件可平卧或直立张拉；分段制作的构件张拉前应进行拼装，先用拼装架将构件直立稳住，纵轴线对准，其直线偏差不得大于3mm，立缝宽度偏差不得超过+10mm或-5mm。在两端及拼接处用垫木支承，相邻块体孔道用一段10~15cm长的铁皮管连接，张拉前先焊接预拉部分的连接板（如屋架的上弦，拼缝后灌），张拉后再焊接预压部分的连接板。接缝处砂浆（或细石混凝土）应密实，强度达到块体设计强度等级的40%且不低于C15时，方可进行张拉。

张拉前应计算预应力筋的张拉力及相应的伸长值，计算公式及测量方法参见先张法。预应力筋的实际伸长值还应扣除混凝土构件在张拉过程中的弹性压缩值和锚具与垫板之间

的压缩值。

穿筋时，成束的预应力筋要将一头打齐，顺序编号并套上穿束器，穿入孔道使露出所需长度为止，穿入构件要防止扭结和错向。

安装张拉设备时，对直线预应力筋，应使张拉力的作用线与孔道中心线重合；对曲线预应力筋，应使张拉力的作用线与孔道中心线末端的切线重合。

预应力张拉次序，应分批、分阶段对称地进行，避免构件受过大的偏心压力如图 5.52 所示。采用分批张拉时，应计算分批张拉的预应力损失值，分别加到先张拉钢筋的张拉控制应力值内；或采用同一张拉值，再逐根复张补足到控制应力值。

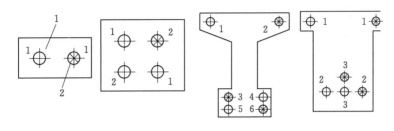

（a）屋架下弦张拉顺序　　　　　　（b）吊车梁张拉顺序

图 5.52　预应力筋张拉顺序

1、2、3、4、5、6—预应力筋分批张拉顺序

长度大于 24m 的预应力筋或曲线预应力筋应在两端张拉。长度等于或小于 24m 的直线预应力筋，可一端张拉，但张拉端宜分别设置在构件的两端。两端张拉同一束预应力筋时，为减少预应力损失，应先在一端锚固，再在另一端补足张拉力后锚固。预应力筋锚固后的外露长度，不宜小于 15mm。

（6）孔道灌浆。有黏结的预应力构件，其管道内必须灌浆，灌浆需要设置灌浆孔或泌水孔，根据经验可知，设置泌水孔道的曲线预应力管道的灌浆效果好。一般一根梁上设三个点为宜，灌浆孔宜设在低处，泌水孔可相对高些，灌浆时可使孔道内的空气或水从泌水孔顺利排出。在波纹管安装固定后，用钢锥在波纹管上凿孔，再在其上覆盖海绵垫片与带嘴的塑料弧形压板，用铁丝绑扎牢固，再用塑料管接在嘴上，并将其引出梁面 40~60mm。

预应力筋张拉、锚固完成后，应立即进行孔道灌浆工作，以防锈蚀，增加结构的耐久性。灌浆用的水泥浆，除应满足强度和黏结力的要求外，还应具有较大的流动性和较小的干缩性、泌水性。应采用强度等级不低于 42.5 级普通硅酸盐水泥；水灰比宜为 0.4 左右。对于空隙大的孔道，可采用水泥砂浆灌浆，水泥浆及水泥砂浆的强度均不得小于 $20N/mm^2$。为增加灌浆密实度和强度，可使用一定比例的膨胀剂和减水剂。膨胀剂和减水剂均应事前检验，不得含有导致预应力钢材锈蚀的物质。建议拌和后的收缩率应小于 2%，自由膨胀率不大于 5%。

灌浆前孔道应湿润、洁净。对于水平孔道，灌浆顺序应先灌下层孔道，后灌上层孔道。对于竖直孔道，应自下而上分段灌注，每段高度视施工条件而定，下段顶部及上段底部应分别设置排气孔和灌浆孔。灌浆压力 0.5~0.6MPa 为宜。灌浆应缓慢均匀地进行，不得中断，并应排气通畅。不掺外加剂的水泥浆，可采用二次灌浆法，以提高密实度。

孔道灌前应检查灌浆孔和泌水孔是否通畅。灌浆前孔道应用高压水冲洗、湿润，并用高压风吹去积在低点的水，孔道应畅通、干净。灌浆应先灌下层孔道，对一条孔道必须在一个灌浆口一次把整个孔道灌满。灌浆应缓慢进行，不得中断，并应排气通顺；在灌满孔道并封闭排气孔（泌水口）后，宜再继续加压至 0.5～0.6MPa，稍后再封闭灌浆孔。

如果遇到孔道堵塞，必须更换灌浆口，此时，必须在第二灌浆口灌入整个孔道的水泥浆量，以致把第一灌浆口灌入的水泥浆排出，使两次灌入水泥浆之间的气体排出，以保证灌浆饱满密实。

冬季施工灌浆，要求把水泥浆的温度提高到 20℃ 左右。并掺些减水剂，以防止水泥浆中的游离水造成冻害裂缝。

5.4.3 质量验收与安全要求

5.4.3.1 原材料

（1）主控项目。

预应力筋进场时，应按现行国家标准《预应力混凝土用钢绞线》（GB/T 5224）等的规定抽取试件作力学性能检验，其质量必须符合有关标准的规定。

检查数量：按进场的批次和产品的抽样检验方案确定。

检验方法：检验产品合格证、出厂检验报告和进场复验报告。

无黏结预应力筋的涂包质量应符合无黏结预应力钢绞线标准的规定。

检查数量：每 60t 为一批，每批抽取一组试件。

检验方法：观察，检查产品合格证、出厂检验报告和进场复验报告。

注：当有工程经验，并经观察认为质量有保证时，可不做油脂用量和护套厚度的进场复验。

预应力筋用锚具、夹具和连接器应按设计要求采用，其性能应符合现行国家标准《预应力筋用锚具、夹具和连接器》（GB/T 14370）等的规定。

检查数量：按进场批次和产品的抽样检验方案确定。

检验方法：检查产品合格证、出厂检验报告和进场复验报告。

注：对孔道灌浆用水泥和外加剂用量较少的一般工程，当有可靠依据时，可不做材料性能的进场复验。

（2）一般项目。

预应力筋使用前应进行外观检查，其质量应符合下列要求：有黏结预应力筋展开后应平顺，不得有弯折，表面不应有裂纹、小刺、机械损伤、氧化铁皮和油污等；无黏结预应力筋护套应光滑、无裂缝，无明显褶皱。

检查数量：全数检查。

检验方法：观察。

注：无黏结预应力筋护套轻微损者应外包防水塑料胶带修补，严重破坏者不得使用。

预应力筋用锚具、夹具和连接器使用应进行外观检查，其表面应无油污、锈蚀、机械损伤和裂纹。

检查数量：全数检查。

检验方法：观察。

预应力混凝土用金属螺旋管的尺寸和性能应符合国家现行标准《预应力混凝土用金属螺旋管》（JG/T 3013）的规定。

检查数量：按进场批次和产品的抽样检验方案确定。

检验方法：检查产品合格证、出厂检验报告和进场复验报告。

注：对金属螺旋管用量较少的一般工程，当有可靠依据时，可不做径向刚度、抗渗漏性能的进场复检。

预应力混凝土用金属螺旋管在使用前应进行外观检查，其内外表面应清洁，无锈蚀，不应有油污、孔洞和不规则的褶皱，咬口不应有开裂或脱扣。

检查数量：全数检查。

检验方法：观察。

5.4.3.2　制作与安装

（1）主控项目。

预应力筋安装时，其品种、级别、规格、数量必须符合设计要求。

检查数量：全数检查。

检验方法：观察，钢尺检查。

先张法预应力施工时应选用非油质类模板隔离剂，并应避免沾污预应力筋。

检查数量：全数检查。

检验方法：观察。

施工过程中应避免电火花损伤预应力筋应予以更换。

检查数量：全数检查。

检验方法：观察。

（2）一般项目。

预应力筋下料应符合下列要求：预应力筋应采用砂轮锯或切断机切断，不得采用电弧切割；大于钢丝长度的 1/5000，且不应大于 5mm。当成组张拉长度不大于 10mm 的钢丝时，同组钢丝长度的极差不得大于 2mm。

检查数量：每工作班抽查预应力筋总数的 3%，且不少于 3 束。

检验方法：观察，钢尺检查。

预应力筋端部锚具的制作质量应符合下列要求：挤压锚具制作时压力表油压应符合操作说明的规定，挤压后预应力筋外端应露出挤压套筒 1～5mm；钢绞线压花锚成型时，表面应清洁、无油污、犁形头尺寸和直线段长度应符合设计要求；钢丝镦头的强度不得低于钢丝强度标准值的 90%。

检查数量：对挤压锚，每工作班抽查 5%，且不应少于 5 件；对压花锚，每工作班抽查 3 件；对钢丝镦头强度，每批钢丝检查 6 个镦头试件。

检验方法：观察，钢尺检查，检查镦头强度报告。

后张法有黏结预应力筋预留孔道的规格、数量、位置和形状应符合设计要求外，还应符合下列规定：预留孔道的定位应牢固，浇筑混凝土时不应出现移位和变形；孔道应平顺，端部的预埋锚垫板应垂直于孔道中心线；成孔用管道应密封良好，接头应严密且不得漏浆；灌浆孔的间距：对预埋金属螺旋管不宜大于 30m；对抽芯成形孔道不宜大于 12m；

在曲线孔道的曲线波峰部位应设置排气兼泌水管，必要时可在最低点设置排水孔；灌浆孔及泌水管的孔径应能保证浆液畅通。

检验数量：全数检查。

检验方法：观察，钢尺检查。

预应力筋束形控制点的竖向位置偏差应符合表 5.37 的规定。

表 5.37　　　　　　　　　　　束形控制点的竖向位置允许偏差

截面高（厚）度/mm	$h \leqslant 300$	$300 < h \leqslant 1500$	$h > 1500$
允许偏差/mm	± 5	± 10	± 15

检查数量：在同一检验批内，抽查各类型构件中预应力筋束总数的 5%，其中各类构件均不少于 5 束，每束不应少于 5 处。

检验方法：钢尺检查。

注：束形控制点的竖向位置偏差合格点率应达到 90% 及以上，且不得有超过表中数值 1.5 倍的尺寸偏差。

无黏结预应力筋的铺设除应符合一般预应力筋的规定外，还应符合下列要求：无黏结预应力筋的定位应牢固，浇筑混凝土时不应出现移位和变形；端部的预埋锚垫板应垂直于预应力筋；内埋式固定端垫板不应重叠，锚具与垫板应贴紧；无黏结预应力筋成束布置时应能保证混凝土密实并能裹住预应力；无黏结预应力筋的护套应完整，局部破损处应采用防水胶带缠绕紧密。

检查数量：全数检查。

检验方法：观察。

浇筑混凝土前穿入孔道的后张法有黏结预应力筋，宜采取防止锈蚀的措施。

检查数量：全数检查。

检验方法：观察。

5.4.3.3　张拉和放张

（1）主控项目。

预应力筋张拉或放张时，混凝土强度应符合设计要求；当设计无具体要求时，不应低于设计的混凝土立方体抗压强度标准值的 75%。

检查数量：全数检查。

检验方法：检查同条件养护试件实验报告。

预应力筋的张拉力、张拉或放张顺序及张拉工艺应符合设计及施工技术方案的要求，并应符合下列规定：当施工需要超张拉时，最大张拉应力不应大于国家现行标准《混凝土结构设计规范》（GB 50010）的规定；张拉工艺应能保证同一束中各根预应力筋的应力均匀一致；后张法施工中，当预应力筋是逐根或逐束张拉时，应保证各阶段不出现对结构不利的应力状态，同时宜考虑后批张拉预应力筋所产生的结构构件的弹性压缩对先批张拉预应力筋的影响，确定张拉力；先张法预应力筋放张时，宜缓慢放松锚固装置，使各根预应力筋同时缓慢放松；当采用应力控制方法张拉时，应校核预应力筋的伸长值，实际伸长值与设计计算理论伸长值的相对允许偏差为 $\pm 6\%$。

检查数量：全数检查。

检验方法：检查张拉记录。

预应力筋张拉锚固后实际建立的预应力值与工程设计规定检验值的相对允许偏差为±5%。

检查数量：对先张法施工，每工作班抽查预应力筋总数的1%，且不少于3根；对后张法施工，在同一检验批内，抽查预应力筋总数的3%，且不少于5束。

检验方法：对先张法施工，检查预应力筋应力检测记录；对后张法施工，检查见张拉记录。

张拉过程中应避免预应力筋断裂或滑脱；当发生断裂或滑脱时，必须符合下列规定：对后张放预应力结构构件，断裂或滑脱的数量严禁超过同一截面预应力筋总根数的3%，且每束钢丝不得超过一根；对多跨双向连续板，其同一截面应按每宽计算；对先张放预应力构件，在浇筑混凝土前发生断裂或滑脱的预应力筋不许予以更换。

检查数量：全数检查。

检验方法：观察，检查张拉记录。

（2）一般项目。

锚固阶段张拉端预应力筋的内缩量应符合设计要求，当设计无具体要求时，应符合表5.38的规定。

表 5.38　　　　　　　　　　　张拉端预应力筋的内缩量限值　　　　　　　　　　单位：mm

锚　具　类　型		内缩量限值
支承式锚具（镦头锚具等）	螺帽缝隙	1
	每块后加垫板的缝隙	1
锥塞式锚具		5
夹片式锚具	有顶压	5
	无顶压	6～8

检查数量：每工作班抽查预应力筋总数的3%，且不少于3束。

检验方法：钢尺检查。

先张法预应力筋张拉后与设计位置的偏差不得大于5mm，且不得大于构件截面短边边长的4%。

检查数量：每工作班抽查预应力筋总数的3%，且不少于3束。

检验方法：钢尺检查。

5.4.3.4　灌浆及封锚

（1）主控项目。

后张法黏结预应力筋张拉后应尽早进行孔道灌浆，孔道内水泥浆应饱满、密实。

检查数量：全数检查。

检验方法：观察，检查灌浆记录。

锚具的封闭保护应符合设计要求；当设计无具体要求时，应符合下列规定：应采取防止锚具腐蚀和遭受机械损伤的有效措施；凸出式锚固端锚具的保护层厚度不应小于50mm；外露预应力筋的保护层厚：处于正常环境时，不应小于20mm；处于易受腐蚀的环境时，不应小于50mm。

检查数量：在同一检验批内，抽查预应力筋总数的 5％，且不少于 5 处。

检验方法：观察、钢尺检查。

（2）一般项目。

后张法预应力筋锚固后的外露部分宜采用机械方法切割，其外露长度不宜小于预应力筋直径的 1.5 倍，且不宜小于 300mm。

检查数量：在同一检验批内，抽查预应力筋总数的 3％，且不少于 5 束。

检验方法：观察，钢尺检查。

灌浆用水泥浆的水灰比不应大于 0.45，搅拌后 3h 泌水率不宜大于 2％，且不应大于 3％。泌水应能在 24h 内全部重新被水泥浆吸收。

检查数量：同一配合比检查一次。

检验方法：检查水泥浆性能实验报告。

灌浆用水泥浆的抗压强度不应小于 30N/mm²。

检查数量：每工作班留置一组边长为 70.7mm 的立方体试件。

检验方法：检查水泥浆试件强度实验报告。

注：①一组试件由 6 个试件组成，试件应标准养护 28d；②抗压强度为一组试件的平均值，当一组试件中抗压强最大值或最小值与平均值相差超过 20％时，应取中间 4 个试件强度的平均值。

5.4.3.5　施工安全措施

（1）成品保护措施。构件起吊时不得发生扭曲和损坏；堆放场地应平整、坚实，垫块要上下一致；无黏结筋应按不同规格分类成捆、成盘挂牌堆放整齐。露天堆放时，需覆盖雨布，下面应加垫木，防止锚具及无黏结筋锈蚀。严禁碰撞踩压堆放成品，避免损坏塑料套管及锚具。供现场张拉使用的锚夹具，需涂油包封在室内存放，严防锈蚀；无黏结筋在运输中，应轻装轻卸，严禁摔掷及锋利物品损坏无黏结筋表面及配件。吊具用钢丝绳需套胶管，避免装卸时破坏无黏结筋塑料套管。若有损坏，应及时用塑料胶条修补，其缠绕搭接长度为胶条 1/3 宽度。

（2）施工安全技术措施。牢固树立"没有安全，就没有质量，就没有工期"的意识，坚决贯彻"安全第一，预防为主"的方针，严格执行国家、上级主管部门有关安全生产的规定；成立安全管理小组检查安全设施，建立健全安全生产责任制，做到管理到位，责任到岗，认真做好安全教育和安全交底工作。

配备符合规定的设备，并随时注意检查，及时更换不符合安全要求的设备。对电工、焊工、张拉工等特种作业工人必须经过培训考试合格取证，持证上网。操作机械设备要严格遵守各机械的规程，严格按使用说明操作，并按规定配备防护用具。

预应力筋加工布设、施工安全技术：①成盘预应力筋开盘时，应采取措施，防止尾端弹出伤人；②严格防止与电源搭接，电源不准裸露；③高处作业时，应有安全防护。

无黏结预应力筋张拉施工安全技术：①在预应力筋张拉轴线的前方和高处作业时，结构边缘与设备之间不得站人；②油泵使用前应进行常规检查，重点是安全阀在设定油压下不能自动开通；③输油路做到"三不用"，即输油管破损不用，接口损伤不用，接口螺母不扭紧、不倒位不用；不准带压检修油路；④使用油泵不得超过额定油压，千斤顶不得超过规定张拉最大行程；油泵和千斤顶的连接必须到位；⑤电气设备应做到：接地良好、电源不裸露，不带电检修，检修工作由电工操作；⑥切筋时，应防止断筋飞出伤人。

预应力筋下料盘切割时，应采取措施防止钢丝、钢绞线弹出伤人或砂轮锯片破碎伤人。两端正对预应力筋部位应采取措施进行防护。预应力筋张拉时，操作人员应站在张拉设备的作用力方向的两侧，严禁站在建筑物边缘与张拉设备之间，以防在张拉过程中，有可能来不及躲避偶然发生的事故而造成伤亡。

采用锥锚式千斤顶张拉钢丝束时，先使千斤顶张拉缸进油，压力表针有启动时再打楔块。镦头锚固体系在张拉过程中随时拧上螺母。

对张拉平台、脚手架、安全网、张拉设备等，现场施工负责人应组织技术人员、安全人员及施工班组共同检查，合格后方可使用。

项 目 小 结

本项目重点介绍了钢筋混凝土工程施工工艺，包括模板工程施工、钢筋工程施工、混凝土工程施工、预应力混凝土结构施工4个学习任务。主要内容概括如下：

（1）模板工程施工主要包括常用模板的类型、模板的构造组成、模板设计、钢模板及木模板的施工工艺，模板工程质量检查验收的标准及其验收要点。其中模板的施工工艺及验收要点是重点学习内容之一。

（2）钢筋工程施工主要包括钢筋材料的识别、钢筋下料长度计算、钢筋加工工艺、钢筋连接、钢筋绑扎与安装等内容，材料验收及质量检验要求贯穿始终。其中钢筋加工下料长度、加工工艺及钢筋连接是重点学习内容之一。

（3）混凝土工程主要包括混凝土制备、混凝土运输、浇筑振捣及混凝土养护等施工工艺。其中混凝土的浇筑振动工艺是重点学习内容之一。

（4）预应力混凝土结构施工主要介绍先张法、后张法施工概念，以及预应力施工设备与机具的使用，预应力钢筋或孔道敷设、混凝土浇筑、预应力钢筋张放、孔道灌浆等关键工艺与预应力混凝土施工质量验收要求。

复 习 思 考 题

1. 简述预应力混凝土先张法施工工艺。
2. 什么情况下可以进行先张法预应力钢筋张放？
3. 先张法预应力钢筋张拉台座有哪些类型？
4. 简述预应力混凝土后张法施工工艺。
5. 后张法预应力钢筋预留孔成孔方法有哪些？
6. 什么情况下后张法预应力钢筋张拉？
7. 预应力钢筋混凝土安全施工措施有哪些？
8. 简述单根预应力钢筋下料计算要点。

项目6 结构安装工程施工技术

【学习目标】

能力目标：通过本项目的学习，掌握装配式混凝土结构构件安装的施工方案、施工工艺与方法，钢结构安装的施工工艺与技术要求，并熟悉结构安装工程。

知识点：装配式单层工业厂房安装技术，钢结构安装技术，装配式墙板结构安装技术，结构安装工程质量验收。

【项目介绍】

结构安装工程，就是用起重运输机械将预先在工厂或施工现场制作的结构构件，按照设计要求在现场组装起来，以构成一幢完整的建筑物或构筑物的整个施工过程。它是装配式房屋或构筑物施工中的主导分部工程，直接影响着整个工程的施工进度、工程质量、施工安全和工程造价。

任务6.1 钢筋混凝土结构工业厂房安装技术

单层工业厂房大多采用装配式钢筋混凝土结构（重型厂房采用钢结构）。其主要承重构件除基础为现浇构件外，其他构件（柱、吊车梁、基础梁、屋架、天窗架、屋面板等）均为预制构件，如图6.1所示。根据构件尺寸和重量及运输构件的能力，预制构件中较大型的一般在施工现场就地制作；中小型的多集中在工厂制作，然后运送到现场安装。结构

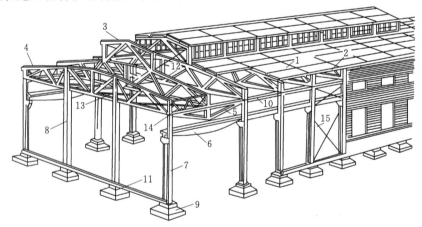

图6.1 单层工业厂房装配式钢筋混凝土骨架及主要构件

1—屋面板；2—天沟板；3—天窗架；4—屋架；5—托架；6—吊车梁；7—排架柱；8—抗风柱；9—基础；10—连系梁；11—基础梁；12—天窗架垂直支撑；13—屋架下弦横向水平支撑；14—屋架端部垂直支撑；15—柱间支撑

安装工程是单层工业厂房施工中的主导工程。

柱：要设置牛腿，又称牛腿柱，柱底与基础相连，柱顶部与屋架焊接连接，柱与屋架组成排架结构。

吊车梁：放在柱的牛腿上。采用焊接连接。

屋面板：与屋架焊接连接。

单层装配式工业厂房，一般面积较大，平面尺寸较大，构件重量及尺寸较大，钢筋混凝土屋架重量可达几十吨，屋架跨度有十几米、二十多米、三十多米等。柱高可达十几米、二十多米、三十多米甚至四十多米等。

单层装配式工业厂房构件规格多，屋面板多采用 1.5m×6m 大型屋面板，柱有矩形柱、工字形柱、双肢柱等，由于单层装配式工业厂房面积较大，构件尺寸及重量大，而且规格多，为了保证安装质量，在安装前必须做好充分的准备工作。

6.1.1　构件安装前的准备工作

吊装前的准备工作包括：清理及平整场地，铺设道路，敷设水电管线，准备吊具、索具，构件的运输、就位、堆放、拼装与加固、检查、弹线、编号，基础的准备等。

6.1.1.1　场地清理与铺设道路

起重机进场之前，按照现场平面布置图，标出起重机的开行路线，清理道路上的杂物，进行平整压实。回填土或松软地基上，要用枕木或厚钢板铺垫。雨季施工，要做好排水工作，准备一定数量的抽水机械，以便及时排水。

6.1.1.2　构件的运输和堆放

在工厂制作或施工现场集中制作的构件，吊装前要运送到吊装地点就位。根据构件的重量、外型尺寸、运输量、运距以及现场条件等选用合适的运输方式。通常采用载重汽车和平板拖车。

（1）构件运输。构件运输过程中，必须保证构件不损坏、不变形、不倾覆，并且要为吊装工作创造有利条件。因此，要求路面平整，有足够的路面宽度和转弯半径，并根据路面情况掌握行车速度。构件运输应符合下列规定：

1）运输时的混凝土强度。为了防止构件在运输过程中，由于受振动而损坏，钢筋混凝土构件的混凝土强度等级，当设计无具体规定时，不应小于设计的混凝土强度标准值的 75%；对于屋架、薄腹梁等构件不应小于设计的混凝土强度标准值的 100%。

2）构件支承的位置和方法，应根据其受力情况确定，不得引起混凝土的超应力或损伤构件。

3）构件装运时应绑扎牢固，防止移动或倾倒。对构件边部或与链索接触处的混凝土，应采用衬垫加以保护。

4）运输细长构件时，行车应平稳，并可根据需要对构件设置临时水平支撑。

5）构件的堆放应按平面布置图所示位置堆放，避免二次搬运。

（2）构件堆放。构件堆放应符合下列规定：

1）堆放构件的场地应平整坚实，并具有排水措施，堆放构件时应使构件与地面之间有一定空隙。

2）应根据构件的刚度及受力情况，确定构件平放或立放，并应保持其稳定。

3）重叠堆放的构件，吊环应向上，标志应向外。其堆垛高度应根据构件与垫木的承载能力及堆垛的稳定性确定；各层垫木的位置应在一条垂直线上。

6.1.1.3　构件的质量检查、弹线及编号

为保证工程质量，在构件吊装前对全部构件要进行一次质量检查。主要检查构件的型号、数量、外形尺寸、预埋件位置及尺寸、构件混凝土的强度以及构件有无损伤，变形、裂缝等。构件混凝土的强度应不低于设计规定的吊装强度。一般柱的混凝土强度应不低于设计强度等级的70%，跨度较大的梁及屋架的混凝土强度要达到100%设计强度等级，在吊装预应力屋架时，孔道灰浆的强度应不低于$15N/mm^2$。

（1）外形尺寸检查。

1）柱应检查总长度，柱脚到牛腿的长度，柱底面的平整度、柱截面尺寸及各种预埋件的位置和尺寸。

2）屋架应检查总长度、侧向弯曲、各预埋件的位置。

3）吊车梁应检查总长度、高度、侧向弯曲、各预埋件的位置。

（2）弹线。构件经质量检查及清理后，在构件表面弹出吊装准线，作为吊装对位、对正的依据。

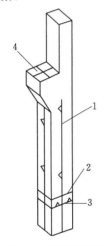

图6.2　柱子弹线图

1—柱中心线；2—地基标高线；

3—基础顶面线；4—吊车梁对位线；

1）柱应在柱身的三个面上弹出几何中心线（两个小面一个大面），作为吊装准线，此线应与柱基础杯口上的吊装准线相吻合。对于工字型截面柱除应弹出几何中心线外，还应在其翼缘部分弹一条与中心线平行的线，以避免校正时产生观测视差。此外，在柱顶面和牛腿面上要弹出屋架及吊车梁的吊装准线，如图6.2所示。

2）屋架应在上弦顶面弹出几何中心线，并从跨中央向两端分别弹出天窗架，屋面板的吊装准线；在屋架的两个端头弹出屋架的吊装准线，以便屋架安装对位及校正。

3）吊车梁应在两端面及顶面弹出吊装准线。

（3）编号。在对构件弹线的同时，应按设计图纸将构件逐个编号，并标识在明显部位；对于上、下难以分辨的构件还应注明"上"字，并均应标在统一的位置上。

6.1.1.4　基础准备

（1）尺寸及位置。先检查杯口的尺寸，在基础顶面弹出十字交叉的安装中心线，并画上红三角。中心线对定位轴线的允许偏差为±10mm。

（2）标高检查。杯底标高在制作时一般比设计要求低（一般预留50mm），以便柱子长度有误差时能抄平调整。测量杯底标高，先在杯口内弹出比杯口顶面设计低100mm的水平线，随后用尺对杯底标高进行测量，小柱测中间一点，大柱测四个角点，得出杯底实际标高。

牛腿面设计标高与杯底实际标高的差，就是柱子牛腿到柱底的应有长度，与实际量得的长度（初步检查时已量好）相比，得到制作误差，再结合柱底面的平整程度，用水泥砂浆或细石混凝土将杯底抹平，垫至所需标高，标高的允许偏差为±5mm。杯底抹平后，

应将杯口遮盖好，以防杂物落入。

6.1.2　构件的安装工艺

装配式单层厂房的结构构件有：柱、吊车梁、连系梁、屋架、天窗架、屋面板等。

预制构件的吊装程序包括：绑扎、起吊、对位、临时固定、校正及最后固定等工序。现场预制的构件有些还需要翻身扶正后，才进行吊装。

6.1.2.1　柱的吊装

（1）绑扎。柱的绑扎方法、绑扎位置和绑扎点数，应根据柱的形状、长度、截面、配筋、起吊方法和起重机性能等确定。常用的绑扎方法有：一点绑扎斜吊法、一点绑扎直吊法、两点绑扎斜吊法、两点绑扎直吊法四种。

（2）起吊。柱子的吊装方法，根据柱子重量、长度、起重机性能和现场施工条件而定。重型柱子有时可采用两台起重机抬吊。采用单机吊装时，有旋转法和滑行法。

1）旋转法。旋转法吊装柱时，柱的平面布置要做到：绑扎点、柱脚中心与柱基础杯口中心三点同弧，在以吊柱时起重半径为半径的圆弧上，柱脚靠近基础。这样，起吊时起重半径不变，起重臂边升钩边回转。柱在直立前，柱脚不动，柱顶随起重机回转及吊钩上升而逐渐上升，使柱在柱脚位置竖直。然后，把柱吊离地面 200～300mm，回转起重臂把柱吊至杯口上方，插入杯口，如图 6.4 所示。采用旋转法，柱受振动小，生产率高，但对起重机的机

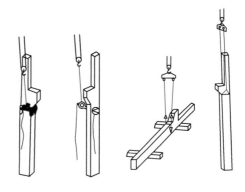

（a）一点绑扎斜吊法　　（b）一点绑扎直吊法

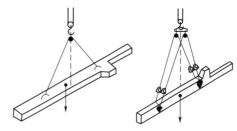

（c）两点绑扎斜吊法　　（d）两点绑扎直吊法

图 6.3　柱的绑扎方法

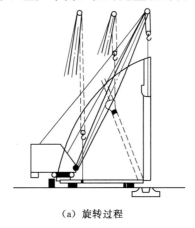

（a）旋转过程

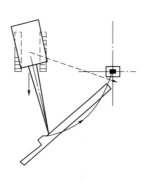

（b）平面布置

图 6.4　旋转法吊装过程

动性能要求较高。采用自行式起重机吊装时宜采用此法。

2）滑行法。采用滑行法吊装柱时，柱的平面布置要做到：绑扎点与基础杯口中心两点同弧，在以起重半径为半径的圆弧上，绑扎点靠近基础杯口。这样，在柱起吊时，起重臂不动，起重钩上升，柱顶上升，柱脚沿地面向基础滑行，直至柱竖直。然后，起重臂旋转，将柱吊至柱基础杯口上方，插入杯口，如图6.5所示。这种起吊方法，因柱脚滑行时柱受震动，起吊前应对柱脚采取保护措施。该方法宜在不能采用旋转法时采用。

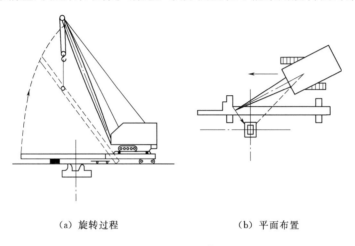

（a）旋转过程　　　　　　　　（b）平面布置

图6.5　滑行法吊装过程

该方法的特点是：在滑行过程中，柱受振动，但对起重机的机动性要求较低（起重机只升钩，起重臂不旋转），当采用独脚拔杆、人字拔杆吊装柱时，常采用此法。为了减少滑行阻力，可在柱脚下面设置托木滚筒。

（3）对位与临时固定。柱子插入杯口后，应使柱身大体垂直。在柱脚离杯底30～50mm时，停止吊钩下降，开始对位。对位时，先在柱基础四边各放两块楔块（共8块），如图6.6所示，并用撬棍拨动柱脚，使柱的吊装准线对准杯口顶面的吊装准线。

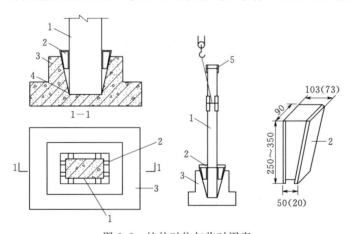

图6.6　柱的对位与临时固定

1—柱子；2—楔块（括号内的数字表示另一种规格钢楔的尺寸）；

3—杯形基础；4—石子；5—安装缆风绳或挂操作台的夹箍

对位后，将 8 块楔块略加打紧，打紧楔子时，应两人同时在柱子的两侧对打，以防柱脚移动。然后放松吊钩，让柱靠自重沉至杯底。再观察一下吊装中心线对准的情况，若已符合要求，立即用大铁锤将楔块打紧，将柱临时固定。临时固定的楔块，可用硬木制作，也可用钢板焊成。

当柱基础的杯口深度与柱长之比小于 1/20，或柱具有较大牛腿时，仅靠柱脚处的楔块将不能保证临时固定的稳定，这时则应采取增设缆风绳或加斜撑等措施来加强柱临时固定的稳定。

（4）校正。柱的校正是一件相当重要的工作，如果柱的吊装就位不够准确，就会影响与柱相连接的吊车梁、屋架等吊装的准确性。因此，必须认真对待。

柱吊装以后要做平面位置、标高及垂直度等三项内容的校正。但柱的平面位置在柱的对位时已校正好，而柱的标高在柱基础杯底抄平时已控制在允许范围内，因此柱吊装后主要是校正垂直度。

柱垂直度的检查方法是：当有经纬仪时，可用两台经纬仪从柱相邻的两边（视线基本与柱面垂直），去检查柱吊装中心线的垂直度，一台设置在横轴线上，另一台设置在与纵轴线呈不大于 15°角的位置上。竖向转动望远镜，从根部向上观察，使柱子的吊装准线始终夹在十字丝双线中，这时柱子即为垂直，如图 6.7 所示。

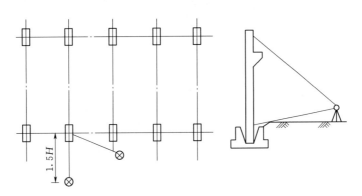

图 6.7　柱的垂直度的检查方法

当没有经纬仪时，也可用线锤检查。柱竖向（垂直）偏差的允许值是：当柱高为 5m 时，为 5mm；当柱高大于 5m 时，为 10mm；当柱高于 10m 及大于 10m 的多节柱时，为 1/1000 柱高，但不得大于 20mm。如偏差超过上述规定，则应校正柱的垂直度。

柱垂直度的校正方法是：当偏差值较小时，可用打紧或稍放松楔块的方法来纠正；当偏差值较大时，则可用螺旋千斤顶、钢钎等工具进行校正。

（5）最后固定。柱子采用浇灌细豆石混凝土的方法最后固定，为防止柱子在校正后被大风或木楔变形使柱子产生新偏差，灌缝工作应在校正后立即进行。灌缝时，应将柱底杂物清理干净，并要洒水湿润。在灌混凝土和振捣时不得碰撞柱子或楔子。灌混凝土之前，应先灌一层稀砂浆使其填满空隙，然后灌细豆石混凝土，但要分两次进行，第一次灌至楔子底，待混凝土强度达到 25% 设计强度后，拔去楔子，再灌满混凝土，如图 6.8 所示。第一次灌注后，柱可能会出现新的偏差，其原因可能是振捣混凝土时碰动了楔块，或者两面相对的木楔因受潮程度不同，膨胀变形不一产生的，故在第二次灌注前，必须对柱的垂直度进行复查，如超过允许偏差，应予调整。

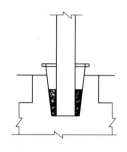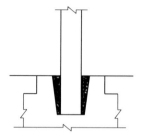

（a）第一次灌注细豆石混凝土　　　（b）第二次灌注细豆石混凝土

图6.8　柱子的最后固定

6.1.2.2　吊车梁吊装

由于吊车梁的高度小，长度小，一般采用平吊法。吊车梁的吊装必须在柱子杯口二次灌注混凝土的强度达到75%设计强度后进行。

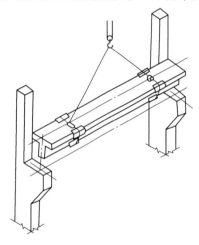

图6.9　吊车梁吊装

（1）绑扎、起吊、就位、临时固定。吊车梁吊起后应基本保持水平。因此其绑扎点应对称地设在梁的两侧，吊钩应对准梁的重心，如图6.9所示。在梁的两端应绑扎溜绳以控制梁的转动，避免悬空时碰撞柱子。

吊车梁对位时应缓慢降钩，使吊车梁端与柱牛腿面的横轴线对准。在对位过程中不宜用撬棍顺纵轴线方向撬动吊车梁。因为柱子顺轴线方向的刚度较差，撬动后会使柱顶产生偏移。

在吊车梁安装过程中，应用经纬仪或线垂校正柱子的垂直度，若产生了竖向偏移，应将吊车梁吊起重新进行对位，以消除柱的竖向偏移。

吊车梁本身的稳定性较好，一般对位后，无需采取临时固定措施，起重机即可松钩移走。当梁高与底宽之比大于4时，可用8号铁丝将梁捆在柱上，以防倾倒。

（2）校正、最后固定。吊车梁吊装后，需校正标高、平面位置和垂直度。吊车梁的标高在进行杯形基础杯底抄平时，已对牛腿面至柱脚的高度做过测量和调整，因此误差不会太大，如存在少许误差，也可待安装轨道时，在吊车梁面上抹一层砂浆找平层加以调整。吊车梁的平面位置和垂直度可在屋盖吊装前校正，也可在屋盖吊装后校正。但较重的吊车梁，由于摘钩后校正困难，则可边吊边校。平面位置的校正，主要是检查吊车梁的纵轴线以及两列吊车梁之间的跨距 L_k 是否符合要求。施工规范规定吊车梁吊装中心线对定位轴线的偏差不得大于5mm。在屋盖吊装前校正时，L_k 不得有正偏差，以防屋盖吊装后柱顶向外偏移，使梁跨的偏差过大。

检查吊车梁吊装中心线偏差的方法常用的有以下几种：

1）通线法。根据柱的定位轴线，在车间两端地面定出吊车梁定位轴线的位置，打下木桩，并设置经纬仪。用经纬仪先将车间两端的四根吊车梁位置校正准确，并检查两列吊车梁之间的跨距是否符合要求。然后在四根已经校正的吊车梁端部设置支架（或垫块），垫高 200mm，并根据吊车梁的定位轴线拉钢丝通线，然后根据通线来逐根拨正吊车梁，如图 6.10 所示。

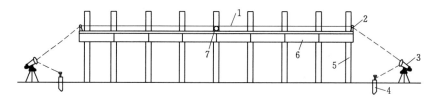

图 6.10　通线法校正吊车梁示意图
1—通线；2—支架；3—经纬仪；4—木桩；5—柱；6—吊车梁；7—圆钢

2）平移轴线法。在柱列边设置经纬仪，逐根将杯口上柱的吊装中心线投影到吊车梁顶面处的柱身上，并做出标志。若柱安装中心线到定位轴线的距离为 a，则标志距吊车梁定位轴线应为 $\lambda - a$（λ 为柱定位轴线到吊车梁定位轴线之间的距离，一般 λ 取 750mm）。可据此来逐根拨正吊车梁的吊装中心线，并检查两列吊车梁之间的跨距 L_k 是否符合要求，如图 6.11 所示。

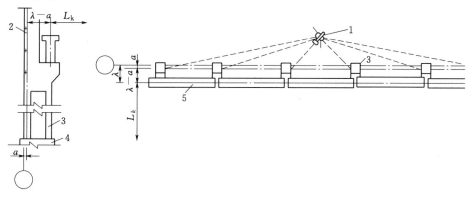

图 6.11　平移轴线法校正吊车梁
1—经纬仪；2—标志；3—柱；4—柱基础；5—吊车梁

3）边吊边校法。较重的吊车梁，脱钩后校正比较困难，一般采取边吊边校法。此法与平移轴线法相似。先在厂房跨度一端距吊车梁纵轴线约 400～600mm（能通视即可）的地面上架设经纬仪，使经纬仪的视线与吊车梁的纵轴线平行，在一根木尺上弹两条短线 A、B，两线的间距等于视线与吊车梁纵轴的距离。吊装时，将木尺的 A 线与吊车梁中线重合；用经纬仪观测木尺上的 B 线，同时，指挥拨动吊车梁，使尺上的 B 线与望远镜内的纵丝重合为止，如图 6.12 所示。在检查及拨正吊车梁中心线的同时，可用靠尺垂球检查吊车梁的垂直度。若发现有偏差，可在吊车梁两端的支座面上加斜垫铁纠正，每端叠加垫铁不得超过三块。吊车梁校正之后，立即按设计图纸用电焊做最后固定，并在吊车梁与柱的空隙处，浇筑细石混凝土。

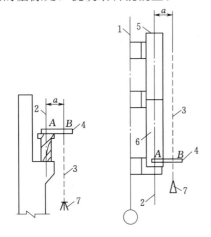

图 6.12　重型吊车梁的边吊边校法

1—柱轴线；2—吊车梁轴线；3—经纬仪视线；
4—木尺；5—已吊装校正的吊车梁；
6—正吊装校正的吊车梁；7—经纬仪

6.1.2.3　屋架的吊装

中小型单层工业厂房屋架的跨度为 12～24m，重量约为 30～100kN，钢筋混凝土屋架一般在施工现场平卧叠浇预制，在屋架吊装前，先要将屋架扶直（或称翻身、起扳）。所谓扶直，就是把屋架由平卧状态变为直立状态，然后将屋架吊运到预定地点就位（排放）。

（1）绑扎。屋架的绑扎点应选在上弦节点处，左右对称，绑扎中心（即各支吊索的合力作用点）必须高于屋架重心，使屋架起吊后基本保持水平，不晃动、不倾翻。吊索与水平线的夹角不宜小于 45°，以免屋架承受过大的横向压力，必要时可采用横吊梁。屋架的绑扎如图 6.13 所示。

（2）扶直与排放。钢筋混凝土屋架的侧向刚

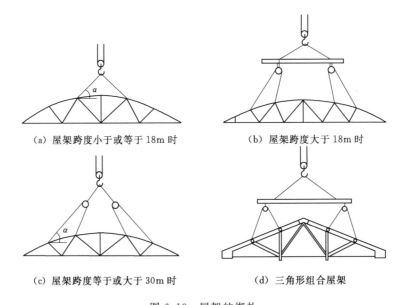

（a）屋架跨度小于或等于 18m 时　　　　　（b）屋架跨度大于 18m 时

（c）屋架跨度等于或大于 30m 时　　　　　（d）三角形组合屋架

图 6.13　屋架的绑扎

度较差，扶直时由于自重影响，改变了杆件的力学性质，特别是上弦杆极易扭曲，造成屋架扭伤，因此，在屋架扶直时必须采取一定措施，严格遵守操作要求，才能保证安全施工。

1）屋架扶直的方法。屋架的扶直，根据起重机与屋架的相对位置不同，可分为正向扶直和反向扶直。

a．正向扶直。起重机位于屋架下弦一边，首先以吊钩对准屋架中心，收紧吊钩。然后略起臂使屋架脱模。接着起重机升钩并起臂，使屋架以下弦为轴，缓缓转为直立状态。

b. 反向扶直。起重机位于屋架上弦一边，首先以吊钩对准屋架中心，收紧吊钩。接着起重机升钩并降臂，使屋架以下弦为轴缓缓转为直立状态，如图 6.14 所示。

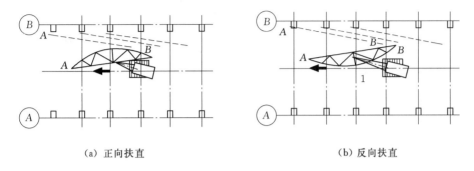

（a）正向扶直　　　　　　　　　　　（b）反向扶直

图 6.14　屋架的扶直
（虚线表示屋架就位的位置）

正向扶直与反向扶直最主要的不同点，是在扶直过程中，一为升臂，二为降臂。升臂比降臂易于操作且较安全，故应尽可能地采用正向扶直。

屋架扶直后，立即进行就位。屋架就位的位置与屋架安装方法、起重机械性能有关。其原则是应少占场地，便于吊装，且应考虑到屋架的安装顺序、两端朝向等问题。一般靠柱边斜放或以 3～5 榀为一组，平行柱边就位。屋架就位后，应用 8 号铁丝、支撑等与已安装的柱或已就位的屋架相互拉牢撑紧，以保持稳定。

2）屋架扶直时应注意的问题。

a. 扶直屋架时，起重机的吊钩应对准屋架中心，吊索应左右对称，吊索与水平面的夹角不小于 45°，为使各吊索受力均匀，吊索可用滑轮串通。在屋架接近扶直时，吊钩应对准下弦中点，防止屋架摆动。

b. 当屋架数榀在一起叠浇时，为防止屋架在扶直过程中突然下滑造成损伤，应在屋架两端搭设枕木垛，其高度与被扶直屋架的底面齐平。

c. 叠浇的屋架之间若黏结严重时，应采用凿、撬棒、倒链等工具，进行消除黏结后再行扶直。

d. 如扶直屋架时采用的绑扎点或绑扎方法与设计规定不同，应按实际采用的绑扎方法验算屋架扶直应力，若承载力不足，在浇筑屋架时应补加钢筋或采取其他加强措施。

（3）吊升、对位和临时固定。屋架吊升是先将屋架吊离地面约 300mm，并将屋架转运至吊装位置下方，然后再起钩，将屋架提升超过柱顶约 300mm。最后用屋架端头的溜绳，将屋架调整对准柱头，并缓缓降至柱头，用撬棍配合进行对位。

屋架对位应以建筑物的定位轴线为准。因此，在屋架吊装前，应当用经纬仪或其他工具在柱顶放出建筑物的定位轴线。如柱顶截面中线与定位轴线偏差过大时，可逐渐调整纠正。屋架对位后，立即进行临时固定。临时固定稳妥后，起重机才可摘钩离去。

第一榀屋架的临时固定必须十分可靠，因为这时它只是单片结构，而且第二榀屋架的临时固定，还要以第一榀屋架作支撑。第一榀屋架的临时固定方法，通常是用 4 根缆风绳，从两边将屋架拉牢，也可将屋架与抗风柱连接作为临时固定。第二榀屋架的临时固定，是用工具式支撑在第一榀屋架上撑牢，以后各榀屋架的临时固定也用同样的方法支撑在前一榀屋架上。工具式支撑的构造如图 6.15 所示。

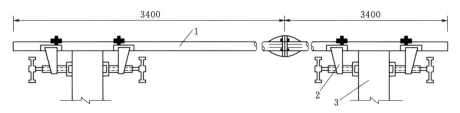

图 6.15　工具式支撑的构造
1—钢管；2—撑脚；3—屋架上弦

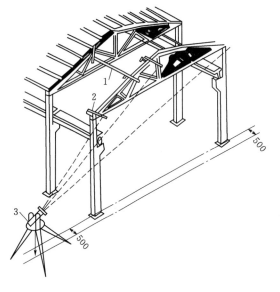

图 6.16　屋架的临时固定与校正
1—工具式支撑；2—卡尺；3—经纬仪

（4）校正与最后固定。屋架的竖向偏差可用垂球或经纬仪检查。

用经纬仪检查竖向偏差的方法，是在屋架上安装三个卡尺，一个安装在上弦中点附近，另两个分别安装在屋架的两端，自屋架几何中线向外量出一定距离（一般取 500mm），在卡尺上做出标志。然后在距屋架中线同样距离（500mm）处设置经纬仪，观测三个卡尺上的标志是否在同一垂面上，如图 6.16 所示。用经纬仪检查屋架竖向偏差，虽然减少了高处作业，但经纬仪设置比较麻烦，所以工地上仍广泛采用垂球检查屋架竖向偏差。

用垂球检查法，与上述"经纬仪检查法"的步骤基本相同，但标志至屋架几何中线的距离可短些（一般取 300mm），在两端头卡尺的标志间连一通线，自屋架顶卡尺的标志处向下挂垂线球，检查三个卡尺标志是否在同一垂面上。若发现卡尺上的标志不在同一垂面上，即表示屋架存在竖向偏差，可通过转动工具式支撑撑脚上的螺栓加以调整，并在屋架两端的柱顶垫入斜垫铁校正。

屋架校至垂直后，立即用电焊固定。焊接时，先焊接屋架两端成对角线的两侧边，再焊另外两边，避免两端同侧施焊而影响屋架的垂直度。

6.1.2.4　屋面板的吊装

屋面板一般埋有吊环，用带钩的吊索钩住吊环即可吊装。根据屋面板平面的尺寸大小，吊环的数目为 4～6 个。起吊时，应使吊索拉力相等，屋面板保持水平。屋面板的吊装次序，应自两边檐口左右对称地逐块吊向屋脊，避免屋架承受半边荷载。屋面板对位后，立即进行电焊固定，一般情况下每块屋面板可焊 3 点。

6.1.3　结构安装方案

单层工业厂房结构的特点是：平面尺寸大，承重结构的跨度与柱距大，构件类型少，构件重量大，厂房内还有各种设备基础（特别是重型厂房）等。因此，在拟订结构吊装方案时，应着重解决结构吊装方法、起重机的选择、起重机开行路线与构件平面布置等问题。确定施工方案时应根据厂房的结构型式、跨度、构件的重量及安装高度、吊装工程量及工期要求，并考虑现有起重设备条件等因素综合研究决定。

6.1.3.1　结构吊装方法

单层工业厂房结构吊装方法有分件吊装法和综合吊装法两种。

（1）分件吊装法。分件吊装法是在厂房结构吊装时，起重机每开行一次仅吊装一种或两种构件。例如：第一次开行吊装柱，并进行校正和最后固定，第二次开行吊装吊车梁、连系梁及柱间支撑，第三次开行时以节间为单位吊装屋架、天窗架及屋面板等（图 6.17）。

采用这种吊装方法还具有构件校正时间充分、构件供应及平面布置比较容易等特点。因此，分件吊装法是装配式单层工业厂房结构安装经常采用的方法。

（2）综合吊装法。综合吊装法是在厂房结构安装过程中，起重机一次开行，以节间为单位安装所有的结构构件。这种吊装方法具有起重机开行路线短、停机次数少的优点。但是由于综合吊装法要同时吊装各种类型的构件，起重机的性能不能充分发挥；索具更换频繁，影响生产率的提高；构件校正要配合构件吊装工作进行，校正时间短，给校正工作带来困难；构件的供应及平面布置也比较复杂。所以，在一般情况下，不宜采用这种吊装方法，只有在轻型车间（结构构件重量相差不大）结构吊装时，或采用移动困难的起重机（如桅杆式起重机）吊装时才采用综合吊装法。

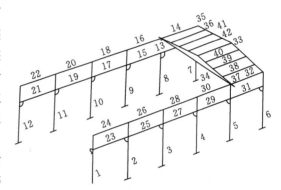

图 6.17　分件安装时的构件吊装顺序
图中数字表示构件吊装顺序，其中 1~12—柱；
13~32—单数是吊车梁，双数是连系梁；
33、34—屋架；35~42—屋面板

6.1.3.2　起重机的选择

起重机的选择包括：选择起重机的类型、型号和数量。起重机的选择要根据施工现场的条件及现有起重设备条件，以及结构吊装方法确定。

（1）起重机类型的选择。起重机的类型主要根据厂房的结构特点、跨度、构件重量、吊装高度来确定。一般中小型厂房跨度不大，构件的重量及安装高度也不大，可采用履带式起重机，轮胎式起重机或汽车式起重机，以履带式起重机应用最普遍。缺乏上述起重设备时，可采用桅杆式起重机（独脚拔杆、人字拔杆等）。重型厂房跨度大、构件重、安装高度大，根据结构特点可选用大型的履带式起重机、轮胎式起重机，重型汽车式起重机，以及重型塔式起重机、大型牵缆式桅杆起重机等。

（2）起重机型号及起重臂长度的选择。起重机的类型确定之后，还需要进一步选择起重机的型号及起重臂的长度。起重机的型号应根据吊装构件的尺寸、重量及吊装位置而定。在具体选用起重机型号时，应使所选起重机的三个工作参数：起重量、起重高度、起重半径，均应满足结构吊装的要求。

1）起重量。选择的起重机的起重量，必须大于所安装构件的重量与索具重量之和。

$$Q \geqslant Q_1 + Q_2 \tag{6.1}$$

式中：Q 为起重机的起重量，kN；Q_1 为构件的重量，kN；Q_2 为索具的重量，kN。

2）起重高度。选择的起重机的起重高度，必须满足所吊装的构件的安装高度要求，如图 6.18 所示。

$$H \geqslant h_1 + h_2 + h_3 + h_4 \tag{6.2}$$

式中：H 为起重机的起重高度，m，从停机面算起至吊钩中心；h_1 为安装支座表面高度，m，从停机面算起；h_2 为安装间隙，视具体情况而定，但不小于 0.2m；h_3 为绑扎点至起吊后构件底面的距离，m；h_4 为索具高度，m，自绑扎点至吊钩中心的距离，视具体情况而定。

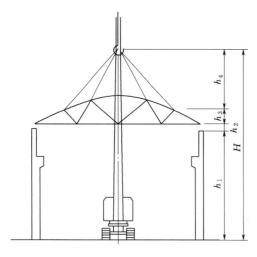

图 6.18　起升高度的计算简图

3）起重半径。起重机可以不受限制地开到吊装位置附近去吊装构件时，对起重半径无要求，不需计算；当起重机不能直接开到构件吊装位置附近去吊装构件时，就需要根据起重量、起重高度、起重半径三个参数，查阅起重机的性能表或性能曲线来选择起重机的型号及起重臂的长度；当起重机的起重臂需要跨过已安装好的结构构件去吊装构件时，为了避免起重臂与已安装的结构构件相碰，则需求出起重机的最小臂长及相应的起重半径。此时，可用数解法或图解法。

数解法求所需最小起重臂长，如图 6.19（a）所示。

$$L \geqslant l_1 + l_2 = \frac{h}{\sin\alpha} + \frac{f+g}{\cos\alpha} \tag{6.3}$$

式中：L 为起重臂的长度，m；h 为起重臂底铰至构件（如屋面板）吊装支座的高度，m；f 为起重钩需跨过已安装结构构件的距离，m；g 为起重臂轴线与已安装构件间的水平距离；α 为起重臂的仰角，$\alpha = \arctan\sqrt[3]{\dfrac{h}{f+g}}$。

用式（6.3）即可求出起重臂的最小长度，据此，可选择适当长度的起重臂，然后根据实际采用的起重臂及仰角 α 计算起重半径 R。

$$R = F + L\cos\alpha \tag{6.4}$$

根据计算出的起重半径 R 及已选定的起重臂长度 L，查起重机的性能表或性能曲线，复核起重量 Q 及起重高度 H，如能满足吊装要求，即可根据 R 值确定起重机吊装屋面板时的停机位置。

图解法求起重机的最小起重臂长度，如图 6.19（b）所示。

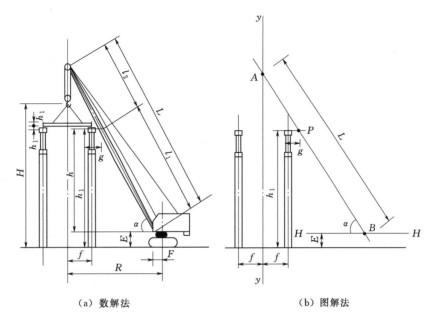

（a）数解法　　　　　　　　　（b）图解法

图 6.19　吊装屋面板时起重机起重臂最小长度计算简图

第一步，选定合适的比例，绘制厂房一个节间的纵剖面图；绘制起重机吊装屋面板时吊钩位置处的垂线 y—y；根据初步选定的起重机的 E 值绘出水平线 H—H。

第二步，在所绘的纵剖面图上，自屋架顶面中心向起重机方水平方向 1m 处，计为点 P。

第三步，根据式求出起重臂的仰角 α，过 P 与 H—H 的夹角等于 α 直线，交 y—y、H—H 于 A、B 两点。

第四步，AB 的实际长度即为所需起重臂的最小长度。

6.1.3.3　起重机开行路线及构件的平面布置

起重机的开行路线及停机位置与起重机的性能、构件的尺寸及重量、构件的平面布置、构件的供应方式、安装方法等许多因素有关。

（1）起重机的开行路线及停机位置。吊装屋架、屋面板等屋面构件时，起重机宜跨中开行；当吊装柱子时，则视跨度大小、构件尺寸、质量及起重机性能，可沿跨中开行或跨边开行，如图 6.20 所示。

当 $R \geqslant L/2$ 时，起重机可沿跨中开行，每个停机位置可吊装 2 根柱，如图 6.20（a）所示。

当 $R \geqslant \sqrt{\left(\dfrac{L}{2}\right)^2 + \left(\dfrac{b}{2}\right)^2}$，则可吊装 4 根柱，如图 6.20（b）所示。

当 $R < L/2$ 时，起重机需沿跨边开行，每个停机位置吊装 1～2 根柱，如图 6.20（c）、（d）所示。

当柱布置在跨外时。起重机一般沿跨外开行，停机位置与跨边开行类似。

采用分件吊装法时，其起重机的开行路线及停机位置示意图。图 6.21 表示起重机自 A 轴线进场，沿跨外开行吊装 A 列柱，继沿 B 轴线跨内开行吊装 B 列柱；再转到 A 轴扶

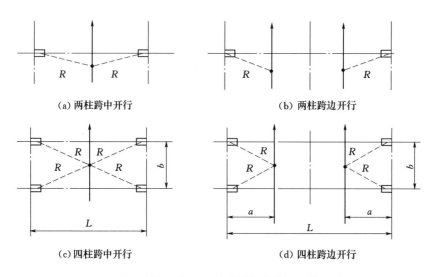

(a) 两柱跨中开行　　　　　　　　(b) 两柱跨边开行

(c) 四柱跨中开行　　　　　　　　(d) 四柱跨边开行

图 6.20　起重机吊装柱时的开行路线及停机位置
（黑箭线表示开行路线，黑点为停机位置，方块为桁架柱）

直（跨内）屋架及将屋架就位，然后转到 B 轴吊装 B 列柱上的吊车梁、连系梁等，继而转到 A 轴吊装 A 列柱上的吊车梁、连系梁等构件；最后再转到跨中吊装屋架、天窗架、支撑、托架及屋面板等屋盖系统构件。

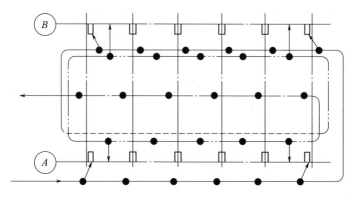

图 6.21　起重机开行路线及停机点位置

——●——吊装柱的开行路线及停机位置；------扶直屋架及屋架就位的开行路线；
—·—●——吊装吊车梁及连系梁的开行路线及停机位置；—·—●—吊装屋架及屋面板的开行路线及停机位置

　　当单层工业厂房面积比较大，或具有多跨结构时，为加速工程进度，可将建筑物划分为若干区段，选用多台起重机同时进行施工。每台起重机可以独立作业，负责完成一个区段的全部吊装工作，也可以选用不同性能的起重机协同作业，有的专门吊装柱子，有的专门吊装屋盖结构，组织大流水施工。

　　当建筑物具有多跨并列，且有纵横跨时，可先吊装各纵向跨，然后吊装横向跨，以保证在各纵向跨吊装时，起重机械、运输车辆的畅通。当建筑物各纵向跨具有高低跨时，则应先吊装高跨，然后逐步向两边低跨吊装。

制定安装方案时，应尽量使起重机的开行路线最短，在安装各类构件的过程中，互相衔接，不跑空车。同时，开行路线要能多次重复使用，以减少铺设钢板、枕木的设施。要充分利用附近的永久性道路作为起重机的开行路线。

（2）预制阶段构件的平面布置。

1）柱的平面布置。柱如用旋转法起吊，可按三点共弧的作图法确定其斜向布置的位置，如图 6.22（a）所示。其步骤如下：

a. 确定起重机开行路线到柱基中线的距离 a。

起重机开行路线到柱基中线的距离 a 与基坑大小、起重机的性能、构件的尺寸和重量有关。a 的最大值不要超过起重机吊装该柱时的最大起重半径；a 的最小值也不要取的过小，以免起重机太近基坑边而致失稳；此外，还应注意检查当起重机回转时，其尾部不致与周围构件或建筑物相碰。综合考虑这些条件后，就可定出 a 值（$R_{min} < a \leqslant R$），并在图上画出起重机的开行路线。

b. 确定起重机的停机位置。

确定起重机的停机位置是以所吊装柱的柱基中心 M 为圆心，以所选吊装该柱的起重半径 R 为半径，画弧交起重机开行路线于 O 点，则 O 点即为起重机的停机点位置。标定 O 点与横轴线的距离为 l。

c. 确定柱在地面上的预制位置。

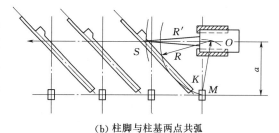

（a）三点共弧

（b）柱脚与柱基两点共弧

（c）吊点与柱基两点共弧

图 6.22　柱子斜向布置

按旋转法吊装柱的平面布置要求，使柱吊点、柱脚和柱基三者都在以停机点 O 为圆心，以起重机起重半径 R 为半径的圆弧上，且柱脚靠近基础。据此，以停机点 O 为圆心，以吊装该柱的起重半径 R 为半径画弧，在靠近基础杯的弧上选一点 K，作为预制时柱脚的位置。又以 K 为圆心，以绑扎点至柱脚的距离为半径画弧，两弧相交于 S。再以 KS 为中心线画出柱的外形尺寸，此即为柱的预制位置图。标出柱顶、柱脚与柱列纵横轴线的距离（A、B、C、D），以其外形尺寸作为预制柱的支模的依据。

布置柱时尚需注意牛腿的朝向问题，要使柱吊装后，其牛腿的朝向符合设计要求。因此当柱布置在跨内预制或就位时，牛腿应朝向起重机；若柱布置在跨外预制或就位时，则牛腿应背向起重机。

在布置柱时有时由于场地限制或柱过长，很难做到三点共弧，则可安排两点共弧，这又有两种做法：一种是杯口中心与柱脚中心两点共弧，吊点放在起重半径 R 之外，如图

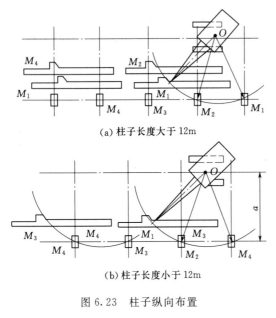

（a）柱子长度大于 12m

（b）柱子长度小于 12m

图 6.23 柱子纵向布置

6.22（b）所示。吊装时，先用较大的起重半径 R' 吊起柱子，并升起重臂，当起重半径变成 R 后，停止升臂，随之用旋转法安装柱子。另一种是吊点与杯口中心两点共弧，柱脚放在起重半径 R 之外，安装时可采用滑行法，如图 6.22（c）所示。

对于一些较轻的柱子，起重机能力有富余，考虑到节约场地，方便构件制作，可顺柱列纵向布置。柱子纵向布置，绑扎点与杯口中心两点共弧。

若柱子长度大于 12m，柱子纵向布置宜排成两行，如图 6.23（a）所示；若柱子长度小于 12m，则可叠浇排成一行，如图 6.23（b）所示。

2）屋架的平面布置。为节省施工场地，屋架一般安排在跨内平卧叠浇预制，每叠 3～4 榀。屋架的布置方式有 3 种：斜向布置、正反斜向布置及正反纵向布置（图 6.24）。

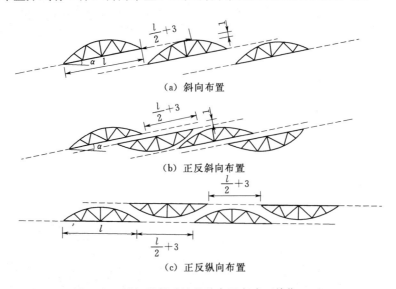

（a）斜向布置

（b）正反斜向布置

（c）正反纵向布置

图 6.24 屋架预制时的几种布置方式（单位：m）

在上述三种布置形式中，应优先考虑采用斜向布置方式，因为它便于屋架的扶直就位。只有当场地受限制时，才考虑采用其他两种形式。

若为预应力混凝土屋架，在屋架一端或两端需留出抽管及穿筋所必需的长度。其预留长度：若屋架采用钢管抽芯法预留孔道，当一端抽管时需留出的长度为屋架全长另加抽管时所需工作场地 3m；当两端抽管时需留出的长度为 1/2 屋架长度另加抽管时所需工作场地 3m；若屋架采用胶管抽芯法预留孔道，则屋架两端的预留长度可以适当减少。

每两垛屋架之间的间隙，可取 1m 左右，以便支模板及浇筑混凝土之用。屋架之间互相搭接的长度视场地大小及需要而定。

在布置屋架的预制位置时，还应考虑到屋架扶直就位要求及屋架扶直的先后次序，先扶直者放在上面（层）；对屋架两端间的朝向也要注意，要符合屋架吊装时对朝向的要求；对屋架上预埋铁件的位置也要特别注意，不要搞错，以免影响结构吊装工作。

3）吊车梁预制阶段的平面布置。当吊车梁安排在现场预制时，可靠近柱基顺纵向轴线或略作倾斜布置，也可插在柱子的空档中预制。如具有运输条件，也可另行在场外集中布置预制。

6.1.3.4　吊装阶段构件的排放布置及运输堆放

由于柱在预制阶段即已按吊装阶段的就位要求进行布置，当预制柱的混凝土强度达到吊装所要求的强度后，即可先行吊装，以便空出场地供布置其他构件。故吊装阶段的就位布置一般是指柱已吊装完毕，其他构件如屋架的扶直就位、吊车梁和屋面板的运输就位等。

（1）屋架的排放。按屋架就位的方式，常用的有两种：一种是靠柱边斜向排放，另一种是靠柱边成组纵向排放。

1）斜向排放。屋架的斜向就位。屋架斜向就位在吊装时跑车不多，节省吊装时间，但屋架支点过多，支垫木、加固支撑也多。屋架靠柱边斜向就位（图 6.25），可按下述作图方法确定其就位位置。

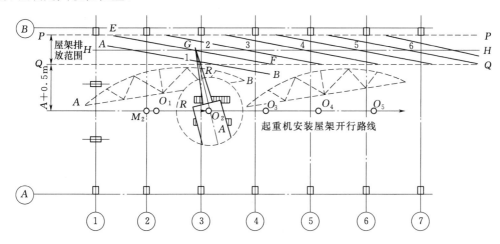

图 6.25　屋架斜向排放
（图中虚线表示屋架预制时的位置）

a. 确定起重机吊装屋架时的开行路线及停机位置。起重机吊装屋架时一般沿跨中开行，也可根据吊装需要稍偏于跨度的一边开行，在图上画出开行路线。然后以欲吊装的某轴线（例如②轴线）的屋架中点 M_2 为圆心，以所选择吊装屋架的起重半径 R 为半径画弧交于开行路线于 O_2，O_2 即为吊②轴线屋架的停机位置。

b. 确定屋架就位的范围。屋架一般靠柱边就位，但屋架离开柱边的净距不小于 200mm，并可利用柱作为屋架的临时支撑。这样，可定出屋架就位的外边线 $P—P$。

另外，起重机在吊装屋架及屋面板时需要回转，若起重机尾部至回转中心的距离为 A，则在距起重机开行路线 $A+0.5\mathrm{m}$ 的范围内也不宜布置屋架及其他构件；以此画出虚线 Q—Q，在 P—P 及 Q—Q 两虚线的范围内可布置屋架就位。但屋架就位宽度不一定需要这样大，应根据实际需要定出屋架就位的宽度 P—Q。

c. 确定屋架的就位位置。当根据需要定出屋架实际就位宽度 P—Q 后，在图上画出 P—P 与 Q—Q 的中线 H—H。屋架就位后的中点均应在此 H—H 线上。因此，以吊②轴线屋架的停机点 O_2 为圆心，以吊屋架的起重半径 R 为半径，画弧交 H—H 线于 G 点，则 G 点即为②轴线屋架就位的中点。再以 G 点为圆心，以屋架跨度的 1/2 为半径，画弧交 P 及 Q 两虚线于 E、F 两点。连接 E、F 即为②轴线屋架就位的位置。其他屋架的就位位置均平行于此屋架，端点相距 6m（即柱距）。唯①轴线屋架由于已安装了抗风柱，需要后退至②轴线屋架就位位置附近就位。

2）屋架的成组纵向排放。屋架的成组纵向排放，一般以 4～5 榀为一组，靠柱边顺轴线纵向就位。屋架与柱之间、屋架与屋架之间的净距不小于 200mm，相互之间用铁丝及支撑拉紧撑牢。每组屋架之间应留 3m 左右的间距作为横向通道。应避免在已吊装好的屋架下面去绑扎吊装屋架，屋架起吊应注意不要与已吊装的屋架相碰。因此，布置屋架时，每组屋架的就位中心线，可大致安排在该组屋架倒数第二榀吊装轴线之后约 2m 处（图6.26）。

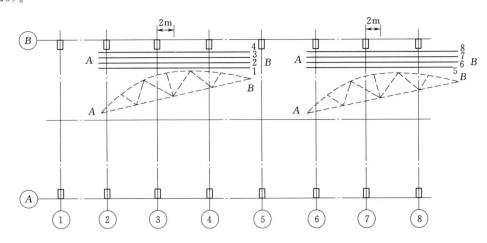

图 6.26　屋架的成组纵向排放
（图中虚线表示屋架预制时的位置）

（2）吊车梁、连系梁、屋面板的运输、堆放与排放。单层工业厂房除了柱和屋架一般在施工现场制作外，其他构件，如吊车梁、连系梁、屋面板等，均在预制厂或附近的露天预制场所制作，然后运至工地吊装。

构件运至现场后，应按施工组织设计所规定的位置，按编号及构件吊装顺序进行排放或集中堆放。吊车梁、连系梁的就位位置，一般在其吊装位置的柱列附近，跨内跨外均可，有时也可不用就位，而从运输车辆上直接吊至牛腿上。

屋面板的排放位置，可布置在跨内或跨外。主要根据起重机吊装屋面板时所需的起重半径而定。当屋面板在跨内排放时，大约应向后退 3～4 个节间开始堆放；当屋面板在跨外就位时，应向后退 1～2 个节间开始堆放。

以上所介绍的是单层工业厂房构件布置的一般原则与方法。构件的预制位置或排放位置按作图法确定。在实际工作中可将构件按比例用硬纸片剪成模型，然后在同样比例的平面图上进行布置和调整，研究确定后绘出预制构件平面布置图。

任务 6.2　钢 结 构 安 装

随着西部大开发的实施、城市化和工业化步伐的进一步加快，重大基础设施工程逐步完备，中国钢结构发展有着十分广阔的前景。目前，钢结构行业已具有相当规模，钢结构已广泛运用于国民经济基本建设的各个领域，形成了一批科研、设计、制造、施工、监理等骨干企业。同时，我国钢结构行业在发展的过程中也暴露出一些问题，如设计理念不能适应市场需要；钢结构科研开发资金不足；结构加工厂和施工安装企业的装备、计算机管理水平、劳动生产率还需进一步改进和提高；行业协会的作用和功能远未到位等。在钢结构行业迅速发展的今天，解决以上问题已刻不容缓。

6.2.1　钢结构安装准备工作

6.2.1.1　编制钢结构工程的施工组织设计

（1）主要内容。其内容包括：计算钢结构构件和连接的数量；选择起重机械；确定流水程序；确定吊装方法；制订进度计划；确定劳动组织；规划钢构件堆场；确定质量标准、安全措施和特殊施工技术等。

（2）起重机械选择。选择起重机械是钢结构安装的关键。起重机械的型号和数量必须满足钢构件的吊装要求和工期要求；但层工业厂房面积大，宜采用自行式起重机械。对重型钢结构厂房，可选用 CC2000 - 30t 履带式起重机和Ⅱ-Ⅱ1495 - 100t 履带式起重机等。起重机的选择是吊装工程的重要问题，因为它关系到构件安装方法、起重机械开行路线与停机位置、构件平面布置等许多问题。

1）起重机类型选择。结构安装用的起重机类型，主要根据厂房跨度、构件重量、安装高度以及施工现场条件和当地现有起重设备等确定。一般中小型厂房结构采用自行式起重机安装比较合理。当厂房结构的高度和跨度较大时，可选用塔式起重机安装屋盖结构。在缺乏自行式起重机的地方，可采用桅杆式起重机等安装。大跨度的重型工业厂房，往往需要结合设备安装同时考虑结构构件的安装问题，选用的起重机既要安装厂房的承重结构又要能完成设备的安装，所以多选用大型自行式起重机、重型塔式起重机、大型牵缆式桅杆起重机等。对于重型构件，当一台起重机无法吊装时，也可用两台起重机抬吊。

2）起重机型号及起重臂长度选择。起重机的类型确定之后，还需要进一步选择起重机的型号及起重臂的长度。所选起重机的三个工作参数：起重量、起重高度、起重半径应满足结构吊装的要求。

3）起重机数量的确定。所需起重机数量，根据工程量、工期及起重机的台班产量定额而定。此外，在决定起重机数量时还应考虑到构件装卸、拼装和排放的工作量。

（3）吊装顺序。在确定吊装流水程序时，首先要确定每台起重机械的工作内容和各台起重机械之间的相互配合。其内容深度，要达到关键构件反映到单件，竖向构件反映柱列，屋面部分反映到节间。对重型钢结构厂房，柱子重量大，要分节吊装。在确定吊装顺序时，要考虑安装构件方便和满足生产设备安装顺序。

6.2.1.2　钢柱基础的准备

（1）地脚螺栓。钢柱基础的顶面通常设计为一平面，通过地脚螺栓将钢柱与基础连成整体。施工时应注意保证基础标高及地脚螺栓位置的准确。钢结构基础支承面、支座和地脚螺栓的偏差应符合有关规定。为了保证地脚螺栓位置准确，施工时可用钢做固定架，将地脚螺栓安置在基础模板分开的固定架上，然后浇筑混凝土。为保证地脚螺栓不受损伤，应涂黄油并用套子套住。

（2）施工方法。为了保证基础顶面标高符合设计要求，可根据柱脚形式和施工条件，采用下面两种方法：

1）一次浇筑法。将柱脚基础支承面混凝土一次浇筑到设计标高。为了保证支承面标高准确，首先将混凝土浇筑到比设计标高约低 20～30mm 处，然后在设计标高处角钢或槽钢制导架，测准其标高，再以导架为依据用水泥砂浆精确找平到设计标高。采用一次浇筑法，可免除柱脚二次浇筑的工作，但要求钢柱制作尺寸十分准确，且要保证细石混凝土与下层混凝土的紧密黏结。

2）二次浇筑法。柱脚支承面混凝土分两次浇筑到设计标高。第一次将混凝土浇筑到比设计标高约低 40～60mm，待混凝土达到一定强度后，放置钢垫板并精确校准钢垫板的标高，然后吊装钢柱。当钢柱校正后，在柱脚底板下浇细石混凝土。二次浇筑法虽然多了一道工序，但钢柱容易校正，故重型钢柱多采用此法。

6.2.1.3　构件的检查及弹线

钢构件外形和几何尺寸正确，可以保证结构安装顺利进行。为此，在吊装之前应根据《钢结构工程施工质量验收规范》（GB 50205—2001）中的有关规定，仔细检验钢构件的外形和几何尺寸，如有超出规定的偏差，在吊装之前应设法消除。此外，为便于校正的平面位置和垂直度、桁架和吊车梁的标高等，需在钢柱的底部和上部标出两个方向的轴线，在钢柱底部适当高度标出标高准线，同时要标出绑扎点的位置。对不易辨别上下、左右的构件，还应在构件上加以注明，以免吊装时弄错。

6.2.1.4　验算构件的吊装稳定性

吊装桁架时，如果桁架上、下弦角钢的最小规格满足有关规定，则不论绑扎点在桁架的任何部位，桁架在吊装时都能保证稳定。如果弦杆角钢的规格不符合有关规定，但通过计算选择适当的吊点（绑扎点）位置，仍然可能保证桁架的吊装稳定性。具体方法可参考有关文献。对其他构件的吊装稳定性进行验算。

6.2.2　钢结构构件吊装

6.2.2.1　单层工业厂房构件吊装

厂房钢结构构件，包括柱、吊车梁、屋架、天窗架、檩条、支撑及墙架等，构件的形式、尺寸、重量、安装标高都不同，应采用不同的起重机械、吊装方法，以达到经济合理。

（1）钢柱的吊装。

1）钢柱的吊升。工业厂房占地面积较大，通常用自行式起重机或塔式起重机吊装钢柱。钢柱的吊装方法与装配式钢筋混凝土柱子相似，亦为旋转吊装法和滑行吊装法。对重型钢柱可采用双机抬吊的方法进行吊装。起吊时，双机同时将钢柱吊起来，离地一定高度后暂停，使运输钢柱的平板车移去，然后双机同时提升回转刹车，由主机单独吊装，当钢柱吊装回直后，拆除辅机下吊点的绑扎钢丝绳，由主机单独将钢柱插入锚固螺栓固定。初校垂直度，偏差控制在 20mm 以内，方可松钩。

2）钢柱的校正与固定。钢柱垂直度的偏差用经纬仪检验，如超过允许偏差，用螺旋千斤顶或油压千斤顶进行校正。在校正过程中，随时观察柱底部和标高控制块之间是否脱空，以防校正过程中造成水平标高的误差。

钢柱位置的校正，对于重型钢柱可用螺旋千斤顶加链条套环托座，沿水平方向顶校钢柱。此法在上海宝钢施工中首次采用，效果较理想，校正后的位移精度在 1mm 以内。

校正后为防止钢柱位移，在柱四边用 10mm 厚的钢板定位，并用电焊固定。钢柱复校后，再紧固锚固螺栓，并将承重块上下点焊固定，防止走动。

（2）吊车梁的吊装。在钢柱吊装完成后，即可吊装吊车梁。工业厂房内的吊车梁，根据起重设备的起重能力分为轻、中、重型三种。轻型重量只有几吨，重型的跨度大于30m，重量可达 1000kN 以上。

钢吊车梁均为简支形式，两端之间留有 10mm 左右的空隙。梁的搁置处与牛腿之间留有空隙，设钢板。梁与牛腿用螺栓连接，梁与制动架之间用高强度螺栓连接。

1）吊装前的注意事项。注意钢柱吊装后的位移和垂直度的偏差；实测吊车梁搁置处梁高制作的误差；认真做好临时标高垫块工作；严格控制定位轴线。

2）钢吊车梁的吊升。吊装吊车梁常用自行式起重机，以履带式起重机应用最多。也可用塔式起重机、把杆、桅杆式起重机等进行吊装。对重量很大的吊车，可用双机抬吊，特别巨大者可设置临时支架分段进行吊装。

3）吊车梁的校正与固定。吊车梁的校正主要是标高、垂直度、轴线和跨距的校正。标高的校正可在屋盖吊装前进行，其他项目的校正宜在屋盖吊装完成后进行，因为屋盖的吊装可能引起钢柱变位。

检验吊车梁轴线的方法与钢筋混凝土吊车梁相同，可用通线法或平移轴线法。吊车梁跨距的检验，用钢皮尺测量，跨度大的车间用弹簧秤拉测（一般为 100～200N），防止钢尺下垂，必要时对下垂距离应进行校正计算。吊车梁标高校正，主要是对梁做竖向的移动，可用千斤顶或起重机等。轴线和跨距校正是对梁做水平方向的移动，可用撬棍、钢楔、花篮螺丝、千斤顶等。吊车梁校正后，紧固连接螺栓，并将钢垫板用电焊固定。

（3）屋架的吊装和校正。钢屋架可用自行起重机（尤其是履带式起重机）、塔式起重机和桅杆式起重机等进行吊装。由于屋架的跨度、重量和安装高度不同，宜选用不同的起重机械和吊装方法。钢屋架的侧向刚度较差，对翻身扶直与吊装作业，必要时应绑扎几道杉杆，作为临时加固措施。屋架多做悬空吊装，为使屋架在吊起后不致发生摇摆，和其他构件碰撞，起吊前在屋架两端应绑扎溜绳，随吊随放松，以此保持其正确位置。屋架临时固定用临时螺栓和冲钉。

钢屋架的侧向稳定性较差，如果起重机械的起重量和起重臂长度允许时，最好经扩大拼装后进行组合吊装，即在地面上将两榀屋架及其上的天窗架、檩条、支撑等拼装成整体，一次进行吊装，这样不但提高吊装效率，也有利于保证其吊装稳定性。

钢屋架要检查校正其垂直度和弦杆的平直度。屋架的垂直度可用垂球检验，弦杆的平直度则可用拉紧的测绳进行检验。钢屋架的最后固定，用电焊或高强度螺栓。

6.2.2.2 高层钢结构吊装

（1）钢柱吊装。安装前，应在钢柱上将登高扶梯和操作挂篮或平台等临时固定好。起吊时，柱根部不得着地拖拉。吊装应垂直，吊点宜设于柱顶。吊装时严禁碰撞已安装好的构件。就位时必须待临时固定可靠后方可脱钩。

（2）框架钢梁吊装。吊装前应按规定装好扶手杆和扶手安全绳。吊装应采用二点吊，水平桁架的吊点位置，必须保证起吊后保持水平，并加设安全绳。梁校正完毕，应及时用高强螺栓临时固定。

（3）剪力墙板吊装。当先吊装框架后吊装墙板时，临时搁置必须采取可靠的支撑措施。墙板与上部框架梁组合后吊装时，就位后应立即进行左右和底部的连接。框架的整体校正，应在主要流水区段吊装完成后进行。

6.2.2.3 轻型钢结构吊装

轻型钢结构的组装应在坚实平整的拼装台上进行。组装接头的连接板必须平整。焊接宜用小直径焊条（2.5~3.5mm）和较小电流进行，严禁发生咬肉和焊透等缺陷发生。焊接时应采取防变形措施。屋盖系统吊装应按屋架→屋架垂直支撑→檩条、檩条拉条→屋架间水平支撑→轻型屋面板的顺序进行。吊装时，檩条的拉杆应预先张紧，屋架上弦水平支撑应在屋架与檩条安装完毕后拉紧。屋盖系统构件安装完后，应对全部焊缝接头进行检查，对点焊和漏焊的进行补焊或修正后，方可安装轻型屋面板。

6.2.3 连接与固定

钢结构连接通常有焊接、铆接和螺栓连接。螺栓连接有普通螺栓和高强螺栓之分。高强螺栓又有大六角头高强螺栓和扭剪型高强螺栓。扭剪型高强螺栓具有施工简单，受力好，可拆换，耐疲劳，能承受动力荷载，可目视判定是否终拧，不易漏拧，安全度高等优点。

6.2.3.1 高强螺栓连接副

根据国家标准 GB 3633，钢结构用扭剪型螺栓连接副，包括一个螺栓、一个螺母和一个垫圈。高强螺栓一般采用 20MnTiB 钢制作，螺母用 15MnVB 钢或 35 号钢制作，垫圈用 45 号钢制作。选用的高强螺栓的形式、规格应符合设计要求，高强螺栓连接副的扭矩系数试验或预拉力复验合格。选用螺栓长度应考虑构件的被连接厚度、螺母厚度、垫圈厚度和紧固后要露出三扣螺纹的余长。

高强螺栓在运输、保管和使用过程中，要防止锈蚀、沾污和碰伤螺纹等可能导致扭矩系数变化的情况发生。高强螺栓连接副（即高强螺栓带有配套的螺母和垫圈），应在同一包装箱中配套使用。施工有剩余时，必须按批号分别存放，不得混放混用。

高强螺栓连接面摩擦系数试验结果符合设计要求，构件连接面与试件连接面状态相同。构件连接面表面不得涂油漆，没有油污、氧化铁皮（黑皮）、毛刺和飞边，没有目视明显凹凸不平和翘曲。组装前用细钢丝刷清除浮锈和灰尘。

（1）摩擦面处理。高强螺栓连接，必须对构件摩擦面进行加工处理。在制造厂进行处理可用喷砂、喷（抛）丸、酸洗或砂轮打磨。处理好的摩擦面应有保护措施，不得涂油漆或污损。制造厂处理好的摩擦面，安装前应逐组复检摩擦系数，合格方可安装，摩擦系数应符合设计要求。

（2）连接板安装。连接板不能有挠曲变形，否则应矫正后才能使用。高强螺栓板面接触应平整，对因被连接构件的厚度不同，或制作和安装偏差等原因造成连接面之间的间隙，应按如下方法进行处理：间隙 $d\leqslant1.0\text{mm}$，可不作处理；$d=1.0\sim3.0\text{mm}$，将厚板一侧磨成1：10的缓坡，使间隙小于1.0mm；$d>3.0\text{mm}$，应加放垫板，垫板上下摩擦面的处理与构件相同。

（3）高强螺栓连接。高强螺栓接头组装时应用冲钉和临时螺栓连接。临时螺栓的数量为接头上螺栓总数的1/3，并不少于2个，冲钉使用数量不宜超过临时螺栓数量的30%。

安装冲钉时不得因强行击打而使螺孔变形造成飞边。严禁使用高强螺栓代替临时螺栓，以防因损伤螺纹造成扭矩系数增大。对错位的螺栓孔应用铰刀或粗锉刀对其进行处理规整，处理时应先紧固临时螺栓至板叠间无间隙，以防切屑落入。严禁用火焰切割整理栓孔。结构应在临时螺栓连接状态下进行安装精度校正。结构安装精度调整达到标准规定后便可安装高强螺栓。首先安装接头中那些未装临时螺栓和冲钉的螺孔，螺栓应能自由垂直穿入螺孔（螺栓不得受剪），穿入方向应该一致。在这些装上的高强螺栓使用普通扳手充分拧紧后，再逐个用高强螺栓换下冲钉和普通螺栓。

整个安装高强螺栓的操作过程，应保持连接面和螺栓连接副处于干燥状态，不得在雨中作业。连接副的表面如果涂有过多的润滑剂或防锈剂，应使用干净而又牢固的布，轻轻揩拭掉多余的涂脂，防止其安装后流到连接面中，且忌用清洗剂清洗，避免造成扭矩系数变化。

（4）高强螺栓的紧固。为使每个螺栓的预拉力均匀相等，高强螺栓的紧固至少分两次进行。第一次为初拧，第二次为终拧。对大型高强螺栓接头，必要时也分为初拧、复拧、终拧。高强螺栓的初拧、复拧、终拧在同一天内完成。螺栓拧紧按一定顺序进行，一般应由螺栓群中央顺序向外拧紧。

（5）高强螺栓连接副的施工质量检验与验收。扭剪型高强螺栓终拧检查，用专用扳手拧紧时，以目测尾部梅花头拧断为合格。对于不能用专用扳手拧的高强螺栓，则按大六角头高强螺栓检查方法检查。如有不符合规定的，应再扩大检查10%，如仍有不合格者，则整个节点的高强螺栓应重新拧紧。扭矩检查应在终拧1h以后、24h之前完成。在高空进行高强螺栓的紧固，要遵守登高作业的安全注意事项。拧掉的高强螺栓尾部应随时放入工具袋内，严禁随便抛落。

6.2.3.2 焊接施工

（1）焊接方法选择。焊接是钢结构使用最主要的连接方法之一。在钢结构制作和安装领域中，广泛使用的是电弧焊。在电弧焊中又以药皮焊条手工焊条、自动埋弧焊、半自动与自动 CO_2 气体保护焊为主。在某些特殊场合，则必须使用电渣焊。

（2）焊接工艺要点。

1）焊接工艺设计。确定焊接方式、焊接参数及焊条、焊丝、焊剂的规格型号等。

2）焊条烘烤。焊条和粉芯焊丝使用前必须按质量要求进行烘焙，低氢型焊条经过烘焙后，应放在保温箱内随用随取。

3）定位点焊。焊接结构在拼接、组装时要确定零件的准确位置，要先进行定位点焊。定位点焊的长度、厚度应由计算确定。电流要比正式焊接提高 10%～15%，定位点焊的位置应尽量避开构件的端部、边角等应力集中的地方。

4）焊前预热。预热可降低热影响区冷却速度，防止焊接延迟裂纹的产生。预热区在焊缝两侧，每侧宽度均应大于焊件厚度的 1.5 倍以上，且不应小于 100mm。

5）焊接顺序确定。一般从焊件的中心开始向四周扩展；先焊收缩量大的焊缝，后焊收缩小的焊缝；尽量对称施焊；焊缝相交时，先焊纵向焊缝，待冷却至常温后，再焊横向焊缝；钢板较厚时分层施焊。

6）焊后热处理。焊后热处理主要是对焊缝进行脱氢处理，以防止冷裂纹的产生。后热处理应在焊后立即进行，保温时间应根据板厚按每 25mm 板厚 1h 确定。预热及后热均可采用散发式火焰枪进行。

（3）焊接应力和焊接变形。

1）焊接应力及变形产生的原因。焊接过程中，焊接热源对焊件进行局部加热，产生了不均匀的温度场，导致材料热胀冷缩的不均匀；处于高温区域的材料在加热（冷却）过程中应该有较大的伸长（收缩）量，但由于受到周围材料的约束而不能自由伸长（收缩）。于是在焊件中产生内应力，使高温区的材料受到挤压（拉伸），产生塑性变形。同时，金属材料在焊接过程中随着温度的变化还会发生相应的相变。不同的金属组织有不同的性能，也会引起体积的变化，对焊接应力及变形产生不同程度的影响。因此，焊接过程对焊件进行了局部的、不均匀的加热是产生焊接应力和焊接变形的主要原因。

2）焊接残余应力和变形的控制。在钢结构设计和施工时，不仅要考虑到强度、稳定性、经济性，而且必须要考虑焊缝的设置将产生的应力，变形对结构的影响。通常有以下几点经验：在保证结构具有足够的强度的前提下，尽量减少焊缝的尺寸和长度，合理选取坡口形状。避免集中设置焊缝。尽量对称布置焊缝，将焊缝安排在近中心区域，如近中性轴；焊缝中心；焊缝塑性变形区中心等。在钢结构施焊中考虑夹具以减少焊接变形的可能性。

6.2.4 钢结构涂装

根据钢结构所处的环境及工作性能采取相应的防腐与防火措施，是钢结构设计与施工的重要内容。目前国内外主要采用涂料涂装的方法进行钢结构的防腐与防火处理。

6.2.4.1 钢结构防腐涂装工程

（1）钢材表面除锈等级与除锈方法。钢结构构件制作完毕，经质量检验合格后应进行防腐涂料涂装。涂装前钢材表面应进行除锈处理，以提高底漆的附着力，保证涂层质量。除锈处理后，钢材表面不应有焊渣、焊疤、灰尘、油污、水和毛刺等。

《涂装前钢材表面锈蚀等级和除锈等级》（GB 8923）将除锈等级分成喷射或抛射除锈、手工和动力工具除锈、火焰除锈三种类型。《钢结构工程施工质量验收规范》（GB 50205—2011）规定，钢材表面的除锈方法和除锈等级应与设计文件采用的涂料相适应。目前国内各大中型钢结构加工企业一般都具备喷射除锈和抛射除锈的能力，所以应将喷射除锈和抛射除锈作为首选的除锈方法，而手工和电动工具除锈仅作为喷射除锈的补充手段。随着科学技术的不断发展，不少喷、抛射除锈设备已采用微机控制，具有较高的自动化水平，并配有效除尘器，消除粉尘污染。

（2）钢结构防腐涂料。钢结构防腐涂料是一种含油或不含油的胶体溶液，涂敷在钢材表面，结成一层薄膜，使钢材与外界腐蚀介质隔绝。涂料分底漆和面漆两种。底漆是直接涂在钢材表面上的漆。含粉料多，基料少，成膜粗糙，与钢材表面黏结力强，与面漆结合性好。面漆是涂在底漆上的漆。含粉料少，基料多，成膜后有光泽，主要功能是保护下层底漆。面漆对大气和湿气有高度的不渗透性，并能抵抗有腐蚀介质、阳光紫外线所引起的风化分解。

钢结构的防腐涂层可由几层不同的涂料组合而成。涂料的层数和总厚度是根据使用条件来确定的，一般室内钢结构要求涂层总厚度为 $125\mu m$，即底漆和面漆各两道。高层建筑钢结构一般处在室内环境中，而且要喷涂防火涂层，所以通常只刷两道防锈底漆。

（3）防腐涂装方法。钢结构防腐涂装，常用的施工方法有刷涂法和喷涂法两种。刷涂法应用较广泛，适宜于油性基料刷涂。因为油性基料虽干燥的慢，但渗透性大，流平性好，不论面积大小，刷起来都会平滑流畅。一些形状复杂的构件，使用刷涂法也比较方便。喷涂法施工工效高，适合于大面积施工，对于快干和挥发性强的涂料尤为适合。喷涂的漆膜较薄，为了达到设计要求的厚度，有时需要增加喷涂的次数。喷涂施工比刷涂施工涂料损耗大，一般要增加 20％左右。

6.2.4.2 钢结构防火涂装工程

钢结构防火涂料能够起到防火作用，主要有三个方面的原因：一是涂层对钢材起屏蔽作用，隔离了火焰，使钢构件不至于直接暴露在火焰或高温之中；二是涂层吸热后，部分物质分解出水蒸气或其他不燃气体，起到消耗热量、降低火焰温度和燃烧速度、稀释氧气的作用；三是涂层本身多孔轻质或受热膨胀后形成炭化泡沫层，热导率均在0.233W/(m·K)以下，阻止了热量迅速向钢材传递，推迟了钢材受热温升到极限温度的时间，从而提高了钢结构的耐火极限。

（1）厚涂型防火涂料涂装。

1）施工方法与机具。厚涂型防火涂料一般采用喷涂施工。机具可为压送式喷涂机或挤压泵，配能自动调压的 $0.6\sim0.9m^3/min$ 的空压机，喷枪口径为 $6\sim12mm$，空气压力为 $0.4\sim0.6MPa$。局部修补可采用抹灰刀等工具手工抹涂。

2）涂料的搅拌与配置。由工厂制造好的单组分湿涂料，现场应采用便携式搅拌器搅拌均匀。由工厂提供的干粉料，现场加水或用其他稀释剂调配，应按涂料说明书规定配比混合搅拌，边配边用。由工厂提供的双组分涂料，按配制涂料说明规定的配比混合搅拌，边配边用。特别是化学固化干燥的涂料，配制的涂料必须在规定的时间内用完。搅拌和调配涂料，使稠度适宜，即能在输送管道中畅通流动，喷涂后不会流淌和下坠。

3）施工操作。喷涂应分 $2\sim5$ 次完成，第一次喷涂以基本盖住钢材表面即可，以后每次喷涂厚度为 $5\sim10mm$，一般以 $7mm$ 左右为宜。通常情况下，每天喷涂一遍即可。喷涂时，应注意移动速度，不能在同一位置久留，以免造成涂料堆积流淌；配料及往挤压泵加料应连续进行，不得停顿。施工工程中，应采用测厚针检测涂层厚度，直到符合设计规定的厚度，方可停止喷涂。喷涂后的涂层要适当维修，对明显的乳突，应采用抹灰刀等工具剔除，以确保涂层表面均匀。

（2）薄涂型防火涂料涂装。

1）施工方法与机具。喷涂底层、主涂层涂料，宜采用重力（或喷斗）式喷枪，配能自动调压的 0.6～0.9m³/min 的空压机。喷嘴直径为 4～6mm，空气压力为 0.4～0.6MPa。面层装饰涂料一般采用喷涂施工，也可以采用刷涂或滚涂的方法。喷涂时，应将喷涂底层的喷嘴直径换为 1～2mm，空气压力调为 0.4MPa。局部修补或小面积施工，可采用抹灰刀等工具手工抹涂。

2）施工操作。底层及主涂层一般应喷 2～3 遍，每遍间隔 4～24h，待前遍基本干燥后再喷后一遍。第一遍喷涂以盖住基底面 70% 即可，第二、第三遍喷涂每遍厚度不超过 2.5mm 为宜。施工工程中应采用测厚针检测涂层厚度，确保各部位涂层达到设计规定的厚度。面层涂料一般涂饰 1～2 遍。若头遍从左至右喷涂，二遍则应从右至左喷涂，以确保全部覆盖住下部主涂层。

任务 6.3　装配式墙板结构安装

6.3.1　作业条件

（1）预制构件均应符合质量标准，构件出厂时，混凝土强度不应低于设计对吊装所需要的强度。当设计无要求时，各类混凝土大板吊装时的强度不低于设计标号的 70%。采用工具式预应力钢筋起吊振动砖墙板时，砂浆强度不得低于 7.5MPa。

（2）安装前应对起重机和起重工具进行负荷运转试验，并试吊。

（3）对建筑物的基础按施工图复查完毕。

（4）应按施工组织设计的要求，将构件运至现场，按吊装顺序堆放。安装前将预埋件及锚筋上面的砂浆清理干净。

6.3.2　工艺流程

流程如下：找平放线→铺找平灰→起吊就位校正→临时固定→焊接脱钩→塞水平缝→拆除临时固定→顶部找平→安装楼板→竖缝浇筑→插保温条、防水条。

（1）找平放线。每栋房屋应用经纬仪根据座标定出控制轴线，不得少于四条（纵、横轴线各两条），当建筑物的长度超过 50m 时，可增设横向控制轴线。楼层上的控制轴线，必须用经纬仪由底层轴线直接引出，不得由下一层引出。轴线放线误差不得超过、2mm放线遇有连续误差时，应从建筑物中部轴线向两端调整。

根据控制轴线和水平控制线依次放出纵横轴线、墙板边线、节点线、门窗洞位置线、安装楼板的标高线、楼梯休息板位置线及标高线、异形构件的位置线等。

每块墙板就位前至少应铺两个灰饼找平当灰饼能承载墙板压力时，方可安装。安装墙板时，宜用 1∶3 水泥砂浆满坐浆，随铺随安。坐浆要密实均匀。当铺灰厚度大于 30mm 时，应用不少于 C10 级细石混凝土铺设。

（2）起吊就位校正。吊装大板时，起吊就位应平稳，吊索与水平面的夹角不宜小于

60°。要使用卡环与构件连接，不得用吊钩。墙板的安装次序，宜采用逐间封闭法，自定位板或标准间开始，先内墙，后外墙，最后安装隔墙。

墙板轴线及板面垂直度的偏差，应以轴线为主进行调整。外墙板不方正时，宜以竖缝为主进行调整；内墙板不方正时，宜先满足顶面平整。外墙板接缝不平整时，应先满足外墙面平整，内墙板不平整，应先满足主要房间及走廊楼梯间墙面平整，两边均是主要房间时，其偏差均衡调整。山墙大角与相邻板的偏差，以保证大角垂直为主。同一房间楼板分为两块时，其拼缝不平整应以楼板底面平整为准进行调整。

（3）临时固定。采取以操作台为主的固定方法。楼梯间等不宜安设操作台的房间，采用水平拉杆及转角固定器临时固定。外墙板应在焊接固定后，方能脱钩，内墙板及隔墙板可在临时固定后脱钩。

（4）焊后处理。墙板焊接固定后，应利用挤出的坐浆进行水平塞缝，多余的灰浆应清理干净。墙板应在焊接完毕后，方可拆除操作平台、水平拉杆、转角固定器等临时固定的工具。

（5）弹线找平。每层墙板安装完毕后，即应在板顶部弹找平线，并用 1∶3 水泥砂浆找平。

（6）楼板安装。安装楼板时，应采用 1∶3 水泥砂浆坐浆法施工，坐浆要均匀密实。预应力混凝土楼板的端部的锚固钢筋，必须弯成 45° 相交叉，在交叉点上绑一通长筋，严禁将锚筋弯成 90°，锚筋与通长筋每隔 500mm 绑扎一扣。楼板安装完成后，用细石混凝土灌筑楼板缝，并注意养护。

（7）接头接缝。浇筑墙板接头及竖缝的混凝土，应在每层楼板安装后进行，混凝土的坍落度宜采用 80～120mm，竖缝支模宜采用工具式模板，浇筑时应仔细振捣密实。浇筑后 12h 即可拆除模板，并立即刮去凸出墙面的灰浆，便于墙面和墙缝的装修。

（8）构件防水。在运输、堆放、吊装过程中，应注意保护其空腔侧壁、立槽、滴水槽以及上下凸凹等部位，并且逐块检查，如有损伤，应在安装前修补。安装前，空腔侧壁应刷防水剂一道。在每层楼板安装完毕后，应立即进行竖缝挡水条的插放工作。竖缝挡水条的宽度应略宽于防水槽的宽度。每层下端设短挡水条，与长挡水条搭接长度不小于100mm，搭接要顺槎，保证流水畅通。外墙勾缝时，应先剔掉缝壁上的灰浆，然后用防水砂浆勾底灰，并不得把防水条挤进空腔内。十字缝处，排水孔的位置应设在滴水线的外边。

（9）板缝防水保温。外墙板缝采用防水材料防水时，安装前墙板两端侧壁均应清理干净，并刷底油一遍。板缝嵌油膏后，表面应刷胶油，并外勾水泥砂浆。安装外墙板的保温条时，其竖缝应在墙板的预埋件焊接完成后，顺竖缝空腔后壁插入，并注意保温条应紧贴空腔后壁，不得弯曲或撕裂；其平缝应将预先裁好的保温条嵌入缝内，然后外勾防水砂浆。

6.3.3　成品保护

吊装饰面墙板，应对饰面部位采取保护措施。调整时不得用撬杆撬饰面板一侧。焊接时严防灼伤饰面。灌缝时防止水泥浆污染饰面。

任务6.4　安装工程的质量检查及安全施工

6.4.1　质量验收

结构安装工程的施工应严格按照施工工艺及质量验收规范进行。施工过程中应做好施工记录，加强施工质量管理。做到质量验收程序规范，资料完整。表6.1为预制构件检验批质量验收记录表，表6.2为装配结构施工检验批质量验收记录表。

表6.1　　　　　　　　　　预制构件检验批质量验收记录表　　　　　　　　单位：mm

《建筑工程施工质量验收统一标准》（GB 50300—2013）的规定				施工单位检查评定记录	监理（建设）单位验收记录
主控项目	1	构件标志和预埋件等	第9.2.1条		
	2	外观质量严重缺陷处理	第9.2.2条		
	3	过大尺寸偏差处理	第9.2.3条		
一般项目	1	外观质量一般缺陷处理	第9.2.4条		
	2	长度	板、梁	+10，−5		
			柱	+5，−10		
			墙板	±5		
			薄腹梁、桁架	+15，−10		
	3	宽度、高（厚）度	板、梁、柱、墙板、薄腹梁、桁架	±5		
	4	侧向弯曲	梁、柱、板	$L/750$ 且≤20		
			墙板、薄腹梁、桁架	$L/1000$ 且≤20		
	5	预埋件	中心线位置	10		
			螺栓位置	5		
			螺栓外露长度	+10，−5		
	6	预留孔	中心线位置	5		
	7	预留洞	中心线位置	15		
	8	主筋保护层厚度	板	+5，−3		
			梁、柱、墙板、薄腹梁、桁架	+10，−5		
	9	对角线差	板、墙板	10		
	10	表面平整度	板、墙板、柱、梁	5		
	11	预应力构件预留孔道位置	梁、墙板、薄腹梁、桁架	3		
	12	翘曲	板	$L/750$		
			墙板	$L/1000$		

表 6.2　　　　　　　　　　　　　　　　装配结构施工检验批质量验收记录表

单位（子单位）工程名称				
分部（子分部）工程名称			验收部位	
施工单位			项目经理	
施工执行标准名称及编号				

《建筑工程施工质量验收统一标准》（GB 50300—2013）的规定				施工单位检查评定记录	监理（建设）单位验收记录
主控项目	1	预制构件进场检查	第 9.4.1 条		
	2	预制构件的连接	第 9.4.2 条		
	3	接头和拼缝的混凝土强度	第 9.4.3 条		
一般项目	1	预制构件支承位置和方法	第 9.4.4 条		
	2	安装控制标志	第 9.4.5 条		
	3	预制构件吊装	第 9.4.6 条		
	4	临时固定措施和位置校正	第 9.4.7 条		
	5	接头和拼缝的质量要求	第 9.4.8 条		
施工单位检查评定结果	专业工长（施工员）			施工班组长	
	项目专业质量检查员：　　　　　　　　　　　　　　　　　　　　　　　　年　　月　　日				
监理（建设）单位验收结论	专业监理工程师： （建设单位项目专业技术负责人）： 　　　　　　　　　　　　　　　　　　　　　　　　　　　　年　　月　　日				

6.4.2　结构安装工程的安全控制

安全隐患是指可导致事故发生的"人的不安全行为，物的不安全状态，作业环境的不安全因素和管理缺陷"等。根据"人-机-环境"系统工程学的观点分析，造成事故隐患的原因分为三类：即"人"的隐患，"机"的隐患，"环境"的隐患。在结构安装的施工中，控制"人的不安全行为，物的不安全状态，作业环境的不安全因素和管理缺陷"是保证安全的重要措施。

6.4.2.1　人的不安全行为的控制

人的不安全行为是人的生理和心理特点的反映，主要表现在身体缺陷、错误行为和违纪违章三方面。

有身体缺陷的人不能进行结构安装的作业。严禁粗心大意、不懂装懂、侥幸心理、错视、错听、误判断、误动作等错误行为。严禁喝酒、吸烟，不正确使用安全带、安全帽及其他防护用品等违章违纪行为。加强安全教育、安全培训、安全检查、安全监督。起重吊装的指挥人员必须持证上岗，作业时应与操作人员密切配合，执行规定的指挥信号。操作人员在作业前必须对工作现场环境、行驶道路、架空电线、建筑物以及构件重量和分布情况进行全面了解。现场施工负责人应为起重机作业提供足够的工作场地，清除或避开起重臂起落或回转半径内的障碍物。在露天有六级及以上大风、大雨、大雪或大雾等恶劣天气时，应停止起重吊装作业。

6.4.2.2　起重吊装机械的控制

各类起重机应装有音响清晰的喇叭、电铃或汽笛等信号装置。起重机的变幅指示器、力矩限制器、起重量限制器以及各种行程限位开关等安全保护装置，应完好齐全、灵敏可靠，不得随意调整或拆除。操作人员应按规定的起重性能作业，不得超载。严禁使用起重机进行斜拉、斜吊和起吊地下埋设或凝固在地面上的重物以及其他不明重量的物体。重物起升和下降的速度应平稳、均匀，不得突然制动。严禁起吊重物长时间悬挂在空中，作业中遇突发故障，应采取措施将重物降落到安全地方，并关闭发动机或切断电源后进行检修。起重机不得靠近架空输电线路作业。起重机使用的钢丝绳，应有钢丝绳制造厂签发的产品技术性能和质量证明文件。履带式起重机如需带载行驶时，载荷不得超过允许起重量的70％，行走道路应坚实平整，并应拴好拉绳，缓慢行驶。

6.4.2.3　防止起重机倾翻措施

起重机的行驶道路必须平整坚实，地下墓坑和松软土层要进行处理。如土质松软需铺设道木或路基箱。起重机不得停置在斜坡上工作，也不允许起重机两个履带一高一低。当起重机通过墙基或地梁时，应在墙基两侧铺垫道木或石子，以免起重机直接碾压在墙基或地梁上。

应尽量避免超载吊装。但在某些特殊情况下难以避免时，应采取措施，如：在起重机起重臂上拉缆绳或在尾部增加平衡重等。起重机增加平衡重后，卸载或空载时，起重臂必须落到与水平线夹角60°以内。在操作时应缓慢进行。

禁止斜吊。这里讲的斜吊，是指所要起吊的重物不在起重机起重臂顶的正下方，因而当将捆绑重物的吊索挂上吊钩后，吊钩滑车组不与地面垂直，而与水平线成一个夹角。斜吊会造成超负荷及钢丝绳出槽，甚至发生绳索被拉断。斜吊还会使重物在离开地面后发生快速摆动，可能碰伤人或其他物体。

应尽量避免满负荷行驶，如需作短距离负荷行驶，只能将构件吊离地面30cm左右，且要慢行，并将构件转至起重机的前方，拉好溜绳，控制构件摆动。

双机抬吊时，要根据起重机的起重能力进行合理的负荷分配，并在操作时要统一指挥，互相密切配合。在整个抬吊过程中，两台起重机的吊钩滑车组均应基本保持垂直状态。不吊重量不明的重大的构件设备。禁止在六级风的情况下进行吊装作业。绑扎构件的吊索需经过计算，绑扎方法应正确牢靠。所有起重工具应定期检查。指挥人员应使用统一指挥信号，信号要鲜明、准确。起重机驾驶人员应听从指挥。

6.4.2.4　防止高空坠落措施

操作人员在进行高空作业时，必须正确使用安全带。安全带一般应高挂低用，即将安全带绳端的钩环挂于高处，而人在低处操作。在高空使用撬杠时，人要立稳，如附近有脚手架或已安装好构件，应一手扶住，另一手操作。撬杠插进深度要适宜，如果撬动距离较大，则应逐步撬动，不宜急于求成。工人如需在高空作业时，应尽可能搭设临时操作台。操作台为工具式，拆装方便，自重轻，宽度为 0.8～1.0m，临时以角钢夹板在柱上部，低于安装位置 1～1.2m，工人在上面进行屋架的校正与焊接工作。

如需在悬空的屋架上弦行走时，应在其上设置安全栏杆。在雨季或冬季施工时，必须采取防滑措施。如：扫除构件上的冰雪；在屋架上捆绑麻袋，在屋面板上铺垫草袋等。登高用的梯子必须牢固，使用时必须用绳子与已固定构件绑牢。梯子与地面的夹角一般以 65°～70°为宜。操作人员在脚手板上通行时，应思想集中，防止踏上挑头板。安装有预留孔洞的楼板或屋面板时，应及时用木板盖严。高空作业操作人员不得穿硬底皮鞋。

6.4.2.5 防止高空落物伤人措施

地面操作人员必须戴安全帽。高空操作人员使用的工具、零配件等，应放在随身配带的工具袋内，不可随意向下丢掷。在高空用气割或电焊切割时，应采用措施，防止火花落下伤人。地面操作人员，应尽量避免在高空作业面的正下方停留或通过，也不得在起重机的起重臂或正在吊装的构件下停留或通过。构件安装后，必须检查连接质量，只有连接确实安全可靠，才能松钩或拆除临时固定工具。吊装现场周围应设置临时栏杆，禁止非工作人员入内。

6.4.2.6 防止触电、氧气瓶爆炸措施

起重机从电线下行驶时，起重机吊杆最高点与电线之间保持的垂直距离应符合有关规定。起重机在电线近旁行驶时，起重机与电线之间应保持的水平距离也应符合有关规定。电焊机的电源线长度不宜超过 5m，并必须架高。电焊机手把线的正常电压，在用交流电工作时为 60～80V，要求手把线质量良好，如有破皮情况，必须及时用胶布严密包扎。电焊机的外壳应该接地。

使用塔式起重机或长起重机（指 15m 以上）的其他类型起重机时，应有避雷防触电设施。搬运氧气瓶时，必须采取防震措施，绝不可向地上猛摔。氧气瓶不应放在阳光下暴晒，更不可接近火源。冬季如果瓶的阀门发生冻结时，应用干净的抹布加热水将阀门烫热，不可用火熏烤。还要防止机械油落到氧气瓶上。乙炔发生器放置地点距火、电源应在 10m 以上。如高空有电焊作业，乙炔发生器不应放在下风向。电石桶应存放在干燥的房间，并在桶下加垫，以防桶底锈蚀腐烂，使水分进入电石桶而产生乙炔。打开电石桶时，应使用不会发生火花的工具（如铜凿）。

项 目 小 结

本项目主要介绍了结构安装工程涉及的钢筋混凝土单层工业厂房安装、钢结构厂房安装、装配式墙板结构安装与结构安装安全质量技术等，主要内容包括如下两个方面：

（1）结构安装工艺。该部分以钢筋混凝土单层工业厂房、钢结构厂房与装配式墙板结构等为安装对象，主要介绍了插入式杯口基础施工、梁柱等构件吊装、装配式墙板吊装等安装工艺。该部分是本章学习的重点内容。

（2）安装工程安全与质量技术。该部分主要介绍了包括安装人员、吊装机械、安装环

境等方面的结构安装安全控制标准与包括构件质量、安装质量等的结构安装质量要求。

复 习 思 考 题

1. 构件运输时应注意哪些事项？
2. 构件安装前应做好哪些准备工作？
3. 柱子吊装有哪些方法？适用条件是什么？
4. 防止高空坠落的措施有哪些？
5. 装配式墙板结构吊装的工艺流程是什么？

项目 7 屋面及防水施工技术

【学习目标】

能力目标：掌握屋面卷材防水施工工艺，熟悉刚性防水屋面的构造层次组成，掌握屋面刚性防水层施工工艺及施工质量标准要求，熟悉地下工程卷材防水层施工工艺流程、操作要求及工艺，熟悉卫生间地面涂膜防水层施工作业条件，掌握涂膜防水层施工操作工艺流程，熟悉防水工程质量检验。

知识点：屋面防水工程施工，地下工程防水施工，卫生间地面防水涂料施工，防水工程质量验收。

【项目介绍】

本项目介绍了屋面及防水施工技术，主要包括为屋面及防水施工技术，主要介绍了建筑防水的分类、屋面防水工程施工、地下工程防水施工、卫生间地面防水涂料施工、防水工程质量验收。屋面防水工程施工是本项目的学习重点，地下工程防水施工是本项目的学习难点。

任务 7.1 屋面防水工程施工

7.1.1 柔性防水屋面

卷材防水屋面与涂膜防水屋面都属于柔性防水屋面。卷材防水屋面是指采用黏结胶粘贴卷材或采用带底面黏结胶的卷材进行热熔或冷粘贴于屋面基层进行防水的屋面。卷材防水屋面施工方法，有采用胶黏剂进行卷材与基层及卷材与卷材搭接黏结的方法；有利用卷材底面热熔胶热熔粘贴的方法；也有利用卷材底面自黏胶黏结的方法；还有采用冷胶粘贴或机械固定方法将卷材固定于基层、卷材间搭接采用焊接的方法等。涂膜防水屋面是在屋面基层上涂刷防水涂料，经固化后形成一层有一定厚度和弹性的整体涂膜，从而达到防水目的的一种防水屋面形式。

7.1.1.1 找平层施工

（1）找平层的种类和做法。目前作为防水层基层的找平层有细石混凝土、水泥砂浆和沥青砂浆几种做法。它的技术要求见表 7.1。细石混凝土刚性好、强度高，适用于基层较松软的保温层上或结构层刚度差的装配式结构上做找平层。在多雨或低温时混凝土和砂浆无法施工和养护，采用沥青砂浆。

平屋面防水技术以防为主，以排为辅，所以要求屋面有一定排水坡度，施工时必须按照《屋面工程质量验收规范》（GB 50207—2012）要求操作，见表 7.2。

表 7.1　　　　　　　　　　　　　　　　找平层厚度和技术要求

类　　别	基层种类	厚度/mm	技术要求
水泥砂浆找平层	整体混凝土	15～20	1:2.5～1:3（水泥：砂）体积比，水泥强度等级不低于32.5级
	整体或板状材料保温层	20～25	
	装配式混凝土板、松散材料保温层	20～30	
细石混凝土找平层	松散材料保温层	30～35	混凝土强度等级不低于C20
沥青砂浆找平层	整体混凝土	15～20	1:8（沥青：砂）重量比
	装配式混凝土板、整体或板状材料保温层	20～25	

表 7.2　　　　　　　　　　　　　　　　找平层的坡度要求

项目	平屋面		天沟、檐沟		雨水口周边 ϕ500 范围
	结构找坡	材料找坡	纵向	沟底水落差	
坡度要求	≥3%	≥2%	≥1%	≤200mm	≥5%

　　找平层宜留设分格缝，缝宽 5～20mm，缝中宜嵌密封材料。分格缝兼作排汽道时，分格缝可适当加宽，并应与保温层连通。分格缝宜留在板端缝处，其纵横缝的最大间距为：找平层采用水泥砂浆或细石混凝土时，不宜大于 6m；找平层采用沥青砂浆时，不宜大于 4m。分格缝施工可预先埋入木条、聚苯乙烯泡沫条或事后用切割机锯出；在找平层的水泥砂浆或细石混凝土中宜掺加减水剂和微膨胀剂或抗裂纤维，尤其在不吸水保温层上（包括用塑料膜作隔离层）做找平层时，砂浆的稠度和细石混凝土的坍落度要低。

　　找平层在屋面平面与立面交角处，称阴阳角，是变形频繁、应力集中的部位，由此也会引起防水层被拉裂，因此，根据不同防水材料，对阴阳角的弧度做不同的要求。合成高分子卷材薄且柔软，弧度可小，沥青基卷材厚且硬，弧度要求大，见表 7.3。

表 7.3　　　　　　　　　　　　　　找平层转角弧度　　　　　　　　　　　　单位：mm

卷材种类	沥青防水卷材	高聚物改性沥青卷材	合成高分子卷材
圆弧半径	100～150	50	20

　　（2）水泥砂浆找平层施工。检查屋面板等基层是否安装牢固，不得有松动现象。铺砂浆前，基层表面应清扫干净并洒水湿润（有保温层时，不得洒水）。留在屋架或承重墙上的分格缝，应与板缝对齐，板端方向的分格缝也应与板端对齐，用小木条或聚苯泡沫条嵌缝留设，或在砂浆硬化后用切割机锯缝。缝高同找平层厚度，缝宽 5～20mm 左右。

　　砂浆配合比要称量准确，搅拌均匀，底层为塑料薄膜隔离层、防水层或不吸水保温层，宜在砂浆中加减水剂并严格控制稠度。砂浆铺设应按由远到近、由高到低的程序进行，最好在每一分格内一次连续抹成，严格掌握坡度，可用 2m 左右的直尺找平。天沟一般先用轻质混凝土找坡。

　　待砂浆稍收水后，用抹子抹平压实压光；终凝前，轻轻取出嵌缝木条，完工后表面少踩踏。砂浆表面不允许撒干水泥或水泥浆压光。注意气候变化，如气温在 0℃ 以下，或终凝前可能下雨时，不宜施工。如必须施工时，应有技术措施，保证找平层质量。铺设找平层 12h 后，需洒水养护或喷冷底子油养护。找平层硬化后，应用密封材料嵌填分格缝。

（3）沥青砂浆找平层施工。检查屋面板等基层安装牢固程度，不得有松动之处，屋面应平整、找好坡度并清扫干净。基层必须干燥，然后满涂冷底子油 1~2 道，涂刷要薄而均匀，不得有气泡和空白，涂刷后表面保持清洁。

待冷底子油干燥后可铺设沥青砂浆，其虚铺厚度约为压实后厚度的 1.3~1.4 倍。待砂浆刮平后，即用火滚进行滚压（夏天温度较高时，筒内可不生火）。滚压至平整、密实、表面没有蜂窝、不出现压痕为止。滚筒应保持清洁，表面可涂刷柴油。滚压不到之处可用烙铁烫压平整，施工完毕后避免在上面踩踏。施工缝应留成斜槎，继续施工时接槎处应清理干净并刷热沥青一遍，然后铺沥青砂浆，用火滚或烙铁烫平。雾、雨、雪天不得施工。一般不宜在气温 0℃ 以下施工。如在严寒地区必须在气温 0℃ 以下施工时应采取相应的技术措施（如分层分段流水施工及采取保温措施等）。滚筒内的炉火及灰烬注意不得外泄在沥青砂浆面上。沥青砂浆铺设后，最好在当天铺第一层卷材，否则要用卷材盖好，防止雨水、露气浸入。

（4）找平层质量要求。找平层是防水层的依附层，其质量好坏将直接影响到防水层的质量，所以找平层必须做到：坡度要准确，使排水通畅；混凝土和砂浆的配合比要准确；表面要二次压光、充分养护，使找平层表面平整、坚固，不起砂、不起皮、不酥松、不开裂，并做到表面干净、干燥。

7.1.1.2 卷材防水层施工

（1）施工前的准备工作。

1）技术准备。屋面工程施工前，应进行图纸会审，掌握施工图中的细部构造及有关技术要求，并应编制防水施工方案或技术措施。施工负责人应向班组进行技术交底。内容包括：施工部位、施工顺序、施工工艺、构造层次、节点设防方法、增强部位及做法，工程质量标准，保证质量的技术措施，成品保护措施和安全注意事项。防水层所用的材料应有材料质量证明文件，并经指定的质量检测部门认证，确保其质量符合技术要求。进场材料应按规定抽样复验，提出试验报告，严禁在工程中使用不合格产品。

2）材料机具准备。准备好熬制或拌和胶黏剂、运输防水材料、涂刷胶黏剂、嵌填密封材料、铺贴卷材、清扫基层等施工操作中各种必需的工具、用具、机械以及安全设施、灭火器材。

3）现场准备。检查找平层的施工质量是否符合要求。当出现局部凹凸不平、起砂起皮、裂缝以及预埋件不稳等缺陷时，可按有关方法修补。检查找平层含水率是否满足铺贴卷材的要求：将 $1m^2$ 塑料膜（或卷材）在太阳（白天）下铺放于找平层上，3~4h 后，掀起塑料膜（卷材）检查无水印，即可进行防水卷材的施工。

（2）基层处理剂的涂刷。涂刷或喷涂基层处理剂前要检查找平层的质量和干燥程度并加以清扫，符合要求后才可进行，在大面积涂布前，应用毛刷对屋面节点、周边、拐角等部位先行处理。

1）冷底子油的涂刷。冷底子油作为基层处理剂主要用于热粘贴铺设沥青卷材（油毡）。涂刷要薄而均匀，不得有空白、麻点、气泡，也可用机械喷涂。如果基层表面过于粗糙，宜先刷一遍慢挥发性冷底子油，待其表干后，再刷一遍快挥发性冷底子油。涂刷时间宜在铺贴油毡前 1～2h 进行，使油层干燥而又不沾染灰尘。

2）基层处理剂的涂刷。铺贴高聚物改性沥青卷材和合成高分子卷材采用的基层处理剂的一般施工操作与冷底子油基本相同。基层处理剂的品种要视卷材而定，不可错用。

（3）卷材铺贴一般方法及要求。卷材防水层施工的一般工艺流程：基层表面清理、修补→喷、涂基层处理剂→节点附加增强处理→定位、弹线、试铺→铺贴卷材→收头处理、节点密封→清理、检查、修整→保护层施工。

1）铺贴方向。卷材的铺贴方向应根据屋面坡度和屋面是否有振动来确定。当屋面坡度小于 3% 时，卷材宜平行于屋脊铺贴；屋面坡度在 3%～15% 时，卷材可平行或垂直于屋脊铺贴；屋面坡度大于 15% 或受振动时，沥青卷材、高聚物改性沥青卷材应垂直于屋脊铺贴，合成高分子卷材可根据屋面坡度、屋面有否受振动、防水层的黏结方式、黏结强度、是否机械固定等因素综合考虑采用平行或垂直屋脊铺贴。上下层卷材不得相互垂直铺贴。屋面坡度大于 25% 时，卷材宜垂直屋脊方向铺贴，并应采取固定措施，固定点还应密封。

2）施工顺序。防水层施工时，应先做好节点、附加层和屋面排水比较集中部位（如屋面与水落口连接处，檐口、天沟、檐沟、屋面转角处、板端缝等）的处理，然后由屋面最低标高处向上施工。铺贴天沟、檐沟卷材时，宜顺天沟、檐口方向，减少搭接。铺贴多跨和有高低跨的屋面时，应按先高后低、先远后近的顺序进行。

3）搭接方法及宽度要求。铺贴卷材应采用搭接法，上下层及相邻两幅卷材的搭接缝应错开。平行于屋脊的搭接缝应顺流水方向搭接；垂直于屋脊的搭接缝应顺年最大频率风向（主导风向）搭接。

叠层铺设的各层卷材，在天沟与屋面的连接处应采用叉接法搭接，搭接缝应错开；接缝宜留在屋面或天沟侧面，不宜留在沟底。

坡度超过 25% 的拱形屋面和天窗下的坡面上，应尽量避免短边搭接，如必须短边搭接时，在搭接处应采取防止卷材下滑的措施。如预留凹槽，卷材嵌入凹槽并用压条固定密封。

高聚物改性沥青卷材和合成高分子卷材的搭接缝宜用与它材性相容的密封材料封严。各种卷材的搭接宽度应符合表 7.4 的要求。

表 7.4　　　　　　　　　卷 材 搭 接 宽 度

搭接方向		短边搭接宽度/mm		长边搭接宽度/mm	
铺贴方法 卷材种类		满粘法	空铺法、点粘法、条粘法	满粘法	空铺法、点粘法、条粘法
沥青防水卷材		100	150	70	100
高聚物改性沥青防水卷材		80	100	80	100
合成高分子防水卷材	胶黏剂	80	100	80	100
	胶黏带	50	60	50	60
	单焊缝	60，有效焊接宽度不小于 25			
	双焊缝	80，有效焊接宽度 10×2＋空腔宽			

4）卷材与基层的粘贴方法。卷材与基层的黏结方法可分为满粘法、条粘法、点粘法和空铺法等形式。通常都采用满粘法，而条粘法、点粘法和空铺法更适合于防水层上有重物覆盖或基层变形较大的场合，是一种克服基层变形拉裂卷材防水层的有效措施，设计中应明确规定，选择适用的工艺方法。

空铺法：铺贴卷材防水层时，卷材与基层仅在四周一定宽度内黏结，其余部分采取不黏结的施工方法；条粘法：铺贴卷材时，卷材与基层黏结面不少于两条，每条宽度不小于150mm；点粘法：铺贴卷材时，卷材或打孔卷材与基层采用点状黏结的施工方法。每平方米黏结不少于 5 点，每点面积为 100mm×100mm。

无论采用空铺法、条粘法还是点粘法，施工时都必须注意：距屋面周边 800mm 内的防水层应满粘，保证防水层四周与基层黏结牢固；卷材与卷材之间应满粘，保证搭接严密。

5）屋面特殊部位的附加增强层和卷材铺贴要求。檐口卷材铺贴，将铺贴到檐口端头的卷材裁齐后压入凹槽内，然后将凹槽用密封材料嵌填密实。如用压条（20mm 宽薄钢板等）或用带垫片钉子固定时，钉子应敲入凹槽内，钉帽及卷材端头用密封材料封严。

天沟、檐沟卷材铺设前，应先对水落口进行密封处理。在水落口杯埋设时，水落口杯与竖管承插口的连接处应用密封材料嵌填密实，防止该部位在暴雨时产生倒水现象。水落口周围直径 500mm 范围内用防水涂料或密封材料涂封作为附加增强层，厚度不少于2mm，涂刷时应根据防水材料的种类采用不同的涂刷遍数来满足涂层的厚度要求。水落口杯与基层接触处应留宽 10mm、深 10mm 的凹槽，嵌填密封材料。

泛水是指屋面的转角与立墙部位。这些部位结构变形大，容易受太阳曝晒，因此为了增强接头部位防水层的耐久性，一般要在这些部位加铺一层卷材或涂刷涂料作为附加增强层。泛水部位卷材铺贴前，应先进行试铺，将立面卷材长度留足，先铺贴平面卷材至转角处，然后从下向上铺贴立面卷材；卷材铺贴完成后，将端头裁齐。若采用预留凹槽收头，将端头全部压入凹槽内，用压条钉压平服，再用密封材料封严，最后用水泥砂浆抹封凹槽。如无法预留凹槽，应先用带垫片钉子或金属压条将卷材端头固定在墙面上，用密封材料封严，再将金属或合成高分子卷材条用压条钉压作盖板，盖板与立墙间用密封材料封固或采用聚合物水泥砂浆将整个端头部位埋压。

屋面变形缝处附加墙与屋面交接处的泛水部位，应做好附加增强层；接缝两侧的卷材防水层铺贴至缝边；然后在缝中填嵌直径略大于缝宽的衬垫材料，如聚苯乙烯泡沫塑料棒、聚苯乙烯泡沫板等。为了使其不掉落，在附加墙砌筑前，缝口用可伸缩卷材或金属板覆盖。附加墙砌好后，将衬垫材料填入缝内。嵌填完衬垫材料后，再在变形缝上铺贴盖缝卷材，并延伸至附加墙立面。卷材在立面上应采用满粘法，铺贴宽度不小于 100mm。为提高卷材适应变形的能力，卷材与附加墙顶面上宜黏结。

高低跨变形缝处，低跨的卷材防水层应铺至附加墙顶面缝边。然后将金属或合成高分子卷材盖板上、下两端用带垫片的钉子分别固定在高跨外墙面和低跨的附加墙立面上，盖板两端及钉帽用密封材料封严。

排气孔与屋面交角处卷材的铺贴方法和立墙与屋面转角处相似，所不同的是流水方向不应有逆槎，排气孔阴角处卷材应做附加增强层，上部剪口交叉贴实或者涂刷涂料增强。伸出屋面管道卷材铺贴与排气孔相似，但应加铺两层附加层。防水层铺贴后，上端用细铁丝扎紧，最后用密封材料密封，或焊上薄钢板泛水增强。附加层卷材裁剪方法参见水落口做法。

阴阳角处的基层涂胶后要用密封材料涂封，宽度为距转角每边100mm，再铺一层卷材附加层。铺贴后剪缝处用密封材料封固。

高跨屋面向低跨屋面自由排水的低跨屋面，在受雨水冲刷的部位应采用满粘法铺贴，并加铺一层整幅的卷材，再浇抹宽300～500mm、厚30mm的水泥砂浆或铺相同尺寸的块材加强保护。如为有组织排水，水落管下加设钢筋混凝土簸箕，应坐浆安放平稳。

大面积防水层施工前，应先对节点进行处理，如进行密封材料嵌填、附加增强层铺设等，这有利于大面积防水层施工质量和整体质量的提高，对提高节点处防水密封性、防水层的适应变形能力是非常有利的。由于节点处理工序多，用料种类多，用量零星，而且工作面狭小，施工难度大，因此应在大面积防水层施工前进行。但有些节点，如卷材收头、变形缝等处则要在大面积卷材防水层完成后进行。附加增强层材料的选择可采用与防水层相同的材料多做一层或数层，也可采用其他防水卷材或涂料予以增强。

（4）高聚物改性沥青卷材热熔法施工。热熔法施工是指高聚物改性沥青热熔卷材的铺贴方法。热熔卷材是一种在工厂生产过程中底面涂有一层软化点较高的改性沥青热熔胶的卷材。其铺贴时不需涂刷胶黏剂，而用火焰烘烤热熔胶后直接与基层粘贴。这种方法施工时受气候影响小，对基层表面干燥程度要求相对较宽松，但烘烤时对火候的掌握要求适度。热熔卷材可采用满粘法或条粘法铺贴，铺贴时要稍紧一些，不能太松弛。

1）滚铺法。这是一种不展开卷材而边加热烘烤边滚动卷材铺贴的方法。

起始端卷材的铺贴：将卷材置于起始位置，对好长、短方向搭接缝，滚展卷材1000mm左右，掀开已展开的部分，开启喷枪点火，喷枪头与卷材保持50～100mm距离，与基层呈30°～45°，将火焰对准卷材与基层交接处，同时加热卷材底面热熔胶面和基层，至热熔胶层出现黑色光泽、发亮至稍有微泡出现，慢慢放下卷材平铺基层，然后进行排气滚压使卷材与基层黏结牢固。当铺贴至剩下300mm左右长度时，将其翻放在隔热板上，用火焰加热余下起始端基层后，再加热卷材起始端余下部分，然后将其粘贴于基层。

滚铺：卷材起始端铺贴完成后即可进行大面积滚铺。持枪人位于卷材滚铺的前方，按上述方法同时加热卷材和基层，条粘时只需加热两侧边，加热宽度各为150mm左右。推滚卷材人蹲在已铺好的卷材起始端上面，等卷材充分加热后缓缓推压卷材，并随时注意卷材的平整顺直和搭接缝宽度。其后紧跟一人用辊子从中间向两边抹压卷材，赶出气泡，并用刮刀将溢出的热熔胶刮压接缝边。另一人用辊子压实卷材，使之与基层粘贴密实。

2）展铺法。展铺法是先将卷材平铺于基层，再沿边掀起卷材予以加热粘贴。此方法主要适用于条粘法铺贴卷材。

3）搭接缝施工。热熔卷材表面一般有一层防粘隔离纸，因此在热熔黏结接缝之前，应先将下层卷材表面的隔离纸烧掉，以利搭接牢固严密。

4）复杂部位附加增强层的铺贴。需增强部位基层一般需涂刷一遍基层处理剂（或稀释涂料）作为基层处理，以便较好地黏结增强层，附加增强层卷材应及时粘贴，因此加热前应先做试贴，以提高粘贴速度；附加增强部位较小时，宜采用手持汽油喷枪进行粘贴。

（5）合成高分子卷材冷粘贴施工。

1）胶黏剂的调配与搅拌及胶黏带准备。胶黏剂一般由厂家配套供应，对单组分胶黏剂只需开桶搅拌均匀后即可使用；而双组分胶黏剂则必须严格按厂家提供的配合比和配制方法进行计算、掺和、搅拌均匀后才能使用。同时有些卷材的基层胶黏剂和卷材接缝胶黏剂为不同品种，使用时不得混用，以免影响粘贴效果。搭接缝采用胶黏带时，应选择与卷材匹配的胶黏带，并按需要量备足。

2）涂刷胶黏剂。卷材表面的涂刷：某些卷材要求底面和基层表面均涂胶黏剂。卷材表面涂刷基层胶粘剂时，先将卷材展开摊铺在旁边平整干净的基层上，用长柄滚刷蘸胶黏剂，均匀涂刷在卷材的背面，不得涂刷得太薄而露底，也不得涂刷过多而产生聚胶。还应注意在搭接部位不得涂刷胶黏剂，此部位留作涂刷接缝胶黏剂，或粘贴胶黏带，留置宽度即卷材搭接宽度；基层表面的涂刷：涂刷基层胶黏剂的重点和难点为阴阳角、平立面转角处、卷材收头处、排水口、伸出屋面管道根部等节点部位。这些部位有附加增强层时应用接缝胶黏剂或配套涂料处理，涂刷工具宜用油漆刷。涂刷时，切忌在一处来回涂滚，以免将底胶"咬起"，形成凝胶而影响质量。条粘法和点粘法应按规定的位置和面积涂刷胶黏剂。

3）卷材的铺贴。卷材铺贴时应对准已弹好的粉线，并且在铺贴好的卷材上弹出搭接宽度线，以便第二幅卷材铺贴时，能以此为准进行铺贴。每铺完一幅卷材，应立即用干净而松软的长柄压辊从卷材一端顺卷材横向顺序滚压一遍，彻底排除卷材黏结层间的空气。

排除空气后，平面部位卷材可用外包橡胶的大压辊滚压（一般重 30～40kg），使其粘贴牢固。滚压应从中间向两侧边移动，做到排气彻底。平面立面交接处，则先粘贴好平面，经过转角，由下往上粘贴卷材，粘贴时切勿拉紧，要轻轻沿转角压紧压实，再往上粘贴，同时排出空气，最后用手持压辊滚压密实，滚压时要从上往下进行。

4）搭接缝的粘贴。卷材铺好与基层压粘后，应将搭接部位的结合面清除干净，可用棉纱沾少量汽油擦洗。然后采用油漆刷均匀涂刷接缝胶黏剂，不得出现露底、堆积现象。涂胶量可按产品说明书控制，待胶黏剂表面干燥后（指触不粘）即可进行黏合。黏合时应从一端开始，边压合边驱除空气，不许有气泡和皱折现象，然后用手持压辊顺边认真仔细辊压一遍，使其黏结牢固。3 层重叠处最不易压严，要用密封材料预先加以填封，否则将会成为渗水通道。搭接缝采用密封粘胶带时，应对搭接部位的结合面清除干净，掀开隔离纸，先将一端粘住，平顺地边掀隔离纸边粘胶带于一个搭接面上，然后用手持压辊顺边认真仔细滚压一遍，使其黏结牢固。

搭接缝全部粘贴后，缝口要用密封材料封严，密封时用刮刀沿缝刮涂，不能留有缺口，密封宽度不应小于 10mm。用单面粘胶带封口时，可直接顺接缝粘压密封。

（6）自粘贴卷材施工。自粘贴卷材施工是指自粘型卷材的铺贴方法。自粘型卷材在工厂生产时，在改性沥青卷材、合成高分子卷材、PE 膜等底面涂上一层压敏胶或胶黏剂，并在表面敷有一层隔离纸。施工时只要剥去隔离纸，即可直接铺贴。自粘型卷材的黏结胶通常有高聚物改性沥青黏结胶、合成高分子黏结胶两种。施工一般采用满粘法铺贴，铺贴时为增加黏结强度，基层表面应涂刷基层处理剂；干燥后应及时铺贴卷材。卷材铺贴可采用滚铺法或抬铺法进行。

（7）合成高分子卷材焊接施工。卷材的铺设与一般高分子卷材的铺设方法相同，其搭接缝采用焊接方法进行。焊接方法有两种：一种为热熔焊接（热风焊接），即采用热风焊枪，电加热产生热气体由焊嘴喷出，将卷材表面熔化达到焊接熔合；另一种是溶剂焊（冷焊），即采用溶剂（如四氢呋喃）进行接合。接缝方式也有搭接和对接两种。目前我国大部分采取热风焊接搭接法。

（8）金属卷材焊接铺贴施工。金属卷材施工前的基层应干净，不得有石子、砂粒、表面也不能有尖状疙瘩。铺设卷材前，对节点部位和转角、檐沟等处应事先进行附加增强处理，一般采用涂料增强。铺设卷材有采取空铺，有采取黏结剂粘贴。其施工工艺是：先在基层上按要求尺寸弹标准线，展开卷材沿线铺平，并用压辊辊压或用橡皮榔头轻轻敲打平整，尤其在两幅卷材的搭接处，上下层接触要紧密，不得张嘴开缝（上下层离开不得大于1mm），并检查搭接宽度准确（不小于5mm），搭接缝平直、齐整后，对施焊缝处用钢丝刷擦除氧化层，涂上饱和酒精松香焊剂，用橡皮榔头将不紧密处锤紧，即可施焊。焊接时要控制好温度，使焊锡熔化并流进两层卷材搭接缝之间，然后用焊锡在两接缝处堆积一定厚度，焊缝表面要求平整光滑，不得有气孔、裂纹、漏焊、夹焊。待全部检查完毕，确认合格后，在缝上涂刷一层涂料或密封胶，宽度宜为20mm。焊接完工后，卷材表面应保持清洁，并清扫杂物或施工时带入的砂粒。

（9）复合防水屋面施工。复合防水屋面是指采用不同的防水材料，利用各自的特点组成能独立承担防水能力的层次，从而组合形成的防水屋面。它不同于涂膜材料的多道涂刷，而是采用几种性能各异的材料复合使用作多道设防。如采用卷材、涂膜、刚性防水层等构成复合防水，从而充分利用各种材料在性能上的优势互补，提高防水质量。在节点部位采用复合防水的优越性尤为明显。

目前常见的复合形式有：柔性防水材料之间的复合，如两种不同性能涂膜的复合，涂膜与卷材的复合，两种不同性能卷材的复合；柔性防水材料与刚性防水材料之间的复合，如涂膜与细石混凝土防水层的复合，卷材与细石混凝土防水层的复合，此外还有刚性防水材料之间的复合，如防水混凝土与防水砂浆的复合等。

无论是何种防水形式，每一防水层的厚度都必须达到要求，才能保证其能够形成一个独立的防水层。复合使用时，要求合成高分子卷材的厚度可降为1.0mm，高聚物改性沥青卷材可降为2.0mm，合成高分子涂膜可降为1.0mm，高聚物改性沥青涂膜可降为1.5mm，沥青基防水涂膜可降为4.0mm。

复合屋面施工时应注意：基层的质量应满足底层防水层的要求；不同胎体和性能的卷材复合使用时或夹铺不同胎体增强材料的涂膜复合使用时，高性能的应作为面层；不同防水材料复合使用时，耐老化、耐穿刺的防水材料应设置在最上面。

（10）卷材屋面施工的环境气候。雨天、雪天严禁进行卷材施工，五级风及其以上时不得施工，气温低于0℃时不宜施工，如必须在0℃以下施工时，应采取相应措施，以保证工程质量。热熔法施工时的气温不宜低于−10℃。施工中途下雨、雪，应做好已铺卷材四周的防护工作；夏季施工时，屋面如有露水潮湿，应待其干燥后方可铺贴卷材，并避免在高温烈日下施工。

7.1.1.3　涂膜防水层施工

（1）施工前的准备工作。

1）基层检查：涂膜防水层施工前，应检查基层的质量是否符合设计要求，并清扫干净。如出现缺陷应及时加以修补。

2）材料准备：按施工面积计算防水材料及配套材料的用量，安排分批进场和抽检，不合格的防水材料不得在建筑工程中使用。

3）施工机具准备：可根据防水涂料的品种准备使用的计量器具、搅拌机具、运输工具、涂布工具等。

4）技术准备：屋面工程施工前，应进行图纸会审，掌握施工图中的构造要求、节点做法及有关的技术要求，并编制防水施工方案或技术措施。涂料施工前，确定涂刷的遍数和每遍涂刷的用量，安排合理的施工顺序。对施工班组进行技术交底，内容包括：施工部位、施工顺序、施工工艺、构造层次、节点设防方法、需增强部位及做法、工程质量标准、保证质量的技术措施、成品保护措施和安全注意事项等。

（2）涂膜防水层施工环境条件。防水涂料严禁在雨天、雪天和五级风及其以上时施工，以免影响涂料的成膜质量。环境温度太低，溶剂型或水乳型涂料挥发慢，反应型涂料反应缓慢，会大大延长涂料的成膜时间。当气温低于 0℃ 时，涂料就有冻害的危险，因此溶剂型防水涂料施工时的环境气温不得低于 −5℃，水乳型防水涂料不得低于 5℃。

（3）涂膜防水层施工的一般要求。

1）施工工艺。涂膜防水层施工工艺为：基层表面清理、修整→喷涂基层处理剂（底涂料）→特殊部位附加增强处理→涂布防水涂料及铺贴胎体增强材料→清理与检查修整→保护层施工。

2）施涂顺序。涂膜防水层的施工也应按"先高后低，先远后近"的原则进行。遇高低跨屋面时，一般先涂布高跨屋面，后涂布低跨屋面；相同高度的屋面，要合理安排施工段，先涂布距上料点远的部位，后涂布近处；同一屋面上，先涂布排水较集中的水落口、天沟、檐沟、檐口等节点部位，再进行大面积涂布。

3）局部增强处理。涂膜防水层施工前，应先对水落口、天沟、檐沟、泛水、伸出屋面管道根部等节点部位进行增强处理，一般涂刷加铺胎体增强材料的涂料进行增强处理。需铺设胎体增强材料时，如坡度小于 15% 可平行屋脊铺设；坡度大于 15% 应垂直屋脊铺设，并由屋面最低标高处开始向上铺设。胎体增强材料长边搭接宽度不得小于 50mm，短边搭接宽度不得小于 70mm。采用两层胎体增强材料时，上下层不得互相垂直铺设，搭接缝应错开，其间距不应小于幅宽的 1/3。

4）材料相容性。在涂膜防水屋面上如使用两种或两种以上不同防水材料时，应考虑不同材料之间的相容性（即亲合性大小、是否会发生侵蚀），如相容则可使用，否则会造成相互结合困难或互相侵蚀引起防水层短期失效。涂料和卷材同时使用时，卷材和涂膜的接缝应顺水流方向，搭接宽度不得小于 100mm。

5）涂膜防水层厚度。沥青基防水涂膜在Ⅲ级防水屋面上单独使用时不得小于 8mm，在Ⅳ级防水屋面或复合使用时不宜小于 4mm；高聚物改性沥青防水涂膜不得小于 3mm，在Ⅲ级防水屋面上复合使用时，不宜小于 1.5mm；合成高分子防水涂膜在Ⅰ、Ⅱ级防水屋面上使用时不得小于 1.5mm，在Ⅲ级防水屋面上单独使用时不得小于 2mm，复合使用时不宜小于 1mm。

（4）涂料冷涂刷施工。

1）涂布前的准备工作。包括基层的检查、清理、修整；配料和搅拌，配料时要求计量准确，主剂和固化剂的混合偏差为±5％；涂层厚度控制试验，涂膜防水层施工前，必须根据设计要求的每平方米涂料用量、涂膜厚度及涂料材性事先试验确定每道涂料涂刷的厚度以及每个涂层需要涂刷的遍数；涂刷间隔时间试验，应根据气候条件经试验确定每遍涂刷的涂料用量和间隔时间。

2）涂刷基层处理剂。基层处理剂涂刷时应用刷子用力薄涂，使涂料尽量刷进基层表面的毛细孔中，并将基层可能留下的少量灰尘等无机杂质，像填充料一样混入基层处理剂中，使之与基层牢固结合。

3）涂布防水涂料。刮涂施工时，一般先将涂料直接分散倒在屋面基层上，用刮板来回刮涂，使其厚薄均匀，不露底、无气泡、表面平整，然后待其干燥。流平性差的涂料待表面收水尚未结膜时，用铁抹子压实抹光。抹压时间应适当，过早抹压，起不到作用；过晚抹压，会使涂料粘住抹子，出现月牙形抹痕。

4）铺设胎体增强材料。在涂刷第二遍涂料时，或第三遍涂料涂刷前，即可加铺胎体增强材料。胎体增强材料可采用湿铺法或干铺法铺贴。

5）收头处理。为了防止收头部位出现翘边现象，所有收头均应用密封材料压边，压边宽度不得小于 10mm。收头处的胎体增强材料应裁剪整齐，如有凹槽时应压入凹槽内，不得出现翘边、皱折、露白等现象，否则应进行处理后再涂封密封材料。

（5）涂料热熔刮涂施工。涂料热熔刮涂方法适用于热熔型高聚物改性沥青防水涂料的施工。将涂料加入熔化釜中，逐渐加热至 190℃左右，保温待用。为使涂料加热均匀，熔化釜应采用带导热油的加热炉。涂布时将熔化的涂料倒在基面上，迅速用带齿的刮板刮涂，注意操作一定要快速、准确，必须在涂料冷却前刮涂均匀，否则涂膜发粘，就无法将涂料刮开、刮匀。

增设胎体材料的涂膜防水层施工时，涂料每遍涂刮的厚度控制在 1～1.5mm。铺贴胎体增强材料应采用分条间隔施工法，在涂料刮涂均匀后立即铺贴胎体增强材料，然后再刮涂第二遍至设计厚度。表面需做粒料保护层时，应在最后一遍涂刮的同时撒布粒料；如做涂膜保护层时宜在防水层完全固化后再涂刷保护层涂膜。

（6）涂料冷喷涂施工。涂料冷喷涂施工是将黏度较小的防水涂料放置于密闭的容器中，通过齿轮泵或空压泵，将涂料从容器中压出，通过输送管至喷枪处，将涂料均匀喷涂于基面，形成一层均匀致密的防水膜。喷涂法施工速度快、功效高，适合于各种屋面的施工。施工时操作工人要熟练掌握喷涂机械的操作，通过调整喷嘴的大小和喷料喷出的速度，使涂料成雾状均匀喷涂于基层上。由于喷涂施工速度快，应合理安排好涂料的配料、搅拌和运输工作，使喷涂能连续进行。

（7）涂料热喷涂施工。涂料热喷涂施工法常用于高聚物改性沥青防水涂膜屋面。所采用的设备由加热搅拌容器、沥青泵、输油管、喷枪等组成。

将涂料加入加热容器中,加热至 180～200℃,待全部熔化成流态后,操作工穿戴好保护用具并做好喷涂操作准备。启动沥青泵开始输送改性沥青涂料并喷涂。喷涂时注意枪头与基面夹角成 45°,枪头与基面距离约 60cm。开始喷涂时,喷出量不宜太大,应在操作的过程中逐步将喷涂量调整至正常的喷涂量。一遍涂层厚度宜控制在 2.0mm 以内,如一次涂层太厚容易出现流动,出现厚薄不均匀的现象。如喷涂过程中出现堆积现象,应在冷却前用刮板将涂料刮开刮匀。喷涂结束时应将沥青泵倒转抽空枪体和输油管道内积存的涂料。

7.1.1.4 柔性屋面保护层施工

卷材防水层与涂膜防水层的保护层材料应根据设计图纸要求选用。保护层施工前,应将防水层上的杂物清理干净,并对防水层质量进行严格检查,有条件的应做蓄水试验,合格后才能铺设保护层。如采用刚性保护层,保护层与女儿墙之间预留 30mm 以上空隙并嵌填密封材料,防水层和刚性保护层之间还应做隔离层。

(1)浅色、反射涂料保护层施工。涂刷浅色反射涂料应待防水层养护完毕后进行,一般涂膜防水层应养护 7d 以上。涂刷前,应清除防水层表面的浮灰,浮灰用柔软、干净的棉布擦干净。材料用量应根据材料说明书的规定使用,涂刷工具、操作方法和要求与防水涂料施工相同。涂刷应均匀,避免漏涂。第二遍涂刷时,方向应与第一遍垂直。由于浅色反射涂料具有良好的阳光反射性,施工人员在阳光下操作时,应佩戴墨镜,以免强烈的反射光线刺伤眼睛。

(2)粒料保护层施工。细砂、云母或蛭石主要用于非上人屋面的涂膜防水屋面的保护层,使用前应先筛去粉料。用砂做保护层时,应采用天然水成砂,砂粒粒径不得大于涂层厚度的 1/4。使用云母或蛭石时不受此限制。当涂刷最后一道涂料时,边涂刷边撒布细砂(或云母、蛭石),同时用软质的胶辊在保护层上反复轻轻滚压,以使保护层牢固地黏结在涂层上。涂层干燥后,应及时扫除未黏结的材料以回收利用。如不清扫,日后雨水冲刷就会堵塞水落口,造成排水不畅。

(3)水泥砂浆保护层施工。水泥砂浆保护层与防水层之间也应设置隔离层。保护层用的水泥砂浆的配合比一般为水泥:砂=1:2.5～1:3(体积比)。保护层施工前,应根据结构情况每隔 4～6m 用木模设置纵横分格缝。铺设水泥砂浆时,应随铺随拍实,并用刮尺找平,随即用直径为 8～10mm 的钢筋或麻绳压出表面分格缝,间距为 1～1.5m。终凝前用铁抹子压光保护层。保护层应表面平整,不能出现抹子压的痕迹和凹凸不平的现象。排水坡度应符合设计要求。

(4)板块保护层施工。在砂结合层上铺砌块体时,砂结合层应洒水压实,并用刮尺刮平,以满足块体铺设的平整度要求。块体应对接铺砌,缝隙宽度一般为 10mm 左右。块体铺砌完成后,应适当洒水并轻轻拍平压实,以免产生翘角现象。板缝先用砂填至一半的高度,然后用 1:2 水泥砂浆勾成凹缝。为防止砂子流失,在保护层四周 500mm 范围内,应改用低强度等级水泥砂浆做结合层。

(5)细石混凝土保护层施工。细石混凝土整浇保护层施工前,也应在防水层上铺设一层隔离层,并按设计要求支设好分格缝的木模或聚苯泡沫条,设计无要求时,每格面积不

大于 $36m^2$，分格缝宽度为 20mm。一个分格内的混凝土应尽可能连续浇筑，不留施工缝。振捣宜采用铁辊滚压或人工拍实，不宜采用机械振捣，以免破坏防水层。振实后随即用刮尺按排水坡度刮平，并在初凝前用木抹子提浆抹平，初凝后及时取出分格缝木模（泡沫条可不取出），终凝前用铁抹子压光。抹平压光时不宜在表面掺加水泥浆或干灰，否则表层砂浆易产生裂缝与剥落现象。若采用配筋细石混凝土保护层时，钢筋网片的位置设置在保护层中间偏上部位，在铺设钢筋网片时用砂浆垫块支垫。细石混凝土保护层浇筑完成后应及时进行养护，养护时间不应少于 7d。养护完成后，将分格缝清理干净（割去泡沫条上部 10mm），嵌填密封材料。

7.1.1.5　柔性防水屋面安全技术

柔性防水屋面施工属高空、高温作业，部分材料又含少量挥发性有毒物质，必须采取有效措施，防止发生火灾、中毒、烫伤等工伤事故。柔性防水材料施工除应符合有关规定外，还应注意以下安全事项：柔性防水材料多为易燃易爆产品，在仓库、工地现场存放及在运输过程中应严禁烟火、高温和暴晒；施工人员不得踩踏未固化的防水涂膜或防水卷材，以防滑倒跌落；熬制涂料或玛琋脂时应注意控制加热容器的容量和温度，防止"溢锅"和烫伤操作人员；操作时应注意风向，防止下风操作人员中毒、受伤；在通风不良的部位进行含有挥发性溶剂的涂料施工时，宜采取人工通风措施；施工现场应有禁烟火标志，并配备足够的灭火器具。

7.1.2　刚性防水屋面施工

刚性防水屋面是指利用刚性防水材料做防水层的屋面。主要有普通细石混凝土防水屋面、补偿收缩混凝土防水屋面、纤维混凝土防水屋面、预应力混凝土防水屋面等。刚性防水屋面所用材料易得，价格便宜，耐久性好，维修方便，但刚性防水层材料的表观密度大，抗拉强度低，极限拉应变小，易受混凝土或砂浆的干湿变形、温度变形和结构变形的影响而产生裂缝。因此刚性防水屋面主要适用于防水等级为Ⅲ级的屋面防水，也可用作Ⅰ、Ⅱ级屋面多道防水设防中的一道防水层；不适用于设有松散保温层的屋面、大跨度和轻型屋盖的屋面，以及受振动或冲击的建筑屋面。而且刚性防水层的节点部位应与柔性材料复合使用，才能保证防水的可靠性。

7.1.2.1　施工准备工作

屋面结构层为装配式钢筋混凝土屋面板时，应用细石混凝土嵌缝，其强度等级应不小于 C20；灌缝的细石混凝土宜掺膨胀剂。当屋面板缝宽度大于 40mm 或上窄下宽时，板缝内应设置构造钢筋。灌缝高度与板面平齐。板端应用密封材料嵌缝密封处理。

由室内伸出屋面的水管、通风管等须在防水层施工前安装，并在周围留凹槽以便嵌填密封材料。檐口挑出支模及分格缝模板应按要求制作并刷隔离剂。

刚性防水层的混凝土、砂浆配合比应按设计要求，由试验室通过试验确定。尤其是掺有各种外加剂的刚性防水层，其外加剂的掺量要严格试验，获得最佳掺量范围。按工程量的需要，宜一次备足水泥、砂、石等需要量，保证混凝土连续一次浇捣完成。原材料进场应按规定要求对材料进行抽样复验，合格后才能使用。

7.1.2.2　施工环境条件

刚性防水层严禁在雨天施工，因为雨水进入刚性防水材料中会增加水灰比，同时使刚性防水层表面的水泥浆被雨水冲走，造成防水层疏松、麻面、起砂等现象，丧失防水能力。施工环境温度宜在 5～35℃，不得在负温和烈日暴晒下施工，也不宜在雪天或大风天气施工，以避免混凝土、砂浆受冻或失水。

7.1.2.3 隔离层施工

刚性防水层和结构层之间应脱离，即在结构层与刚性防水层之间增加一层低强度等级砂浆、卷材、塑料薄膜等材料，起隔离作用，使结构层和刚性防水层变形互不受约束，以减少因结构变形使防水混凝土产生的拉应力，减少刚性防水层的开裂。

（1）黏土砂浆隔离层施工。预制板缝填嵌细石混凝土后板面应清扫干净，洒水湿润，但不得积水，将按石灰膏：砂：黏土＝1：2.4：3.6 配合比的材料拌和均匀，砂浆以干稠为宜，铺抹的厚度约为 10～20mm，要求表面平整，压实、抹光，待砂浆基本干燥后，方可进行下一道工序施工。

（2）石灰砂浆隔离层施工。施工方法同上。砂浆配合比为石灰膏：砂＝1：4。

（3）水泥砂浆找平层铺卷材隔离层施工。用 1：3 水泥砂浆将结构层找平，并压实抹光养护，再在干燥的找平层上铺一层 3～8mm 干细砂滑动层，在其上铺一层卷材，搭接缝用热沥青玛琋脂盖缝。也可以在找平层上直接铺一层塑料薄膜。

7.1.2.4 分格缝留置

分格缝留置是为了减少因温差、混凝土干缩、徐变、荷载和振动、地基沉陷等变形造成刚性防水层开裂，分格缝部位应按设计要求设置。

7.1.2.5 钢筋网片施工

钢筋网配置应按设计要求，一般设置直径为 4～6mm、间距为 100～200mm 双向钢筋网片。网片采用绑扎和焊接均可，其位置以居中偏上为宜，保护层不小于 10mm。钢筋要调直，不得有弯曲、锈蚀、沾油污。分格缝处钢筋网片要断开。为保证钢筋网片位置留置准确，可采用先在隔离层上满铺钢丝绑扎成型后，再按分格缝位置剪断的方法施工。

7.1.2.6 细石混凝土防水层施工

浇捣混凝土前，应将隔离层表面的浮渣、杂物清除干净；检查隔离层质量及平整度、排水坡度和完整性；支好分格缝模板，标出混凝土浇捣厚度，厚度不宜小于 40mm。

材料及混凝土质量要严格保证，经常检查是否按配合比准确计量，每工作班进行不少于两次的坍落度检查，并按规定制作检验的试块。加入外加剂时，应准确计量，投料顺序得当，搅拌均匀。混凝土搅拌应采用机械搅拌，搅拌时间不少于 2min。混凝土运输过程中应防止漏浆和离析。采用掺加抗裂纤维的细石混凝土时，应先加入纤维干拌均匀后再加水，干拌时间不少于 2min。

混凝土的浇捣按"先远后近、先高后低"的原则进行。一个分格缝范围内的混凝土必须一次浇捣完成，不得留施工缝。混凝土宜采用小型机械振捣，如无振捣器，可先用木棍等插捣，再用小滚（30～40kg，长 600mm 左右）来回滚压，边插捣边滚压，直至密实和表面泛浆，泛浆后用铁抹子压实抹平，并要确保防水层的设计厚度和排水坡度。铺设、振动、滚压混凝土时必须严格保证钢筋间距及位置的准确。

混凝土收水初凝后，及时取出分格缝隔板，用铁抹子第二次压实抹光，并及时修补分格缝的缺损部分，做到平直整齐；待混凝土终凝前进行第三次压实抹光，要求做到表面平光，不起砂、起皮、无抹板压痕为止，抹压时，不得洒干水泥或干水泥砂浆。待混凝土终凝后，必须立即进行养护，应优先采用表面喷洒养护剂养护，也可用蓄水养护法或稻草、麦草、锯末、草袋等覆盖后浇水养护，养护时间不少于 14d，养护期间保证覆盖材料的湿润，并禁止闲人上屋面踩踏或在上面继续施工。

任务 7.2 地下工程防水施工

"防、排、截、堵相结合，刚柔相济，因地制宜，综合治理"的原则是我国建筑防水技术发展至今的实践经验总结。地下防水工程的设计和施工应遵循这一原则，并根据建筑功能及使用要求，按现行规范正确划定防水等级，合理确定防水方案。

目前，地下防水工程应用技术正由单一防水向多道设防、刚柔并济方向发展；刚性防水材料从普通防水混凝土向高性能、外加剂纤维抗裂以及聚合物水泥混凝土方向发展；柔性防水材料从普通纸胎沥青油毡向聚酯胎、玻纤胎高聚物改性沥青以及合成高分子片材方向发展；防水涂料和密封防水材料也从沥青基向高聚物改性沥青、高分子以及聚合物无机涂料方向发展。新材料、新技术、新工艺的推广促使我国地下防水应用技术水平有新的飞跃和提高。

7.2.1 混凝土结构自防水

以混凝土自身的密实性而具有一定防水能力的混凝土或钢筋混凝土结构形式称为混凝土结构自防水。它兼具承重、围护功能，且可满足一定的耐冻融和耐侵蚀要求。随着混凝土工业化、商品化生产和与其配套的先进运输及浇捣设备的发展，它已成为地下防水工程首选的一种主要结构形式，广泛适用于一般工业与民用建筑地下工程的建（构）筑物。例如地下室、地下停车场、水池、水塔、地下转运站、桥墩、码头、水坝等。混凝土结构自防水不适用于以下情况：允许裂缝开展宽度大于 0.2mm 的结构、遭受剧烈振动或冲击的结构、环境温度高于 80℃ 的结构，以及可致耐蚀系数小于 0.8 的侵蚀性介质中使用的结构。

7.2.1.1 普通防水混凝土技术参数

影响防水混凝土抗渗性的技术参数有：水泥用量最少不得少于 300kg/m³，当掺有活性掺和料时，不得少于 280kg/m³；砂率宜为 35%～45%，泵送混凝土的砂率可为 45%；灰砂比宜为 1:2～1:2.5；水灰比不得大于 0.55；坍落度不宜大于 50mm。

对于预拌混凝土，其入泵坍落度宜控制在 100～140mm；入泵前坍落度每小时损失值不应大于 30mm，总损失值不应大于 60mm。应注意的是，不能以上述技术参数的限值组成混凝土配合比，而应在技术参数的限值范围内进行选值、通过试配求得符合设计要求的防水混凝土最佳配合比。

不同的外加剂，其性能、作用各异，应根据工程结构和施工工艺等对防水混凝土的具体要求，适宜地选用相应的外加剂。近十多年，逐步发展的纤维抗裂防水混凝土、高性能防水混凝土、聚合物水泥防水混凝土分别以其各自的特性，显著提高混凝土的密实性和抗裂性，成为新型的防水混凝土。

7.2.1.2　防水混凝土施工

（1）施工准备。熟悉施工图纸，进行图纸会审，充分了解和掌握防水设计要求，编制先进合理的施工方案，落实技术岗位责任制，做好技术交底以及执行"三检"（自检、交接检、专职检）等准备工作。

核查工程所选防水材料的出厂合格证书和性能检测报告，是否符合设计要求及国家规定的相应标准。对进场防水材料应进行抽样复验、提出试验报告，不合格的防水材料严禁用于工程。合格的进场材料应按品种、规格妥善放置、由专人保管。工程施工所用工具、机械、设备应配备齐全，并经过检修试验后备用。做好防水混凝土的配合比试配工作，各项技术参数应符合现行规范要求，并应按设计抗渗等级提高 0.2MPa 选定施工配合比。

采取措施防止地面水流入基坑。做好基坑的降排水工作，要稳定保持地下水位在基底最低标高 0.5m 以下，直至施工完毕。做好施工现场消防、环保、文明工地等准备工作。

（2）模板安装。模板应平整，且拼缝严密不漏浆，并应有足够的刚度、强度，吸水性要小。以钢模、木模、木（竹）胶合板模为宜。模板构造应牢固稳定，可承受混凝土拌合物的侧压力和施工荷载，且应拆装方便。结构内的钢筋或绑扎钢丝不得接触模板。固定模板用的螺栓必须穿过混凝土结构时，可采用工具式螺栓、螺栓加堵头、螺栓上加焊方形止水环等做法。止水环尺寸及环数应符合设计规定。如设计无规定，则止水环应为 10cm×10cm 的方形止水环，且至少有一环。

（3）钢筋安装。做好钢筋绑扎前的除污、除锈工作。绑扎钢筋时，应按设计规定留足保护层，且迎水面钢筋保护层厚度不应小于 50mm。应以相同配合比的细石混凝土或水泥砂浆制成垫块，将钢筋垫起，以保证保护层厚度，严禁以垫铁或钢筋头垫钢筋，或将钢筋用铁钉及钢丝直接固定在模板上。钢筋应绑扎牢固，避免因碰撞、振动使绑扣松散、钢筋移位，造成露筋。钢筋及绑扎钢丝均不得接触模板。采用铁马凳架设钢筋时，在不便取掉铁马凳的情况下，应在铁马凳上加焊止水环。在钢筋密集的情况下，更应注意绑扎或焊接质量。并用自密实高性能混凝土浇筑。

（4）混凝土搅拌。严格按照经试配选定的施工配合比计算原材料用量。准确称量每种材料用量，按石子→水泥→砂子的顺序投入搅拌机。所用各种材料的品种、规格和用量，每工作班检查不应少于两次。防水混凝土必须采用机械搅拌。搅拌时间不应小于 120s。掺外加剂时，应根据外加剂的技术要求确定搅拌时间。采用集中搅拌或商品混凝土时，也应符合上述规定，确保防水混凝土的质量。

（5）混凝土浇筑振捣。混凝土浇筑应分层，每层厚度不宜超过 30～40cm，相邻两层浇筑时间间隔不应超过 2h，夏季可适当缩短。混凝土在浇筑地点须检查坍落度，每工作班至少检查两次。普通防水混凝土坍落度不宜大于 50mm。防水混凝土必须采用高频机械振捣，振捣时间宜为 10～30s，以混凝土泛浆和不冒气泡为准。要依次振捣密实，应避免漏振、欠振和超振。掺加引气剂或引气型减水剂时，应采用高频插入式振捣器振捣密实。

（6）混凝土养护。防水混凝土的养护对其抗渗性能影响极大，特别是早期湿润养护更为重要，一般在混凝土进入终凝（浇筑后 4～6h）即应覆盖，浇水湿润养护不少于 14d。因为在湿润条件下，混凝土内部水分蒸发缓慢，不致形成早期失水，有利于水泥水化，特别是浇筑后的前 14d，水泥硬化速度快，强度增长几乎可达 28d 标准强度的 80%，由于水泥充分水化，其生成物将毛细孔堵塞，切断毛细通路，并使水泥石结晶致密，混凝土强度和抗渗性均能很快提高；14d 以后，水泥水化速度逐渐变慢，强度增长亦趋缓慢，虽然继续养护依然有益，但对质量的影响不如早期大，所以应注意前 14d 的养护。

7.2.2 水泥砂浆抹面防水

水泥砂浆抹面属刚性防水层，它质脆、韧性差，在湿度和温度变化的情况下易产生空鼓开裂现象。为了克服这一缺陷，往往在水泥砂浆中引入了聚合物材料进行改性，改性后的砂浆，一则大大地提高了水密性，二则提高了抗拉、抗折和黏结强度，降低了砂浆的干缩率，增强了抗裂性能。目前商业化的防水砂浆专用胶乳，有氯丁橡胶胶乳、丁苯胶乳、羧基丁苯胶乳、丙烯酸酯胶乳、环氧乳液等。采用商业化专用胶乳对普通硅酸盐水泥进行改性的聚合物水泥砂浆，在地下工程的防渗、防潮，厕浴间的防水，及墙面防水中发挥了特有的作用。但在使用专用胶乳配制防水砂浆中，发现此类砂浆仍有许多方面不能满足工程的需求，如胶乳的加入降低了水泥早期的强度，此时如养护不好，分格面积不合理，就会产生裂缝及空鼓。在专用胶乳的基础上，目前已有商业化的单组分胶黏剂及粉、液双组分胶黏剂产品，此系列产品除了保证该类砂浆良好的施工性能、抗渗性及黏结性外，还通过对聚合物胶乳和水硬性材料技术水平的提高，解决了该类砂浆早期强度低的问题。采用某些产品配制砂浆，其干缩率可比普通水泥砂浆的 $\frac{1}{10} \sim \frac{1}{15}$，比日本 JIS A 6023 工业用聚合物水泥砂浆的干缩率的 $\frac{1}{2} \sim \frac{1}{3}$。这类产品的面市，解决了地下防水工程大面积防水施工的难题，它在地下工程、涵洞、洞库、隧道背水面的防水工程中起到了至关重要的作用。

7.2.2.1 各类防水砂浆及其防水剂的化学组成

各类防水砂浆防水剂的化学组成见表 7.5。

表 7.5 各类防水砂浆防水剂的化学组成

防水砂浆种类	防水剂类别	
掺小分子防水剂的砂浆	无机类	氯化钙、无机铝盐
	有机类	有机硅、脂肪酸
掺塑化膨胀剂的砂浆	钙钡石膨胀源	硫铝酸盐、木钙萘系减水剂
聚合物水泥砂浆	橡胶类	氯丁胶乳、羧基丁苯胶乳、丁苯胶乳
	橡塑类	丙烯酸酯乳液、环氧乳液
	胶乳或粉状聚合物改性水硬性材料	丙烯酸酯胶乳＋改性水泥 环氧乳液＋改性水泥 粉状聚合物＋改性水泥

7.2.2.2 防水砂浆施工

（1）基层的处理。基层处理十分重要，是保证防水层与基层表面结合牢固，不空鼓和密实不透水的关键。基层处理包括清理、浇水、刷洗、补平等工序，使基层表面保持潮湿、清洁、平整、坚实、粗糙。

1）混凝土基层的处理。新建混凝土工程，拆除模板后，立即用钢丝刷将混凝土表面刷毛，并在抹面前浇水冲刷干净；旧混凝土工程补做防水层时，需用钻子、剁斧、钢丝刷将表面凿毛，清理平整后再冲水，用棕刷刷洗干净；混凝土基层表面凹凸不平、蜂窝孔洞，应根据不同情况分别进行处理；混凝土结构的施工缝要沿缝剔成八字形凹槽，用水冲洗后，用素灰打底，水泥砂浆压实抹平。

2）砖砌体基层的处理。对于新砌体，应将其表面残留的砂浆等污物清除干净，并浇水冲洗。对于旧砌体，要将其表面酥松表皮及砂浆等污物清理干净，至露出坚硬的砖面，并浇水冲洗。对于石灰砂浆或混合砂浆砌的砖砌体，应将缝剔深1cm，缝内呈直角。

3）毛石和料石砌体基层的处理。这种砌体基层的处理与混凝土和砖砌体基层处理基本相同。对于石灰砂浆或混合砂浆砌体，其灰缝要剔深1cm，缝内呈直角。对于表面凹凸不平的石砌体，清理完毕后，在基层表面要做找平层。找平层的做法是：先在石砌体表面刷一道水灰比0.5左右的水泥浆，厚约1mm，再抹1～1.5cm厚的1:2.5水泥砂浆，并将表面扫成毛面。一次不能找平时，要间隔2d分次找平。

（2）砂浆抹面施工操作要点。

1）混凝土顶板与墙面防水层操作。素灰层，厚2mm。先抹一道1mm厚素灰，用铁抹子往返用力刮抹，使素灰填实基层表面的孔隙。随即在已刮抹过素灰的基层表面再抹一道厚1mm的素灰找平层，抹完后，用湿毛刷在素灰层表面按顺序涂刷一遍。

第一层水泥砂浆层，厚6～8mm。在素灰层初凝时抹水泥砂浆层，要防止素灰层过软或过硬，过软会将素灰层破坏；过硬则黏结不良，要使水泥砂浆薄薄压入素灰层厚度的1/4左右。抹完后，在水泥砂浆初凝时用扫帚按顺序向一个方向扫出横向条纹；第二层水泥砂浆层，厚6～8mm。按照第一层的操作方法将水泥砂浆抹在第一层上，抹后在水泥砂浆凝固前水分蒸发过程中，分次用铁抹子压实，一般以抹压2～3次为宜，最后再压光。

2）砖墙面和拱顶防水层的操作。第一层是刷水泥浆一道，厚度约为1mm，用毛刷往返涂刷均匀，涂刷后，可抹第二、三、四层等，其操作方法与混凝土基层防水相同。

3）石墙面和拱顶防水层的操作。待找平层（为一层素灰，一层砂浆）水泥砂浆充分硬化后，再在其表面适当浇水湿润，即可进行防水层施工，其操作方法与混凝土基层防水相同。

4）地面防水层的操作。地面防水层操作与墙面、顶板操作不同的地方是，素灰层（一、三层）不采用刮抹的方法，而是把拌和好的素灰倒在地面上，用棕刷往返用力涂刷均匀，第二层和第四层是在素灰层初凝前后把拌和好的水泥砂浆层按厚度要求均匀铺在素灰层上，按墙面、顶板操作要求抹压，各层厚度也均与墙面、顶板防水层相同。地面防水层在施工时要防止践踏，应由里向外顺序进行。

5）特殊部位的施工。结构阴阳角处的防水层，均需抹成圆角，阴角直径5cm，阳角直径1cm。防水层的施工缝需留斜坡阶梯形槎，槎子的搭接要依照层次操作顺序层层搭接。留槎的位置一般留在地面上，也可留在墙面上，所留的槎子均需离阴阳角20cm以上。

7.2.3 卷材防水

地下防水工程一般把卷材防水层设置在建筑结构的外侧，称为外防水。它与卷材防水层设在结构内侧的内防水相比较，具有以下优点：外防水的防水层在迎水面，受压力水的作用紧压在结构上，防水效果良好，而内防水的卷材防水层在背水面，受压力水的作用容易局部脱开；外防水造成渗漏机会比内防水少。因此，一般多采用外防水。外防水有两种设置方法，即"外防外贴法"和"外防内贴法"。

7.2.3.1 地下工程防水卷材

目前适用于地下工程的高聚物改性沥青类防水卷材的主要品种有：弹性体改性沥青防水卷材，以 SBS 改性沥青和聚酯毡或玻纤毡胎体制成；塑性体改性沥青防水卷材，以 APP 等改性沥青和聚酯毡或玻纤毡胎体制成；改性沥青聚乙烯胎防水卷材，以改性沥青为基料、高密度聚乙烯膜为胎体制成。

适用于地下工程的合成高分子卷材的类型有：硫化橡胶类，如 JL_1 三元乙丙橡胶防水卷材、JL_2 氯化聚乙烯橡胶共混防水卷材等；非硫化橡胶类，如 JF_3 氯化聚乙烯（CPE）防水卷材等；合成树脂类，如 JS_1 聚氯乙烯（PVC）防水卷材等；纤维胎增强类，如丁基、氯丁橡胶、聚氯乙烯、聚乙烯等产品。

7.2.3.2 卷材防水层的施工做法

地下工程的卷材防水层采用高聚物改性沥青防水卷材，或合成高分子防水卷材，并应选用与它们材性相容的基层处理剂、胶黏剂、密封材料等配套材料。地下工程防水卷材厚度见表 7.6。

表 7.6　　　　　　　　　　　地下工程防水卷材厚度选用表

防水等级	设防道数	合成高分子防水卷材厚度	高聚物改性沥青防水卷材厚度
Ⅰ级	三道或三道以上设防	单层：不应小于 1.5mm	单层：不应小于 4mm
Ⅱ级	两道设防	双层：每层不应小于 1.2mm	双层：每层不应小于 3mm
Ⅲ级	一道设防	不应小于 1.5mm	不应小于 4mm
	复合设防	不应小于 1.2mm	不应小于 3mm

铺设卷材防水层时，两幅卷材短边、或长边的搭接宽度均不应小于 100mm。铺设多层卷材时，上下两层和相邻两幅卷材的接缝应错开 1/3 幅宽；上下两层卷材不得相互垂直铺贴；阴阳角应做成圆弧或 45°（135°）折角，并增铺 1~2 层相同品种的卷材、宽度不宜小于 500mm。

（1）冷粘法。冷粘法是采用与卷材配套的专用冷胶黏剂粘铺卷材而无须加热的施工方法，主要用于铺贴合成高分子防水卷材。冷粘法施工可以满粘、条粘、点粘、空铺，通常底板垫层、混凝土平面部位的卷材宜采用点粘法或空铺法，其他部位应采用满粘法。现将施工要点介绍如下。

1）基层要求及处理。基层必须牢固，无松动、起砂等缺陷。基层表面应平整洁净、均匀一致。必须将突出基层表面的异物、砂浆疙瘩等铲除，并将尘土杂物清除干净，最好用高压空气进行清理。基层应干燥，含水率宜小于 9％，测定方法是：将 1m 见方的三元乙丙橡胶卷材覆盖在基层表面上，静置 2～3h，若覆盖处的基层表面无水印，且紧贴基层一侧的卷材也无凝结水痕，即为基层含水率小于 9％。

阴阳角、管道根部等处更应仔细清理，若有油污、铁锈等，应以砂纸、钢丝刷、溶剂等予以清除干净。基层若高低不平或凹坑较大时，应用掺加 108 胶（占水泥重量的 15％）的 1∶3 水泥砂浆抹平。基层与变形缝或管道等相连接的阴角应做成均匀一致、平整光滑的折角或圆弧。排水口、地漏应低于基层；有套管的管道部位应高于基层表面不少于 20mm。

2）单层卷材防水层的施工构造如图 7.1 所示。

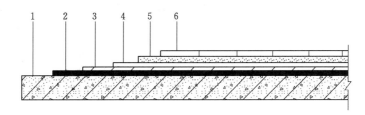

图 7.1　单层卷材防水层构造

1—基层：混凝土或水泥砂浆层；2—基层处理剂：聚氨酯底胶；3—基层胶黏剂：CX-404 胶；

4—防水主体：三元乙丙橡胶防水卷材；5—刚性结合层：108 胶水泥砂浆；6—刚性保护层：水泥方砖或缸砖

单层卷材防火层施工的主要步骤如下：

a. 涂布基层处理剂。先用油漆刷沾底胶在阴角、管道根部等复杂部位均匀涂刷一遍。再以长把滚刷进行大面涂布，要涂布均匀，不得过厚或过薄，更不得漏涂露底。底胶涂后要干燥 4h 以上，方可进行下一道工序的施工。

b. 复杂部位增强处理。在铺贴卷材之前应对阴阳角、排水口、管道等薄弱部位做增强处理。

c. 涂布基层胶黏剂及铺设卷材。涂布胶黏剂后，需静置 10～20min，待胶膜基本干燥（以手感不粘为准）时，将卷材用原纸筒芯重新卷起，要注意两端平直，不得折皱，并防止粘上砂子或尘土等污物。

d. 卷材搭接缝及收头处理。卷材搭接缝及收头是防水层密封质量的关键，因此须以专用的接缝胶黏剂及密封膏进行处理，此外，地下工程卷材搭接缝必须做附加补强处理。

e. 施工保护层。卷材防水层经检查质量合格后，即可做保护层。

3）涂膜卷材复合防水层的施工。涂布聚氨酯底胶，同单层卷材防水层；聚氨酯涂膜防水层施工。将聚氨酯涂膜防水材料的两个组分按甲∶乙∶二甲苯＝1∶1.5∶0.2 的比例配合搅拌均匀，用橡皮刮板将其涂刮在基层上，要求涂刮均匀一致，厚度一般以 2mm 为宜，若涂得过薄，则应在涂膜固化后再涂一层。涂刮后在 24h 以内固化，然后施工下一道工序；其他施工方法与单层卷材防水层相同。

（2）自粘法。自粘法是采用自粘型防水卷材，不须涂刷胶黏剂，只需将卷材表面的隔离纸撕去即可粘贴卷材的方法。自粘法施工可以满粘或条粘。条粘施工只需将卷材与基层脱离部分采取隔离措施即可，例如刷一道石灰水或用裁下的隔离纸铺垫等。

（3）热熔法。热熔法是以专用的加热机具将热熔型卷材底面的热熔胶加热熔化而使卷材与基层或卷材与卷材之间进行黏结的施工方法。热熔法施工的关键技术是烘烤热熔胶，要把握烘烤温度和烘烤时间，温度不够、时间短，热熔胶不得熔融；温度太高、时间过长，易将卷材烤坏，均会影响卷材防水层的质量，因此熟练掌握烘烤技术，使烘烤恰到好处是十分重要的。

（4）焊接法。焊接法是用半自动化温控热熔焊机、手持温控热熔焊枪，以及专用焊条对所铺卷材进行焊接铺设的施工方法。焊接法工艺先进、焊缝强度高、严密性可靠，由于不是卷材与基层满粘（只是卷材与卷材焊接），因而可适应基层变形较大的建筑物和构筑物。

（5）机械固定法。机械固定法是使用专用螺钉、垫片、压条及其他配件将合成高分子卷材固定在基层上的施工方法，它具有便捷、可靠、实用，对基层无严格要求，缩短工期等优点。

任务 7.3　卫生间地面防水涂料施工

7.3.1　作业条件

（1）卫生间楼地面垫层已完成，穿过卫生间地面及楼面的所有立管、套管已完成，并已固定牢固，经过验收。管周围缝隙用 1∶2∶4 豆石混凝土填塞密实（楼板底需吊模板）。

（2）卫生间楼地面找平层已完成，标高符合要求，表面应抹平压光、坚实、平整，无空鼓、裂缝、起砂等缺陷，含水率不大于 9%。

（3）找平层的泛水坡度应在 2%（即 1∶50），不得局部积水，与墙交接处及转角处、管根部位，均要抹成半径为 100mm 的均匀一致、平整光滑的小圆角，要用专用抹子。凡是靠墙的管根处均要抹出 5%（1∶20）的坡度，避免此处积水。

（4）涂刷防水层的基层表面，应将尘土、杂物清扫干净，表面残留的灰浆硬块及高出部分应刮平，扫净。对管根周围不易清扫的部位，应用毛刷将灰尘等清除，如有坑洼不平处或阴阳角未抹成圆弧处，可用胶∶水泥∶砂＝1∶1.5∶2.5 的砂浆修补。

（5）基层做防水涂料之前，在突出地面和墙面的管根、地漏、排水口、阴阳角等易发生渗漏的部位，应做附加层增补。

（6）卫生间墙面按设计要求及施工规定（四周至少上卷 300mm）有防水的部位，墙面基层抹灰要压光，要求平整，无空鼓、裂缝、起砂等缺陷。穿过防水层的管道及固定卡具应提前安装并在距管 50mm 范围内凹进表层 5mm，管根做成半径为 10mm 的圆弧。

（7）根据墙上的 ＋0.5m 水平控制线，弹出墙面防水高度线，标出立管与标准地面的交界线，涂料涂刷时要与此线平齐。

（8）卫生间做防水之前必须设置足够的照明设备（安全低压灯等）和通风设备。

（9）防水材料一般为易燃有毒物品，储存、保管和使用时要远离火源，施工现场要备有足够的灭火器等消防器材，施工人员要着工作服，穿软底鞋，并设专业工长监管。

（10）环境温度保持在 ＋5℃ 以上。

（11）操作人员应经过专业培训考核合格后，持证上岗，先做样板间，经检查验收合格，方可全面施工。

7.3.2　主要材料

7.3.2.1　聚氨酯防水涂膜

（1）聚氨酯防水涂料。甲组分：异氰酸基含量以 $3.5\% \pm 0.2\%$ 为宜；乙组分：如为羧基固化时，羧基含量以 $0.7\% \pm 0.1\%$ 为宜；聚氨酯防水涂料及形成防水涂膜的质量应符合下列要求：固体含量：不小于 94%；拉伸强度：不小于 $1.65 N/mm^2$；断裂延伸率：不小于 300%；柔性：$-30℃$ 弯折无裂纹；不透水性：$0.3 N/mm^2$，$30 min$，不渗漏。

（2）聚酯纤维无纺布。由聚酯纤维加工制成，主要用做涂膜的增强材料，规格为 $60 \sim 80 g/m^2$，拉力 $100 N/50 mm$，延伸率 20% 以上（横向）。

（3）聚乙烯泡沫塑料片材。由聚乙烯树脂成型发泡制成，厚度 $5 \sim 6 mm$，主要用做立墙外侧防水涂膜的软保护层。其主要技术性能应符合下列要求：拉伸强度：不小于 $0.2 N/mm^2$；断裂伸长率：不小于 100%；直角撕裂强度：不小于 $23 N/25 mm$；吸水率：不大于 0.6%。

（4）辅助材料。主要包括二甲苯（稀释剂和机具清洗剂）、二月桂酸二丁基锡（促凝剂）和苯磺酰氯（缓凝剂）等。

7.3.2.2　氯丁橡胶沥青防水涂料防水涂膜

主要材料：氯丁橡胶沥青防水涂料（铁桶包装，净重 $200 kg$；塑料桶包装，净重 $50 kg$）；配套材料：玻璃纤维布等；表面保护层材料：细砂、云母粉等。

7.3.3　聚氨酯防水涂料施工工艺流程

聚氨酯防水涂料施工工艺流程如下：

（1）清扫基层：用铲刀将粘在找平层上的灰皮除掉，用扫帚将尘土清扫干净，尤其是管根、地漏和排水口等部位要仔细清理。如有油污时，应用钢丝刷和砂纸刷掉。表面必须平整，凹陷处要用 $1:3$ 水泥砂浆找平。

（2）涂刷底胶：将聚氨酯甲、乙两组分和二甲苯按 $1:1.5:2$ 的比例（重量比）配合搅拌均匀，即可使用。用滚动刷或油漆刷蘸底胶均匀地涂刷在基层表面，不得过薄也不得过厚，涂刷量以 $0.2 kg/m^2$ 左右为宜。涂刷后应干燥 $4 h$ 以上，手感不粘时才能进行下一道工序的操作。

（3）细部附加层：将聚氨酯涂膜防水材料按甲组分：乙组分＝$1:1.5$ 的比例混合搅拌均匀，用油漆刷蘸涂料在地漏、管道根、阴阳角和出水口等容易漏水的薄弱部位均匀涂刷，不得漏刷（地面与墙面交接处，涂膜防水拐墙上做 $150 mm$ 高）。

（4）第一层涂膜：将聚氨酯甲、乙两组分和二甲苯按 $1:1.5:0.2$ 的比例（重量比）配合后，倒入拌料桶中，用电动搅拌器搅拌均匀（约 $5 min$），用橡胶刮板或油漆刷刮涂一层涂料，厚度要均匀一致，刮涂量以 $0.8 \sim 1.0 kg/m^2$ 为宜，从内往外退着操作。

（5）第二层涂膜：第一层涂膜后，涂膜固化到不粘手时，按第一遍材料配比方法，进行第二遍涂膜操作，为使涂膜厚度均匀，刮涂方向必须与第一遍刮涂方向垂直，刮涂量与第一遍同。

（6）第三层涂膜：第二层涂膜固化后，仍按前两遍的材料配比搅拌好涂膜材料，进行第三遍刮涂，刮涂量以 $0.4\sim0.5kg/m^2$ 为宜，如图7.2所示。

在操作过程中根据当天操作量配料，不得搅拌过多。如涂料黏度过大不便涂刮时，可加入少量二甲苯进行稀释，加入量不得大于乙料的 10%。如甲、乙料混合后固化过快，影响施工时，可加入少许磷酸或苯磺酚氯化缓凝剂，加入量不得大于甲料的 0.5%；如涂膜固化太慢，可加入少许二月桂酸二丁基锡作促凝剂；但加入量不得大于甲料的 0.3%。涂膜防水做完，经检查验收合格后可进行蓄水试验，24h无渗漏，可进行面层施工。

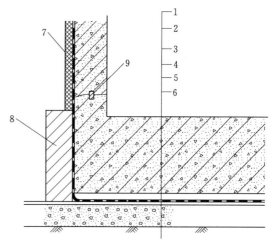

图 7.2 卫生间地面聚氨酯涂膜防水构造
1—混凝土底板；2—细石混凝土保护层；
3—涂膜防水层；4—砂浆找平层；5—混凝土垫层；
6—素土夯实；7—聚乙烯泡沫毡软保护层；
8—砖砌模板墙；9—膨胀橡胶止水条

7.3.4 氯丁橡胶沥青防水涂料施工

氯丁橡胶沥青防水涂料又名氯丁胶乳沥青防水涂料，目前国内多是阳离子水乳型产品。它兼有橡胶和沥青的双重优点，与溶剂型同类涂料相比，两者的主要成膜物质均为氯丁橡胶和石油沥青，其良好性能相仿，但阳离子水乳型氯丁橡胶沥青防水涂料以水代替了甲苯等有机溶剂，其成本降低，且具有无毒、无燃爆和施工时无环境污染等特点。

7.3.4.1 基层处理

基层表面必须平整光滑，不得有疏松、砂眼或孔洞存在。如有上述现象存在时，应抹水泥砂浆找平，采用掺入水泥量 15% 的108胶或聚醋酸乙烯乳液调制的水泥腻子填充刮平。

7.3.4.2 防水涂层

阳离子氯丁橡胶沥青防水涂层，以二布六涂涂层为主，厚度见表7.7。

表 7.7　　　　　　　　　　氯丁橡胶沥青防水涂层厚度

涂 层	玻璃纤维布	二布六涂
厚度/mm	>0.2	>2.0

注　厚度不包括砂层及其他保护层。

涂料施工的步骤如下：

（1）底涂层施工。将稀释防水涂料均匀涂布于基层找平层上。涂刷时最好选择在无阳光的早晚时间进行，以使涂料有充分的时间向基层毛细孔内渗透，增强涂层对底层的黏结力。干后再涂刷防水涂料2～3遍，涂刷涂料时应做到厚度适宜，涂布均匀，不得有流淌、堆积现象，以利于水分蒸发，避免起泡。以下各涂层均按此要求进行施工。

（2）中涂层施工。中涂层为加筋涂层，要铺贴玻璃纤维网格布，施工时可采用干铺法或湿铺法。

1）干铺法，是在已干的底涂层上干铺玻璃纤维网格布，展平后用涂料点粘固定。玻璃纤维网格布纵向搭接宽度为 70mm，对接宽度为 10mm。铺过两个纵向搭接缝的纤维网格布后，开始涂刷防水涂料。依次刷防水涂料 2～3 遍。涂层干后，按上述做法铺第二层网格布。交接缝要与第一层网格布错位搭接。在第二层网格布上涂刷 1～2 遍涂料。在涂料施工过程中，为防止涂层表面粘脚，可在局部涂层表面上抛撒少量粉砂（40 目以上）或滑石粉（50～100 目）。粉料宜少撒，以免影响涂层质量。

2）湿铺法，是在已干的底涂层上，边涂防水涂料边铺贴玻璃纤维布。为了操作方便，可将玻璃纤维布卷成圆卷，边滚边贴。随即用毛刷将玻璃纤维布碾平整，排除气泡，并用刷子蘸涂料在其上面均匀涂刷，使玻璃纤维网格布牢固黏结到基层上，并且使全部玻璃纤维网眼浸满涂料，不得有漏涂现象和皱折，干后再刷涂料。

（3）面层保护层施工。平面部位可做细石混凝土和水泥砂浆。立面可采用砌砖或粘贴 4～5mm 厚泡沫片材。

7.3.5　卫生间涂膜防水施工注意事项

（1）涂料使用前必须搅拌均匀；储运环境温度应大于 0℃，注意密封；储存期不宜超过 6 个月；不得在 0℃ 以下施工。雨天、风沙天不得施工；不宜在夏季太阳暴晒下和后半夜潮露时施工；施工中，严禁踩踏未干防水层，不准穿带钉鞋操作。

（2）首先要用水泥砂浆将地面做平，然后再做防水处理。这样可以避免防水涂料因薄厚不均或防水涂料露底而造成渗漏，找平层的流水坡向和坡度应符合设计要求，流水畅通无积水处。

（3）后装管道的洞口四周先凿毛后用混凝土浇灌严实，墙体与地面之间的接缝以及上下水管道与地面的接缝处，是最容易出现问题的地方。所以这些部位一定要格外注意，处理一定要细致，不能有丝毫的马虎。

（4）涂料防水层的基层应牢固，基面应干燥、洁净、平整，不得有空鼓、松动、起砂、潮湿和脱皮现象，基层阴阳角处应做成圆弧形。

（5）涂料涂刷前应先在基层上涂一层与涂料相容的基层处理剂，涂膜应多遍完成，涂刷应待前遍涂层干燥成膜后进行，每遍涂刷时应交替改变涂层的涂刷方向，同层涂膜的先后搭荐宽度宜为 30～50mm。

（6）为了达到较好的防水效果，一般卫生间的墙面上也要做大约 750mm 高的防水处理，防止积水洇透墙面。有水管及与浴缸相邻的墙面，防水处理的高度也要比水管面及浴缸上沿高出一些。

（7）涂刷程序应先做转角处、穿板管道、出水口等部位的涂料加强层，后进行大面涂刷，涂料防水层的平均厚度应符合设计要求，最小厚度不得小于设计厚度的 80%。涂料防水层应与基层黏结牢固，表面平整，涂刷均匀，不得有流淌、皱折、鼓泡、漏底、翘边等缺陷。

（8）应进行蓄水试验，观察是否有渗漏现象。涂膜防水层做完之后，必须进行第一次蓄水试验，如有渗漏现象，可根据渗漏具体部位进行修补，或者全部返工，直到蓄水 2cm 高，观察 24h 不渗漏为止。地面面层做完之后，再进行第二遍蓄水试验，观察 24h 无渗漏为最终合格，填写蓄水检查记录。

（9）保护层混凝土浇筑时应做好成品保护，防止将防水层弄破，找坡平稳、顺直，厚度达到设计要求。

（10）涂膜防水层空鼓、有气泡，主要是基层清理不干净，底胶涂刷不匀或者是由于找平层潮湿，含水率高于 9％，涂刷之前未进行含水率试验，造成空鼓，严重的会造成大面积起鼓包。因此在涂刷防水层之前，必须将基层清理干净，并做含水率试验。

（11）地面存水排水不畅，主要原因是在做地面垫层时，没有按设计要求找坡，做找平层时也没有进行补救措施，造成倒坡或凹凸不平而存水。因此在做涂膜防水层之前，先检查基层坡度是否符合要求，与设计不符时，应进行处理后再做防水。

（12）防水涂料施工应具备以下质量记录：防水涂料必须有生产厂家合格证，施工单位的技术性能复试试验记录；防水涂层隐检记录，蓄水试验检查记录；涂膜防水层检验批质量验收记录；密封材料嵌缝检验批质量验收记录；地漏及地面清扫口排水记录。

7.3.6　卫生间渗漏及堵漏措施

卫生间防水渗漏是多年来建筑业的一大难题，卫生间防水的施工造价低，但由于渗漏造成的返修成本高，代价大；并且需进入另一户进行维修，甚至由于另一户的不配合造成维修无法进行，由此造成的纠纷也多，严重影响业主的正常生活。因此应将卫生间防水施工作为装修工作中的重中之重来予以关注。卫生间防水保修期达五年，必须保证防水层的耐久性，第一，必须保证使用合格的防水材料；第二，必须确保防水层的厚度；第三，必须保证不积水；第四，必须保证防水节点的可靠有效。

7.3.6.1　防水层厚度不足造成渗漏

存在问题：防水层厚度不足造成防水的耐久性达不到要求，达不到五年保修期就开始渗漏。特别是墙面部分防水层厚度不足，造成相连的房间墙面出现长毛、发霉现象。

防治措施：严格把关，每间地面墙面防水层进行切片验收，确保厚度。

7.3.6.2　预留洞渗漏

存在问题：预留洞施工的，管道施工完成后，周围用混凝土封堵，此部位混凝土容易松动、开裂，造成防水层破坏渗漏。

防治措施：从楼板浇筑时就严格把关，为了解决预留洞口周边混凝土松动、裂纹等质量隐患，采取了楼板不留洞，只预留洞口位置，木工支完模板后，由暖通技术人员用红油漆标出准确位置，直径大小与管径匹配，比管道直径大 5cm 即可，绑扎顶板钢筋时躲避该标识。结构完成后，再根据地漏位置用水钻开洞。

7.3.6.3　地漏高过防水层造成积水

存在问题：目前地漏的安装高度均是装修面的最低处，高过防水层的高度。防水层与地漏口形成了存水、洼兜，长期使用后，防水层与地漏周边连接处会形成缝隙，防水层上的存水就有可能于防水薄弱点渗水到管根、墙角等。

防治措施：在地漏下边设一个大小头漏斗，其安装高度与结构板找平层上板面相平，做防水前的找平层向地漏方向找坡，大小头上安装一个活动地漏，此做法同时解决了家庭装修时改造地漏的难度。为解决地漏返气问题，在地漏下方加装一处返水弯。

7.3.6.4 穿楼板管渗漏

存在问题：穿楼板管根处防水层与管道连接处理不好造成渗水漏水，或长期使用破坏。

防治措施：为解决管根渗水问题，在排水立管上加设止水环、给水立管加装套管，管道四周密封材料填实。

7.3.6.5 穿墙管渗漏

存在问题：暖气、给水地埋管穿墙处防水层处理不好造成渗漏。

防治措施：一种为非承重墙后开洞，管道走防水层外；另一种为承重墙预留穿墙洞，管道加套管。根据不同地点选择不同做法。

7.3.6.6 门槛洇水

存在问题：卫生间装修完成项目在进行二次闭水试验或使用中用水时间长水量大时，水从地砖缝渗入，从门槛下的防水层上洇出；防水层做在地埋管下的，水从门槛下地埋管处洇出。

防治措施：在卫生间门下口浇筑混凝土门槛，防水做在混凝土门槛上面，混凝土门槛高度为完成面高度减装修面厚度。改变地埋管位置，不从卫生间门下进入卫生间，地埋管不穿防水层，尽量减少渗漏的可能性。

任务 7.4 防水工程质量验收

防水工程应遵循"迎水面设防""以防为主，防排结合"的原则，并采用"多道设防""刚柔并济""节点密封"等措施，根据不同的环境，因地制宜，利用各种手段进行综合治理以确保达到预期的防水效果。

7.4.1 卷材防水质量要求与验收

7.4.1.1 质量要求

（1）屋面不得有渗漏和积水现象。

（2）所使用的材料（包括防水材料，找平层、保温层、保护层、隔气层及外加剂、配件等）必须符合设计要求和质量标准。

（3）天沟、檐沟、泛水和变形缝等构造，应符合设计要求。

（4）卷材铺贴方法和搭接顺序应符合设计要求，搭接宽度正确，接缝严密，无皱折、鼓泡和翘边现象。

（5）卷材防水层的基层，卷材防水层搭接宽度，附加层、天沟、檐沟、泛水和变形缝等细部做法，刚性保护层与卷材防水层之间设置的隔离层，密封防水处理部位等，应做隐蔽工程验收，并有记录。

7.4.1.2 质量验收

卷材防水层的质量主要是施工质量和耐用年限内不得渗漏。所以材料质量必须符合设计要求，施工后不渗漏、不积水，极易产生渗漏的节点防水设防应严密，所以将它们列为主控项目。当然，搭接、密封、基层黏结、铺设方向、搭接宽度、保护层、排气屋面的排气通道等项目也应列为检验项目，见表 7.8。

表 7.8　　　　　　　　　　　　卷材防水层质量检验

项次	序号	检验项目	要　求	检验方法
主控项目	1	卷材防水层所用卷材及其配套材料	必须符合设计要求	检查出厂合格证、质量检验报告和现场抽样复验报告
	2	卷材防水层	不得有渗漏或积水现象	雨后或淋水、蓄水试验
	3	卷材防水层在天沟、檐沟、泛水、变形缝和水落口等处细部做法	必须符合设计要求	观察检查和检查隐蔽工程验收记录
一般项目	1	卷材防水层的搭接缝	应黏（焊）结牢固、密封严密，并不得有皱折、翘边和鼓泡	观察检查
	2	防水层的收头	应与基层黏结并固定牢固、缝口封严，不得翘边	观察检查
	3	卷材防水层撒布材料和浅色涂料保护层	应铺撒或涂刷均匀，黏结牢固	观察检查
	4	卷材防水层的水泥砂浆或细石混凝土保护层与卷材防水层间	应设置隔离层	观察检查
	5	保护层的分格缝留置	应符合设计要求	观察检查
	6	卷材的铺设方向，卷材的搭接宽度允许偏差	铺设方向应正确；搭接宽度的允许偏差为－10mm	观察和尺量检查
	7	排气屋面的排气道、排气孔	应纵横贯通，不得堵塞；排气管应安装牢固，位置正确，封闭严密	观察和尺量检查

7.4.1.3　防水卷材现场抽样检验项目

防水卷材及配套材料现场抽样数量和质量检验项目见表 7.9。

表 7.9　　　　　　　　　　防水卷材现场抽样检验项目

材料名称	现场抽样数量	外观质量检验	物理性能检验
沥青防水卷材	大于 1000 卷抽 5 卷，每 500～999 卷抽 4 卷，100～499 卷抽 3 卷，100 卷以下抽 2 卷，进行规格尺寸和外观质量检验。在外观质量检验合格的卷材中，任取 1 卷做物理性能检验	孔洞、硌伤、露胎、涂盖不匀、折纹、皱折、裂纹、裂口、缺边，每卷卷材的接头	纵向拉力，耐热度，柔度，不透水性
高聚物改性沥青防水卷材	大于 1000 卷抽 5 卷，每 500～999 卷抽 4 卷，100～499 卷抽 3 卷，100 卷以下抽 2 卷，进行规格尺寸和外观质量检验。在外观质量检验合格的卷材中，任取 1 卷做物理性能检验	孔洞、缺边、裂口、边缘不整齐、胎体露白、未浸透，撒布材料粒度、颜色，每卷卷材的接头	拉力，最大拉力时延伸率，耐热度，低温柔度，不透水性
合成高分子防水卷材	大于 1000 卷抽 5 卷，每 500～999 卷抽 4 卷，100～499 卷抽 3 卷，100 卷以下抽 2 卷，进行规格尺寸和外观质量检验。在外观质量检验合格的卷材中，任取 1 卷做物理性能检验	折痕、杂质、胶块、凹痕，每卷卷材的接头	断裂拉伸强度，扯断伸长率，低温弯折，不透水性
石油沥青	同一批至少抽一次		针入度，延度，软化点
沥青玛琋脂	每工作班至少抽一次		耐热度，柔韧性，黏结力

7.4.1.4　防水卷材质量验收

卷材防水层的施工质量检验数量，应按铺贴面积每 100m² 抽查 1 处，每处 10m²，且不得少于 3 处。具体检验标准与方法见表 7.10。

表 7.10　　　　　　　　　　卷材防水工程质量检验标准与方法

项次	序号	检验项目		允许偏差或允许值	检查方法
主控项目	1	卷材防水层所用材料及其配套材料		必须符合设计要求	检查资料
	2	卷材防水层的渗漏或积水		不得有渗漏或积水现象	雨后或淋水、蓄水试验检查
	3	细部构造		必须符合设计要求和规范规定	观察检查和检查隐蔽工程验收记录
一般项目	1	卷材防水层的搭接缝、收头		搭接缝应黏(焊)结牢固,密封严密,不得有皱折	观察检查
	2	防水卷材保护层	撒布材料和浅色涂料	应铺撒或涂刷均匀,黏结牢固	观察检查
			水泥砂浆或细石混凝土	与卷材防水层间应设置隔离层	
			刚性材料	分割缝留置应符合设计要求	
	3	排气屋面的排气道		应纵横贯通,不得堵塞	观察检查
	4	卷材铺贴方向	屋面坡度小于 3% 时	卷材宜平行屋脊铺贴	观察检查
			屋面坡度在 3%~15% 时	卷材可平行或垂直屋脊铺贴	
			屋面坡度大于 15% 或屋面受震动时	沥青防水卷材应垂直屋脊铺贴,高聚物改性沥青防水卷材和合成高分子防水卷材可平行或垂直屋脊铺贴	
			上下层卷材	不得相互垂直铺贴	
	5	卷材搭接宽度的允许偏差		−10mm	观察和尺量检查

7.4.2　涂膜防水质量要求和验收

7.4.2.1　质量要求

(1) 涂膜防水屋面不得有渗漏和积水现象。

(2) 所用的防水涂料、胎体增强材料、配套进行密封处理的密封材料及复合使用的卷材和其他材料应有产品合格证书和性能检测报告,材料的品种、规格、性能等必须符合现行国家产品标准和设计要求。材料进场后,应按有关规范的规定进行抽样复验,并提出试验报告;不合格的材料,不得在屋面工程中使用。

(3) 屋面坡度必须准确,找平层平整度不得超过 5mm,不得有酥松、起砂、起皮等现象,出现裂缝应做修补。找平层的水泥砂浆配合比、细石混凝土的强度等级及厚度应符合设计要求。基层应平整、干净、干燥。

(4) 水落口杯和伸出屋面的管道应与基层固定牢固,密封严密。各节点做法应符合设计要求,附加层设置正确,节点封固严密,不得开缝翘边。

(5) 防水层与基层应黏结牢固,不得有裂纹、脱皮、流淌、鼓泡、露胎体和皱皮等现象,厚度应符合设计要求。

7.4.2.2　施工过程质量控制

(1) 涂膜防水层施工前,应仔细检查找平层质量,如找平层存在质量问题,应及时进行修补并进行再次验收，合格后才能进行下一道工序的施工。

（2）细部节点及附加增强层应严格按设计要求设置和施工，完成后应按设计的节点做法进行检查验收，构造和施工质量均应达到设计和《屋面工程质量验收规范》（GB 50207—2002）的要求。

（3）每遍防水涂层涂布完成后均应进行严格的质量检查，对出现的质量问题应及时进行修补，合格后方可进行下一遍涂层的涂布。

（4）涂膜防水层完成后，应在雨后或进行淋水、蓄水检验，并进行表观质量的检查，合格后再进行保护层的施工。

（5）保护层施工时应有成品保护措施，保护层的施工质量应达到有关规定的要求。

7.4.2.3 质量验收

涂膜防水层的质量包括涂膜防水层施工质量和涂膜防水层的成品质量，其质量检验应包括原辅材料、施工过程和成品等几个方面，其中原材料质量、防水层有无渗漏及涂膜防水层的细部做法是保证涂膜防水层工程质量的重点，作为主控项目。涂膜防水层厚度、表观质量和保护层质量对涂膜防水层质量也有较大影响，作为一般项目。涂膜防水层质量检验的项目、要求和检验方法见表7.11。

表7.11　　　　　　　　涂膜防水层质量检验的项目、要求和检验方法

项次	序号	检验项目	要求	检验方法
主控项目	1	防水涂料和胎体增强材料	必须符合设计要求	检查出厂合格证、质量检验报告和现场抽样复验报告
	2	涂膜防水层	不得有渗漏或积水现象	雨后或淋水、蓄水试验
	3	涂膜防水层在天沟、檐沟、檐口、水落口、泛水、变形缝和伸出屋面管道等处细部做法	必须符合设计要求	观察检查和检查隐蔽工程验收记录
一般项目	1	涂膜防水层的厚度	平均厚度符合设计要求，最小厚度不应小于设计厚度的80%	针测法或取样量测
	2	防水层表观质量	与基层黏结牢固，表面平整，涂刷均匀，无流淌、皱折、鼓泡、露胎体和翘边等缺陷	观察检查
	3	涂膜防水层撒布材料和浅色涂料保护层	应铺撒或涂刷均匀，黏结牢固	观察检查
	4	涂膜防水层的水泥砂浆或细石混凝土保护层与卷材防水层间	应设置隔离层	观察检查
	5	刚性保护层的分格缝留置	应符合设计要求	观察检查

7.4.3　防水混凝土的质量检查与验收

7.4.3.1　质量检查重点

（1）防水混凝土的原材料、外加剂及预埋件等必须符合设计要求和施工规定以及有关标准规定。

（2）防水混凝土必须密实，其强度和抗渗等级必须符合设计要求及有关规定。

（3）施工缝、变形缝、止水带、穿墙管件、支模铁件等设置和构造均必须符合设计要求和施工规范规定，严禁有渗漏。

（4）混凝土表面应平整，无漏筋、蜂窝等缺陷，预埋件的位置、标高正确。

7.4.3.2 验收标准

（1）主控项目：防水混凝土的原材料、配合比及坍落度必须符合设计要求；防水混凝土的抗压强度和抗渗压力必须符合设计要求；防水混凝土的变形缝、施工缝、后浇带、穿墙管道、埋设件等设置和构造，均须符合设计要求，严禁有渗漏。

（2）一般项目：防水混凝土结构表面应坚实、平整，不得有露筋、蜂窝等缺陷；埋设件位置应正确；防水混凝土结构表面的裂缝宽度不应大于 0.2mm，并不得贯通；防水混凝土结构厚度不应小于 250mm，其允许偏差为＋15mm、－10mm；迎水面钢筋保护层厚度不应小于 50mm，其允许偏差为±10mm。

项 目 小 结

本任务主要对屋面工程、地下工程、卫生间等分部工程防水施工做了较详细的阐述，包括施工条件、施工操作工艺要点和质量标准要求。屋面防水工程包括卷材防水屋面、涂膜防水屋面和刚性防水屋面。其中：卷材防水屋面主要是高聚物改性沥青防水卷材施工及合成高分子防水卷材施工；涂膜防水屋面主要是高聚物改性沥青防水涂料施工及合成高分子防水涂料施工；刚性防水屋面主要是细石混凝土防水和水泥砂浆防水两种。地下防水工程防水的主要形式有：防水混凝土结构防水、刚性防水、卷材防水和涂膜防水等。卫生间防水工程多采用涂膜防水，使用较多的是聚氨酯涂膜防水。主体结构和找平层的刚度、平整度、强度、表层坡度准确，表面完善，无起砂、起皮、裂缝，基层的含水率等都是保证防水层施工质量的基础。施工期内遇雨、雪、霜、雾、大风和气温低于 5℃或高于 35℃都会影响防水层施工的质量，也妨碍施工作业人员顺利施工操作。

复 习 思 考 题

1. 简述刚性防水和柔性防水的异同。

2. 目前屋面防水工程有哪几种做法？

3. 常用的屋面防水卷材有哪几种？

4. 何谓地下防水工程？

5. 地下防水工程有哪几种防水形式？

6. 常见的地下外防水层防水施工有哪几种形式？

项目 8 装饰装修工程施工技术

【学习目标】

能力目标：掌握一般抹灰、装饰抹灰的施工要点与施工质量验收标准及检测方法；掌握饰面工程、地面工程、吊顶工程、隔墙工程涂料与刷浆工程、门窗工程的施工工艺、施工要点与施工质量验收标准及检测方法。能处理一般装饰工程技术问题和解决施工现场实际问题；能够编制装饰装修施工方案、交底资料等；能够对工程项目组织之间的关系进行协调。

知识点：一般抹灰，装饰抹灰，饰面工程，地面工程，吊顶隔墙，门窗工程。

【项目介绍】

本项目介绍建筑装饰装修抹灰工程、门窗工程等工程的施工准备、施工机具、施工工艺及质量验收等，主要包括抹灰工程、楼地面工程、饰面板（砖）工程、门窗工程等工程的内外业的施工工艺与作业要求。

任务 8.1 抹 灰 工 程 施 工

8.1.1 抹灰工程的概述

抹灰工程是将各种砂浆、装饰性石屑浆、石子浆直接涂抹在建筑物的墙面、顶棚、地面上，既可以保护建筑结构，还可以装饰美化建筑物。内抹灰主要是保护墙体和改善室内卫生条件，增强光线反射，美化环境；在易受潮湿或酸碱腐蚀的房间里，主要起保护墙身、顶棚和楼地面的作用；外抹灰主要是保护墙身不受风、雨、雪及有害气体的侵蚀，提高墙面防潮、防风化、隔热的能力，提高墙身的耐久性，也是对各种建筑表面进行艺术处理的措施之一。

按抹灰的部位可分为室外抹灰、室内抹灰、顶棚抹灰。通常把位于室内各部位的抹灰称为内抹灰，如楼地面、顶棚、墙裙、踢脚线、内楼梯等；把位于室外各部位的抹灰称外抹灰，如外墙、雨篷、阳台、屋面等。

按抹灰的材料和装饰效果可分为装饰抹灰和一般抹灰。装饰抹灰按所使用的材料、施工方法和表面效果又可分为拉条灰、拉毛灰、水刷石、水磨石、干粘石、剁斧石及弹涂、滚涂等。一般抹灰采用的材料主要为石灰砂浆、混合砂浆、水泥砂浆、麻刀（玻纤）灰、纸筋灰和石膏灰等，按主要工序和表面质量又可分为普通抹灰和高级抹灰。当设计无具体要求时，按普通抹灰施工。

8.1.2 一般抹灰施工

8.1.2.1 内墙一般抹灰

（1）设置标筋。设置标筋即找规矩，分为做灰饼和做标筋两个步骤。做灰饼前，应先确定灰饼的厚度。用托线板和靠尺检查整个墙面的平整度和垂直度，根据检查结果确定灰饼的厚度，一般最薄处不应小于7mm。先在墙面距地面1.5m左右的高度距两边阴角100～200mm处，按所确定的灰饼厚度用抹灰基层砂浆各做一个50mm×50mm见方的矩形灰饼，然后用托线板或线锤在此灰饼面吊挂垂直，做对应上下的两个灰饼。上方和下方的灰饼应距顶棚和地面150～200mm左右，其中下方的灰饼应在踢脚板上口以上。随后在墙面上方和下方的左右两个对应灰饼之间，用钉子钉在灰饼外侧的墙缝内，以灰饼为准，在钉子间拉水平横线，沿线每隔1.2～1.5m补做灰饼，如图8.1所示。

标筋是以灰饼为准在灰饼间所做的灰埂，作为抹灰平面的基准。具体做法是用与底层抹灰相同的砂浆在上下两个灰饼间先抹一层，再抹第二层，形成宽度为100mm左右、厚度比灰饼高出10mm左右的灰埂，然后用木杠紧贴灰饼搓动，直至把标筋搓得与灰饼齐平为止。最后要将标筋两边用刮尺修成斜面，以便与抹灰面接槎顺平。标筋的另一种做法是采用横向水平标筋。此种做法与垂直标筋相同。同一墙面的上下水平标筋应在同一垂直面内。标筋通过阴角时，可用带垂球的阴角尺上下搓动，直至上下两条标筋形成相同且角顶在同一垂线上的阴角。阳角可用长阳角尺同样合在上下标筋的阳角处搓动，形成角顶在同一垂线上的标筋阳角。水平标筋的优点是可保证墙体在阴、阳转角处的交线顺直，并垂直于地面，避免出现阴、阳交线扭曲不直的弊病。同时水平标筋通过门窗框，有标筋控制，墙面与框面可结合平整。横向水平标筋示意图如图8.2所示。

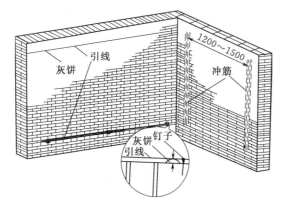

图8.1 灰饼、标筋做法示意图

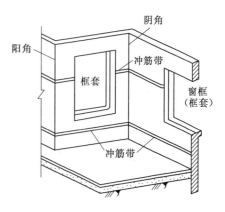

图8.2 横向水平标筋示意图

（2）做护角。为保护墙面转角处不易遭碰撞损坏，在室内抹面的门窗洞口及墙角、柱面的阳角处应做水泥砂浆暗护角。护角高度一般不低于2m，每侧宽度不小于50mm。具体做法是先将阳角用方尺规方，靠门框一边以门框离墙的空隙为准，另一边以墙面灰饼厚度为依据。最好在地面上划好准线，按准线用砂浆粘好靠尺板，用托线板吊直，方尺找方。然后在靠尺板的另一边墙角分层抹1:2水泥砂浆，护角线与靠尺板的处口平齐。一边抹好后，然后把靠尺板移动至已抹好护角的一边，用钢筋卡子卡住，用托线板吊直靠尺板，把护角的另一面分层抹好。取下靠尺板，待砂浆稍干时，用阳角抹子和水泥素浆捯出扩角的小圆角，最后用靠尺板沿顺直方向留出不小于50mm，将多余砂浆切掉，以便抹面时与护角接槎。

（3）抹底层、中层灰。待标筋有一定强度后，即可在两标筋间用力抹上底层灰，底层要低于标筋，由上往下抹，一手握住灰板，另一手握住木抹子，将灰板靠近墙面，木抹子横向将砂浆抹在墙面上。灰板要时刻接在抹子下边，以便托住抹灰时掉落的灰，最后用木抹子压实搓毛。待底层灰收水后，即可打中层灰，抹灰厚度应略高于标筋。中层抹灰后，随即用杠沿标筋刮平，不平处补抹砂浆，然后再刮，直至墙面平直为止。紧接着用木抹子搓压，使表面平整密实。阴角处先用方尺上下核对方正（水平横向标筋可免去此步），然后用阴角器上下抽动抹平，使室内四角方正为止。需要注意的是无论底层抹灰还是中层抹灰，抹灰层每遍厚度要满足如下的要求：水泥砂浆每遍宜为5～7mm，水泥混合砂浆和石灰砂浆每遍宜为7～9mm。当抹灰层的总厚度大于或等于35mm时，应采取防止开裂的加强措施。

（4）抹面层灰。一般室内墙面常采用纸筋灰石、麻刀石灰、石灰砂浆、水泥砂浆等，待中层灰有六至七成干时，即可抹面层灰。操作一般从阴角或阳角处开始，自左向右进行。一个在前抹面灰，另一人其后找平整，并要压平溜光。压光后，用排笔蘸水横刷一遍，使表面色泽一致，再用铁抹子压实赶光，面层则会更为细腻光滑。阴、阳角处用阴、阳角抹子捯光，并随手用毛刷蘸水将门窗边口阳角、墙裙和踢脚板上口等处刷干净。面层抹灰经过赶光压实后的厚度，麻刀灰不得大于3mm，纸筋灰、石膏灰不得大于2mm。

8.1.2.2　顶棚一般抹灰

（1）找规矩。顶棚抹灰通常不做标志块和标筋，而用目测的方法控制其平整度，以无明显高低不平及接槎痕迹为准。先根据顶棚的水平面，确定抹灰厚度，然后在墙面的四周与顶棚交接处弹出水平线，作为抹灰的水平标准。

（2）底、中层抹灰。一般底层砂浆采用配合比为水泥∶石灰膏∶砂＝1∶0.5∶1的水泥混合砂浆或水灰比为0.4的素水泥浆刷一遍作为结合层，底层抹灰厚度不易太厚。底层抹后紧跟着就抹中层砂浆，其配合比一般采用水泥∶石灰膏∶砂＝1∶3∶9的水泥混合砂浆或1∶3水泥砂浆，抹后用软刮尺刮平赶匀，随刮随用长毛刷子将抹印顺平，再用木抹子搓平。顶棚管道周围用小工具顺平。

抹灰时，厚薄应掌握适度，随后用软刮尺赶平。如平整度欠佳，应再补抹和赶平，但不宜多次修补，否则搅动底灰而引起掉灰。如底层砂浆吸水快，应及时洒水，以保证与底层黏结牢固。顶棚与墙面的交接处，一般是在墙面抹灰完成后再补做，也可在抹顶棚时，先将距顶棚20～30cm的墙面同时完成抹灰，方法是用铁抹子在墙面与顶棚交角处添上砂浆，然后用木阴角器抽平压直即可。抹灰的顺序一般是由前往后退，并注意其方向必须同基体的缝隙（混凝土板缝）成垂直方向。这样，容易使砂浆挤入缝隙与基底牢固结合。

（3）面层抹灰。待中层抹灰达到六至七成干，即用手摁不软有指印时（要防止过干，如过干应稍洒水），再开始面层抹灰。如使用纸筋石灰或麻刀石灰时，一般分两遍成活。其涂抹方法及抹灰厚度与内墙面抹灰相同。第一遍抹得越薄越好，紧接着抹第二遍。抹第二遍时，抹子要稍平，抹平后待灰浆稍干，再用铁抹子顺着抹纹压实压光。

8.1.2.3 外墙一般抹灰

（1）检查与交接。外墙抹灰工程施工前，应先安装钢木门窗框、护栏等，并应将结构施工时的残留孔洞堵塞密实；应检查门窗框、阳台栏杆以及各种后续工程预埋件等的安装位置和质量。

（2）基体及基层处理。做法同内墙抹灰。

（3）找规矩、做灰饼、标筋。建筑外墙面抹灰同内墙抹灰一样要设置标筋，但因为外墙面自地坪到檐口的整体抹灰面过大，门窗、雨篷、阳台、明柱、腰线、勒脚等都要横平竖直，而抹灰操作必须是自上而下逐一步骤地顺序进行。

（4）贴分格条。外墙大面积抹灰饰面，为避免罩面砂浆收缩后产生裂缝等不良现象，一般均设计有分格缝，分格缝同时具有美观的作用。为使分格缝平直规矩，抹灰施工时应粘贴分格条。在底灰抹完之后要用刮尺赶平，然后根据图纸弹线分格，按已弹好的水平线和分格尺寸弹好分格线，水平方向的分格条宜粘贴在水平线下边（如设计有竖向分格线时，其分格条可粘贴于垂直弹线的左侧）。粘贴时，分格条两侧用水泥浆嵌固稳定，其灰浆两侧抹成斜面。当天抹面即可起出的分格条，其两侧灰浆斜面可抹成 45°；当天不进行面层抹灰的分格条，其两侧灰浆斜面应抹得陡一些，呈 60° 为宜。

（5）抹底层、中层灰。就一般底层、中层抹灰而言，混凝土墙面可先涂刷一道胶黏性素水泥浆，然后用 1∶3 水泥砂浆分层批抹至与标筋相平，再用木杠刮平、木抹子搓毛或划纹。当设计要求砖砌体采用水泥混合砂浆时，其配合比一般为水泥∶石灰∶砂＝1∶1∶6（罩面可采用 1∶0.5∶3）。其底层砂浆要注意充分压入墙面灰缝；应待底层砂浆具有一定强度后再抹中层，大面刮平，并用木抹子搓平、压实、扫毛。

（6）抹面层灰。抹面层灰时可先薄刷一道水泥灰浆，抹第二遍砂浆时与分格条及标筋抹齐平，刮平、搓实、压光，再用刷子蘸水按统一方向轻刷一遍，以达到颜色一致并同时刷净分格条上的砂浆；起出分格条，随即用水泥浆勾好分格缝。水泥砂浆抹灰完成 24h 后开始养护，宜洒水养护 7d 以上。另外，外墙面抹灰时，在窗台、窗楣、雨篷、阳台、檐口等部位应做流水坡度。设计无要求时，可做 10％ 的泛水。下面应做滴水线或滴水槽，滴水槽的宽度和深度均不小于 10mm。要求棱角整齐，光滑平整，起到挡水作用。

8.1.3 装饰抹灰施工

装饰抹灰与一般抹灰的区别在于两者具有不同的装饰面层，其底层和中层的做法与一般抹灰基本相同，下面介绍几种主要装饰面层的施工工艺。

8.1.3.1 水刷石

水刷石饰面，是将水泥石子浆罩面中尚未干硬的水泥用水冲刷掉，使各色石子外露，形成具有"绒面感"的表面，是石粒类材料饰面的传统做法。

（1）抹底层、中层灰。砖基体应采用 1∶3 水泥砂浆、分两遍成活，其厚度以 12mm 为宜。抹灰时应将水泥砂浆压入砖缝内，使其与基体结构牢固，并用抹子压实搓平，将表面搓成毛面，成活 24h 后浇水养护。混凝土基体应首先刷素浆一道，然后抹 1∶3 水泥砂浆，表面应扫毛，24h 后浇水养护。底层砂浆达到强度后，上下拉垂直线、拉水平线、套方、冲筋，即采用 1∶3 水泥砂浆刮平，搓平压实。

（2）弹线、贴分格条。中间层砂浆达到一定强度后，按照设计要求或规定的数据弹线，确定分格条的位置。木质分格条应在粘贴前放入水中浸透。粘贴时应在分格条两侧用素水泥浆以 45°抹成八字形。分格条的粘贴应横平竖直，交接紧密平顺。

（3）抹面层石子浆。待中层砂浆初凝后，酌情将中层抹灰层润湿，马上用水灰比为 0.4 的素水泥浆满刮一遍，随即抹面层石子浆。石子浆面层稍收水后，用铁抹子把面层浆满压一遍，把露出的石子棱尖轻轻拍平，然后用刷子蘸水刷一遍，再通压一遍。如此反复刷压不少于三遍，最后用铁抹子拍平，使表面石子大面朝外，排列紧密均匀。

（4）冲刷面层。冲刷面层是影响水刷石质量的关键环节。凝结前应用清水自上而下洗刷，并采取措施防止污染墙面。待面层开始凝结，手指按上去不显指痕，刷表面而石粒不掉时，紧跟着用喷雾器向四周相邻部位喷水。喷头离墙面 100～200mm，喷水顺序应由上至下，喷水压力要合适，喷水要均匀密布，一般以喷洗到石子露出灰浆面的 1～2mm 为宜。前道工序完成后用清水（水管或水壶）从上到下冲净表面。冲刷的时间要严格掌握，过早或过度则石子显露过多，易脱落；冲刷过晚则水泥浆冲刷不净，石子显露不够或饰面浑浊，影响美观。冲刷上段时，下段墙面可用牛皮纸或塑料布遮盖，将冲刷的水泥浆外排。若墙面面积较大，则应先罩面先冲洗，后罩面后冲洗。罩面顺序也是先上后下，这样既可保证各部分的冲刷时间，又可保护下段墙面不受到损坏。在冲洗表面灰浆时，若面层出现局部石渣颗粒不均匀现象，应用铁抹子轻轻拍压，以达到表面石渣颗粒均匀一致。如有干裂、风裂，要用铁抹子抹压，以防止裂缝渗水造成坍塌。

（5）起分格条。冲刷面层后，适时起出分格条，用小线抹子顺线溜平，然后根据要求用素水泥浆做出凹缝并上色。

8.1.3.2　干粘石

干粘石是将干石子直接粘在砂浆层上的一种装饰抹灰做法。装饰效果与水刷石差不多，但湿作业量小，节约原材料，又能明显提高工效。其面层操作方法和施工要点如下：

（1）抹黏结层。待中层水泥砂浆干至七成左右，洒水湿润后，粘分格条，待分格条粘牢后，在墙面刷水泥浆一遍，随后按格抹砂浆黏结层（1∶3 水泥砂浆，厚度 4～6mm，砂浆稠度不大于 8cm），黏结层砂浆一定要抹平，不显抹纹，按分格大小，一次抹一块或数块，应避免在块中甩槎。

（2）甩石子。干粘石所选石子的粒径比水刷石要小些，一般为 4～6mm。黏结砂浆抹平后，应立即甩石子，先甩四周易干部位，然后甩中间，要做到大面均匀，边角和分格条两侧不漏粘，由上而下快速进行。石子使用前应用水冲洗干净晾干，甩时用托盘盛装，托盘底部用窗纱钉成，以便筛净石子中的残留粉末。如发现饰面上石子有不匀或过稀现象，应用抹子或手直接补贴，否则会使墙面出现死坑或裂缝。

（3）压石子。当黏结砂浆表面均匀地粘上一层石子后，用抹子或辊子轻轻压一下，使石子嵌入砂浆的深度不小于 1/2 的石子粒径。拍压后石子表面应平整坚实，拍压时用力不宜过大，否则容易翻浆糊面，出现抹子或滚子轴的印迹。阳角处应在角的两侧同时操作，否则当一侧石子粘上后再粘另一侧时不易粘上，出现明显的接槎黑边。

干粘石也可用机械喷石代替手工甩石，施工时利用压缩空气和喷枪将石子均匀有力地喷射到黏结层上。喷头对准墙面距墙约 300～400mm，气压以 0.6～0.8MPa 为宜。在黏结层硬化期间，应洒水养护，保持湿润。

（4）起分格条与修整。干粘石墙面达到表面平整，石子饱满，即可将分格条取出，取分格条应注意不要掉石子。如局部石子不饱满，可立即刷 108 胶水溶液，再甩石子补齐。将分格条取出后，随用小溜子和素水泥浆将分格缝修补好，达到顺直清晰。干粘石操作简便，但日久经风吹雨打易产生脱粒现象，现在已不多采用。

8.1.3.3　斩假石

斩假石是一种在硬化后的水泥石子浆面层上用斩斧等专用工具斩凿，形成有规律剁纹的一种装饰抹灰方法。其骨料宜采用小八厘或石屑，成品的色泽和纹理与细琢面花岗石或白云石相似。

（1）抹面层。抹底、中层灰、弹线、贴分格条和水刷石一样。抹面层水泥石子在已硬化的水泥砂浆中层上洒水湿润，用素水泥浆刷一遍，随即抹面层。面层石粒浆的配比为 1：1.25 或 1：1.5，稠度为 5～6cm，骨料采用 2mm 粒径的米粒石，内掺 0.3mm 左右粒径的白云石屑。面层抹面厚度为 10mm，抹后用木抹子打磨拍平，不要压光，但要拍出浆，石渣浆应与分格条相平，抹完后，随即用软毛刷蘸水将剁水泥浆轻刷掉露出石粒。但注意不要用力过重，以免石粒松动。抹完 24h 后浇水养护。

（2）斩剁面层。在正常温度 15～30℃下，面层养护 2～3d，低温 5～15℃下，面层养护 4～5d 后即可试剁，剁石之前应洒水润湿，以免石渣爆裂。试剁以石粒不脱掉、较易剁出斧迹为准。斩剁的顺序一般为先上后下，由左至右，先剁转角和四周边缘，后剁大面。斩剁前应先弹顺线，相距约 10cm，按线斩剁，以免剁纹跑斜。剁纹深度一般以 1/3～1/4 石粒粒径为宜。为了美观，一般在分格缝和阴、阳角周边留出 15～20mm 的边框线不剁。

斩剁完后，墙面应用清水冲刷干净，起出分格条，用钢丝刷刷净分格缝处。按设计要求，可在缝内做凹缝并上色。

8.1.3.4　聚合物水泥砂浆的喷涂、滚涂与弹涂施工

（1）喷涂。喷涂是把聚合物水泥砂浆用砂浆泵或喷斗将砂浆喷涂于外墙面形成的装饰抹灰。浅色面层用白水泥，深色面层用普通水泥；细骨料用中砂或浅色石屑，含泥量不大于 3%，过 3mm 孔筛。

聚合物砂浆应用砂浆搅拌机进行拌和。先将水泥、颜料、细骨料干拌均匀，再边搅拌边顺序加入木质素磺酸钠（先溶于少量水中）、108 胶和水，直至全部拌匀为止。如是水泥石灰砂浆，应先将石灰膏用少量水调稀，再加入水泥与细骨料的干拌料中。拌和好的聚合物砂浆，宜在 2h 内用完。

喷涂聚合物砂浆的主要机具设备有：空气压缩机（0.6m²/min）、加压罐、灰浆泵、振动筛（5mm 筛孔）、喷枪、喷斗、胶管（25mm）、输气胶管等。

波面喷涂使用喷枪。第一遍喷到底层灰变色即可，第二遍喷至出浆不流为度，第三遍喷至全部出浆，表面均匀呈波状，不挂流，颜色一致。喷涂时枪头应垂直于墙面，相距约 30～50cm，其工作压力，在用挤压式灰浆泵时为 0.1～0.15MPa，空压机压力为 0.4～0.6MPa。喷涂必须连续进行，不宜接槎。

粒状喷涂使用喷斗。第一遍满喷盖住底层，收水后开足气门喷布碎点，快速移动喷斗，勿使出浆，第二、三遍应有适当间隔，以表面布满细碎颗粒、颜色均匀不出浆为原

则。喷斗应与墙面垂直，相距约 30～50cm。

喷涂时应注意：①门窗和不做喷涂的部位应事先遮盖，防止污染。②干燥的底层灰，在喷涂前应洒水湿润。在底层灰面上刷涂层 108 胶水溶液后应随即进行喷涂。③喷涂时环境温度不宜低于－5℃。④大面积喷涂，宜在墙面上预先粘贴分格条，分格区内喷涂应连续进行。面层结硬后取出分格条，用水泥砂浆勾缝。⑤喷涂面层的厚度宜控制在 3～4mm。面层干燥后应涂甲基硅醇钠憎水剂一遍。

（2）滚涂。滚涂是将 2～3mm 厚带色的聚合物水泥砂浆均匀地涂抹在底层上，用平面或刻有花纹的橡胶、泡沫塑料滚子在罩面层上直上直下施滚涂拉，并一次成活滚出所需的花纹。

滚涂饰面的底层、中层抹灰与一般抹灰相同。中层一般用 1：3 水泥砂浆，表面搓平实。然后根据图纸要求，将尺寸分匀以确定分格条位置，弹线后贴分格条。

抹灰面干燥后，喷涂机硅溶液一遍。滚涂操作有干滚和湿滚两种。干滚法是滚子不蘸水，滚子上下来回后再向下滚一遍，达到表面均匀拉毛即可，滚出的花纹较粗，但工效高；湿滚法为滚子蘸水上墙，并保持整个表面水量一致，滚出的花纹较细，但比较费工。

（3）弹涂。弹涂是利用弹涂器将不同色彩的聚合物水泥砂浆弹在色浆面层上，形成有类似于干粘石效果的装饰面。

弹涂基层除砖墙基体应先用 1：3 水泥砂浆抹找平层并搓平，一般混凝土等表面较为平整的基体，可直接刷底色浆后弹涂。弹涂前基体应干燥、平整、棱角规矩。弹涂时，先将基层湿润刷（喷）底色浆，然后用弹涂器将色浆弹到墙面上，形成直径为 1～3mm 大小的图形花点，弹涂面层厚为 2～3mm，一般 2～3 遍成活，每遍色浆不宜太厚，不得流坠，第一遍应覆盖 60％～80％，最后罩一遍甲基硅醇钠憎水剂。弹涂应自上而下，从左向右进行。先弹深色浆，后弹浅色浆。

8.1.4　施工质量标准和检验方法

8.1.4.1　一般规定

（1）抹灰工程验收时应检查下列文件和记录：抹灰工程的施工图、设计说明及其他设计文件，材料的产品合格证书、性能检测报告、进场验收记录和复验报告，隐蔽工程验收记录，施工记录等。

（2）抹灰工程应对水泥的凝结时间和安定性进行复验。

（3）抹灰工程应对下列隐蔽工程项目进行验收：抹灰总厚度大于或等于 35mm 时的加强措施。不同材料基体交接处的加强措施。

（4）外墙抹灰工程施工前应先安装钢木门窗框、护栏等，并应将墙上的施工孔洞堵塞密实。

（5）抹灰用的石灰膏的熟化期不应少于 15d；罩面用的磨细石灰粉的熟化期不应少于 3d。

（6）室内墙面、柱面和门洞口的阳角做法应符合设计要求。设计无要求时，应采用 1：2 水泥砂浆做暗护角，其高度不应低于 2m，每侧宽度不应小于 50mm。

（7）当要求抹灰层具有防水、防潮功能时，应采用防水砂浆。

（8）各种砂浆抹灰层，在凝结前应防止快干、水冲、撞击、振动和受冻，在凝结后应采取措施防止沾污和损坏。水泥砂浆抹灰层应在湿润条件下养护。

（9）外墙和顶棚的抹灰层与基层之间及各抹灰层之间必须黏结牢固。

8.1.4.2 一般抹灰工程

本部分适用于石灰砂浆、水泥砂浆、水泥混合砂浆、聚合物水泥砂浆和麻刀石灰、纸筋石灰、石膏灰等一般抹灰工程的质量验收。一般抹灰工程分为普通抹灰和高级抹灰，当设计无要求时，按普通抹灰验收。

（1）一般抹灰所用材料的品种和性能应符合设计要求。水泥的凝结时间和安定性复验应合格。砂浆的配合比应符合设计要求。检验方法：检查产品合格证书、进场验收记录、复验报告和施工记录。

（2）抹灰工程应分层进行。当抹灰总厚度大于或等于 35mm 时，应采取加强措施。不同材料基体交接处表面的抹灰，应采取防止开裂的加强措施，当采用加强网时，加强网与各基体的搭接宽度不应小于 100mm。检验方法：检查隐蔽工程验收记录和施工记录。

（3）抹灰层与基层之间及各抹灰层之间必须黏结牢固，抹灰层应无脱层、空鼓，面层应无爆灰和裂缝。检验方法：观察；用小锤轻击检查；检查施工记录。

（4）有排水要求的部位应做滴水线（槽）。滴水线（槽）应整齐顺直，滴水线应内高外低，滴水槽的宽度和深度均不应小于 10mm。检验方法：观察；尺量检查。

（5）一般抹灰工程质量的允许偏差和检验方法应符合表 8.1 的规定。

表 8.1　　　　　　　　　　　一般抹灰的允许偏差和检验方法

项次	项　目	允许偏差/mm		检　验　方　法
		普通抹灰	高级抹灰	
1	立面垂直度	4	3	用 2m 垂直检测尺检查
2	表面平整度	4	3	用 2m 靠尺和塞尺检查
3	阴阳角方正	4	3	用直角检测尺检查
4	分格条（缝）直线度	4	3	拉 5m 线，不足 5m 拉通线用钢直尺检查
5	墙裙、勒脚上口直线度	4	3	拉 5m 线，不足 5m 拉通线用钢直尺检查

注　1. 普通抹灰，本表第 3 项阴角方正可不检查。

　　2. 顶棚抹灰，本表第 2 项表面平整度可不检查，但应平顺。

8.1.4.3 装饰抹灰工程

（1）装饰抹灰工程所用材料的品种和性能应符合设计要求。水泥的凝结时间和安定性复验应合格。砂浆的配合比应符合设计要求。检验方法：检查产品合格证书、进场验收记录、复验报告和施工记录。

（2）抹灰工程应分层进行。当抹灰总厚度大于或等于 35mm 时，应采取加强措施。不同材料基体交接处表面的抹灰，应采取防止开裂的加强措施，当采用加强网时，加强网与各基体的搭接宽度不应小于 100mm。检验方法：检查隐蔽工程验收记录和施工记录。

（3）各抹灰层之间及抹灰层与基体之间必须黏结牢固，抹灰层应无脱层、空鼓和裂缝。检验方法：观察；用小锤轻击检查；检查施工记录。

（4）有排水要求的部位应做滴水线（槽）。滴水线（槽）应整齐顺直，滴水线应内高外低，滴水槽的宽度和深度均不应小于10mm。检验方法：观察；尺量检查。

（5）装饰抹灰工程质量的允许偏差和检验方法应符合表8.2的规定。

表8.2 装饰抹灰的允许偏差和检验方法

项次	项　目	允许偏差/mm				检　验　方　法
		水刷石	斩假石	干粘石	假面砖	
1	立面垂直度	5	4	5	5	用2m垂直检测尺检查
2	表面平整度	3	3	5	4	用2m靠尺和塞尺检查
3	阳角方正	3	3	4	4	用直角检测尺检查
4	分格条（缝）直线度	3	3	3	3	拉5m线，不足5m拉通线，用钢直尺检查
5	墙裙、勒脚上口直线度	3	3	—	—	拉5m线，不足5m拉通线，用钢直尺检查

任务8.2　楼地面工程施工

楼地面是建筑底层地面（地面）和楼地面（楼面）的总称。楼地面按工程做法不同分为整体地面和板块地面，整体地面包括水泥砂浆地面、混凝土地面、水磨石地面；板块地面包括大理石、花岗石和砖面层（陶瓷锦砖、缸砖、陶瓷地砖和水泥花砖面层）等。按面层材料不同分为木地面和竹地面。

8.2.1　楼地面工程的施工工艺

8.2.1.1　整体面层施工

（1）水泥砂浆面层。水泥砂浆地面面层的厚度应不小于20mm，一般用硅酸盐水泥、普通硅酸盐水泥，用中砂或粗砂配制，配合比应为1∶2（体积比）。面层施工前，先按设计要求测定地平面层标高，校正门框，将垫层清扫干净洒水湿润，表面比较光滑的基层，应进行凿毛，并用清水冲洗干净。铺抹砂浆前，应在四周墙上弹出一道水平基准线，作为确定水泥砂浆面层标高的依据。面积较大的房间，应根据水平基准线在四周墙角处每隔1.5～2m用1∶2水泥砂浆抹标志块，以标志块的高度做出纵横方向通长的标筋来控制面层厚度。

面层铺抹前，先刷一道含4%～5%的108胶水泥浆，随即铺抹水泥砂浆，用刮尺赶平，并用木抹子压实，在砂浆初凝后终凝前，用铁抹子反复压光三遍。砂浆终凝后铺盖草袋、锯末等浇水养护。当施工大面积的水泥砂浆面层时，应按设计要求留分格缝，防止砂浆面层产生不规则裂缝。水泥砂浆面层强度小于5MPa之前，不准上人行走或进行其他作业。

（2）细石混凝土面层。细石混凝土面层可以克服水泥砂浆面层干缩较大的弱点。这种面层强度高，干缩值小。与水泥砂浆面层相比，它的耐久性更好，但厚度较大，一般为30～40mm。混凝土强度等级不低于C20，所用粗骨料要求级配适当，粒径不大于15mm，且不大于面层厚度的2/3。用中砂或粗砂配制。

细石混凝土面层施工的基层处理和找规矩的方法与水泥砂浆面层施工相同。铺细石混凝土时，应由里向门口方向进行铺设，按标志筋厚度刮平拍实后，稍待收水，即用钢抹子预压一遍，待进一步收水，即用铁滚筒交叉滚压 3～5 遍或用表面振动器振捣密实，直到表面泛浆为止，然后进行抹平压光。细石混凝土面层与水泥砂浆面层基本相同，必须在水泥初凝前完成抹平工作，终凝前完成压光工作，要求其表面色泽一致，光滑无抹子印迹。

（3）现制水磨石面层。水磨石地面构造层如图 8.3 所示。水磨石地面面层施工，一般是在完成顶棚、墙面等抹灰后进行。也可以在水磨石楼、地面磨光两遍后再进行顶棚、墙面抹灰，但对水磨石面层应采取保护措施。

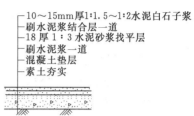

水磨石面层所用的石子应质地密实、磨面光亮，如硬度不大的大理石、白云石、方解石或质地较硬的花岗岩、玄武岩、辉绿岩等。石子应洁净无杂质，石子粒径一般为 4～12mm；白色或浅色的水磨石面层，应采用白色硅酸盐水泥，深色的水磨石面层应采用普通硅酸盐水泥或矿渣硅酸盐水泥，水泥中掺入的颜料应选用遮盖力强、耐光性、耐候性、耐水性和耐酸碱性好的矿物颜料。掺量一般为水泥用量的 3%～6%，也可由试验确定。

图 8.3　水磨石地面构造层次

水磨石地面施工工艺流程如下：基层清理→浇水冲洗湿润→设置标筋→铺水泥砂浆找平层→养护→嵌分格条→铺抹水泥石子浆→养护→研磨→打蜡抛光。

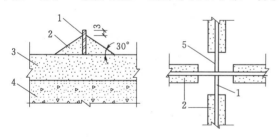

图 8.4　分格嵌条设置

1—分格条；2—素水泥浆；3—水泥砂浆找平层；

4—混凝土垫层；5—40～50mm 内不抹素水泥浆

嵌分格条时，应在找平层上按设计要求的图案弹出墨线，然后按墨线固定分格条（铜条或玻璃条），如图 8.4 所示，嵌条宽度与水磨石面层厚度相同，分格条正确的粘嵌方法是纯水泥浆粘嵌玻璃条成八分角，略大于分格条的 1/2 高度，水平方向以 30° 为准。分格条交叉处应留出 15～20mm 的空隙不填水泥浆，这样在铺设水泥石子浆时，石粒能靠近分格条交叉处。分格条应平直、牢固、接头严密。

分格条粘嵌养护 3～5d 后，将找平层表面清理干净，刷水泥浆一道，随刷随铺面层水泥石子浆。水泥石子浆的虚铺厚度比分格条高 3～5mm，以防在滚压时压弯铜条或压碎玻璃条。铺好后，用滚筒滚压密实，待表面出浆后，再用抹子抹平。在滚压过程中，如发现表面石子偏少，可补撒石子并拍平。如在同一平面上有几种颜色的水磨石，应先做深色，后做浅色；先做大面，后做镶边。待前一种色浆凝固后，再抹后一种色浆。

水磨石的开磨时间与水泥强度和气温高低有关，应先试磨，在石子不松动时方可开磨。一般开磨时间见表 8.3。大面积施工宜用磨石机研磨，小面积、边角处可用小型湿式磨光机研磨或手工研磨，研磨时应边磨边加水，对磨下的石浆应及时清除。

表 8.3　　　　　　　　　　　　　　水磨石面层开磨参考时间表

平均温度/℃	开磨时间/d	
	磨光机研磨	手工研磨
20～30	2～3	1～2
10～20	3～4	1.5～2.5
5～10	5～6	2～3

水磨石面一般采用"二浆三磨"法，即整修研磨过程中磨光三遍，补浆两次。第一遍先用 60～80 号粗金刚石粗磨，磨石机走"8"字形，边磨边加水冲洗，要求磨匀磨平，随时用 2m 靠尺板进行平整度检查。磨后把水泥浆冲洗干净，并用同色水泥浆涂抹，填补研磨过程中出现的小孔隙和凹痕，洒水养护 2～3d。第二遍用 120～150 号金刚石再平磨，方法同第一遍，磨光后再补一次浆，第三遍用 180～240 号油石精磨，要求打磨光滑，无砂眼细孔，石子颗颗显露，高级水磨石面层应适当增加磨光遍数及提高油石的号数。

抛光时，在影响水磨石面层质量的其他工序完成后，将地面冲洗干净，涂上 10% 浓度的草酸溶液，随即用 280～320 号油石进行细磨或把布卷固定在磨石机上进行研磨，表面光滑为止。用水冲洗、晾干后，在水磨石面层上满涂一层蜡，稍干后再用磨光机研磨，或用钉有细帆布的木块代替油石，装在磨石机上研磨出光亮后，再涂蜡研磨一遍，直到光滑洁亮为止。

8.2.1.2　块材楼地面施工

（1）基层处理。块材地面的施工一般在顶棚、墙面饰面完成后进行，先铺地面，后安装踢脚板。检查铺粘板块部位有无水、暖、电等工种的预埋件，施工前，要彻底清理地面基层上的尘土、砂浆块、白灰块等杂物，如有油渍更需清理，以免引起地面空鼓。并要检查板块的规格、尺寸、颜色、边角等，按施工顺序分类码放。然后清扫并用水刷净（如为光滑的钢筋混凝土楼面，应凿毛），提前一天浇水湿润。

（2）弹线、找规矩。块材地面铺贴前，先在房间四周弹出水平控制线，挂线检查地面垫层的平整度，做到心中有数。根据块材的厚度和结合层厚度（水泥砂浆应为 10～15mm；沥青胶应为 2～5mm；胶黏剂应为 2～3mm），确定平面标高位置。然后将房间规方，如小房间可以一面墙做基线，用弯尺规方；如房间较大或有柱网时，找出中心十字线，即在房间取中点、拉十字线，并据以排砖弹线。与走廊直接相通的门口处，要与走道地面拉通线，分块布置要以十字线对称，如相邻房间地面颜色不同时，分界线应放在门口门扇中间处。但地面铺贴的收边位置不应在门口处，门口处不应出现不完整的板块。

（3）试拼，预排。根据标准线确定铺砌顺序和标准块位置，在选定的位置上，对每个房间的板块，应按图案、颜色、纹理试拼。根据设计图要求把板块排好，以便检查板块之间的缝隙（板的缝隙：花岗岩板不大于 1mm，水磨石板和水泥花砖不大于 2mm，预制混凝土板块不应大于 6mm），此外，核对板块与墙面、柱、管线洞口等的相对位置，当设计无要求时，宜避免出现板块小于 1/4 边长的边角料，影响感观效果。

（4）铺贴。铺贴陶瓷锦砖时，结合层铺设和面砖铺贴同时进行。一般是待垫层砂浆具有一定强度后（水泥类基层的抗压强度不得小于 1.2MPa），用 1∶1 水泥砂浆铺贴，铺贴前，宜在结合层上刷一遍水泥浆，按规方弹线位置拉通线处铺到预定部位，确认顺直后，在整张砖面上垫以木板，用橡皮锤拍实拍平，使表面平整、密实。并随时用靠尺核查平整度、坡度误差。贴完一段，应洒水湿透纸背，常温下 15min 左右揭纸，用开刀修理缝隙。然后用 1∶1 水泥砂浆灌缝嵌实。铺贴完后，将陶瓷锦砖表面清扫干净，次日铺干锯木屑养护 3～4d，养护期间不得上人走动，以免破坏面层。

铺贴缸砖、陶瓷地砖和水泥花砖面砖时，铺贴前，应对砖的规格尺寸、外观质量、色泽等进行预选，浸水湿润晾干待用。铺贴时，一般根据排砖尺寸的弹线从中心线开始向两边或从门边向里拉线铺砖，（如有镶边则应铺砌镶边部分），采用 1∶3 干硬性水泥砂浆，砂浆要铺设饱满。铺贴从整砖行或列开始，依次退着贴，将砖按控制线就位，用木锤或胶锤敲平敲实，各行或列之间的缝隙用开刀或抹子拨直拨匀，再敲一遍。砖表面多余的灰浆用干净棉纱擦净。砖面间隙当设计无要求时，紧密铺贴间隙不大于 1mm，留间隙铺贴宜为 5～10mm，24h 内用 1∶1 水泥砂浆嵌缝，要求缝隙严密，不得漏嵌，待水泥砂浆达到一定强度后，再用清水洗刷干净。

铺贴大理石面层和花岗石面层时，楼地面的构造及做法如图 8.5 和图 8.6 所示。铺贴前要用刷子将板块贴面的浮浆和附着物彻底清理，并用水将板块浸湿、阴干，铺设时板块的粘贴面不得有明水。大理石和花岗石板块地面属于较高级的地面，不仅要求有较好的平整度，而且不得有空鼓和产生裂缝，为此要求结合层要使用 1∶2（体积比）的干硬性水泥砂浆，铺设时的稠度（标准圆锥体沉入度）为 2.5～3.5cm，即以手握成团，落地开花为宜。

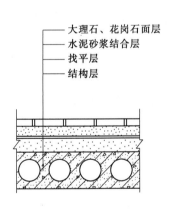

图 8.5　楼地面构造及做法示意图

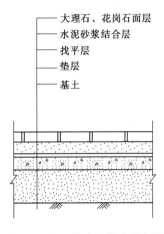

图 8.6　地面构造及做法示意图

为了保证黏结效果，基层表面湿润后，还要刷水灰比为 0.4～0.5 的水泥浆，并随刷随铺板块。摊铺干硬性水泥砂浆找平层时，摊铺砂浆长度应在 1m 以上，宽度要超出平板宽度加 30mm，摊铺砂浆厚度 10～15mm，楼、地面虚铺的砂浆应比标高线高出 3～5mm，砂浆应从里向门口铺抹，然后用大杠刮平、拍实，用木抹子找平，再在结合层上试铺。铺好后用橡皮锤敲击，检查其密实度，如有空隙应及时补浆。待合适后，将平板块揭起，再在结合层上均匀地撒一层水灰比为 0.5 左右的水泥素浆，再将板块安放回原位，将板块复位正式镶铺。正式镶铺时，板块要四角同时平稳下落，对准纵横缝后，用橡皮锤轻敲振实，并用水平尺找平。

铺板时，要特别注意控制门口、墙角、管道等处铺贴的板块，不得在靠墙等处用水泥浆填补代替板块，应当按实际位置、尺寸，对板块等进行切割或套割后再铺设。使该处的板块完整。符合几何图形和尺寸的要求，并达到形体规矩、方整、边角整齐。平板镶铺1~2d后再洒水养护。将板缝灰土清除，根据板块的颜色，配制相应的水泥色浆进行擦缝。然后用干锯末等将板块擦亮，并在潮湿条件覆盖养护，3d内禁止上人走动或搬运物品。铺砌后，待结合层砂浆强度达到70%后，揭去覆盖清理其他污物、灰尘等，方可打蜡抛光，要求达到光滑洁亮。

塑料板（塑料卷材）面层。塑料板（塑料卷材）是指采用塑料板块材、塑料板焊接、塑料卷材以胶黏剂在水泥类基层上铺设的面层。水泥类基层一般是指水泥砂浆和水泥混凝土基层。铺设前，应根据设计要求，在基层表面进行弹线、分格、定位编号。涂刷胶黏剂应均匀，涂刷厚度宜控制在1mm以内。待胶黏剂不粘手时（一般静置为10~20min），一次就位准确，抹压密实。接缝如需焊接，一般须经48h后就可施焊，控制焊接温度（一般在180~250℃），出现焊瘤应及时修平。焊条与面层应具有相容性。

8.2.1.3 木地面施工

木地板由于具有重量轻、弹性好、保温佳，又易于加工、不老化、脚感舒适等特点，已成为目前较普遍的地面装饰形式。但木地板容易受温度、湿度变化的影响而导致裂缝、翘曲、变色、变形，且不耐火，在施工和使用中应当引起注意。木地板分为实木地板和人造复合木地板两大类。实木地板包括普通木地板、硬木地板和拼花木地板等，按材料加工程度又可分为原木地板和免漆刨地板（即漆板）两种，原木地板铺设后要进行刨平磨光及油漆涂蜡；免漆刨地板出厂时已油漆，安装上蜡后可直接使用。人造复合木地板包括木质人造中密度板强化复合地板和多层胶合地板（由3层实木板胶合而成）等。

实木地板面层采用条木和块材实木地板或采用拼花实木地板，以空铺和实铺方法在基层（结构层）上铺设而成。实木地板面层可采用单层木板或双层木板面层铺设，单层木板面层是在木搁栅上直接钉企口木板，双层木板面层是在木搁栅上先钉毛地板，再钉企口木板。木搁栅有空铺和实铺两种，如图8.7所示。拼花木地板面层是用加工好的拼花木板铺钉毛地板上或以沥青胶料粘贴于毛地板、水泥基层上铺设而成，如图8.8所示。

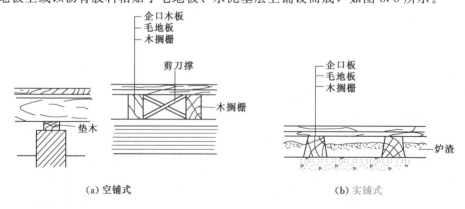

（a）空铺式　　　　　　　　　　　（b）实铺式

图8.7　实木地板面层构造做法示意图

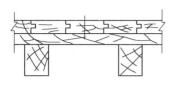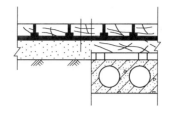

图 8.8　拼花木地板面层构造做法示意图

基层施工。空铺式基层木搁栅搁于墙体的垫木上，木搁栅之间加设剪刀撑，木板面层在木板下面留有一定的空间，以利于通风换气。为节约木材，也有用混凝土搁栅代替木搁栅。实铺式基层施工方法，先在楼板或垫层上弹出木搁栅位置线，将木搁栅安放平稳，并使其与预埋在楼板（或垫层）内的铅丝或预埋铁件绑牢固定，木搁栅间如需填干炉渣时，应加以夯实拍平，木搁栅和毛底板均应作防腐处理。

条形木地板有单层木板面层和双层木板面层两种。单层木地板面层，其顶面要刨平，侧面带企口，板宽不大于 120mm，地板应与木搁栅垂直铺钉，并要顺进门方向。接缝均应在木搁栅中心部位，且应间隔错开，板与板之间仅允许个别地方有空隙，其宽度不得大于 1mm，如为硬木长条形地板，个别地方缝隙宽度不得大于 0.5mm。木板面层与墙之间应留 10～20mm 的缝隙，以后逐块排紧铺钉，缝隙不得超过 1mm。圆钉的长度应为木板厚的 2～2.5 倍，圆钉帽要砸扁，钉从板的侧边凹角处斜向钉入，板与搁栅相交处至少钉一颗。木板的排紧方法，一般可在木搁栅上钉一只扒钉，在扒钉与板之间夹一对硬木楔，打紧硬楔就可使木板排紧，钉到最后一块，因无法斜向钉，可用明钉钉牢、钉帽要砸扁，进入板面 3～5mm。采用硬木地板时，铺钉前应先钻孔，一般孔径为圆钉直径的 7/10～8/10。企口板铺完后，应清扫干净。先按垂直木纹方向粗刨一遍，再按细木纹方向细刨一遍，然后磨光，刨磨的总厚度不宜超过 1.5mm，并应无痕迹。已刨磨的木地板面层在室内喷浆或贴墙纸时应采取防潮、防污染的保护措施，进行覆盖。油漆和上蜡工作应待室内一切施工完毕后进行。双层木地板面层的上层也采用宽度不大于 120mm 的企口板，为防止在使用中发出声响和受潮气侵蚀，铺钉前应先铺设一层沥青油纸或油毡。双层木地板的下层称为毛地板，其宽度不大于 120mm。铺设时必须清除毛地板下空间内的刨花等杂物。毛地板应与搁栅成 30°或 45°方向钉牢，并应使髓心向上，板间缝隙不应大于 3mm，以免起鼓。毛地板和墙之间应留 10～20mm 的缝隙，每块毛地板应在其下的每根木搁栅上各用两个钉固结，钉的长度应为板厚的 2.5 倍。

拼花硬木地板面层，一般多采用企口拼缝，其操作方法与条形木地板基本相同。铺钉前应按照设计图案，分格试铺。拼花硬木地板是铺钉在毛地板上的，毛地板的铺钉应符合要求，经检查合格后方可铺钉面层，毛地板与面层板间应加铺一层油毡或油纸。常见的拼花木地板面层图案有方格形、席纹形和人字形等。

木地板房间的四周墙脚处应设木踢脚板，踢脚板一般高 100～200mm，常用 150mm，厚 20～25mm。所用木板一般也应与木地板面层所用的材质品种相同。踢脚板应预先刨光，上口刨成线条。为防止翘曲，在靠墙的一面应开成凹槽，当踢脚板高 100mm 时开一条凹槽，150mm 时开两条凹槽，超过 150mm 时开三条凹槽，凹槽深度为 3～5mm。为了防潮通风，木踢脚板每隔 1～1.5m 设一组通风孔，一般采用 $\phi 6$ 孔。在墙内每隔 400mm 砌入防腐木砖。在防腐木砖上钉防腐木垫块。一般木踢脚板与地面转角处安装木压条或安装圆角成品木条，其构造做法如图 8.9 所示。

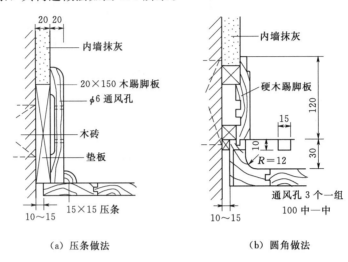

（a）压条做法　　　　　　　　（b）圆角做法

图 8.9　木踢脚板做法示意图

木踢脚板应在木地板刨光后安装。木踢脚板接缝处应做暗榫或斜坡压槎，在 90°转角处可做成 45°斜角接缝。接缝一定要在防腐木块上。安装时木踢脚板与立墙贴紧，上口要平直，用明钉在防腐木块上钉牢，钉帽要砸扁并冲入板内 2～3mm。

8.2.2　施工质量标准和检验方法

8.2.2.1　整体楼地面

（1）铺设整体面层时，其水泥类基层的抗压强度不得小于 1.2MPa；表面应粗糙、洁净、湿润并不得有积水。铺设前宜涂刷界面处理剂。

（2）整体面层施工后，养护时间不应小于 7d；抗压强度应达到 5MPa 后方准上人行走；抗压强度应达到设计要求后，方可正常使用。

（3）当采用掺有水泥拌和料做踢脚线时，不得用石灰浆打底。

（4）整体面层的抹平工作应在水泥初凝前完成，压光工作应在水泥终凝前完成。

（5）整体楼地面工程质量验收标准见表 8.4。

表 8.4　　　　　　　　　　整体楼地面工程质量验收标准　　　　　　　　单位：mm

项次	项目	允许偏差						检验方法
		水泥混凝土面层	水泥砂浆面层	普通水磨石面层	高级水磨石面层	水泥钢（铁）屑面层	防油渗混凝土和不发火（防爆的）面层	
1	表面平整度	5	4	3	2	4	5	用 2m 靠尺和楔形塞尺检查
2	踢脚线上口平直	4	4	3	3	4	4	拉 5m 线和用钢直尺检查
3	缝格平直	3	3	3	2	3	3	

8.2.2.2　块材楼地面

（1）铺设板块面层时，其水泥类基层的抗压强度不得小于 1.2MPa。

（2）铺设板块面层的结合层和板块间的填缝采用水泥砂浆，配制水泥砂浆应采用硅酸盐水泥、普通硅酸盐水泥或矿渣硅酸盐水泥。

（3）结合层和板块面层填缝的胶结材料应符合国家现行有关产品标准和设计要求。

（4）铺设水泥混凝土板块、水磨石板块、水泥花砖、陶瓷锦砖、陶瓷地砖、缸砖、料石、大理石和花岗石面层等的结合层和填缝的水泥砂浆，在面层铺设后，表面应覆盖、湿润，养护时间不少于 7d。当板块面层的水泥砂浆结合层的抗压强度达到设计要求后，方可正常使用。

（5）板块类踢脚线施工时，不得采用石灰砂浆打底。

（6）块材楼地面工程允许偏差及检查方法见表 8.5。

表 8.5　　　　　　　　　　块材楼地面工程质量验收标准　　　　　　　　　　单位：mm

项次	项目	允许偏差										检验方法
		陶瓷锦砖面层、高级水磨石板、陶瓷地砖面层	缸砖面层	水泥花砖面层	水磨石板块面层	大理石面层和花岗石面层	塑料板面层	水泥混凝土板块面层	碎拼大理石、碎拼花岗石面层	活动地板面层	条石面层	块石面层	
1	表面平整度	2.0	4.0	3.0	3.0	1.0	2.0	4.0	3.0	2.0	10.0	10.0	用 2m 靠尺和楔形塞尺检查
2	缝格平直	3.0	3.0	3.0	3.0	2.0	3.0	3.0	—	2.5	8.0	8.0	拉 5m 线和用钢直尺检查
3	接缝高低差	0.5	1.5	0.5	1	0.5	0.5	1.5	—	0.4	2.0	—	用钢直尺和楔形塞尺检查
4	踢脚线上口平直	3.0	4.0	—	4.0	1.0	2.0	1.0	—	—	—	—	拉 5m 线和用钢直尺检查
5	板块间隙宽度	2.0	2.0	2.0	2.0	1.0	—	6.0	—	0.3	5.0	—	钢直尺检查

任务 8.3　饰面板（砖）工程施工

8.3.1　概述

建筑物主体结构完成后，利用具有装饰、耐久、适合墙体饰面要求的某些天然或人造材料进行内外墙饰面装饰，能很好地保护结构，美化环境，改善使用功能，因而饰面工程是建筑装饰的一项重要内容。天然或人造饰面材料，一般是根据材质和饰面要求在工厂加工成大小不等、厚薄不一、形状各异、相互配套的板和块，在施工现场通过构造连接拼装或镶贴于墙面而形成装饰面。常用的饰面材料有天然石材、人造石材、陶瓷、玻璃、木材、塑料、金属等。按施工方法不同可分为饰面板安装和饰面砖镶贴等。

贴面装饰施工除一般抹灰常用的手工工具外，根据饰面的不同，还需有一些专用的手工工具，如镶贴饰面砖拨缝用的开刀、镶贴陶瓷锦砖用的木垫板、安装或镶贴饰面板敲击振实用的木锤和橡皮锤、用于饰面砖和饰面板手工切割剔槽用的錾子、磨光用的磨石、钻孔用的合金钢钻头等。

贴面装饰施工用的机具有专门切割饰面砖用的手动切割器、饰面砖打眼用的打眼器和钻孔用的手电钻、切割大理石饰面板用的台式切割机和电动切割机，以及饰面板安装在混凝土等硬质基层上钻孔安放胀杆螺栓用的电锤等。

8.3.2 饰面砖镶贴

8.3.2.1 施工准备

饰面砖的基层处理和找平层砂浆的涂抹方法与装饰抹灰基本相同。饰面砖在镶贴前，应根据设计对釉面砖和外墙面砖进行选择，要求挑选规格一致，形状平整方正，不缺棱掉角，不开裂和脱釉，无凹凸扭曲，颜色均匀的面砖及各种配件。按标准尺寸检查饰面砖，分出符合标准尺寸和大于或小于标准尺寸三种规格的饰面砖，同一类尺寸应用于同一层间或同一面墙上，以做到接缝均匀一致。陶瓷锦砖应根据设计要求选择好色彩和图案，统一编号，便于镶贴时依号施工。

釉面砖和外墙面砖镶贴前应先清扫干净，然后置于清水中浸泡。釉面砖浸泡到不冒气泡为止，一般约 2～3h。外墙面砖则需隔夜浸泡、取出晾干。以饰面砖表面有潮湿感，手按无水迹为准。

饰面砖镶贴前应进行预排，预排时应注意同一墙面的横竖排列，均不得有一行以上的非整砖。非整砖应排在最不醒目的部位或阴角处，用接缝宽度调整。

外墙面砖预排时应根据设计图纸尺寸，进行排砖分格并绘制大样图。一般要求水平缝应与窗台齐平，竖向要求阴角及窗口处均为整砖，分格按整块分匀，并根据已确定的缝子大小做分格条和划出皮数杆。对墙、墙垛等处要求先测好中心线、水平分格线和阴阳角垂直线。

8.3.2.2 釉面砖镶贴

（1）墙面镶贴。釉面砖的排列方法有"对缝排列"和"错缝排列"两种。在清理干净的找平层上，依照室内标准水平线，校核地面标高和分格线。

以所弹地平线为依据，设置支撑釉面砖的地面木托板，加木托板的目的是为防止釉面砖因自重向下滑移，木托板表面应加工平整，其高度为非整砖的调节尺寸。整砖的镶贴，就从木托板开始自下而上进行。每行的镶贴宜以阳角开始，把非整砖留在阴角。

调制糊状的水泥浆，其配合比为水泥：砂＝1：2（体积比）另掺水泥重量 3％～4％的 108 胶；掺时先将 108 胶用两倍的水稀释，然后加在搅拌均匀的水泥砂浆中，继续搅拌至混合为止。也可按水泥：108 胶：水＝100：5：26 的比例配制纯水泥浆进行镶贴。镶贴时，用铲刀将水泥砂浆或水泥浆均匀涂抹在釉面砖背面（水泥砂浆厚度 6～10mm，水泥浆厚度 2～3mm 为宜），四周刮成斜面，按线就位后，用手轻压，然后用橡皮锤或小铲把轻轻敲击，使其与中层贴紧，确保釉面砖四周砂浆饱满，并用靠尺找平。镶贴釉面砖宜先沿底尺横向贴一行，再沿垂直线竖向贴几行，然后从下往上从第二横行开始，在已贴的釉面砖口间拉上准线（用细铁丝），横向各行釉面砖依准线镶贴。

釉面砖镶贴完毕后，用清水或棉纱，将釉面砖表面擦洗干净。室外接缝应用水泥浆或水泥砂浆勾缝，室内接缝宜用与釉面砖相同颜色的石灰膏或白水泥色浆擦嵌密实，并将釉面砖表面擦净。全部完工后，根据污染的不同程度，用棉纱或稀盐酸刷洗并及时用清水冲净。镶贴墙面时，应先贴大面，后贴阴阳角、凹槽等难度较大、耗工较多的部位。

（2）顶棚镶贴。镶贴前，应把墙上的水平线翻到墙顶交接处（四边均弹水平线），校核顶棚方正情况，阴阳角应找直，并按水平线将顶棚找平。如果墙与顶棚均贴釉面砖时，则房间要求规方，阴阳角都须方正，墙与顶棚成 90°直角，排砖时，非整砖应留在同一方向，使墙顶砖缝交圈。镶贴时应先贴标志块，间距一般为 1.2m，其他操作与墙面镶贴相同。

（3）外墙釉面砖镶贴。外墙釉面砖的镶贴形式由设计而定。矩形釉面砖宜竖向镶贴；釉面砖的接缝宜采用离缝，缝宽不大于 10mm；釉面砖一般应对缝排列，不宜采用错缝排列。

外墙面贴釉面砖应从上而下分段，每段内应自下而上镶贴。在整个墙面两头各弹一条垂直线，如墙面较长，在墙面中间部位再增弹几条垂直线，垂直线之间的距离应为釉面砖宽的整倍数（包括接缝宽），墙面两头垂直线应距墙阳角（或阴角）为一块釉面砖的宽度。垂直线作为竖行标准。在各分段分界处各弹一条水平线，作为贴釉面砖横行标准。各水平线的距离应为釉面砖高度（包括接缝）的整倍数。

每个分段中宜先沿水平线贴横向一行砖，再沿垂直线贴竖向几行砖，从下往上第二横行开始，应在垂直线处已贴的釉面砖上口间拉上准线，横向各行釉面砖依准线镶贴。阳角处正面的釉面砖应盖住侧面的釉面砖的端边，即将接缝留在侧面，或在阳角处留成方口，以后用水泥砂浆勾缝。阴角处应使釉面砖的接缝正对阴角线。镶贴完一段后，即把釉面砖的表面擦洗干净，用水泥细砂浆勾缝，待其干硬后，再擦洗一遍釉面砖面。同一墙面应用同一品种、同一色彩、同一批号的釉面砖，并注意花纹倒顺。

8.3.2.3　外墙锦砖（马赛克）镶贴

锦砖的品种、颜色及图案选择由设计而定。锦砖是成联供货的，所镶贴墙面的尺寸最好是砖联尺寸的整倍数，尽量避免将联拆散。

外墙镶贴锦砖应自上而下进行分段，每段内从下而上镶贴。底层灰凝固后，清理墙面使其干净。按砖联排列位置，在墙面上弹出砖联分格线。根据图案形式，在各分格内写上砖联编号，相应地在砖联纸背上也写上砖联编号，以便对号镶贴。清理各砖联的粘贴面（即锦砖背面），按编号顺序预排就位。

在底层灰面上洒水湿润，刷上水泥浆一道（中层灰），接着涂抹纸筋石灰膏水泥混合灰结合层，紧跟着将砖联对准位置镶贴上去并用木垫板压住，再用橡胶锤全面轻轻敲打一遍，使砖联贴实平整。砖联可预先放在木垫板上，连同木垫板一齐贴上去，敲打木垫板即可。砖联平整后即取下木垫板。待结合层的混合灰能粘住砖联后，即洒水湿润砖联的背纸，轻轻将其揭掉。要将背纸撕揭干净，不留残纸。在混合灰初凝前，修整各锦砖间的接缝，如接缝不正、宽窄不一，应予拨正。如有锦砖掉粒，应予补贴。在混合灰终凝后，用同色水泥擦缝（略洒些水）。白色为主的锦砖应用白水泥擦缝；深色为主的锦砖应用普通水泥擦缝。擦缝水泥干硬后，用清水擦洗锦砖面。

非整砖联处，应根据所镶贴的尺寸，预先将砖联裁割，去掉不需要的部分（连同背纸），再镶贴上去，不可将锦砖块从背纸上剥下来，一块一块地贴上去。每个分段内的锦砖宜连续贴完。墙及柱的阳角处，不宜将一面锦砖边凸出去盖住另一面锦砖接缝，而应各自贴到阳角线处，缺口处用水泥细砂浆勾缝。

8.3.3　饰面板的安装

8.3.3.1　施工准备

（1）做好施工大样图和排板图。饰面板安装前应根据建筑设计要求，核实饰面板安装部位的结构实际尺寸及偏差情况，再根据纠正偏差所增减的尺寸，绘出修正图或修改排板图，并做好以下几点工作：测量柱的实际高度和柱子中心线，柱与柱的中心距，柱子上、中、下三部分拉水平通线后的实际结构尺寸，再确定出柱饰面板的看面边线，并依此算出饰面板分块尺寸。对外形较复杂的墙面（如多边形、半圆形墙面），特别是要用异形饰面板镶嵌的部位，还须用黑铁皮或三夹板进行实际放样，以确定其实际的规格尺寸。最后绘出分块大样图和节点大样图，排图时应考虑饰面板间的拼缝宽度，详见表 8.6。

| 表 8.6 | 饰面板拼接缝宽度表 | 单位：mm |

序　　号	饰面板类别		接缝宽度
1	天然石材	光面、镜面	1
2		粗磨面、麻面、条纹面	5
3		天然石	10
4	人造石材	水磨石、人造石	2
5		水刷石面	10
6		大理石、花岗石	1

（2）选板。选板主要是按排板图中的编号检查所需板的几何尺寸，并按误差大小归类。选板应逐一进行，把损坏的、变色的挑出来。

（3）预拼。预拼主要从板材的天然纹理和色差两方面考虑，对有明显纹理的板材，预拼则是一种艺术创意。对色差较大的板材，视两种情况而定：若深浅各占一半左右，则可按国际象棋棋盘式排列或分两部分墙体布置；若深浅所占比例相差较大，则小部分可排到次要部位或布置在小块墙体。

8.3.3.2　饰面板安装的一般要求

如采用传统的湿作业安装天然石材，由于水泥砂浆在水化时析出大量的氢氧化钙，会在石材的两表面产生不规则的花斑，俗称返碱现象。为此要对石材进行防碱背涂处理。饰面板安装时应在找正吊直后，采取临时固定措施，以免灌注砂浆时板位移动。为保证板面平整及上口顺平，接缝宽度可用垫木楔的方法来调整。

灌砂浆前，应浇水将饰面板背面和基体表面湿润，再分层灌注砂浆。每层灌注高度为150～200mm，且不大于 1/3 的板高，并插捣密实。操作时应随时检查板面的平整和位置，若无移动方可继续上层砂浆的灌注。施工缝应留在饰面板的水平接缝下 50～100mm 处。

天然石饰面板的接缝按不同情况分别处理：一是室内安装光面或镜面的饰面板，接缝应干接，室外安装这类板材时可干接，也可在水平缝中垫硬塑料板条。塑料板条应在水泥砂浆硬化后才能取出，并及时用水泥砂浆勾缝。干接的缝应用与面板同色的水泥浆填平。二是粗磨面、麻面、条纹面的天然石饰面板的接缝和勾缝均用水泥砂浆。人造石饰面板的接缝要用与面板同色的水泥（砂）浆抹勾严实。厚度在 10～12mm 以下的镜面大理石板和花岗石薄板宜用干挂法或粘贴法。

夏季施工时，在室外的饰面板应防止暴晒，冬季施工时，应在整个施工过程和养护过程中防冻，砂浆的温度不能低于 50℃。

8.3.3.3　大理石饰面板安装

（1）传统安装方法（适用于大规格板）。按设计要求在基层结构内预埋铁环，安装装饰面板前，将预埋铁环或预埋钢筋剔出墙面，然后焊接或绑扎 $\phi6～8$ 竖向钢筋，其间距按饰面板宽度设置。再连接（绑或焊）$\phi6$ 横向钢筋，其间距按饰面板竖向尺寸设置。均应参照墙面弹线。如基体未有预埋件，也可用电锤钻孔，用 M16胀杆螺栓固定连接铁件，然后再绑扎或焊接竖向钢筋，如图 8.10 所示。

对预拼排号后的板材，按顺序进行钻孔打眼。打孔眼的形式有几种：直孔、斜孔、牛鼻子孔和三角形锯口等。打孔前先

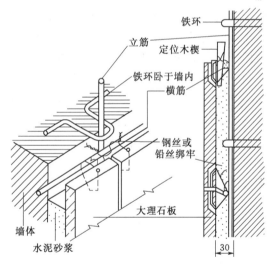

图 8.10　大理石传统安装方法

将板材固定在木架上，直孔用手电钻打，板材上下两侧各打两孔，每孔位于距两端各 1/4边长处，孔径为 3mm，深 15～20mm。如板宽大于 600mm，中间再增钻一孔。如打牛鼻子孔，应在板背的直孔位置，距板边 1～2cm 左右打一横孔，使直孔与横孔连通。打斜孔时，孔眼轴线与板大面成 35°角左右，利用调整木架木楔，使钻头与板材成此角度。板孔钻好后，把铜丝或不锈钢丝穿入孔内，直孔再用铅皮和环氧树脂坚固。

对墙柱面安装饰面板时，应先确定下面第一层板的安装位置。其方法是用线锤从上至下吊线，考虑板厚，灌浆厚度或钢筋网所占厚度，以确定两头饰面板间的总长度和饰面板的位置。然后将此位置线投影到地面，在墙下边做出第一层板的安装基准线。并在墙上弹出第一层板的标高。根据编号，将面板对号安装。具体做法是：石板就位后，上口略向后

仰，把石板下的铜丝扭扎于横筋上，然后扶正石板，将上口铜丝扎紧，并用木楔塞紧垫稳，用靠尺和水平尺检查平整度和上口平度。上口可用木楔调整，下沿可用铁皮调整。完成后各板依次进行。板材自下而上安装时，为防止灌浆时板材的游走，必须采取临时固定措施。外墙面可用脚手架的脚手杆为支撑，用斜木枋撑牢固定板面的横木枋。内墙是用纸或熟石膏外贴于板缝处。柱面可用方木或角钢环箍。

板材经校正垂直、平整后，在临时固定措施完成后即可灌浆。一般采用 1:3 水泥砂浆，稠度为 8~15cm，宜分层灌入。第一层灌完后 1~2h，在确认无移动后第二层灌浆，高度 100mm 左右。第三层灌至板上口下 50~100mm 处，留空作为上层板材灌浆的接头。一层板材的灌浆凝固后，可清理上口余浆，隔日再拔除上口木楔和有碍上层安装的石膏饼。再进行第二层板材的对号安装。

全部板材安装完成后，清理表面，并用与板材同色的水泥砂浆嵌缝，边嵌边擦，使缝隙嵌浆密实平整。考虑到板材虽在出厂时已作抛光处理，但施工中局部污染会影响整体效果，故还应用高速旋转帆布擦磨，重新抛光上蜡。

（2）传统安装法改进工艺（楔固法）。先对清理干净的基体用水湿润，并抹 1:1 水泥砂浆。同时清洗板材背面；将板材直立固定于木架上，在板的上侧边中心线上钻两孔，每孔位于两端 1/4 边长处，孔径 6mm，孔深 25~40mm。若板宽大于 500m，则增钻一孔；若大于 800m，则增钻两孔。其后将板旋转 90°固定在木架上，在板的左右两侧各打一孔，孔位距板下端 100mm 处，孔径和孔深不变。上下孔均用钢錾剔槽，槽深 7mm，以便安卧 U 形钉；用冲击钻在基体上分块弹线位置，并对应于板材上下直孔位置打 45°斜孔，孔径 6mm，孔深 40~45mm；将板材按编号安放就位，依板与基体间的孔距，用加工好的 φ5 不锈钢 U 形钉的一端钩进板的直孔内，另一端插入基体斜孔内，并随即用硬木小楔卡紧。用水平尺和靠尺板校正板的平整度和垂直度，并检查各拼缝是否紧密，最后敲紧小木楔，用大木楔紧固于板材与基体之间，以紧固 U 形钉，作临时固定。然后分层灌浆，清理表面擦缝等。

（3）粘贴法（适用于薄板）。清洗基层表面油污等并湿润，对光滑表面还须作凿毛处理，并校核平整度和垂直度。用 1:2.5 水泥砂浆分两次打底，找规矩，底灰厚约 10mm，按中级抹灰检查和验收。待底灰七至八成干后，用线锤在墙柱面和门窗边吊垂线，并确定饰面板距基层的距离（一般取 30~40mm）。再根据垂线在地面上顺墙柱面弹出饰面板外轮廓线，即安装基准线。其后在墙柱面上弹出第一排标高线以及第一层板的下沿线。再根据面的实际尺寸和缝隙弹出分块线。将湿润阴干的饰面板的背面均匀地抹上 2~3mm 厚 108 胶水泥浆或环氧树脂水泥浆、AH-03 胶黏剂等，依照水平线，先镶贴底层两端的两块板，然后拉通线，按编号依次镶贴。每贴三层，用靠尺校核一遍。

8.3.3.4 花岗石饰面板安装

磨光（镜面）花岗石饰面板的传统安装方法与大理石板相同。近年来，花岗岩面板安装工艺吸取国外先进经验，广泛采用了改进工艺，也称为湿作业改进方法。

传统安装方法改进工艺。板材钻孔打眼、安金属夹。在花岗石饰面板上下两侧面各钻两个孔径为 5mm，深为 18mm 的直孔，孔位距板端 1/4 边长。再在板材背面中部钻两个 135°斜孔，钻孔前，先用钢錾把孔位平面剔窝，再用台钻对板材背面打孔，打孔时应将板材固定在 135°木架上，孔深 5～8mm，要保证孔底距板材磨光面有 9mm 以上，孔径 8mm，其后把金属夹安装在孔内，用 JGN 型胶固定，并与钢筋网连接牢固。

按预拼位置将石材就位，安装方法同大理石板。用石膏固定，经确认无移位后，可浇灌细石混凝土。浇灌宜徐徐地把混凝土倒入，且不得碰动石板、石膏和木楔。均匀下料后用短钢筋轻捣直至无气泡泛出。每层板材分三次挠捣，每次间隔 1h 左右，并检查石板有无松动、移位。第三次浇灌的细石混凝土至上口下 5cm 左右。石板安装完成后，清除所有石膏和余浆痕迹，用棉丝或抹布擦洗，并用与板材同色的水泥浆嵌缝，最后上蜡抛光。

干挂工艺。此工艺是利用高强度螺栓和耐腐蚀、高强度的柔性连接件，将薄型石材面板挂在建筑物结构的外表面，在石材与结构表面间留有 40～50mm 的空腔，采暖设计时可填入保温材料。此工艺不适宜于砖墙和加气混凝土墙体。施工不受季节影响。可由上往下施工，也有利于成品保护。石材不受粘贴砂浆的析碱影响。

施工前应根据设计意图和结构实际尺寸做出分格设计、节点设计和翻样图，并根据翻样图提出挂件及板材的加工计划。对挂件应做承载力破坏试验和抗疲劳试验。根据设计尺寸对板材钻孔，并在板材背面刷胶黏剂，贴玻璃纤维网格布增强，并给予一定的固化时间，此期间要防止受潮。根据设计的孔位用电锤在结构面上钻孔，如孔位与结构主筋相遇，则可在挂件的可调范围内移动孔位。如采用间接干控法，板材通过钢针和连接件与水平槽钢相接，水平槽钢与竖向槽钢焊接，竖向槽钢用膨胀螺栓固定在结构上。故型钢在安装前应先刷两遍防锈漆。焊接要求三面围焊，焊缝高取 6mm。膨胀螺栓钻孔位置要准确，深度在 65mm 左右，螺栓埋设要垂直、牢固。按大样图用经纬仪测出大角的两个面的竖向控制线，在大角上下两端固定挂线用的角钢，用钢丝挂竖向控制线。支底层石材托架，放置底层石板，调节并临时固定。对结构钻孔，插入固定螺栓，安装不锈钢固定件（直接挂法）。用嵌缝膏嵌入下层石材上部孔眼，插连接钢针，嵌上层石材下孔，并临时固定，重复上述过程，直至完成全部板材的安装。

8.3.3.5 金属饰面板施工

（1）彩色压型钢板复合墙板。彩色压型钢板复合墙板，系以波形彩色压型钢板为面板，以轻质保温材料为芯层，经复合而成的轻质保温墙板，适用于工业与民用建筑物的外墙挂板。

彩色压型钢板复合板的安装，是用吊挂件把板材挂在墙身檩条上，再把吊挂件与檩条焊牢；板与板之间连接，水平缝为搭接缝，竖缝为企口缝。所有接缝处，除用超细玻璃棉塞缝外，还需用自攻螺钉钉牢，钉距为 200mm。门窗洞口、管道穿墙及墙面端头处，墙板均为异型复合墙板，用压型钢板与保温材料按设计规定尺寸进行裁割，然后照标准板的做法进行组装。女儿墙顶部、门窗周围均设防雨泛水板，泛水板与墙板的接缝处，用防水油膏嵌缝。压型板墙转角处，用槽形转角板进行外包角和内包角，转角板用螺栓固定。

（2）铝合金板墙面施工。铝合金板墙面装饰，主要用在同玻璃幕墙或大玻璃窗配套，或商业建筑入口处的门脸、柱面及招牌的衬底等部位，或用于内墙装饰，如大型公共建筑的墙裙等。

铝合金板的固定方法较多，按其固定原理可分为两种：一种是配合特制的带齿形卡脚的金属龙骨，安装时将板条卡在龙骨上面，不需使用钉件；另一种是将铝合金板用螺栓或自攻螺钉固定于型钢或木骨架上。铝合金墙板安装的工程质量要求较高，其技术难度也比较大。在施工前应认真查阅图纸，领会设计意图，并需进行详细的技术交底，使操作者能够主动地做好每一道工序。

（3）不锈钢饰面板施工。不锈钢饰面板主要用于墙柱面装饰，具有强烈的金属质感和抛光的镜面效果。圆柱体不锈钢板包面焊接的主要施工工艺为：柱体成型→柱体基层处理→不锈钢板滚圆→不锈钢板定位安装→焊接和打磨修光。圆柱体不锈钢板镶包饰面施工，主要特点是不用焊接，比较适宜于一般装饰柱体的表面装饰施工，操作较为简便快捷。通常用木胶合板作柱体的表面，也是不锈钢饰面板的基层。其饰面不锈钢板的圆曲面加工，可采用上述手工滚圆或卷板机于现场加工制作，也可由工厂按所需曲度事先加工完成。其包柱圆筒形体的组合，可以由两片或三片加工好再拼接。但安装的关键在于片与片之间的对口处理，其方式有直接卡口式和嵌槽压口式两种。

方柱体不锈钢板饰面即在方柱体上安装不锈钢薄板作饰面，其基层也应是木质胶合板，柱体骨架上装设胶合板基面的操作如前所述。将基表面清理洁净后即刷涂万能胶或其他胶黏剂，将不锈钢板粘贴其上，然后在转角处用不锈钢成型角压边包角。在压边不锈钢成型角与饰面板接触处，可注入少量玻璃胶封口。

8.3.4　施工质量标准和检验方法

8.3.4.1　饰面板安装工程

（1）主控项目。

1）饰面板的品种、规格、颜色和性能应符合设计要求，木龙骨、木饰面板和塑料饰面板的燃烧性能等级应符合设计要求。检验方法：观察；检查产品合格证书、进场验收记录和性能检测报告。

2）饰面板孔、槽的数量、位置和尺寸应符合设计要求。检验方法：检查进场验收记录和施工记录。

3）饰面板安装工程的预埋件（或后置埋件）、连接件的数量、规格、位置、连接方法和防腐处理必须符合设计要求。后置埋件的现场拉拔强度必须符合设计要求。饰面板安装必须牢固。检验方法：手扳检查；检查进场验收记录、现场拉拔检测报告、隐蔽工程验收记录和施工记录。

（2）一般项目。

1）饰面表面应平整、洁净、色泽一致，无裂痕和缺损。石材表面应无泛碱等污染。检验方法：观察。

2）饰面板嵌缝应密实、平直，宽度和深度应符合设计要求，嵌填材料色泽应一致。检验方法：观察；尺量检查。

3）采用湿作业法施工的饰面板工程，石材应进行防碱背涂处理。饰面板与基体之间的灌注材料应饱满、密实。检验方法：用小锤轻击检查；检查施工记录。

4）饰面板上的孔洞应套割吻合，边缘应整齐。检验方法：观察。

5）饰面板安装的允许偏差和检验方法应符合表 8.7 的规定。

表8.7　　饰面板安装的允许偏差和检验方法　　单位：mm

项次	项　目	允许偏差							检验方法
		石材			瓷板	木材	塑料	金属	
		光面	剁斧石	蘑菇石					
1	立面垂直度	2	3	3	2	1.5	2	2	用2m垂直检测尺检查
2	表面平整度	2	3	—	1.5	1	3	3	用2m靠尺和塞尺检查
3	阴阳角方正	2	4	4	2	1.5	3	3	用直角检测尺检查
4	接缝直线度	2	4	4	2	1	1	1	拉5m线，不足5m拉通线，用钢直尺检查
5	墙裙、勒脚上口直线度	2	3	3	2	2	2	2	拉5m线，不足5m拉通线，用钢直尺检查
6	接缝高低差	0.5	3	—	0.5	0.5	1	1	用钢直尺和塞尺检查
7	接缝宽度	1	2	2	1	1	1	1	用钢直尺检查

8.3.4.2　饰面砖镶贴工程

本工艺适用于内墙饰面砖粘贴工程和高度不大于10mm、抗震设防烈度不大于8度、采用满粘法施工的外墙饰面砖镶贴工程的质量验收。

（1）主控项目。

1）饰面砖的品种、规格、图案、颜色和性能应符合设计要求。检验方法：观察；检查产品合格证书、进场验收记录、性能检测报告和复验报告。

2）饰面砖镶贴工程的找平、防水、黏结和勾缝材料及施工方法应符合设计要求及国家现行产品标准和工程技术标准的规定。检验方法：检查产品合格证书、复验报告和隐蔽工程验收记录。

3）饰面砖粘贴必须牢固。检验方法：检查样板件黏结强度检测报告和施工记录。

4）满粘法施工的饰面砖工程应无空鼓、裂缝。检验方法：观察；用小锤轻击检查。

（2）一般项目。

1）饰面砖表面应平整、洁净、色泽一致，无裂痕和缺损。检验方法：观察。

2）阴阳角处搭接方式、非整砖使用部位应符合设计要求。检验方法：观察。

3）墙面突出物周围的饰面砖应整砖套割吻合，边缘应整齐。墙裙、贴脸突出墙面的厚度应一致。检验方法：观察；尺量检查。

4）饰面砖接缝应平直、光滑、填嵌应连续、密实、宽度和深度应符合要求。检验方法：观察；尺量检查。

5）有排水要求的部位应做滴水线（槽）。滴水线（槽）应顺直，流水坡向应正确，坡度应符合设计要求。

6）饰面砖粘贴的允许偏差和检验方法应符合表8.8的规定。检验方法：观察；用水平尺检查。

表 8.8　　　　　　　　　饰面砖粘贴的允许偏差和检验方法　　　　　　单位：mm

项次	项　目	允许偏差		检　验　方　法
		外墙面砖	内墙面砖	
1	立面垂直度	3	2	用2m垂直检测尺检查
2	表面平整度	4	3	用2m靠尺和塞尺检查
3	阴阳角方正	3	3	用直角检测尺检查
4	接缝直线度	3	2	拉5m线，不足5m接通线，用钢直尺检查
5	接缝高低差	1	0.5	用钢直尺和塞尺检查
6	接缝宽度	1	1	用钢直尺检查

任务8.4　涂料饰面工程施工

8.4.1　概述

涂料涂刷于建筑物表面并与基体材料很好地黏结，干结成膜后，既对建筑物表面起到一定的保护作用，又能起到建筑装饰的效果。

涂料由主要成膜物质、次要成膜物质和辅助成膜物质三部分组成。在实际应用中，常按照某些特定的性能来分类，按涂料的形态分类：有固态涂料（粉末涂料）、液态涂料（溶剂型涂料）、水溶性涂料和水乳型涂料等；按涂料的光泽分类：有高光型或有光型涂料、丝光型或半定型涂料、无光型或亚光型涂料等；按涂刷部位分类：有内墙涂料、外墙涂料、地坪涂料、屋顶涂料和顶棚涂料等；按涂料涂层状态分类：有平涂涂料、砂壁状涂料、含石英砂的装饰涂料和仿石涂料等；按涂料的特殊性能分类：有建筑涂料、防腐涂料、汽车涂料、防露涂料、防锈涂料、防水涂料、保湿涂料和弹性涂料等。

涂料饰面工程施工的工具包括尖头锤、弯头镰刀、圆纹锉、刮铲、圆盘打磨机、油刷、排笔、涂料辊、喷枪等。

8.4.2　施工方法及技术要求

8.4.2.1　施工方法

涂料的施工方法一般有喷涂、滚涂、弹涂、刷涂等几种。喷涂是利用一定压力的高速气流将涂料带到所喷物体表面，形成涂膜，其优点是涂膜外观质量好，工效高，适用于大面积施工。滚涂是指用海绵滚子、橡胶滚子或羊毛滚子将涂料涂抹到基层上。滚子直径约40～45mm，滚涂时路线须直上直下，以保证涂层厚薄一致、色泽一致，滚涂一般两遍成活。用弹涂器分多遍将涂料弹涂在基层上，结成大小不同的点后，喷防水层一遍，形成相互交错、相互衬托的一种饰面。弹涂须先做样板，检验合格后方可大面积弹涂，每一遍弹浆应分多次弹匀。刷涂用刷子刷，操作时涂刷方向及行程长短应均匀一致，宜勤蘸短刷，不可反复。

8.4.2.2　技术要求

木料表面施涂的技术要求为：刷底油时，木材表面、门窗玻璃及四周等，均须刷到刷匀，不可遗漏。抹腻子时，对于宽缝、深洞要深入压实，抹平刮光。磨砂纸时，要打磨光滑，不能磨穿油底，不可磨损棱角。涂刷涂料时，均应做到横平竖直、纵横交错、均匀一致。在涂刷顺序上应先上后下，先内后外，先浅色后深色，按木纹方向理平理直。涂刷混色涂料时，一般不少于 4 遍；涂刷清漆时，一般不宜少于 5 遍。当涂刷清漆时，在操作上应当注意色调均匀，拼色相互一致，表面不得显露节疤。涂刷清漆、蜡时，要做到均匀一致，理平理光，不可显露刷纹。有打蜡、出光要求的工程，应当将砂蜡打匀，擦油蜡时要薄要匀，赶光一致。木地（楼）板施涂涂料不得少于 3 遍。硬木地（楼）板应施涂清漆或烫硬蜡。烫硬蜡时，地板蜡应洒布均匀，不宜过厚，并防止烫坏地（楼）板。

金属表面施涂的技术要求为：金属面上的油污、鳞皮、锈斑、焊渣、毛刺、浮砂、尘土等，应清除干净。防锈涂料要涂刷均匀、不得遗漏。金属表面除锈完毕后，应在 8h 内（湿度大时为 4h 内）尽快涂刷底漆，待底漆充分干燥后再涂刷次层油漆，其间隔时间视具体条件而定，一般不应少于 48h；第一度和第二度防锈涂料涂刷间隔时间不应超过 7d；当第二度防锈涂料干后，应尽快涂刷第一度面漆。金属面涂刷涂料一般宜为 4～5 遍。漆膜总厚度：室外为 $125～175\mu m$，室内为 $100～150\mu m$。设备、管道工程应在安装就位前涂刷防锈涂料和第一遍银粉涂料，安装就位后和刷浆工程完工后涂刷最后一遍银粉涂料。薄钢板制作的屋脊、檐沟和天沟等咬口处，应用防锈油腻子填抹密实。

混凝土表面和抹灰表面施涂的技术要求为：施涂前应将基体或基层的缺棱掉角处，用 1:3 的水泥砂浆（或聚合物水泥砂浆）修补，表面麻面及缝隙应用腻子填补齐平。外墙涂料工程分段进行时，应以分格缝、墙的阴角处或水落管等为分界线。外墙涂料工程，同一墙面应用同一批号的涂料，每遍涂料不宜施涂过厚；涂层应均匀，颜色应一致。

施涂复层涂料应符合下列规定：复层涂料一般是以封底涂料、主层涂料和罩面涂料组成。施涂时应先喷涂或刷涂封底涂料，待其干燥后再喷涂主层涂料，干燥后再施涂两遍罩面涂料。喷涂主层涂料时，其点状大小和疏密程度应均匀一致，不得连成片状。水泥系主层涂料喷涂后，应先干燥 12h，然后洒水养护 24h，再干燥 12h 后，才能施涂罩面涂料。施涂罩面涂料时，不得有漏涂和流坠现象，待第一遍罩面涂料干燥后，才能施涂第二遍罩面涂料。

8.4.2.3 喷塑涂料施工

（1）喷塑涂料的涂层结构。按喷塑涂料层次的作用不同，其涂层构造分为封底涂料、主层涂料、罩面涂料。按使用材料分为底油、骨架和面油。喷塑涂料质感丰富、立体感强，具有乳雕饰面的效果。底油是涂布在基层上的涂层。它的作用是渗透到基层内部，增强基层的强度，同时又对基层表面进行封闭，并消除基层表面有损于涂层附着的因素，增加骨架涂料与基层之间的结合力。作为封底涂料，可以防止硬化后的水泥砂浆抹灰层可溶性盐渗出而破坏面层。骨架是喷塑涂料特有的一层成型层，是喷塑涂料的主要构成部分。使用特制大口径喷枪或喷斗，喷涂在底油之上，再经过滚压，即形成质感丰富、新颖美观的立体花纹图案。面油是喷塑涂料的表面层。面油内加入各种耐晒彩色颜料，使喷塑涂层具有理想的色彩和光感。面油分为水性和油性两种，水性面油无光泽，油性面油有光泽，但目前大都采用水性面油。

（2）喷塑涂料施工。

喷涂程序：刷底油→喷点料（骨架材料）→滚压点料→喷涂或刷涂面层。

底油的涂刷用漆刷进行，要求涂刷均匀不漏刷。

喷点施工的主要工具是喷枪，喷嘴有大、中、小三种，分别可喷出大点、中点和小点。施工时可按饰面要求选择不同的喷嘴。喷点操作的移动速度要均匀，其行走路线可根据施工需要由上向下或左右移动。喷枪在正常情况下喷嘴距墙 50～60cm 为宜。喷头与墙面成 $60°～90°$ 夹角，空压机压力为 0.5MPa。如果喷涂顶棚，可采用顶棚喷涂专用喷嘴。

如果需要将喷点压平，则喷点后 5～10min 便可用胶辊蘸松节水，在喷涂的圆点上均匀地轻轻滚，将圆点压扁，使之成为具有立体感的压花图案。喷涂面油应在喷点施工 12min 后进行，第一道滚涂水性面油，第二道可用油性面油，也可用水性面油。

如果基层有分格条，面油涂饰后即行揭去，对分格缝可按设计要求的色彩重新描绘。

8.4.2.4　多彩喷涂施工

多彩喷涂具有色彩丰富、技术性能好、施工方便、维修简单、防火性能好、使用寿命长等特点，因此运用广泛。

多彩喷涂的工艺可按底涂、中涂、面涂或底涂、面涂的顺序进行。底层涂料的主要作用是封闭基层，提高涂膜的耐久性和装饰效果。底层涂料为溶剂性涂料，可用刷涂、滚涂或喷涂的方法进行操作。中层为水性涂料，涂刷 1～2 遍，可用刷涂、滚涂及喷涂施工。中层涂料干燥约 4～8h 后开始施工。操作时可采用专用的内压式喷枪，喷涂压力 0.15～0.25MPa，喷嘴距墙 300～400mm，一般一遍成活，如涂层不均匀，应在 4h 内进行局部补喷。

8.4.3　施工质量标准和检验方法

8.4.3.1　一般规定

（1）涂饰工程验收时应检查下列文件和记录：涂饰工程的施工图、设计说明及其他设计文件，材料的产品合格证书、性能检测报告和进场验收记录。施工记录。

（2）各分项工程的检验批应按下列规定划分：室外涂饰工程每一栋楼的同类涂料涂饰的墙面每 500～1000m² 应划分为一个检验批，不足 500m² 也应划分为一个检验批。室内涂饰工程同类涂料涂饰的墙面每 50 间（大面积房间和走廊按涂饰面积 30m² 为一间）应划分为一个检验批，不足 50 间也应划分为一个检验批。

（3）检查数量应符合下列规定：室外涂饰工程每 100m² 应至少检查一处，每处不得小于 10m²。室内涂饰工程每个检验批应至少抽查 10% 并不得少于 3 间，不足 3 间时应全数检查。

（4）涂饰工程的基层处理应符合下列要求：新建筑物的混凝土或抹灰基层在涂饰涂料前应涂刷抗碱封闭底漆。旧墙面在涂饰涂料前应清除疏松的旧装修层，并涂刷界面剂。混凝土或抹灰基层涂刷溶剂型涂料时，含水率不得大于 8%；涂刷乳液型涂料时，含水率不得大于 10%；木材基层的含水率不得大于 12%。基层腻子应平整、坚实、牢固、无粉化、起皮和裂缝，内墙腻子的黏结强度应符合《建筑室内用腻子》（JG/T 3049）的规定。厨房、卫生间墙面必须使用耐水腻子。

（5）水性涂料涂饰工程施工的环境温度应为 5～35℃。

8.4.3.2　水性涂料涂饰工程

（1）水性涂料涂饰工程所用涂料的品种、型号和性能应符合设计要求。检验方法：检查产品合格证书、性能检测报告和进场验收记录。

（2）水性涂料涂饰工程的颜色、图案应符合设计要求。检验方法：观察。

（3）水性涂料涂饰工程应涂饰均匀、黏结牢固、不得漏涂、透底、起皮和掉粉。检验方法：观察、手摸检查。

（4）薄涂料的涂饰质量和检验方法应符合表 8.9 的规定。

表 8.9　　　　　　　　　　薄涂料的涂饰质量和检验方法

项　次	项　目	普通涂饰	高级涂饰	检验方法
1	颜色	均匀一致	均匀一致	观察
2	泛碱、咬色	允许少量、轻微	不允许	
3	流坠、疙瘩	允许少量、轻微	不允许	
4	砂眼、刷纹	允许少量、轻微砂眼，刷纹通顺	无砂眼，无刷纹	
5	装饰线、分色线直线度允许偏差/mm	2	1	拉 5m 线，不足 5m 拉通线，用钢直尺检查

（5）厚涂料的涂饰质量和检验方法应符合表 8.10 的规定。

表 8.10　　　　　　　　　　厚涂料的涂饰质量和检验方法

项　次	项　目	普通涂饰	高级涂饰	检验方法
1	颜色	均匀一致	均匀一致	观察
2	泛碱、咬色	允许少量、轻微	不允许	
3	点状分布	—	疏密均匀	

（6）复层涂料的涂饰质量和检验方法应符合表 8.11 的规定。

表 8.11　　　　　　　　　　复层涂料的涂饰质量和检验方法

项　次	项　目	质量要求	检验方法
1	颜色	均匀一致	观察
2	泛碱、咬色	不允许	
3	喷点疏密程度	均匀，不允许连片	

（7）涂层与其他装修材料和设备衔接处应吻合，界面应清晰。检验方法：观察。

8.4.3.3　溶剂型涂料涂饰工程

（1）溶剂型涂料涂饰工程所选用涂料的品种、型号和性能应符合设计要求。检验方法：检查产品合格证书、性能检测报告和进场验收记录。

（2）溶剂型涂料涂饰工程的颜色、光泽、图案应符合设计要求。检验方法：观察。

（3）溶剂型涂料涂饰工程应涂饰均匀、黏结牢固，不得漏涂、透底、起皮和反锈。检验方法：观察，手摸检查。

（4）色漆的涂饰质量和检验方法应符合表8.12的规定。

表 8.12 色漆的涂饰质量和检验方法

项 次	项 目	普通涂饰	高级涂饰	检验方法
1	颜色	均匀一致	均匀一致	观察
2	光泽、光滑	光泽基本均匀，光滑无挡手感	光泽均匀一致，光滑	观察，手摸检查
3	刷纹	刷纹通顺	无刷纹	观察
4	裹棱、流坠、皱皮	明显处不允许	不允许	观察
5	装饰线、分色线直线度允许偏差/mm	2	1	拉5m线，不足5m拉通线，用钢直尺检查

注 无光色漆不检查光泽。

（5）清漆的涂饰质量和检验方法应符合表8.13的规定。

表 8.13 清漆的涂饰质量和检验方法

项 次	项 目	普通涂饰	高级涂饰	检验方法
1	颜色	基本一致	均匀一致	观察
2	木纹	棕眼刮平，木纹清楚	棕眼刮平，木纹清楚	观察
3	光泽、光滑	光泽基本均匀 光滑无挡手感	光泽均匀一致 光滑	观察，手摸检查
4	刷纹	无刷纹	无刷纹	观察
5	裹棱、流坠、皱皮	明显处不允许	不允许	观察

（6）涂层与其他装修材料和设备衔接处应吻合，界面应清晰。检验方法：观察。

任务 8.5 吊顶、隔墙与玻璃幕墙工程施工

8.5.1 吊顶与隔墙工程

8.5.1.1 吊顶工程

（1）吊顶的构造组成。吊顶主要由支承、基层和面层三个部分组成。

1）支承。木龙骨吊顶的主龙骨又称为大龙骨或主梁，传统木质吊顶的主龙骨，多采用50mm×70mm～60mm×100mm方木或薄壁槽钢、∟60×6mm～∟70×7mm角钢制作。龙骨间距按设计，如设计无要求，一般按1m设置。主龙骨一般用$\phi 8\sim 10$的吊顶螺栓或8号镀锌钢丝与屋顶或楼板连接。木吊杆和木龙骨必须作防腐和防火处理。轻钢龙骨与铝合金龙骨吊顶的主龙骨截面尺寸取决于荷载大小，其间距尺寸应考虑次龙骨的跨度及施工条件，一般采用1～1.5m。其截面形状较多，主要有U形、T形、C形、L形等。主龙骨与屋顶楼板结构多通过吊杆连接，吊杆与主龙骨用特制的吊杆件或套件连接。金属吊杆和龙骨应作防锈处理。

2）基层。基层用木材、型钢或其他轻金属材料制成的次龙骨组成。吊顶面层所用材料不同，其基层部分的布置方式和次龙骨的间距大小也不一样，但一般不应超过600mm。

吊顶的基层要结合灯具位置、风扇或空调透风口位置等进行布置，留好预留洞穴及吊挂设施等，同时应配合管道、线路等安装工程施工。

　　3）面层。木龙骨吊顶，其面层多用人造板（如胶合板、纤维板、木丝板、刨花板）面层或板条（金属网）抹灰面层。轻钢龙骨、铝合金龙骨吊顶，其面板多用装饰吸声板（如纸面石膏板、钙塑泡沫板、纤维板、矿棉板、玻璃丝棉板等）制作。

　　(2) 吊顶施工工艺。吊顶施工主要包括木龙骨吊顶施工与轻金属龙骨吊顶施工。

　　1）木龙骨吊顶施工。首先将楼地面基准线弹在墙上，并以此为起点，弹出吊顶高度水平线。其次是主龙骨的安装，主龙骨与屋顶结构或楼板结构连接主要有三种方式：一是用屋面结构或楼板内预埋铁件固定吊杆；二是用射钉将角铁等固定于楼底面固定吊杆；三是用金属膨胀螺栓固定铁件再与吊杆连接。主龙骨安装后，沿吊顶标高线固定沿墙木龙骨，木龙骨的底边与吊顶标高线齐平。一般是用冲击电钻在标高线以上 10mm 处墙面打孔，孔内塞入木楔，将沿墙龙骨钉固于墙内木楔上。然后将拼接组合好的木龙骨架托到吊顶标高位置，整片调正调平后，将其与沿墙龙骨和吊杆连接。最后是罩面板的铺钉。罩面板多采用人造板，应按设计要求切成方形、长方形等。板材安装前，按分块尺寸弹线，安装时由中间向四周呈对称排列，顶棚的接缝与墙面交圈应保持一致。面板应安装牢固且不得出现折裂、翘曲、缺棱掉角和脱层等缺陷。

　　2）轻金属龙骨吊顶施工。轻金属龙骨按材料分为轻钢龙骨和铝合金龙骨。轻钢吊顶龙骨有 U 型和 T 型两种。U 型龙骨安装方法如图 8.11 所示。施工前，先按龙骨的标高在房间四周的墙上弹出水平线，再根据龙骨的要求按一定间距弹出龙骨的中心线，找出吊点中心，将吊杆固定在埋件上。吊顶结构未设埋件时，要按确定的节点中心用射钉固定螺钉或吊杆，吊杆长度计算好后，在一端套丝，丝口的长度要考虑紧固的余量，并分别配好紧固用的螺母。主龙骨的吊顶挂件连在吊杆上校平调正后，拧紧固定螺母，然后根据设计和饰面板尺寸要求确定的间距，用吊挂件将次龙骨固定在主龙骨上，调平调正后安装饰面板。饰面板的安装方法有搁置法、嵌入法、粘贴法、钉固法、卡固法等。

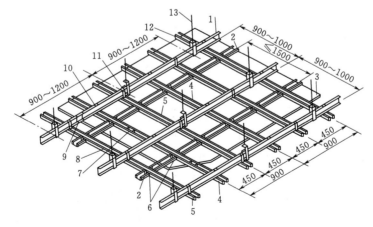

图 8.11　U 型龙骨吊顶示意图（单位：mm）

1—BD 大龙骨；2—UZ 横撑龙骨；3—吊顶板；4—UZ 龙骨；5—UX 龙骨；6—UZ3 支托连接；7—UZ2 连接件；8—UX2 连接件；9—BD2 连接件；10—UX1 吊件；11—UX2 吊件；12—BD1 吊件；13—UX3 吊杆 $\phi 8\sim 10$

铝合金龙骨吊顶按罩面板的要求不同分龙骨底面不外露和龙骨底面外露两种形式；按龙骨结构形式不同分 T 型和 TL 型。TL 型龙骨属于安装饰面板后龙骨底面外露的一种（图 8.12 和图 8.13）。铝合金吊顶龙骨的安装方法与轻钢龙骨吊顶基本相同。

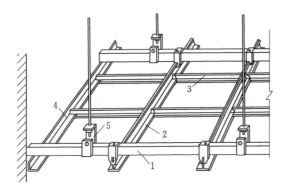

图 8.12　TL 型铝合金吊顶

1—大龙骨；2—大 T；3—小 T；

4—角条；5—大吊挂件

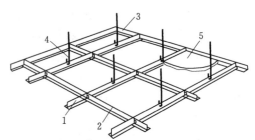

图 8.13　TL 型铝合金不上人吊顶

1—大 T；2—小 T；3—吊件；

4—角条；5—饰面板

铝合金龙骨吊顶与轻钢龙骨吊顶饰面板安装方法基本相同。石膏饰面板的安装可采用钉固法、粘贴法和暗式企口胶接法。U 型轻钢龙骨采用钉固法安装石膏板时，使用镀锌自攻螺钉与龙骨固定。钉头要求嵌入石膏板内 0.5~1mm，钉眼用腻子刮平，并用石膏板与同色的色浆腻子涂刷一遍。螺钉规格为 M5×25 或 M5×35。螺钉与板边距离应不大于 15mm，螺钉间距以 150~170mm 为宜，均匀布置，并与板面垂直。石膏板之间应留出 8~10mm 的安装缝。待石膏板全部固定好后，用塑料压缝条或铝压缝条压缝，钙塑泡沫板的主要安装方法有钉固和粘贴两种。钉固法即用圆钉或木螺钉，将面板钉在顶棚的龙骨上，要求钉距不大于 150mm，钉帽应与板面齐平，排列整齐，并用与板面颜色相同的涂料装饰。钙塑板的交角处，用木螺钉将塑料小花固定，并在小花之间沿板边按等距离加钉固定。用压条固定时，压条应平直，接口严密，不得翘曲。钙塑泡沫板用粘贴法安装时，胶黏剂可用 401 胶涂胶后应待稍干，方可把板材粘贴压紧。胶合板、纤维板安装应用钉固法：要求胶合板钉距 80~150mm，钉长 25~35mm，钉帽应打扁，并进入板面 0.5~1mm，钉眼用油性腻子抹平；纤维板钉距 80~120mm，钉长 20~30mm，钉帽进入板面 0.5mm，钉眼用油性腻子抹平；硬质纤维板应用水浸透，自然阴干后安装。矿棉板安装的方法主要有搁置法、钉固法和粘贴法。顶棚为轻金属 T 型龙骨吊顶时，在顶棚龙骨安装放平后，将矿棉板直接平放在龙骨上，矿棉板每边应留有板材安装缝，缝宽不宜大于 1mm。顶棚为木龙骨吊顶时，可在矿棉板每四块的交角处和板的中心用专门的塑料花托脚，用木螺钉固定在木龙骨上；混凝土顶面可按装饰尺寸做出平顶木条，然后再选用适宜的胶黏剂将矿棉板粘贴在平顶木条上。金属饰面板主要有金属条板、金属方板和金属格栅。板材安装方法有卡固法和钉固法。卡固法要求龙骨形式与条板配套；钉固法采用螺钉固定时，后安装的板块压住前安装的板块，将螺钉遮盖，拼缝严密。方形板可用搁置法和钉固法，也可用铜丝绑扎固定。格栅安装方法有两种：一种是将单体构件先用卡具连成整体，然后通过钢管与吊杆相连接；另一种是用带卡口的吊管将单体物体卡住，然后将吊管用吊杆悬吊。金属板吊顶与四周墙面空隙，应用同材质的金属压缝条找齐。

（3）吊顶工程质量要求。吊顶工程所用的材料品种、规格、颜色以及基层构造、固定方法等应符合设计要求。罩面板与龙骨应连接紧密，表面应平整，不得有污染、折裂、缺棱掉角、锤伤等缺陷，接缝应均匀一致，粘贴的罩面不得有脱层，胶合板不得有刨透之处，搁置的罩面板不得有漏、透、翘角现象。

8.5.1.2 隔墙工程

（1）隔墙的构造类型。隔墙依其构造方式，可分为砌块式、骨架式和板材式。砌块式隔墙，装饰工程中主要为骨架式和板材式隔墙。骨架式隔墙骨架多为木材或型钢（轻钢龙骨、铝合金骨架），其饰面板多用纸面石膏板、人造板（如胶合板、纤维板、木丝板、刨花板、水泥纤维板）。板材式隔墙采用高度等于室内净高的条形板材进行拼装，常用的板材有复合轻质墙板、石膏空心条板、预制或现制钢丝网水泥板等。

（2）轻钢龙骨纸面石膏板隔墙施工。轻钢龙骨纸面石膏板墙体具有施工速度快、成本低、劳动强度小、装饰美观及防火、隔声性能好等特点。因此其应用广泛，具有代表性。用于隔墙的轻钢龙骨有 C50、C75、C100 三种系列，各系列轻钢龙骨由沿顶龙骨、沿地龙骨、竖向龙骨、加强龙骨和横撑龙骨以及配件组成（图 8.14）。

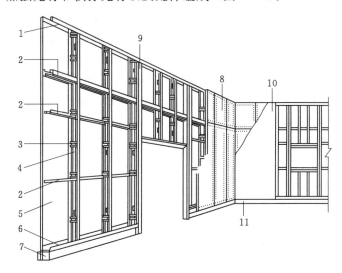

图 8.14 轻钢龙骨纸面石膏板隔墙

1—沿顶龙骨；2—横撑龙骨；3—支撑卡；4—贯通孔；5—石膏板；6—沿地龙骨；
7—混凝土踢脚座；8—石膏板；9—加强龙骨；10—塑料壁纸；11—踢脚板

轻钢龙骨墙体的施工操作工序如下：

1）弹线。根据设计要求确定隔墙的位置、隔墙门窗的位置，包括地面位置、墙面位置、高度位置以及隔墙的宽度。并在地面和墙面上弹出隔墙的宽度线和中心线，按所需龙骨的长度尺寸，对龙骨进行画线配料。按先配长料，后配短料的原则进行。量好尺寸后，用粉饼或记号笔在龙骨上画出切截位置线。

2）固定沿地、沿顶和沿墙龙骨。沿地、沿顶和沿墙龙骨固定前，将固定点与竖向龙骨位置错开，用膨胀螺栓和打木楔钉、铁钉与结构固定，或直接与结构预埋件连接。

3）骨架装配及校正。按设计要求和石膏板尺寸，进行骨架分格设置，然后将预选切裁好的竖向龙骨装入沿地、沿顶龙骨内，校正其垂直度后，将竖向龙骨与沿地、沿顶龙骨固定起来，固定方法用点焊将两者焊牢，或者用连接件与自攻螺钉固定。

4）石膏板固定。固定石膏板用平头自攻螺钉，其规格通常为 M4×25 或 M5×25，螺钉间距 200mm 左右。安装时，将石膏板竖向放置，贴在龙骨上用电钻同时把板材与龙骨一起打孔，再拧上自攻螺丝。螺钉要沉入板材平面 2~3mm。石膏板之间的接缝分为明缝和暗缝两种做法。明缝是用专门工具和砂浆胶合剂勾成立缝。明缝如果加嵌压条，装饰效果较好。暗缝的做法首先要求石膏板有斜角，在两块石膏板拼缝处用嵌缝石膏腻子嵌平，然后贴上 50mm 的穿孔纸带，再用腻子补一道，与墙面刮平。

5）饰面处理。待嵌缝腻子完全干燥后，即可在石膏板隔墙表面裱糊墙纸、织物或进行涂料施工。

（3）铝合金隔墙施工技术。铝合金隔墙是用铝合金型材组成框架，再配以玻璃等其他材料装配而成。其主要施工工序如下：

1）弹线。根据设计要求确定隔墙在室内的具体位置、墙高、竖向型材的间隔位置等。

2）划线。在平整干净的平台上，用钢尺和钢划针对型材划线，要求长度误差 ±0.5mm，同时不要碰伤型材表面。下料时先长后短，并将竖向型材与横向型材分开。沿顶、沿地型材要划出与竖向型材的各连接位置线。划连接位置线时，必须划出连接部位的宽度。

3）铝合金隔墙的安装固定。半高铝合金隔墙通常先在地面组装好框架后再竖立起来固定，全封铝合金隔墙通常是先固定竖向型材，再安装横档型材来组装框架。铝合金型材相互连接主要用铝角和自攻螺钉，它与地面、墙面的连接，则主要用铁脚固定法。

玻璃安装先按框洞尺寸缩小 3~5mm 裁好玻璃，将玻璃就位后，用与型材同色的铝合金槽条，在玻璃两侧夹定，校正后将槽条用自攻螺钉与型材固定。安装活动窗口上的玻璃，应与制作铝合金活动窗口同时安装。

8.5.1.3　吊顶与隔墙工程质量验收

（1）吊顶工程。

1）吊顶工程验收时应检查下列文件和记录：吊顶工程的施工图、设计说明及其他设计文件；材料的产品合格证书、性能检测报告、进场验收记录和复验报告；隐蔽工程验收记录；施工记录。

2）吊顶工程应对人造木板的甲醛含量进行复验。

3）吊顶工程应对下列隐蔽工程项目进行验收：吊顶内管道、设备的安装及水管试压；木龙骨防火、防腐处理；预埋件或拉结筋；吊杆安装；龙骨安装；填充材料的设置。

4）各分项工程的检验批应按下列规定划分：同一品种的吊顶工程每 50 间（大面积房间和走廊按吊顶面积 30m² 为一间）应划分为一个检验批，不足 50 间也应划分为一个检验批。

5）检查数量应符合下列规定：每个检验批应至少抽查 10%，并不得少于 3 间；不足 3 间时应全数检查。

6）安装龙骨前，应按设计要求对房间净高、洞口标高和吊顶内管道、设备及其支架的标高进行交接检验。

7）吊顶工程的木吊杆、木龙骨和木饰面板必须进行防火处理，并应符合有关设计防火规范的规定。

8）吊顶工程中的预埋件、钢筋吊杆和型钢吊杆应进行防锈处理。

9）安装饰面板前应完成吊顶内管道和设备的调试及验收。

10）吊杆距主龙骨端部距离不得大于 300mm，当大于 300mm 时，应增加吊杆。当吊杆长度大于 1.5m 时，应设置反支撑。当吊杆与设备相遇时，应调整并增设吊杆。

（2）隔墙工程。

1）轻质隔墙工程验收时应检查下列文件和记录：轻质隔墙工程的施工图、设计说明及其他设计文件；材料的产品合格证书、性能检测报告、进场验收记录和复验报告；隐蔽工程验收记录；施工记录。

2）轻质隔墙工程应对人造木板的甲醛含量进行复验。

3）轻质隔墙工程应对下列隐蔽工程项目进行验收：骨架隔墙中设备管线的安装及水管试压；木龙骨防火、防腐处理；预埋件或拉结筋；龙骨安装；填充材料的设置。

4）各分项工程的检验批应按下列规定划分：同一品种的轻质隔墙工程每 50 间（大面积房间和走廊按轻质隔墙的墙面 30m² 为一间）应划分为一个检验批，不足 50 间也应划分为一个检验批。

5）轻质隔墙与顶棚和其他墙体的交接处应采取防开裂措施。

6）民用建筑轻质隔墙工程的隔声性能应符合现行国家标准《民用建筑隔声设计规范》（GBJ 118）的规定。

8.5.2　玻璃幕墙工程

玻璃幕墙是近代科学技术发展的产物，是高层建筑时代的显著特征，其主要部分由饰面玻璃和固定玻璃的骨架组成。其主要特点是：建筑艺术效果好，自重轻，施工方便，工期短。但玻璃幕墙造价高，抗风、抗震性能较弱，能耗较大，对周围环境可能形成光污染。

8.5.2.1　玻璃幕墙的构造

（1）玻璃幕墙的组成。一般由固定玻璃的骨架、连接件、嵌缝密封材料、填衬材料和幕墙玻璃等组成。其骨架主要采用铝合金型材及钢材；连接件多用角钢、型钢、钢板加工而成；填充材料目前用得比较多的是聚乙烯泡沫胶系列；橡胶密封条是目前应用较多的密封、固定材料；防水密封材料有橡胶密封条、建筑密封胶和硅酮结构密封胶；用于玻璃幕墙的单块玻璃一般不小于 6mm 厚，所用玻璃的品种主要有热反射浮法镀膜玻璃（镜面玻璃）、中空玻璃、钢化玻璃、夹层玻璃、夹丝玻璃和吸热玻璃等。

另外，玻璃幕墙宜采用岩棉、矿棉、玻璃棉、防火板等不燃性和耐燃性材料作隔热材料，同时，应采用铝箔或塑料薄膜包装，以保证其防水性和防潮性。在幕墙施工中，每个连接点除焊接外，凡用螺丝连接的，都应加设耐热硬质有机材料垫片，以消除摩擦噪声。

（2）玻璃幕墙的分类。按照其构造和组合形式的不同可以分为全隐框玻璃幕墙、半隐框玻璃幕墙（包括竖隐横不隐和横隐竖不隐）、明框玻璃幕墙、支点式（挂架式）玻璃幕墙和无骨架玻璃幕墙（结构玻璃）。

从施工方法上，玻璃幕墙又分为在现场安装组合的元件式（分件式）玻璃幕墙和先在工厂组装再在现场安装的单元式（板块式）玻璃幕墙。元件式玻璃幕墙是将必须在工厂制作的单件材料和其他材料运至施工现场，直接在建筑结构上逐件进行安装。这种幕墙通过竖向骨架（竖筋）与结构相连接，也可以在水平方向设置横筋，以增加横向刚度和便于安装。由于其分块尺寸可以不受建筑层高和柱网尺寸的限制，因此，在布置上比较灵活。目前，此种幕墙采用较多。施工中可以做成明框玻璃幕墙或隐框玻璃幕墙。单元式玻璃幕墙是将铝合金骨架、玻璃、垫块、保温材料、减震和防水材料以及装饰面料等事先在工厂组合成带有附加铁件的幕墙单元（幕墙板或分格窗），用专用运输车运到施工现场，在现场吊装装配，直接与建筑结构（梁板或柱子）相连接。这种幕墙单元当与梁板连接时，其高度应是层高或数倍层高；与柱子连接时，其宽度应为柱距。

8.5.2.2 玻璃幕墙的安装要点

（1）定位放线。玻璃幕墙的测量放线应与主体结构测量放线相配合，其中心线和标高点由主体结构单位提供并校核准确。水平标高要逐层从地面基点引上，以免误差积累，由于建筑物随气温变化产生侧移，测量应每天定时进行。

放线应沿楼板外沿弹出墨线或用钢琴线定出幕墙平面基准线，从基准线测出一定距离为幕墙平面。以此线为基准确定立柱的前后位置，从而决定整片幕墙的位置。

（2）骨架安装。骨架安装在放线后进行。骨架的固定是用连接件将骨架与主体结构相连。固定方式一般有两种：一种是在主体结构上预埋铁件，将连接件与预埋铁件焊牢；另一种是主体结构上钻孔，然后用膨胀螺栓将连接件与主体结构相连。连接件一般用型钢加工而成，其形状可因不同的结构类型、不同的骨架形式、不同的安装部位而有所不同，但无论何种形状的连接件，均应固定在牢固可靠的位置上，然后安装骨架。骨架一般是先安竖向杆件（立柱），待竖向杆件就位后，再安装横向杆件。

（3）玻璃安装。在安装前，应清洁玻璃，四边的铝框也要清除污物，以保证嵌缝耐候胶可靠黏结。玻璃的镀膜面应朝室内方向。当玻璃在 $3m^2$ 以内时，一般可采用人工安装。玻璃面积过大，重量很大时，应采用真空吸盘等机械安装。玻璃不能与其他构件直接接触，四周必须留有空隙，下部应有定位垫块，垫块宽度与槽口相同，长度不小于100mm。隐框幕墙构件下部应设两个金属支托，支托不应凸出到玻璃的外面。

（4）耐候胶嵌缝。玻璃板材或金属板材安装后，板材之间的间隙，必须用耐候胶嵌缝，予以密封，防止气体渗透和雨水渗漏。

8.5.2.3 玻璃幕墙工程的质量验收

（1）幕墙工程验收时应检查下列文件和记录：幕墙工程的施工图、结构计算书、设计说明及其他设计文件；建筑设计单位对幕墙工程设计的确认文件；幕墙工程所用各种材料、五金配件、构件及组件的产品合格证书、性能检测报告、进场验收记录和复验报告；幕墙工程所用硅酮结构胶的认定证书和抽查合格证明；进口硅酮结构胶的商检证；国家指定检测机构出具的硅酮结构胶相容性和剥离黏结性试验报告；石材用密封胶的耐污染性试验报告；后置埋件的现场拉拔强度检测报告；幕墙的抗风压性能、空气渗透性能、雨水渗漏性能及平面变形性能检测报告；打胶、养护环境的温度、湿度记录；双组分硅酮结构胶的混匀性试验记录及拉断试验记录；防雷装置测试记录；隐蔽工程验收记录；幕墙构件和组件的加工制作记录；幕墙安装施工记录。

（2）幕墙工程应对下列材料及其性能指标进行复验：玻璃幕墙用结构胶的邵氏硬度、标准条件拉伸黏结强度、相容性试验。

（3）幕墙工程应对下列隐蔽工程项目进行验收：预埋件（或后置埋件），构件的连接节点，变形缝及墙面转角处的构造节点，幕墙防雷装置，幕墙防火构造。

（4）玻璃幕墙工程所使用的各种材料、构件和组件的质量，应符合设计要求及国家现行产品标准和工程技术规范的规定。检验方法：检查材料、构件、组件的产品合格证书、进场验收记录、性能检测报告和材料的复验报告。

（5）玻璃幕墙的造型和立面分格应符合设计要求。检验方法：观察；尺量检查。

（6）玻璃幕墙使用的玻璃应符合下列规定：幕墙应使用安全玻璃，玻璃的品种、规格、颜色、光学性能及安装方向应符合设计要求；幕墙玻璃的厚度不应小于 6.0mm。全玻璃幕墙肋玻璃的厚度不应小于 12mm；幕墙的中空玻璃应采用双道密封。明框幕墙的中空玻璃应采用聚硫密封胶及丁基密封胶；隐框和半隐框幕墙的中空玻璃应采用硅酮结构密封胶及丁基密封胶；镀膜面应在中空玻璃的第 2 面或第 3 面上；幕墙的夹层玻璃应采用聚乙烯醇缩丁醛（PVB）胶片干法加工合成的夹层玻璃。点支承玻璃幕墙夹层玻璃的夹层胶片（PVB）厚度不应小于 0.76mm；钢化玻璃表面不得有损伤；8.0mm 以下的钢化玻璃应进行引爆处理；所有幕墙玻璃均应进行边缘处理。检验方法：观察；尺量检查；检查施工记录。

（7）玻璃幕墙与主体结构连接的各种预埋件、连接件、紧固件必须安装牢固，其数量、规格、位置、连接方法和防腐处理应符合设计要求。检验方法：观察；检查隐蔽工程验收记录和施工记录。

（8）各种连接件、紧固件的螺栓应有防松动措施；焊接连接应符合设计要求和焊接规范的规定。检验方法：观察；检查隐蔽工程验收记录和施工记录。

（9）隐框或半隐框玻璃幕墙，每块玻璃下端应设置两个铝合金或不锈钢托条，其长度不应小于 100mm，厚度不应小于 2mm，托条外端应低于玻璃外表面 2mm。检验方法：观察；检查施工记录。

（10）明框玻璃幕墙的玻璃安装应符合下列规定：玻璃槽口与玻璃的配合尺寸应符合设计要求和技术标准的规定；玻璃与构件不得直接接触，玻璃四周与构件凹槽底部应保持一定的空隙，每块玻璃下部应至少放置两块宽度与槽口宽度相同、长度不小于 100mm 的弹性定位垫块；玻璃两边嵌入量及空隙应符合设计要求；玻璃四周橡胶条的材质、型号应符合设计要求，镶嵌应平整，橡胶条长度应比边框内槽长 1.5% ～2.0%，橡胶条在转角处应斜面断开，并应用黏结剂黏结牢固后嵌入槽内。检验方法：观察；检查施工记录。

（11）高度超过 4m 的全玻幕墙应吊挂在主体结构上，吊夹具应符合设计要求，玻璃与玻璃、玻璃与玻璃肋之间的缝隙，应采用硅酮结构密封胶填嵌严密。检验方法：观察；检查隐蔽工程验收记录和施工记录。

（12）点支承玻璃幕墙应采用带万向头的活动不锈钢爪，其钢爪间的中心距离应大于 250mm。检验方法：观察；尺量检查。

（13）玻璃幕墙四周、玻璃幕墙内表面与主体结构之间的连接节点，各种变形缝、墙角的连接节点应符合设计要求和技术标准的规定。检验方法：观察；检查隐蔽工程验收记录和施工记录。

（14）玻璃幕墙应无渗漏。检验方法：在易渗漏部位进行淋水检查。

（15）玻璃幕墙结构胶和密封胶的打注应饱满、密实、连续、均匀、无气泡，宽度和厚度应符合设计要求和技术标准的规定。检验方法：观察；尺量检查；检查施工记录。

（16）玻璃幕墙开启窗的配件应齐全，安装应牢固，安装位置和开启方向、角度应正确；开启应灵活，关闭应严密。检验方法：观察；手扳检查；开启和关闭检查。

（17）玻璃幕墙的防雷装置必须与主体结构的防雷装置可靠连接。检验方法：观察；检查隐蔽工程验收记录和施工记录。

项 目 小 结

本项目介绍了建筑装饰装修抹灰工程、门窗工程、饰面工程、涂饰工程、楼地面工程等工程的施工准备、施工机具、施工工艺及质量验收等。其中抹灰工程、楼地面工程、饰面工程为本项目学习的重点内容。主要内容概述如下：

（1）抹灰工程主要包括装饰抹灰与一般抹灰施工工艺。一般抹灰主要涉及基层处理、底层抹灰、中层抹灰及面层抹灰，主要工艺包括设置标筋、做护角、抹底中层灰、做面层灰等。装饰抹灰区别于一般抹灰主要是面层灰的不同。

（2）楼地面工程包括整体式地面、块材地面、木竹地面等楼地面形式。整体式楼地面介绍了水泥砂浆、细石混凝土、水磨石等地面形式，主要工艺包括基层处理、设置标筋、做垫层、设分隔条、做面层、养护、做光等。块材地面主要是面砖、面板的铺贴工艺。

（3）饰面工程包括各类饰面砖镶贴及饰面板安装工艺。尺寸较小的饰面板一般用镶贴工艺，主要包括基层处理、弹线、镶贴、搓缝等；大尺寸饰面板一般采用挂板安装工艺，主要包括传统湿挂工艺与干挂工艺。

复 习 思 考 题

1．建筑装饰工程的作用是什么？

2．在建筑饰面石材中，大理石的特性是什么？

3．一般抹灰工程的编码质量应符合哪些规定？

4．简述饰面砖的施工工艺过程。

5．吊顶有哪些种类？简述悬挂式吊顶各部分的组成和作用。

6．铝合金门窗安装的质量要求有哪些？

7．简述水磨石地面的施工工艺过程。

8．涂饰工程验收时应检查哪些文件和记录？

项目 9 单位工程施工组织设计

【学习目标】

能力目标：了解施工组织设计的类型，熟悉单位工程施工组织设计的主要内容，掌握施工方案及施工进度计划的编制，掌握施工平面图的布置方法，了解单位工程施工组织设计技术措施。

知识点：施工组织设计，工程概况，施工方案，施工进度计划，施工平面图。

【项目介绍】

本章主要介绍单位工程施工组织设计的编制依据和编制原则，主要内容包括施工方案、施工进度计划、施工平面图以及技术措施等。主要阐述了单位施工组织的核心为一图一表一方案，即施工方案、施工进度计划表与施工平面布置图。

任务 9.1 单位工程施工组织设计概述

单位工程施工组织设计是以单位工程为对象编制的，是规划和指导单位工程从施工准备到竣工验收全过程施工活动的技术经济文件，是施工组织总设计的具体化，也是施工单位编制季度、月份施工计划、分部分项工程施工方案及劳动力、材料、机械设备等供应计划的主要依据。它编制的是否优化对参加投标而能否中标和取得良好的经济效益起着很大的作用。本章主要介绍单位工程施工组织设计的编制内容方法和步骤。

9.1.1 单位工程施工组织设计的编制依据

单位工程施工组织设计的编制依据主要有以下几个方面的内容：

（1）上级主管单位和建设单位（或监理单位）对本工程的要求。如上级主管单位对本工程的范围和内容的批文及招投标文件，建设单位（或监理单位）提出的开竣工日期、质量要求、某些特殊施工技术的要求、采用何种先进技术，施工合同中规定的工程造价，工程价款的支付、结算及交工验收办法，材料、设备及技术资料供应计划等。

（2）施工组织总设计。当本单位工程是整个建设项目中的一个项目时，要根据施工组织总设计的既定条件和要求来编制单位工程施工组织设计。

（3）经过会审的施工图。包括单位工程的全部施工图纸、会审记录及构件、门窗的标准图集等有关技术资料。对于较复杂的工业厂房，还要有设备、电器和管道的图纸。

（4）建设单位对工程施工可能提供的条件。如施工用水、用电的供应量，水压、电压能否满足施工要求，可借用作为临时设施的房屋数量，施工用地等。

（5）本工程的资源供应情况。如施工中所需劳动力、各专业工人数，材料、构件、半成品的来源，运输条件，运距、价格及供应情况，施工机具的配备及生产能力等。

（6）施工现场的勘察资料。如施工现场的地形、地貌，地上与地下障碍物，地形图和测量控制网，工程地质和水文地质，气象资料和交通运输道路等。

（7）工程预算文件及有关定额。应有详细的分部、分项工程量，必要时应有分层分段或分部位的工程量及预算定额和施工定额。

（8）工程施工协作单位的情况。如工程施工协作单位的资质、技术力量、设备安装进场时间等。

（9）有关的国家规定和标准。如施工及验收规范、质量评定标准及安全操作规程等。

（10）有关的参考资料及类似工程施工组织设计实例。

9.1.2　单位工程施工组织设计的内容

单位工程施工组织设计的内容，根据工程的性质、规模、结构特点、技术复杂程度、施工现场的自然条件、工期要求、采用先进技术的程度、施工单位的技术力量及对采用的新技术的熟悉程度来确定。对其内容和深广度要求也不同，不强求一致，应以讲究实效、在实际施工中起指导作用为目的。

单位工程施工组织设计一般应包括如下内容：

（1）工程概况。这是编制单位工程施工组织设计的依据和基本条件。工程概况可附简图说明，各种工程设计及自然条件的参数（如建筑面积、建筑场地面积、造价、结构形式、层数、地质、水、电等）可列表说明，一目了然，简明扼要。施工条件着重说明资源供应、运输方案及现场特殊的条件和要求。

（2）施工方案。这是编制单位工程施工组织设计的重点。应着重于各施工方案的技术经济比较，力求采用新技术，选择最优方案。在确定施工方案时，主要包括施工程序、施工流程及施工顺序的确定，主要分部工程施工方法和施工机械的选择、技术组织措施的制定等内容。尤其是对新技术的选择要求更为详细。

（3）施工进度计划。主要包括：确定施工项目、划分施工过程、计算工程量、劳动量和机械台班量，确定各施工项目的作业时间、组织各施工项目的搭接关系并绘制进度计划图表等内容。实践证明，应用流水作业理论和网络计划技术来编制施工进度能获得最优的效果。

（4）施工准备工作和各项资源需要量计划。主要包括施工准备工作的技术准备、现场准备、物资准备及劳动力、材料、构件、半成品、施工机具需要量计划、运输量计划等内容。

（5）施工平面图。主要包括起重运输机械位置的确定，搅拌站、加工棚、仓库及材料堆放场地的合理布置，运输道路、临时设施及供水、供电管线的布置等内容。

（6）主要技术组织措施。主要包括保证质量措施，保证施工安全措施，保证文明施工措施，保证施工进度措施，冬雨季施工措施，降低成本措施，提高劳动生产率措施等内容。

（7）主要技术经济指标。主要包括工期指标、劳动生产率指标、质量和安全指标、降低成本指标、三大材料节约指标、主要工种工程机械化程度指标等。

对于较简单的建筑结构类型或规模不大的单位工程，其施工组织设计可编制得简单一些，其内容一般以施工方案、施工进度计划、施工平面图为主，辅以简要的文字说明即可。

若施工单位已积累了较多的经验，可以拟订标准、定型的单位工程施工组织设计，根据具体施工条件从中选择相应的标准单位工程施工组织设计，按实际情况加以局部补充和修改后，作为本工程的施工组织设计，以简化编制施工组织设计的程序，并节约时间和管理经费。

任务 9.2　工程概况及施工方案的选择

9.2.1　工程概况

单位工程施工组织设计中的工程概况，是对拟建工程的工程特点、建设地点特征和施工条件等所做的一个简要而又突出重点的文字描述。工程概况的主要内容如下。

（1）工程建设概况。主要介绍：拟建工程的建设单位，工程名称、性质、用途、作用和建设目的，资金来源及工程投资额，开工日期、竣工日期，设计单位、监理单位、施工单位，施工图纸情况，施工合同，主管部门的有关文件或要求，以及组织施工的指导思想等。

（2）建筑设计特点。主要介绍：拟建工程的建筑面积，平面形状和平面组合情况，层数、层高、总高度、总长度和总宽度等尺寸及室内外装饰要求的情况，并附有拟建工程的平面、立面、剖面简图。

（3）结构设计特点。主要介绍：基础构造特点及埋置深度，设备基础的形式，桩基础的根数及深度，主体结构的类型，墙、柱、梁、板的材料及截面尺寸，预制构件的类型、重量及安装位置，楼梯构造及形式等。

（4）设备安装设计特点。主要介绍：建筑采暖卫生与煤气工程、建筑电气安装工程、通风与空调工程、电梯安装工程的设计要求。

（5）工程施工特点。主要介绍：工程施工的重点所在，以便突出重点，抓住关键，使施工顺利地进行，提高施工单位的经济效益和管理水平。

不同类型的建筑、不同条件下的工程施工，均有其不同的施工特点。如砖混结构住宅建设的施工特点是：砌砖和抹灰工程量大，水平与垂直运输量大等。又如现浇钢筋混凝土高层建筑的施工特点主要有：结构和施工机具设备的稳定性要求高等。

9.2.2　施工方案的选择

施工方案的选择是单位工程施工组织设计的核心问题。所确定的施工方案合理与否，不仅影响到施工进度计划的安排和施工平面图的布置，而且将直接关系到工程的施工质量、效率、工期和技术经济效果，因此，必须引起足够的重视。为了防止施工方案的片面性，必须对拟定的几个施工方案进行技术经济分析比较，使选定的施工方案施工上可行，技术上先进，经济上合理，而且符合施工现场的实际情况。

施工方案的选择一般包括：确定施工程序和施工起点流向，确定施工顺序，合理选择施工机械和施工方法，制定技术组织措施等。

9.2.2.1　确定施工程序

施工程序是指单位工程中各分部工程或施工阶段的先后次序及其制约关系。工程施工受到自然条件和物质条件的制约，它在不同施工阶段的不同的工作内容按照其固有的、不可违背的先后次序循序渐进地向前开展，它们之间有着不可分割的联系，既不能相互代替，也不允许颠倒或跨越。

（1）严格执行开工报告制度。单位工程开工前必须做好一系列准备工作，具备开工条件后，项目经理部还应写出开工报告，报上级审查后方可开工。实行社会监理的工程，企业还应将开工报告送监理工程师审批，由监理工程师发布开工通知书。

（2）遵守"先地下后地上""先土建后设备""先主体后围护""先结构后装饰"的原则。

"先地下后地上"，指的是在地上工程开始之前，尽量把管线、线路等地下设施和土方及基础工程做好或基本完成，以免对地上部分施工有干扰，带来不便，造成浪费，影响质量。

"先土建后设备"，指的是不论是工业建筑还是民用建筑，土建与水、暖、电、卫、通信等设备的关系都需要摆正，尤其在装修阶段，要从保质量、降成本的角度处理好两者的关系。

"先主体后围护"，主要是指框架结构，应注意在总的程序上有合理的搭接。一般来说，多层建筑，主体结构与围护结构以少搭接为宜，而高层建筑则应尽量搭接施工，以便有效地节约时间。

"先结构后装饰"，是指一般情况而言，有时为了压缩工期，也可以部分搭接施工。但是，由于影响施工的因素很多，故施工程序并不是一成不变的，特别是随着建筑工业化的不断发展，有些施工程序也将发生变化，例如，大板结构房屋中的大板施工，已由工地生产逐渐转向工厂生产，这时结构与装饰可在工厂内同时完成。

（3）合理安排土建施工与设备安装的施工程序。工业厂房的施工很复杂，除了要完成一般土建工程外，还要同时完成工艺设备和工业管道等安装工程。为了使工厂早日竣工投产，不仅要加快土建工程施工速度，为设备安装提供工作面，而且应该根据设备性质、安装方法、厂房用途等因素，合理安排土建工程与设备安装工程之间的施工程序。一般有如下3种施工程序：

1）封闭式施工。该施工顺序是指土建主体结构完成以后，再进行设备安装的施工顺序。它一般适用于设备基础较小，埋置深度较浅，设备基础施工时不影响柱基的情况。封闭式施工的优点是：①有利于预制构件的现场预制、拼装和安装就位，适合选择各种类型的起重机械和便于布置开行路线，从而加快主体结构的施工速度；②围护结构能及早完成，设备基础能在室内施工，不受气候影响，可以减少设备基础施工时的防雨、防寒等设施费用；③可利用厂房内的桥式吊车为设备基础施工服务。其缺点是：①出现某些重复性工作，如部分柱基回填土的重复挖填和运输道路的重新铺设等；②设备基础施工条件较差，场地拥挤，其基坑不宜采用机械挖土；③当厂房土质不佳，而设备基础与柱基础又连成一片时，在设备基础基坑挖土过程中，易造成地基不稳定，须增加加固措施费用；④不能提前为设备安装提供工作面，工期较长。

2）敞开式施工。该施工顺序是指先施工设备基础、安装工艺设备，然后建造厂房施工顺序。它一般适用于设备基础较大，埋置深度较深，设备基础的施工将影响柱基的情况下（如冶金工业厂房中的高炉间）。其优缺点与封闭式施工相反。

3）同步施工。设备安装与土建施工同时进行，这是指土建施工可以为设备安装创造必要的条件，同时又可采取防止设备被砂浆、垃圾等污染的保护措施时，所采用的程序。它可以加快工程的施工进度。例如，在建造水泥厂时，经济效益最好的施工程序便是两者同时进行。

9.2.2.2　确定施工起点和流向

施工起点和流向是指单位工程在平面或空间上开始施工的部位及其展开方向，一般情况下，单层建筑物应分区分段地确定在平面上的施工流向；多层建筑物除了每层平面上的施工流向外，还需确定在竖向（层间或单元空间）上的施工流向。施工流向的确定涉及一系列施工活动的展开和进程，是组织施工的重要环节。确定单位工程施工起点流向时，一般应考虑以下因素：

（1）施工方法是确定施工流向的关键因素。如一幢建筑物要用逆做法施工地下两层结构，它的施工流向可作如下表达：测量定位放线→进行地下连续墙施工→进行钻孔灌注桩施工→±0.000 标高结构层施工→地下两层结构施工，同时进行地上一层结构施工→底板施工并做各层柱，完成地下室施工→完成上层结构。

若采用顺做法施工地下两层结构，其施工流向为：测量定位放线→底板施工→换拆第二道支撑→地下两层施工→换拆第一道支撑→±0.000 顶板施工→上部结构施工（先做主楼以保证工期，后做裙房）。

（2）生产工艺或使用要求是确定施工流向的基本因素。从生产工艺上考虑，影响其他工段试车投产的或使用上要求急的工段、部位应该先施工。例如，B 车间生产的产品需受 A 车间生产的产品影响，A 车间又划分为三个施工段（1、2、3 段），且 2、3 段的生产要受 1 段的约束，故其施工应从 A 车间的 1 段开始，A 车间施工完成后，再进行 B 车间施工。

（3）施工繁简程度的影响。一般对技术复杂、施工进度较慢、工期较长的工段或部位先开工。例如，高层现浇钢筋混凝土结构房屋，主楼部分应先施工，裙房部分后施工。

（4）当有高低层或高低跨并列时，应从高低层或高低跨并列处开始施工。例如，在高低跨并列的单层工业厂房结构安装中，应先从高低跨并列处开始吊装；又如在高低层并列的多层建筑物中，层数多的区段常先施工。

（5）工程现场条件和选用的施工机械的影响。施工场地大小、道路布置、所采用的施工方法和机械也是确定施工流向的因素。例如，根据工程条件，挖土机械可选用正铲、反铲、拉铲等，吊装机械可选用履带吊、汽车吊或塔吊，这些机械的开行路线或位置布置便决定了基础挖土及结构吊装的施工起点和流向。

（6）施工组织的分层分段。划分施工层、施工段的部位，如伸缩缝、沉降缝、施工缝，也是决定其施工流向应考虑的因素。

（7）分部工程或施工阶段的特点及其相互关系。如基础工程由施工机械和方法决定其平面的施工流程；主体结构工程从平面上看，从哪一边先开始都可以，但竖向一般应自下而上施工；装饰工程竖向的流程比较复杂，室外装饰一般采用自上而下的流程，室内装饰则有自上而下、自下而上及自中而下再自上而中三种流向。密切相关的分部工程或施工阶段，一旦前面的施工过程的流向确定了，则后续施工过程也便随之而定了。如单层工业厂房的土方工程的流向决定了柱基础施工过程和某些构件预制、吊装施工过程的流向。

室内装饰工程自上而下的施工流向是指主体结构工程封顶，做好屋面防水层以后，从顶层开始，逐层向下进行施工。一般有水平向下和垂直向下两种形式，施工中一般采用水平向下的方式较多。这种流向的优点是：主体结构完成后有一定的沉降时间，能保证装饰工程的质量；做好屋面防水层后，可防止在雨季施工时因雨水渗漏而影响装饰工程质量；其次，自上而下的流水施工，各施工过程之间交叉作业少，影响小，便于组织施工，有利于保证施工安全，从上而下清理垃圾方便。其缺点是不能与主体施工搭接，工期相应较长。

室内装饰工程自下而上的施工流向是指主体结构工程施工完第三层楼板后，室内装饰从第一层开始逐层向上进行施工。一般与主体结构平行搭接施工，有水平向上和垂直向上两种形式。这种流向的优点是可以和主体砌筑工程进行交叉施工，缩短工期，当工期紧迫时可以采取这种流向。其缺点是各施工过程之间互相交叉，材料供应紧张，施工机械负担重，故需要很好地组织和安排，并采取相应的安全技术措施。

室内装饰工程自中而下再自上而中的施工流向，综合了前两者的优缺点，一般适用于高层建筑的室内装饰工程施工。

9.2.2.3 确定施工顺序

施工顺序是指分项工程或工序之间施工的先后次序。它的确定既是为了按照客观的施工规律组织施工，也是为了解决工种之间在时间上的搭接和在空间上的利用问题。在保证施工质量与安全施工的前提下，以求达到充分利用空间、争取时间、缩短工期的目的。合理地确定施工顺序也是编制施工进度计划的需要。

（1）确定施工顺序的基本原则。

施工顺序必须遵循施工程序。施工程序确定了施工阶段或分部工程之间的先后次序，确定施工顺序时必须遵循施工程序。例如先地下后地上的程序。

施工顺序必须符合施工工艺的要求。这种要求反映出施工工艺上存在的客观规律和相互间的制约关系，一般是不可违背的。如预制钢筋混凝土柱的施工顺序为：支模板→绑钢筋→浇混凝土→养护→拆模。而现浇钢筋混凝土柱的施工顺序为：绑钢筋→支模板→浇混凝土→养护→拆模。

施工顺序必须与施工方法协调一致。如单层工业厂房结构吊装工程的施工顺序，当采用分件吊装法时，则施工顺序为"吊柱→吊梁→吊屋盖系统"；当采用综合吊装法时，则施工顺序为"第一节间吊柱、梁和屋盖系统→第二节间吊柱、梁和屋盖系统→……→最后节间吊柱、梁和屋盖系统"。

施工顺序必须考虑施工组织的要求。如安排室内外装饰工程施工顺序时，既可先室外也可先室内；又如安排内墙面及天棚抹灰施工顺序时，既可待主体结构完工后进行，也可在主体结构施工到一定部位后提前插入，这主要根据施工组织的安排。

施工顺序必须考虑施工质量和施工安全的要求。确定施工顺序必须以保证施工质量和施工安全为大前提。如为了保证施工质量，楼梯抹面应在全部墙面、地面和天棚抹灰完成之后，自上而下一次完成；为了保证施工安全，在多层砖混结构施工中，只有完成两个楼层板的铺设后，才允许在底层进行其他施工过程的施工。

施工顺序必须考虑当地气候条件的影响。如雨季和冬季到来之前，应先做完室外各项施工过程，为室内施工创造条件。如冬季室内装饰施工时，应先安门窗扇和玻璃，后做其他装饰工程。

（2）多层混合结构住宅楼的施工顺序。多层混合结构住宅楼的施工，按照房屋各部位的施工特点，一般可划分为基础工程、主体结构工程、屋面和装饰工程三个施工阶段。水、暖、电、卫工程应与土建工程中有关分部分项工程密切配合，交叉施工。

1）基础工程的施工顺序。基础工程施工阶段是指室内地坪（±0.00）以下的所有工程施工阶段。其施工顺序一般是：挖土→做垫层→砌基础→地圈梁→回填土。如果有地下障碍物、坟穴、防空洞、软弱地基等问题，需先进行处理；如有桩基础，应先进行桩基础施工；如有地下室，则应在基础完成后或完成一部分后，进行地下室墙身施工、防水（潮）施工，再进行地下室顶板安装或现浇顶板，最后回填土。

注意，挖基槽（坑）和做垫层的施工搭接要紧凑，时间间隔不宜过长，以防雨后基槽（坑）内积水，影响地基的承载力。垫层施工后要留有一定的技术间歇时间，使其具有一定强度后，再进行下一道工序。各种管沟的挖土、做管沟垫层、砌管沟墙、管道铺设等应尽可能与基础工程施工配合，平行搭接进行。回填土根据施工工艺的要求，可以在结构工程完工以后进行，也可在上部结构开始以前完成，施工中采用后者的较多，这样，一方面可以避免基槽遭雨水或施工用水浸泡，另一方面可以为后续工程创造良好的工作条件，提高生产效率。回填土原则上是一次分层夯填完毕。对零标高以下室内回填土（房心土），最好与基槽（坑）回填土同时进行，但要注意水、暖、电、卫、煤气管道沟的回填标高，如不能同时回填，也可在装饰工程之前，与主体结构施工同时交叉进行。

2）主体结构工程的施工顺序。主体结构工程施工阶段的工作，通常包括搭设脚手架、砌筑墙体、安预制过梁、安预制楼板和楼梯、现浇构造柱、楼板、圈梁、雨篷、楼梯等分项工程。若楼板、楼梯为现浇时，其施工顺序应为立构造柱筋→砌墙→安柱模板→浇柱混凝土→安梁、板、梯模板→安梁、板、梯钢筋→浇梁、板、梯混凝土。若楼板为预制时，其施工顺序应为立构造柱筋→砌墙→安柱模板→浇柱混凝土→安圈梁、楼梯模板→安圈梁、楼梯钢筋→浇圈梁、楼梯混凝土→吊装楼板→灌缝。砌筑墙体和安装预制楼板工程量较大，因此砌墙和安装楼板是主体结构工程的主导施工过程，它们在各楼层之间的施工是先后交替进行的。要注意两者在流水施工中的连续性，避免产生不必要的窝工现象。

3）屋面和装饰工程的施工顺序。这个阶段具有施工内容多而杂、劳动消耗量大、手工操作多、工期长等特点。卷材防水屋面的施工顺序一般为：抹找平层→铺隔汽层及保温层→找平层→刷冷底子油结合层→做防水层及保护层。对于刚性防水屋面的现浇钢筋混凝土防水层，分格缝施工应在主体结构完成后开始，并尽快完成，以便为室内装饰创造条件。一般情况下，屋面工程可以和装饰工程搭接或平行施工。

装饰工程可分为室内装饰（天棚、墙面、楼地面、楼梯等抹灰，门窗扇安装，门窗油漆、安玻璃，油墙裙，做踢脚线等）和室外装饰（外墙抹灰、勒脚、散水、台阶、明沟、水落管等）。室内外装饰工程的施工顺序通常有先内后外、先外后内、内外同时进行三种顺序，具体确定为哪种顺序应视施工条件、气候条件和工期而定。通常室外装饰应避开冬季或雨季，并由上而下逐层进行，随之拆除该层的脚手架。当室内为水磨石楼面，为防止楼面施工时水的渗漏对外墙面的影响，应先完成水磨石的施工；如果为了加速脚手架的周转或要赶在冬季、雨季到来之前完成室外装修，则应采取先外后内的顺序。同一层的室内抹灰施工顺序有楼地面→天棚→墙面和天棚→墙面→楼地面两种。前一种顺序便于清理地面，地面质量易于保证，且便于收集墙面和天棚的落地灰，节省材料。但由于地面需要留养护时间及采取保护措施，使墙面和天棚抹灰时间推迟，影响工期。后一种顺序在做地面前必须将天棚和墙面上的落地灰和渣滓扫清洗净后再做面层，否则会影响楼面面层同预制楼板间的黏结，引起地面起鼓。

底层地面一般多是在各层天棚、墙面、楼面做好之后进行。楼梯间和踏步抹面，由于其在施工期间易损坏，通常是在其他抹灰工程完成后，自上而下统一施工。门窗扇安装可在抹灰之前或之后进行，视气候和施工条件而定。例如，室内装饰工程若是在冬季施工，为防止抹灰层冻结和加速干燥，门窗扇和玻璃均应在抹灰前安装完毕。门窗玻璃安装一般在门窗扇油漆之后进行。

室外装饰工程总是采取自上而下的流水施工方案。在自上而下每层装饰、水落管安装等分项工程全部完成后，即可拆除该层的脚手架，然后进行散水及台阶的施工。

4）水、暖、电、卫等工程的施工顺序。水、暖、电、卫等工程不同于土建工程，可以分成几个明显的施工阶段，它一般与土建工程中有关的分部分项工程进行交叉施工，紧密配合。配合的顺序和工作内容如下：①在基础工程施工时，先将相应的管道沟的垫层、地沟墙做好，然后回填土；②在主体结构施工时，应在砌砖墙和现浇钢筋混凝土楼板的同时，预留出上下水管和暖气立管的孔洞、电线孔槽或预埋木砖和其他预埋件；③在装饰工程施工前，安设相应的各种管道和电器照明用的附墙暗管、接线盒等。水、暖、电、卫安装一般在楼地面和墙面抹灰前或后穿插施工。若电线采用明线，则应在室内粉刷后进行。

（3）多层全现浇钢筋混凝土框架结构房屋的施工顺序。钢筋混凝土框架结构多用于多层民用房屋和工业厂房，也常用于高层建筑。这种房屋的施工，一般可划分为基础工程、主体结构工程、围护工程和装饰工程等四个阶段。

1）基础工程的施工顺序。多层全现浇钢筋混凝土框架结构房屋的基础一般可分为有地下室和无地下室基础工程。若有地下室一层，且房屋建造在软土地基时，基础工程的施工顺序一般为：桩基→围护结构→土方开挖→破桩头及铺垫层→地下室底板→地下室墙、柱（防水处理）→地下室顶板→回填土。

若无地下室，且房屋建造在土质较好的地区时，基础工程的施工顺序一般为：挖土→垫层→基础（扎筋、支模、浇混凝土、养护、拆模）→回填土。

在多层框架结构房屋的基础工程施工之前，和混合结构居住房屋一样，也要先处理好基础下部的松软土、洞穴等，然后分段进行平面流水施工。施工时，应根据当地的气候条件，加强对垫层和基础混凝土的养护，在基础混凝土达到拆模要求时及时拆模，并提早回填土，从而为上部结构施工创造条件。

2）主体结构工程的施工顺序（假定采用木制模板）。主体结构工程即全现浇钢筋混凝土框架的施工顺序为：绑柱钢筋→安柱、梁、板模板→浇混凝土→绑扎梁、板钢筋→浇梁、板混凝土。柱、梁、板的支模、绑筋、浇混凝土等施工过程的工作量大，耗用的劳动力和材料多，而且对工程质量和工期也起着决定性作用。故需把多层框架在竖向上分成层，在平面上分成段，即分成若干个施工段，组织平面上和竖向上的流水施工。

3）围护工程的施工顺序。围护工程的施工包括墙体工程、安装门窗框和屋面工程。墙体工程包括砌砖用的脚手架的搭拆，内、外墙砌筑等分项工程。不同的分项工程之间可组织平行、搭接、立体交叉流水施工。屋面工程、墙体工程应密切配合，如在主体结构工程结束之后，先进行屋面保温层、找平层施工，待外墙砌筑到顶后，再进行屋面油毡防水层的施工。脚手架应配合砌筑工程搭设，在室外装饰之后、做散水坡之前拆除。内墙的砌筑顺序应根据内墙的基础形式而定，有的需在地面工程完成后进行，有的则可在地面工程之前与外墙同时进行。屋面工程的施工顺序与混合结构住宅楼的屋面工程的施工顺序相同。

4）装饰工程的施工顺序。装饰工程的施工分为室内装饰和室外装饰。室内装饰包括天棚、墙面、楼地面、楼梯等抹灰，门窗扇安装，门窗油漆，安玻璃等；室外装饰包括外墙抹灰、勒脚、散水、台阶、明沟等施工。其施工顺序与混合结构住宅楼的施工顺序基本相同。

（4）装配式钢筋混凝土单层工业厂房的施工顺序。根据单层工业厂房的结构形式，它的施工特点为：基础挖土量及现浇混凝土量大、现场预制构件多及结构吊装量大、各工种配合施工要求高等。因此，装配式钢筋混凝土单层工业厂房的施工可分为：基础工程、预制工程、结构安装工程、围护工程和装饰工程等五个施工阶段。

1）基础工程的施工顺序。单层工业厂房柱基础一般为现浇钢筋混凝土杯形基础，宜采用平面流水施工。它的施工顺序与现浇钢筋混凝土框架结构的独立基础施工顺序相同。

对于厂房的设备基础和厂房柱基础的施工顺序，需根据厂房的性质和基础埋深等具体情况来决定。

在单层工业厂房基础工程施工之前，首先要处理好基础下部的松软土、洞穴等，然后分段进行平面流水施工。施工时，应根据当时的气候条件，加强对钢筋混凝土垫层和基础的养护，在基础混凝土达到拆模要求时及时拆模，并提早回填土，从而为现场预制工程创造条件。

2）预制工程的施工顺序。单层工业厂房结构构件的预制方式，一般可采用加工厂预制和现场预制相结合的方法。在具体确定预制方案时，应结合构件技术特征、当地加工厂的生产能力、工程的工期要求、现场的交通道路、运输工具等因素，经过技术经济分析之后确定。通常，对于尺寸大、自重大的大型构件，多采用在拟建厂房内部就地预制，如柱、托架梁、屋架、鱼腹式预应力吊车梁等；对于种类及规格繁多的异型构件，可在拟建厂房外部集中预制，如门窗过梁等；对于数量较多的中小型构件，可在加工厂预制，如大型屋面板等标准构件、木制品及钢结构构件等。加工厂生产的预制构件应随着厂房结构安装工程的进展陆续运往现场，以便安装。

现场就地预制钢筋混凝土柱的施工顺序为：场地平整夯实→支模→扎筋→预埋铁件→浇筑混凝土→养护→拆模等。

现场后张法预制屋架的施工顺序为：场地平整夯实（或做台膜）→支模→扎筋（有时先扎筋后支模）→预留孔洞→预埋铁件→浇筑混凝土→养护→拆模→预应力筋张拉→锚

固→灌浆等。

预制构件制作的顺序：原则上是先安装的先预制，虽然屋架迟于柱子安装，但预应力屋架由于需要张拉、灌浆等工艺，并且有两次养护的技术间歇，在考虑施工顺序时往往要提前制作。

预制构件制作的时间：因现场预制构件的工期较长，故预制构件的制作往往是在基础回填土、场地平整完成一部分之后就可以进行，这时结构安装方案已定，构件布置图已绘出。一般来说，其制作的施工流向应与基础工程的施工流向一致，同时还要考虑所选择的吊装机械和吊装方法。这样既可以使构件制作早日开始，又能及早地交出工作面，为结构安装工程提早施工创造条件。

3）结构安装工程的施工顺序。结构安装工程是装配式单层工业厂房的主导施工阶段，其施工内容依次为：柱子、吊车梁、连系梁、基础梁、托架、屋架、天窗架、大型屋面板及支撑系统等构件的绑扎、起吊、就位、临时固定、校正和最后固定等。它应单独编制结构安装工程的施工作业设计，其中，结构吊装的流向通常应与预制构件制作的流向一致。

结构安装前的准备工作有：预制构件的混凝土强度是否达到规定要求（柱子达70％设计强度，屋架达100％设计强度，预应力构件灌浆后的砂浆强度达15MPa才能就位或安装）、基础杯口抄平、杯口弹线，构件的吊装验算和加固，起重机稳定性、起重量核算和安装屋盖系统的鸟嘴架安设，起吊各种构件的索具准备等。

结构安装工程的施工顺序取决于安装方法。当采用分件安装方法时，一般起重机分三次开行才安装完全部构件，其安装顺序是：第一次开行安装全部柱子，并对柱子进行校正与最后固定；待杯口内的混凝土强度达到设计强度的70％后，起重机第二次开行安装吊车梁、连系梁和基础梁；第三次开行安装屋盖系统。当采用综合吊装方法时，其安装顺序是：先安装第一节间的四根柱，迅速校正并灌浆固定，接着安装吊车梁、连系梁、基础梁及屋盖系统，如此依次逐个节间地进行所有构件安装，直至整个厂房全部安装完毕。抗风柱的安装顺序一般有两种：一是在安装柱的同时，先安装该跨一端的抗风柱，另一端的抗风柱则在屋盖系统安装完毕后进行；二是全部抗风柱的安装均待屋盖系统安装完毕后进行，并立即与屋盖连接。

4）围护工程的施工顺序。围护工程的施工顺序为：搭设垂直运输机具（如井架、门架、起重机等）→砌筑内外墙（脚手架搭设与其配合）→现浇门框、雨篷等。一般在结构吊装工程完成之后或吊装完成一部分分区段之后，即可开始外墙砌筑工程的分段施工。不同的分项工程之间可组织立体交叉平行的流水施工，砌筑一完，即可开始屋面施工。

5）装饰工程的施工顺序。装饰工程的施工也可分为室内装饰和室外装饰。室内装饰工程包括地面的平整、垫层、面层，安装门窗扇、油漆、安装玻璃、墙面抹灰、刷白等；室外装饰工程包括外墙勾缝、抹灰、勒脚、散水坡等分项工程。两者可平行施工，并可与其他施工过程穿插进行，一般不占总工期。地面工程应在地下管道、电缆完成后进行。砌筑工程完成后，即进行内外墙抹灰，外墙抹灰应自上而下进行。门窗安装一般与砌墙穿插进行，也可在砌墙完成后进行。内墙面及构件刷白，应安排在墙面干燥和大型屋面板灌缝之后开始，并在油漆开始之前结束。玻璃安装在油漆后进行。

6）水、暖、电、卫等工程的施工顺序。水、暖、电、卫等工程的施工顺序与砖混结构的施工顺序基本相同，但应注意空调设备安装工程的安排。生产设备的安装，一般由专业公司承担，由于其专业性强、技术要求高，应遵照有关专业的生产顺序进行。

上面所述三种类型房屋的施工过程及其顺序，仅适用于一般情况。建筑施工是一个复杂的过程，随着新工艺、新材料、新建筑体系的出现和发展，这些规律将会随着施工对象和施工条件发生较大的变化。因此，对每一个单位工程，必须根据其施工特点和具体情况，合理地确定施工顺序，最大限度地利用空间，争取时间组织平行流水施工和立体交叉施工，以期达到时间和空间的充分利用。

9.2.2.4   施工方法和施工机械的选择

选择施工方法和施工机械是施工方案中的关键问题，它直接影响施工进度、质量、安全及工程成本。因此，编制施工组织设计时，必须根据建筑结构特点、抗震要求、工程量大小、工期长短、资源供应情况、施工现场情况和周围环境等因素，制定出可行方案，并进行技术经济分析比较，确定出最优方案。

（1）选择施工方法。选择施工方法时，应重点考虑影响整个单位工程施工的分部分项工程的施工方法。主要是选择工程量大且在单位工程中占有重要地位的分部分项工程、施工技术复杂或采用新技术、新工艺及对工程质量起关键作用的分部分项工程、不熟悉的特殊结构工程或由专业施工单位施工的特殊专业工程的施工方法，要求详细而具体，必要时应编制单独的分部分项工程的施工作业设计，提出质量要求及达到这些质量要求的技术措施，指出可能发生的问题并提出预防措施和必要的安全措施。而对于按照常规做法和工人熟悉的分项工程，则不必详细拟订，只提出应注意的一些特殊问题即可。通常，施工方法选择的内容有：

1）土方工程施工方法。①场地整平、地下室、基坑、基槽的挖土方法，放坡要求，所需人工、机械的型号及数量；②余土外运方法，所需机械的型号及数量；③地下、地表水的排水方法，排水沟、集水井、井点的布置，所需设备的型号及数量。

2）钢筋混凝土工程施工方法。①模板工程：模板的类型和支模方法是根据不同的结构类型、现场条件确定现浇和预制用的各种类型模板（如工具式钢模、木模，翻转模板，土、砖、混凝土胎模，钢丝网水泥、清水竹胶平面大模板等），及各种支承方法（如钢、木立柱、桁架、钢制托具等），并分别列出采用的项目、部位、数量及隔离剂的选用；②钢筋工程：明确构件厂与现场加工的范围，钢筋调直、切断、弯曲、成型、焊接方法，钢筋运输及安装方法；③混凝土工程：搅拌与供应（集中或分散）输送方法，砂石筛选、计量、上料方法，拌和料、外加剂的选用及掺量，搅拌、运输设备的型号及数量，浇筑顺序的安排，工作班次，分层浇筑厚度，振捣方法，施工缝的位置，养护制度。

3）结构安装工程施工方法。①构件尺寸、自重、安装高度；②选用吊装机械型号及吊装方法，塔吊回转半径的要求，吊装机械的位置或开行路线；③吊装顺序、运输、装卸、堆放方法，所需设备型号及数量；④吊装运输对道路的要求。

4）垂直及水平运输。①标准层垂直运输量计算表；②垂直运输方式的选择及其型号、数量、布置、服务范围、穿插班次；③水平运输方式及设备的型号和数量；④地面及楼面水平运输设备的行驶路线。

5）装饰工程施工方法。①室内外装饰抹灰工艺的确定；②施工工艺流程与流水施工的安排；③装饰材料的场内运输，减少临时搬运的措施。

6）特殊项目施工方法。①对"四新"（新结构、新工艺、新材料、新技术）项目，高耸、大跨、重型构件，水下、深基础、软弱地基，冬季施工等项目均应单独编制，单独编制的内容包括：工程平面示意图、工程量、施工方法、工艺流程、劳动组织、施工进度、技术要求与质量、安全措施、材料、构件及机具设备需要量；②对大型土方、打桩、构件吊装等项目，无论内、外分包均应由分包单位提出单项施工方法与技术组织措施。

（2）选择施工机械。选择施工方法必须涉及施工机械的选择问题。机械化施工是改变建筑工业生产落后面貌、实现建筑工业化的基础。因此，施工机械的选择是施工方法选择的中心环节。选择施工机械时应着重考虑以下几方面：

1）主导工程施工机械。选择施工机械时，应首先根据工程特点，选择适宜主导工程的施工机械。如在选择装配式单层工业厂房结构安装用的起重机类型时，当工程量较大且集中时，可以采用生产效率较高的塔式起重机，但当工程量较小或工程量虽大却相当分散时，则采用无轨自行式起重机较为经济。在选择起重机型号时，应使起重机在起重臂外伸长度一定的条件下，能适应起重量及安装高度的要求。

2）辅助配套机械。各种辅助机械或运输工具应与主导机械的生产能力协调配套，以充分发挥主导机械的效率。如土方工程施工中采用汽车运土时，汽车的载重量应为挖土机斗容量的整数倍，汽车的数量应保证挖土机连续工作。

3）经济与效率。在同一工地上，应力求建筑机械的种类和型号尽可能少一些，以利于机械管理。为此，工程量大且分散时，宜采用多用途机械施工，如挖土机既可用于挖土，又能用于装卸、起重和打桩。施工机械的选择还应考虑充分发挥施工单位现有机械的能力。当本单位的机械能力不能满足工程需要时，则应购置或租赁所需的新型机械或多用途机械。

9.2.2.5　技术组织措施的设计

技术组织措施是指在技术和组织方面对保证工程质量、安全、节约和文明施工所采用的方法。制定这些方法是施工组织设计编制者带有创造性的工作。

（1）保证工程质量措施。保证工程质量的关键是对施工组织设计的工程对象经常发生的质量通病制订防治措施，可以按照各主要分部分项工程提出的质量要求，也可以按照各工种工程提出的质量要求。保证工程质量的措施可以从以下各方面考虑：确保拟建工程定位、放线、轴线尺寸、标高测量等准确无误的措施。为了确保地基土壤承载能力符合设计规定的要求而应采取的有关技术组织措施。各种基础、地下结构、地下防水施工的质量措施。确保主体承重结构各主要施工过程的质量要求；各种预制承重构件检查验收的措施；各种材料、半成品、砂浆、混凝土等检验及使用要求。对新结构、新工艺、新材料、新技术的施工操作提出质量措施或要求。冬季、雨季施工的质量措施。屋面防水施工、各种抹灰及装饰操作中，确保施工质量的技术措施。解决质量通病措施。执行施工质量的检查、验收制度。提出各分部工程的质量评定的目标计划等。

（2）安全施工措施。安全施工措施应贯彻安全操作规程，对施工中可能发生的安全问题进行预测，有针对性地提出预防措施，以杜绝施工中伤亡事故的发生。安全施工措施主要包括：提出安全施工宣传、教育的具体措施；对新工人进场上岗前必须做安全教育及安全操作的培训；针对拟建工程地形、环境、自然气候、气象等情况，提出可能突然发生自然灾害时有关施工安全方面的若干措施及其具体的办法，以便减少损失，避免伤亡；提出易燃、易爆品严格管理及使用的安全技术措施；防火、消防措施；高温、有毒、有尘、有害气体环境下操作人员的安全要求和措施。土方、深坑施工，高空、高架操作，结构吊装、上下垂直平行施工时的安全要求和措施；各种机械、机具安全操作要求；交通、车辆的安全管理；各处电器设备的安全管理及安全使用措施；狂风、暴雨、雷电等各种特殊天气发生前后的安全检查措施及安全维护制度。

（3）降低成本措施。降低成本措施的制定应以施工预算为尺度，以企业（或基层施工单位）年度、季度降低成本计划和技术组织措施计划为依据进行编制。要针对工程施工中降低成本潜力大的（工程量大、有采取措施的可能性及有条件的）项目，充分开动脑筋，把措施提出来，并计算出经济效益和指标，加以评价、决策。这些措施必须是不影响质量且能保证安全的，它应考虑以下几方面：生产力水平是先进的；有精心施工的领导班子来合理组织施工生产活动；有合理的劳动组织，以保证劳动生产率的提高，减少总的用工数；物资管理的计划性，从采购、运输、现场管理及竣工材料回收等方面，最大限度地降低原材料、成品和半成品的成本；采用新技术、新工艺，以提高工效，降低材料耗用量，节约施工总费用；保证工程质量，减少返工损失；保证安全生产，减少事故频率，避免意外工伤事故带来的损失；提高机械利用率，减少机械费用的开支；增收节支，减少施工管理费的支出。工程建设提前完工，以节省各项费用开支。

降低成本措施应包括节约劳动力、材料费、机械设备费用、工具费、间接费及临时设施费等措施。一定要正确处理降低成本、提高质量和缩短工期三者的关系，对措施要计算经济效果。

（4）现场文明施工措施。现场场容管理措施主要包括以下几个方面：施工现场的围挡与标牌，出入口与交通安全，道路畅通，场地平整；暂设工程的规划与搭设，办公室、更衣室、食堂、厕所的安排与环境卫生；各种材料、半成品、构件的堆放与管理；散碎材料、施工垃圾运输，以及其他各种环境污染，如搅拌机冲洗废水、油漆废液、灰浆水等施工废水污染，运输土方与垃圾、白灰堆放、散装材料运输等粉尘污染，熬制沥青、熟化石灰等废气污染，打桩、搅拌混凝土、振捣混凝土等噪声污染；成品保护；施工机械保养与安全使用；安全与消防。

任务 9.3　单位工程施工进度计划

单位工程施工进度计划是在确定了施工方案的基础上，根据规定工期和各种资源供应条件，按照施工过程的合理施工顺序及组织施工的原则，用图表的形式（横道图或网络图），对一个工程从开始施工到工程全部竣工的各个项目，确定其在时间上的安排和相互间的搭接关系。在此基础上，方可编制月、季计划及各项资源需要量计划。所以，施工进度计划是单位工程施工组织设计中的一项非常重要的内容。

9.3.1　单位工程施工进度计划的作用及分类

9.3.1.1　施工进度计划的作用

施工进度计划的作用如下：

（1）控制单位工程的施工进度，保证在规定工期内完成符合质量要求的工程任务。

（2）确定单位工程的各个施工过程的施工顺序、施工持续时间及相互衔接和合理配合关系。

（3）为编制季度、月度生产作业计划提供依据。

（4）是制定各项资源需要量计划和编制施工准备工作计划的依据。

9.3.1.2　施工进度计划的分类

单位工程施工进度计划根据施工项目划分的粗细程度，可分为控制性与指导性施工进度计划两类。控制性施工进度计划按分部工程来划分施工项目，控制各分部工程的施工时间及其相互搭接配合关系。它主要适用于工程结构较复杂、规模较大、工期较长而需跨年度施工的工程（如体育场、火车站等公共建筑以及大型工业厂房等），还适用于工程规模不大或结构不复杂但各种资源（劳动力、机械、材料等）不落实的情况，以及建筑结构、建筑规模等可能变化的情况。编制控制性施工进度计划的单位工程，当各分部工程的施工条件基本落实之后，在施工之前还应编制各分部工程的指导性施工进度计划。指导性施工进度计划按分项工程或施工过程来划分施工项目，具体确定各分项工程或施工过程的施工时间及其相互搭接配合关系。它适用于施工任务具体而明确、施工条件基本落实、各种资源供应正常、施工工期不太长的工程。

9.3.2　单位工程施工进度计划的编制程序和依据

9.3.2.1　施工进度计划的编制程序

单位工程施工进度计划的编制程序如图 9.1 所示。

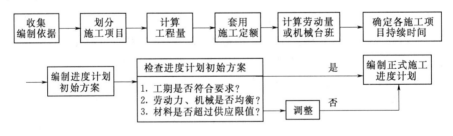

图 9.1　单位工程施工进度计划的编制程序

9.3.2.2　施工进度计划的编制依据

编制单位工程施工进度计划，主要依据下列资料：

（1）经过审批的建筑总平面图及单位工程全套施工图，以及地质、地形图、工艺设计图、设备及其基础图，采用的各种标准图等图纸及技术资料。

（2）施工组织总设计对本单位工程的有关规定。

（3）施工工期要求及开工、竣工日期。

（4）施工条件、劳动力、材料、构件及机械的供应条件、分包单位的情况等。

（5）主要分部分项工程的施工方案，包括施工程序、施工段划分、施工流程、施工顺序、施工方法、技术及组织措施等。

（6）施工定额。

（7）其他有关要求和资料，如工程合同。

9.3.2.3 施工进度计划的表示方法

施工进度计划一般用图表来表示，通常有两种形式的图表：横道图和网络图。横道图的形式见表 9.1。从表 9.1 中可以看出，它由左、右两部分组成。左边部分列出各种计算数据，如分部分项工程名称、相应的工程量、采用的定额、需要的劳动量或机械台班量、每天工作班次、每班工人数及工作持续时间等；右边部分是从规定的开工之日起到竣工之日止的进度指示图表，用不同线条形象地表现各个分部分项工程的施工进度和相互间的搭接配合关系，有时在其下面汇总每天的资源需要量，绘出资源需要量的动态曲线，其中的格子根据需要可以是一格表示一天或表示若干天。

表 9.1
施 工 进 度 计 划 表

序号	分部分项工程名称	工程量		定额	劳动量		需要机械		每天工作班次	每班工人数	工作天数	施工进度	
		单位	数量		工种	工日数	机械名称	台班数				××月	××月

9.3.3 单位工程施工进度计划的编排

根据单位工程施工进度计划的编制程序，下面介绍其编制的主要步骤和方法。

9.3.3.1 施工项目的划分

编制施工进度计划时，首先应按照图纸和施工顺序将拟建单位工程的各个施工过程列出，并结合施工方法、施工条件、劳动组织等因素，加以适当调整，使之成为编制施工进度计划所需的施工项目。施工项目是包括一定工作内容的施工过程，它是施工进度计划的基本组成单元。

单位工程施工进度计划的施工项目仅是包括现场直接在建筑物上施工的施工过程，如砌筑、安装等，而对于构件制作和运输等施工过程，则不包括在内。但对现场就地预制的钢筋混凝土构件的制作，不仅单独占有工期，且对其他施工过程的施工有影响。或构件的运输需与其他施工过程的施工密切配合。如楼板随运随吊时，仍需将这些制作和运输过程列入施工进度计划。

在确定施工项目时，应注意以下几个问题：

（1）施工项目划分的粗细程度，应根据进度计划的需要来决定。一般对于控制性施工进度计划，施工项目可以划分得粗一些，通常只列出分部工程，如混合结构居住房屋的控制性施工进度计划，只列出基础工程、主体工程、屋面工程和装饰工程 4 个施工过程；而对实施性施工进度计划，施工项目的划分就要细一些，应明确到分项工程或更具体，以满足指导施工作业的要求，如屋面工程应划分为找平层、隔汽层、保温层、防水层等分项工程。

（2）施工过程的划分要结合所选择的施工方案。如结构安装工程，若采用分件吊装方法，则施工过程的名称、数量和内容及其吊装顺序应按构件来确定；若采用综合吊装方法，则施工过程应按施工单元（节间或区段）来确定。

（3）适当简化施工进度计划的内容，避免施工项目划分过细，重点不突出。因此，可考虑将某些穿插性分项工程合并到主要分项工程中去，如门窗框安装可并入砌筑工程；而对于在同一时间内由同一施工班组施工的过程可以合并，如工业厂房中的钢窗油漆、钢门油漆、钢支撑油漆、钢梯油漆等可合并为钢构件油漆一个施工过程；对于次要的、零星的分项工程可合并为"其他工程"一项列入。

（4）水、暖、电、卫和设备安装等专业工程不必细分具体内容，由各专业施工队自行编制计划并负责组织施工，而在单位工程施工进度计划中只要反映出这些工程与土建工程的配合关系即可。

（5）所有施工项目应大致按施工顺序列成表格，编排序号避免遗漏或重复，其名称可参考现行的施工定额手册上的项目名称。

9.3.3.2　计算工程量

工程量计算是一项十分繁琐的工作，应根据施工图纸、有关计算规则及相应的施工方法进行计算。因为进度计划中的工程量仅是用来计算各种资源需用量，不作为计算工资或工程结算的依据，故不必精确计算，直接套用施工预算的工程量即可。计算工程量应注意以下几个问题：

（1）各分部分项工程的工程量计算单位应与采用的施工定额中相应项目的单位一致，以便计算劳动量及材料需要量时可直接套用定额，不再进行换算。

（2）计算工程量时应结合选定的施工方法和安全技术要求，使计算所得工程量与施工实际情况相符合。例如，挖土时是否放坡，是否加工作面，坡度大小与工作面尺寸是多少；是否使用支撑加固，开挖方式是单独开挖、条形开挖或整片开挖，这些都直接影响到基础土方工程量的计算。

（3）结合施工组织的要求，分区、分段、分层计算工程量，以便组织流水作业。若每层、每段上的工程量相等或相差不大时，可根据工程量总数分别除以层数、段数，可得每层、每段上的工程量。

（4）如已编制预算文件，应合理利用预算文件中的工程量，以免重复计算。施工进度计划中的施工项目大多可直接采用预算文件中的工程量，可按施工过程的划分情况将预算文件中有关项目的工程量汇总。如"砌筑砖墙"一项的工程量，可首先分析它包括哪些内容，然后按其所包含的内容从预算工程量中摘抄出来并加以汇总求得。施工进度计划中的有些施工项目与预算文件中的项目完全不同或局部有出入时（如计量单位、计算规则、采用定额不同等），则应根据施工中的实际情况加以修改、调整或重新计算。

9.3.3.3　套用施工定额

根据所划分的施工项目和施工方法，即可套用施工定额（当地实际采用的劳动定额及机械台班定额），以确定劳动量和机械台班量。

施工定额有两种形式：时间定额和产量定额。时间定额是指某种专业、某种技术等级的工人小组或个人在合理的技术组织条件下，完成单位合格的建筑产品所必需的工作时间，一般用符号 H_i 表示，它的单位有：工日/m³、工日/m²、工日/m、工日/t 等。因为时间定额是以劳动工日数为单位，便于综合计算，故在劳动量统计中用得比较普遍。产量定额是指在合理的技术组织条件下，某种专业、某种技术等级的工人小组或个人在单位时间内所应完成的合格的建筑产品的数量，一般用符号 S_i 表示，它的单位有：m³/工日、m²/工日、m/工日、t/工日等。因为产量定额是由建筑产品的数量来表示，具有形象化的特点，故在分配施工任务时用得比较普遍。时间定额和产量定额是互为倒数的关系。

套用国家或地方颁发的定额，必须注意结合本单位工人的技术等级、实际施工操作水平、施工机械情况和施工现场条件等因素，确定完成定额的实际水平，使计算出来的劳动量、机械台班量符合实际需要，为准确编制施工进度计划打下基础。

有些采用新技术、新材料、新工艺或特殊施工方法的项目，施工定额中尚未编入，这时可参考类似项目的定额、经验资料，或按实际情况确定。

9.3.3.4　确定劳动量和机械台班数量

劳动量和机械台班数量应根据各分部分项工程的工程量、施工方法和现行的施工定额，并结合当地的具体情况加以确定。一般应按下式计算：

$$P = \frac{Q}{S} \tag{9.1}$$

或

$$P = QH \tag{9.2}$$

式中：P 为完成某施工过程所需的劳动量（工日）或机械台班数量（台班）；Q 为某施工过程的工程量；S 为某施工过程所采用的产量定额；H 为某施工过程所采用的时间定额。

例如，已知某单层工业厂房的柱基坑土方量为 3240m³，采用人工挖土，每工产量定额为 3.9m³，则完成挖基坑所需劳动量为

$$P = \frac{Q}{S} = \frac{3240}{3.9} = 830（工日）$$

若已知时间定额为 0.256 工日/m³ 则完成挖基坑所需劳动量为

$$P = QH = 3240 \times 0.256 = 830（工日）$$

经常还会遇到施工进度计划所列项目与施工定额所列项目的工作内容不一致的情况，具体处理方法如下：

（1）若施工项目是由两个或两个以上的同一工种，但材料、做法或构造都不同的施工过程合并而成时，可用其加权平均定额来确定劳动量或机械台班量。加权平均产量定额的计算可按下式进行：

$$\overline{S_i} = \frac{\sum\limits_{i=1}^{n} Q_i}{\sum\limits_{i=1}^{n} P_i} \tag{9.3}$$

$$\sum\limits_{i=1}^{n} Q_i = Q_1 + Q_2 + Q_3 + \cdots + Q_n（总工程量）$$

$$\sum_{i=1}^{n} P_i = \frac{Q_1}{S_1} + \frac{Q_2}{S_2} + \frac{Q_3}{S_3} + \cdots + \frac{Q_n}{S_n}（总劳动量）$$

式中：$\overline{S_i}$ 为某项目加权平均产量定额；Q_1，Q_2，Q_3，$\cdots$，Q_n 为同一工种但施工做法、材料或构造不同的各个施工过程的工程量；S_1，S_2，S_3，$\cdots$，S_n 为与上述施工过程相对应的产量定额。

（2）对于有些采用新材料、新工艺或特殊施工方法的施工项目，其定额在施工定额手册中未列入，则可参考类似项目或实测确定。

（3）对于"其他工程"项目所需劳动量，可根据其内容和数量，并结合施工现场的具体情况，以占总劳动量的百分比（一般为 10%～20%）计算。

（4）水、暖、电、卫设备安装等工程项目，一般不计算劳动量和机械台班需要量，仅安排与一般土建单位工程配合的进度。

9.3.3.5　确定各项目的施工持续时间

施工项目的施工持续时间的计算方法，除前述的定额计算法和倒排计划法外，还有经验估计法。

施工项目的持续时间最好是按正常情况确定，这时它的费用一般是较低的。待编制出初始进度计划并经过计算后再结合实际情况作必要的调整，这是避免因盲目抢工而造成浪费的有效办法。根据过去的施工经验并按照实际的施工条件来估算项目的施工持续时间是较为简便的办法，现在一般也多采用这种办法。这种办法多运用于采用新工艺、新技术、新材料等无定额可循的工种。在经验估计法中，有时为了提高其准确程度，往往用"三时估计法"，即先估计出该项目的最长、最短和最可能的三种施工持续时间，然后据以求出期望的施工持续时间作为该项目的施工持续时间。其计算公式是：

$$t = \frac{A + 4C + B}{6} \tag{9.4}$$

式中：t 为项目施工持续时间；A 为最长施工持续时间；B 为最短施工持续时间；C 为最可能施工持续时间。

9.3.3.6　编制施工进度计划的初始方案

流水施工是组织施工、编制施工进度计划的主要方式。编制施工进度计划时，必须考虑各分部分项工程的合理施工顺序，尽可能组织流水施工，力求主要工种的施工班组连续施工，其编制方法如下：

（1）对主要施工阶段（分部工程）组织流水施工。先安排其中主导施工过程的施工进度，使其尽可能连续施工，其他穿插施工过程尽可能与主导施工过程配合、穿插、搭接。如砖混结构房屋中的主体结构工程，其主导施工过程为砖墙砌筑和现浇钢筋混凝土楼板；现浇钢筋混凝土框架结构房屋中的主体结构工程，其主导施工过程为钢筋混凝土框架的支模、扎筋和浇混凝土。

（2）配合主要施工阶段，安排其他施工阶段（分部工程）的施工进度。

（3）按照工艺的合理性和施工过程间尽量配合、穿插、搭接的原则，将各施工阶段（分部工程）的流水作业图表搭接起来，即得到了单位工程施工进度计划的初始方案。

9.3.3.7　施工进度计划的检查与调整

检查与调整的目的在于使施工进度计划的初始方案满足规定的目标，一般从以下几方面进行检查与调整：

（1）各施工过程的施工顺序是否正确，流水施工的组织方法应用得是否正确，技术间歇是否合理。

（2）工期方面，初始方案的总工期是否满足合同工期。

（3）劳动力方面，主要工种工人是否连续施工，劳动力消耗是否均衡。劳动力消耗的均衡性是针对整个单位工程或各个工种而言，应力求每天出勤的工人人数不发生过大变动。

为了反映劳动力消耗的均衡情况，通常采用劳动力消耗动态图来表示。对于单位工程的劳动力消耗动态图，一般绘制在施工进度计划表右边表格部分的下方。劳动力消耗动态如图 9.8 所示。

劳动力消耗的均衡性指标可以采用劳动力均衡系数（K）来评估：

$$K = \frac{高峰出工人数}{平均出工人数} \tag{9.5}$$

式中：平均出工人数为每天出工人数之和被总工期除得的商。

最为理想的情况是劳动力均衡系数 K 接近于 1。劳动力均衡系数在 2 以内为好，超过 2 则不正常。

物资方面主要机械、设备、材料等的利用是否均衡，施工机械是否充分利用。主要机械通常是指混凝土搅拌机、灰浆搅拌机、自动式起重机和挖土机等。机械的利用情况是通过机械的利用程度来反映的。

初始方案经过检查，对不符合要求的部分需进行调整。调整方法一般有：增加或缩短某些施工过程的施工持续时间；在符合工艺关系的条件下，将某些施工过程的施工时间向前或向后移动。必要时，还可以改变施工方法。

应当指出，上述编制施工进度计划的步骤不是孤立的，而是互相依赖、互相联系的，有的可以同时进行。还应看到，由于建筑施工是一个复杂的生产过程，受周围客观条件影响的因素很多，在施工过程中，由于劳动力和机械、材料等物资的供应及自然条件等因素的影响，使其经常不符合原计划的要求，因而在工程进展中应随时掌握施工动态，经常检查，不断调整计划。

任务 9.4　施工准备工作及各项资源需要量计划

9.4.1　施工准备工作计划

施工准备工作既是单位工程的开工条件，也是施工中的一项重要内容，开工之前必须为开工创造条件，开工以后必须为作业创造条件，因此它贯穿于施工过程的始终。施工准备工作应有计划地进行，为便于检查、监督施工准备工作的进展情况，使各项施工准备工作的内容有明确的分工，有专人负责，并规定期限，可编制施工准备工作计划，并拟在施工进度计划编制完成后进行。其表格形式见表9.2。

表9.2　　　　　　　　　　　　施工准备工作计划表

序号	准备工作项目	工程量		简要内容	负责单位或负责人	起止日期		备注
		单位	数量			日/月	日/月	

　　施工准备工作计划是编制单位工程施工组织设计时的一项重要内容。在编制年度、季度、月度生产计划中也应一并考虑并做好贯彻落实工作。

9.4.2　各种资源需要量计划

　　单位工程施工进度计划编制确定以后，根据施工图纸、工程量计算资料、施工方案、施工进度计划等有关技术资料，着手编制劳动力需要量计划，各种主要材料、构件和半成品需要量计划及各种施工机械的需要量计划。它们不仅是为了明确各种技术工人和各种技术物资的需要量，而且还是做好劳动力与物资的供应、平衡、调度、落实的依据，也是施工单位编制月度、季度生产作业计划的主要依据之一。它们是保证施工进度计划顺利执行的关键。

9.4.2.1　劳动力需要量计划

　　劳动力需要量计划，主要是作为安排劳动力的平衡、调配和衡量劳动力耗用指标、安排生活福利设施的依据，其编制方法是将施工进度计划表内所列各施工过程每天（或旬月）所需工人人数按工种汇总而得。其表格形式见表9.3。

表9.3　　　　　　　　　　　　劳动力需要量计划表

序号	工种名称	需要人数	××月			××月			备注
			上旬	中旬	下旬	上旬	中旬	下旬	

9.4.2.2　主要材料需要量计划

　　主要材料需要量计划，是备料、供料和确定仓库、堆场面积及组织运输的依据，其编制方法是将施工进度计划表中各施工过程的工程量，按材料名称、规格、数量、使用时间计算汇总而得。其表格形式见表9.4。

　　对于某分部分项工程是由多种材料组成时，应按各种材料分类计算，如混凝土工程应换算成水泥、砂、石、外加剂和水的数量列入表格。

表 9.4			主要材料需要量计划表								
序号	材料名称	规格	需要量		使用时间						备注
			单位	数量	××月			××月			
					上旬	中旬	下旬	上旬	中旬	下旬	

9.4.2.3　构件和半成品需要量计划

建筑结构构件、配件和其他加工半成品的需要量计划主要用于落实加工订货单位，并按照所需规格、数量、时间，组织加工、运输和确定仓库或堆场，可根据施工图和施工进度计划编制。其表格形式见表 9.5。

表 9.5				构件和半成品需要量计划表					
序号	构件、半成品名称	规格	图号、型号	需要量		使用部位	制作单位	供应日期	备注
				单位	数量				

9.4.2.4　施工机械需要量计划

施工机械需要量计划主要用于确定施工机械的类型、数量、进场时间，可据此落实施工机械来源，组织进场。其编制方法为将单位工程施工进度计划表中的每一个施工过程每天所需的机械类型、数量和施工日期进行汇总，即得施工机械需要量计划。其表格形式见表 9.6。

表 9.6				施工机械需要量计划表				
序号	机械名称	型号	需要量		现场使用起止时间	机械进场或安装时间	机械退场或拆卸时间	供应单位
			单位	数量				

任务 9.5　单位工程施工平面图设计

施工平面图既是布置施工现场的依据，也是施工准备工作的一项重要依据，它是实现文明施工、节约并合理利用土地、减少临时设施费用的先决条件。因此，它是施工组织设计的重要组成部分。施工平面图不仅要在设计时周密考虑，而且还要认真贯彻执行，这样才会使施工现场井然有序，施工顺利进行，保证施工进度，提高效率和经济效果。

一般单位工程施工平面图的绘制比例为 1∶200～1∶500。

9.5.1　单位工程施工平面图的设计依据、内容和原则

9.5.1.1　设计依据

单位工程施工平面图的设计依据是：建筑总平面图、施工图纸、现场地形图、水源和电源情况、施工场地情况、可利用的房屋及设施情况、自然条件和技术经济条件的调查资料、施工组织总设计、本工程的施工方案和施工进度计划、各种资源需要量计划等。

9.5.1.2　设计内容

（1）已建和拟建的地上、地下的一切建筑物、构筑物及其他设施（道路和各种管线等）的位置和尺寸。

（2）测量放线标桩位置、地形等高线和土方取弃场地。

（3）自行式起重机的开行路线、轨道式起重机的轨道布置和固定式垂直运输设备位置。

（4）各种搅拌站、加工厂以及材料、构件、机具的仓库或堆场。

（5）生产和生活用临时设施的布置。

（6）一切安全及防火设施的位置。

9.5.1.3　设计原则

（1）在保证施工顺利进行的前提下，现场布置紧凑，占地要省，不占或少占农田。

（2）临时设施要在满足需要的前提下，减少数量，降低费用。途径是利用已有的，多用装配的，认真计算，精心设计。

（3）合理布置现场的运输道路及加工厂、搅拌站和各种材料、机具的堆场或仓库位置，尽量做到短运距、少搬运，从而减少或避免二次搬运。

（4）利于生产和生活，符合环保、安全和消防要求。

9.5.2　单位工程施工平面图的设计步骤

9.5.2.1　起重运输机械的布置

起重运输机械的位置直接影响搅拌站、加工厂及各种材料、构件的堆场或仓库等位置和道路、临时设施及水、电管线的布置等，因此，它是施工现场全局的中心环节，应首先确定。由于各种起重机械的性能不同，其布置位置也不相同。

（1）固定式垂直运输机械的位置。固定式垂直运输机械有井架、龙门架、桅杆等，这类设备的布置主要根据机械性能、建筑物的平面形状和尺寸、施工段划分的情况、材料来向和已有运输道路情况而定。其布置原则是：充分发挥起重机械的能力，并使地面和楼面的水平运距最小。布置时应考虑以下几个方面：当建筑物各部位的高度相同时，应布置在施工段的分界线附近；当建筑物各部位的高度不同时，应布置在高低分界线较高部位一侧，以使楼面上各施工段的水平运输互不干扰。井架、龙门架的位置以布置在窗口处为宜，以避免砌墙留槎和减少井架拆除后的修补工作。井架、龙门架的数量要根据施工进度、垂直提升构件和材料的数量、台班工作效率等因素计算确定，其服务范围一般为50～60m。卷扬机的位置不应距离起重机械过近，以便司机的视线能够看到整个升降过程。一般要求此距离大于建筑物的高度，水平距外脚手架3m以上。

（2）有轨式起重机的轨道布置。有轨式起重机的轨道一般沿建筑物的长向布置，其位置和尺寸取决于建筑物的平面形状和尺寸、构件自重、起重机的性能及四周施工场地的条件。通常轨道布置的方式有两种：单侧布置和双侧布置（或环状布置）；当建筑物宽度较小、构件自重不大时，可采用单侧布置方式；当建筑物宽度较大，构件自重较大时，应采用双侧布置（或环形布置）方式。

轨道布置完成后，应绘制出塔式起重机的服务范围，它是以轨道两端有效端点的轨道中点为圆心，以最大回转半径为半径画出两个半圆，连接两个半圆，即为塔式起重机的服务范围。塔式起重机服务范围之外的部分则称为"死角"。

在确定塔式起重机服务范围时，一方面，要考虑将建筑物平面最好包括在塔式起重机服务范围之内，以确保各种材料和构件直接吊运到建筑物的设计部位上去，尽可能避免死角，如果确实难以避免，则要求死角范围越小越好，同时在死角上不出现吊装最重、最高的构件，并且在确定吊装方案时提出具体的安全技术措施，以保证死角范围内的构件顺利安装。为了解决这一问题，有时还将塔吊与井架或龙门架同时使用，但要确保塔吊回转时无碰撞的可能，以保证施工安全。另一方面，在确定塔式起重机服务范围时，还应考虑有较宽敞的施工用地，以便安排构件堆放及搅拌出料进入料斗后能直接挂钩起吊。主要临时道路也宜安排在塔吊服务范围之内。

（3）无轨自行式起重机的开行路线。无轨自行式起重机械分为履带式、轮胎式、汽车式三种起重机。它一般不用作水平运输和垂直运输，专用作构件的装卸和起吊。吊装时的开行路线及停机位置主要取决于建筑物的平面布置、构件自重、吊装高度和吊装方法等。

9.5.2.2　搅拌站、加工厂及各种材料、构件的堆场或仓库的布置

搅拌站、各种材料、构件的堆场或仓库的位置应尽量靠近使用地点或在塔式起重机服务范围之内，并考虑到运输和装卸的方便。

（1）当起重机的位置确定后，再布置材料、构件的堆场及搅拌站。材料堆放应尽量靠近使用地点，减少或避免二次搬运，并考虑运输及卸料方便。基础施工时使用的各种材料可堆放在基础四周，但不宜距基坑（槽）边缘太近，以防压塌土壁。

（2）当采用固定式垂直运输设备时，则材料、构件堆场应尽量靠近垂直运输设备，以缩短地面水平运距；当采用轨道式塔式起重机时，材料、构件堆场以及搅拌站出料口等均应布置在塔式起重机有效起吊服务范围之内；当采用无轨自行式起重机时，材料、构件堆场及搅拌站的位置，应沿着起重机的开行路线布置，且应在起重臂的最大起重半径范围之内。

（3）预制构件的堆放位置要考虑到吊装顺序。先吊的放在上面，后吊的放在下面，预制构件的进场时间应与吊装就位密切配合，力求直接卸到其就位位置，避免二次搬运。

（4）搅拌站的位置应尽量靠近使用地点或靠近垂直运输设备。有时在浇筑大型混凝土基础时，为了减少混凝土运输，可将混凝土搅拌站直接设在基础边缘，待基础混凝土浇完后再转移。砂、石堆场及水泥仓库应紧靠搅拌站布置。同时，搅拌站的位置还应考虑到使这些大宗材料的运输和装卸较为方便。

（5）加工厂（如木工棚、钢筋加工棚）的位置，宜布置在建筑物四周稍远位置，且应有一定的材料、成品的堆放场地；石灰仓库、淋灰池的位置应靠近搅拌站，并设在下风

向；沥青堆放场及熬制锅的位置应远离易燃物品，也应设在下风向。

9.5.2.3　现场运输道路的布置

现场运输道路应按材料和构件运输的需要，沿着仓库和堆场进行布置。尽可能利用永久性道路，或先做好永久性道路的路基，在交工之前再铺路面。

（1）施工道路的技术要求。道路的最小宽度及最小转弯半径：通常汽车单行道路宽应不小于 3～3.5m，转弯半径不小于 9～12m；双行道路宽应不小于 5.5～6.0m，转弯半径不小于 7～12m。架空线及管道下面的道路，其通行空间宽度应比道路宽度大 0.5m，空间高度应大于 4.5m。

（2）临时道路路面种类和做法。为排除路面积水，道路路面应高出自然地面 0.1～0.2m，雨量较大的地区应高出 0.5m 左右，道路两侧一般应结合地形设置排水沟，沟深不小于 0.4m，底宽不小于 0.3m。

（3）施工道路的布置要求。现场运输道路布置时应保证车辆行驶通畅，能通到各个仓库及堆场，最好围绕建筑物布置成一条环形道路，以便运输车辆回转、调头方便。要满足消防要求，使车辆能直接开到消防栓处。

9.5.2.4　行政管理、文化生活、生活福利用临时设施的布置

办公室、工人休息室、门卫室、开水房、食堂、浴室、厕所等非生产性临时设施的布置，应考虑使用方便，不妨碍施工，符合安全、卫生、防火的要求。要尽量利用已有设施或已建工程，必须修建时要经过计算，合理确定面积，努力节约临时设施费用。通常，办公室的布置应靠近施工现场，宜设在工地出入口处；工人休息室应设在工人作业区，宿舍应布置在安全的上风向；门卫室、收发室宜布置在工地出入口处。具体布置时房屋面积可参考表 9.7。

表 9.7　　　　行政管理、文化生活、生活福利用临时房屋面积参考表

序号	临时房屋名称	单位	参考面积/m²
1	办公室	m²/人	3.5
2	单层宿舍（双层床）	m²/人	2.6～2.8
3	食堂兼礼堂	m²/人	0.9
4	医务室	m²/人	0.06（≥30m²）
5	浴室	m²/人	0.10
6	俱乐部	m²/人	0.10
7	门卫室、收发室	m²/人	6～8

9.5.2.5　水、电管网的布置

（1）施工供水管网的布置。施工供水管网首先要经过计算、设计，然后进行设置，其中包括水源选择、用水量计算（包括生产用水、机械用水、生活用水、消防用水等）、取水设施、储水设施、配水布置、管径的计算等。

单位工程施工组织设计的供水计算和设计可以简化或根据经验进行安排，一般5000～10000m² 的建筑物，施工用水的总管径为100mm，支管径为40mm或25mm。消防用水一般利用城市或建设单位的永久消防设施。如自行安排，应按有关规定设置，消防水管线的直径不小于100mm，消火栓间距不大于120m，布置应靠近十字路口或道边，距道边应不大于2m，距建筑物外墙不应小于5m，也不应大于25m，且应设有明显的标志，周围3m以内不准堆放建筑材料。高层建筑的施工用水应设置蓄水池和加压泵，以满足高空用水的需要。管线布置应使线路长度短，消防水管和生产、生活用水管可以合并设置。为了排除地表水和地下水，应及时修通下水道，并最好与永久性排水系统相结合，同时，根据现场地形，在建筑物周围设置排除地表水和地下水的排水沟。

（2）施工用电线网的布置。施工用电的设计应包括用电量计算、电源选择、电力系统选择和配置。用电量包括电动机用电量、电焊机用电量、室内和室外照明容量等。如果是扩建的单位工程，可计算出施工用电总数请建设单位解决，不另设变压器；单独的单位工程施工，要计算出现场施工用电和照明用电的数量，选择变压器和导线的截面及类型。变压器应布置在现场边缘高压线接入处，距地面高度应大于35cm，在2m以外的四周用高度大于1.7m的铁丝网围住，以确保安全，但不宜布置在交通要道口处。

必须指出，建筑施工是一个复杂多变的生产过程，各种材料、构件、机械等随着工程的进展而逐渐进场，又随着工程的进展而消耗、变动，因此，在整个施工生产过程中，现场的实际布置情况是在随时变动的。对于大型工程、施工期限较长的工程或现场较为狭窄的工程，就需要按不同的施工阶段分别布置几张施工平面图，以便能把在不同的施工阶段内现场的合理布置情况全面地反映出来。

项 目 小 结

本项目介绍了单位工程施工组织设计，主要内容包括概述、工程概况及施工方案、单位工程施工进度计划、施工准备工作及各项资源需要量计划、单位工程施工平面图设计等5个学习任务，概括如下：

（1）概述主要介绍施工组织的类型，单位工程施工组织设计编制依据以及编制原则，单位工程施工组织设计的主要内容以及编制步骤程序等。

（2）工程概况及施工方案。首先介绍工程概况，包括建筑特点、结构特点及施工特点分析；其次介绍了施工方案及施工方法，该内容为单位工程施工组织设计的核心内容之一。

（3）单位工程施工进度计划。施工进度计划是单位工程施工组织设计核心内容，主要包括施工进度计划的种类，施工进度计划编制方法及依据等。

（4）施工准备工作及各项资源需要量计划。首先介绍施工准备，包括技术准备、现场准备、材料准备及劳动力准备等。其次介绍了各项资源需用量计划，包括施工准备的建筑材料、施工机具及劳动力资源等准备计划。

（5）单位工程施工平面图设计，主要包括施工平面布置图的主要内容、设计依据以及原则。施工平面图是单位工程施工组织设计的核心内容。

复 习 思 考 题

1. 单位工程施工组织设计包括哪些内容？其中关键部分是哪几项？
2. 编制单位工程施工组织设计应具备哪些条件？
3. 试述编制单位工程施工组织设计的依据和内容。
4. 确定单位工程施工顺序应遵守哪些基本原则？
5. 单位工程施工平面图的内容有哪些？
6. 试述单位工程施工进度计划的编制程序。施工项目的划分应注意哪些问题？

项目10　建筑工程流水施工

【学习目标】

能力目标：掌握不同流水施工参数的确定和计算方法，根据不同工程实际，选择流水施工的方式并组织流水施工。

知识点：施工组织形式，流水施工参数，流水施工方式。

【项目介绍】

本项目着重介绍流水施工的基本概念，流水施工的参数的概念和含义，各参数的计算方法，组织流水施工的基本方式及其适用条件。

任务10.1　流水施工的基本概念

建筑产品的生产过程非常复杂，往往需要多个施工过程，多个专业班组相互配合才能完成。由于采用的施工方法不同、班组数不同、工作程序不同等，工程的工期、造价、质量等方面会有矛盾，这就需要找到一种较好的施工组织方式，科学合理地安排施工生产。

10.1.1　常用的施工组织形式

建筑产品常用的施工组织形式主要有三种：依次施工、平行施工和流水施工。为了说明这三种方式的概念和特点，下面以实例进行对比与分析。

【例10.1】　某四幢同结构的住宅楼，其基础工程分挖土、垫层、基础及回填土四个施工过程：挖土2d、垫层1d、基础3d、回填土1d。它们所需劳动力人数分别是16人、30人、20人、10人。试组织施工并绘制劳动力动态曲线图。

10.1.1.1　依次施工

依次施工是按一定的施工顺序，各施工段或施工过程依次施工、依次完成的一种施工组织方式，其施工进度、工期和劳动力需要量动态曲线如图10.1和图10.2所示。

由图10.1和图10.2可以看出，依次施工组织形式具有以下特点：

（1）工作面有空闲，工期较长。

（2）各专业队（组）不能连续工作，产生窝工现象。

（3）若由一个工作队完成全部施工任务，不能实现专业化生产。

（4）单位时间内投入的资源量的种类较少，有利于资源供应组织。

（5）施工现场的组织管理较简单。

依次施工组织方式适用于工作面有限、规模小、工期要求不紧的工程。

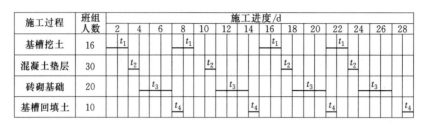

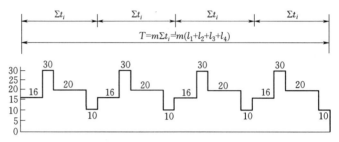

图 10.1 依次施工（按施工段）

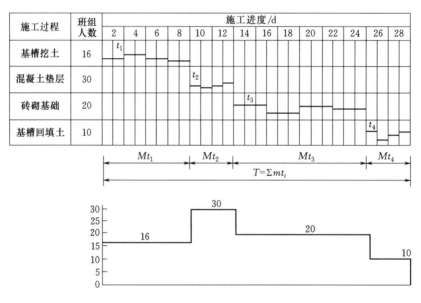

图 10.2 依次施工（按施工过程）

10.1.1.2 平行施工

平行施工是对所有的施工段同时开工、同时完工的组织方式。其施工进度、工期和劳动力需要量动态曲线如图 10.3 所示。

由图 10.3 可以看出，平行施工组织方式具有以下特点：

（1）工作面能充分利用，施工段上无闲置，工期短。

（2）若由一个工作队完成全部施工任务，不能实现专业化生产。

（3）单位时间内投入的资源数量成倍增加，不利于资源供应组织。

（4）施工现场的组织管理较复杂，不利于现场的文明施工和安全管理。

施工过程	施工班组数	班组人数	施工进度/d						
			1	2	3	4	5	6	7
基槽挖土	4	16	▦	▦					
混凝土垫层	4	30			▦				
砖砌基础	4	20				▦	▦	▦	
基槽回填土	4	10							▦

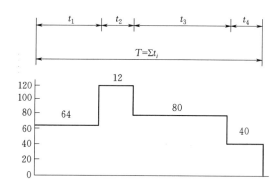

图 10.3　平行施工

这种施工组织方式一般适用于工期要求紧、大规模的建筑群。

10.1.1.3　搭接施工

当上一施工过程为下一施工过程提供了足够的工作面时，下一施工过程可提前进入该段施工。各施工过程之间最大限度地搭接起来，充分利用了工作面，有利于缩短工期。

10.1.1.4　流水施工

流水施工是指将施工对象划分成若干个施工过程和施工段，各施工过程分别由专业班组去完成，所有的施工过程按一定的时间间隔依次投入施工，各施工过程陆续开工、陆续竣工，使同一施工过程的施工班组保持连续、均衡施工，不同的施工过程尽可能搭接施工的组织方式。其施工进度、工期和劳动力需要量动态曲线如图 10.4 所示。

由图 10.4 可以看出，流水施工组织方式具有以下特点：

（1）合理利用工作面，工期适中。

（2）各施工段上，不同的工作队（组）依次连续地进行施工。

（3）实现了施工的专业化。

（4）单位时间内投入施工的资源量较为均衡，有利于资源供应的组织工作。

（5）为施工现场的文明施工和科学管理创造了有利条件。

从三种施工组织方式的对比分析中，可以看出流水施工方式是一种先进的、科学的施工组织方式。

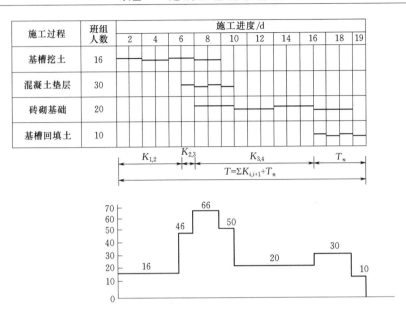

图 10.4　流水施工（全部连续）

10.1.2　流水施工的组织条件和经济效果

10.1.2.1　流水施工的组织条件

（1）划分施工过程。把拟建工程，根据工程特点、施工要求、工艺要求、工程量大小将建造过程分解为若干个施工过程，它是组织专业化施工和分工协作的前提。

（2）划分施工段。根据组织流水施工的需要，将拟建工程在平面上或空间上，划分为工程量大致相等的若干个施工段，它是形成流水的前提。

（3）每个施工过程组织对应的专业班组。在一个流水组中，每一个施工过程尽可能组织对应的专业班组，这样可使每个专业班组按施工顺序，依次地、连续地、均衡地从一个施工段转移到另一个施工段进行相同的操作，它是提高质量、增加效益的保证。

（4）保证主导施工过程连续、均衡的施工。主导施工过程是指工程量较大、施工时间较长、对总工期有决定性影响的施工过程，必须组织连续、均衡的施工；对次要施工过程，可考虑与相邻的施工过程合并，如不能合并，为缩短工期，可安排间断施工。

（5）不同的施工过程尽可能组织平行搭接施工。根据施工顺序和不同施工过程之间的关系，在工作面允许的条件下，除去必要的技术和组织间歇时间外，力求在工作时间上有搭接和工作空间上有搭接，从而使工作面的使用工期更加合理。

10.1.2.2　流水施工的技术经济效果

流水施工组织方式既然是一种先进的、科学的施工组织方式，应用这种方式进行施工，必须会体现出优越的技术经济效果，主要体现在以下几方面：

（1）缩短施工工期。由于流水施工的连续性，减少了时间间歇，加快各专业队的施工进度，相邻工作队在开工时间上最大限度地、合理地搭接，充分利用了工作面，从而可以大大地缩短施工工期。

（2）提高劳动生产率、保证质量。各个施工过程均采用专业班组操作，可提高工人的熟练程度和操作技能，从而提高了工人的劳动生产率，同时，工程质量也易于保证和提高。

（3）方便资源调配、供应。采用流水施工，使得劳动力和其他资源的使用比较均衡，从而可避免出现劳动力和资源的使用大起大落的现象，减轻了施工组织者的压力，为资源的调配、供应和运输带来方便。

（4）降低工程成本。由于组织流水施工缩短了工期，提高了工作效率，资源消耗均衡，便于物资供应，用工少，因此减少了人工费、机械使用费、暂设工程费、施工管理费等有关费用支出，降低了工程成本。

10.1.3　流水施工进度计划的表达形式

（1）横道图。流水施工的横道图表达形式如图 10.5 所示，其左边列出各施工过程（或施工段）名称，右边用水平线段在时间坐标下画出施工进度，水平线段的长度表示某施工过程在某施工段上的作业时间，水平线的位置表示某施工过程在某施工段上作业的开始到结束的时间。

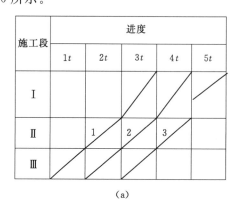

图 10.5　横道图

横道图的优点是：绘图简单，施工过程及其先后顺序表达清楚，时间和空间状况形象直观，使用方便，因而被广泛用来表达施工进度计划。

（2）斜线图。斜线图法是将横道图中的水平进度改为斜线来表达的一种形式，如图 10.6 所示。

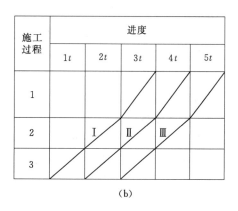

图 10.6　斜线图

斜线图的优点是：施工过程及其先后顺序表达清楚，时间和空间状况形象直观，斜向进度线的斜率可以直观地表示出各施工过程的进展速度，斜线的斜率越大，施工速度越快。但编制实际工程进度计划不如横道图方便。

（3）网络图。网络图的表达形式详见项目 11。

任务 10.2　流水施工的参数

在组织流水施工时，为了清楚、准确地表达各施工过程在时间上和空间上的相互依存关系，需引入一些描述施工进度计划图特征和各种数量关系的参数，这些参数称为流水施工参数。

流水施工参数，按其性质的不同，一般可分为工艺参数、空间参数和时间参数 3 种。

10.2.1　工艺参数

工艺参数主要是指在组织流水施工时，用以表达流水施工在施工工艺进展状态的参数。通常有施工过程数和流水强度。

10.2.1.1　施工过程数

施工过程数是指一组流水的施工过程数目，以符号 n 表示。施工过程可以是分项工程、分部工程、单位工程或单项工程的施工过程，施工过程划分的数目多少、粗细程度与下列因素有关：

（1）施工进度计划的作用不同，施工过程数也不同。编制控制性施工进度计划时，划分的施工过程较粗，数目要少，一般情况下，施工过程最多分解到分部工程；编制实施性进度计划时，划分的施工过程较细，数目要多，绝大多数施工过程要分解成分项工程。

（2）与工程建筑和结构的复杂程度有关。工程的建筑和结构越复杂，相应的施工过程数目越多，如砖混与框架的混合结构的施工过程数目多于同等规模的砖混结构。

（3）与工程施工方案有关。不同的施工方案，其施工顺序和施工方法也不相同，如框架主体结构的施工，采用模板不同，施工过程数也不同。

（4）与劳动组织及劳动量大小有关。劳动量小的施工过程，当组织流水施工有困难时，可与其他施工过程合并。如垫层劳动量较小时可与挖土合并成一个施工过程，可使计划简单明了。

此外，施工过程的划分与施工班组及施工习惯有关。如安装玻璃、油漆施工可分可合，因为有的是混合班组，有的是单一工程的班组。

一个工程需要确定的施工过程，一般以能表达一个工程的完整施工过程，又能做到简单明了进行安排为原则。

10.2.1.2　流水强度

流水强度是每一施工过程在单位时间内所完成的工作量。

（1）机械施工过程的流水强度按下式计算：

$$V_i = \sum_{i=1}^{x} R_i S_i \qquad (10.1)$$

式中：V_i 为第 i 施工过程的流水强度；R_i 为投入第 i 施工过程的某种主要施工机械的台

数；S_i 为该种施工机械的产量定额；x 为投入第 i 施工过程的主要施工机械的种类数。

（2）手工操作过程的流水强度按下式计算：

$$V_i = R_i S_i \tag{10.2}$$

式中：V_i 为第 i 施工过程的手工操作流水强度；R_i 为投入第 i 施工过程的工人数；S_i 为第 i 施工过程的产量定额。

10.2.2　空间参数

空间参数是用来表达流水施工在空间布置上所处状态的参数，包括工作面、施工段和施工层。

10.2.2.1　工作面

工作面是指供工人进行操作或施工机械进行作业的活动空间，工作面大小的确定要掌握一个适度的原则，以最大限度地提高工人工作效率为前提，按所能提供的工作面大小、安全技术和施工技术规范的规定来确定工作面。工作面过大或过小都会影响工人的工作效率。一些主要工种的工作面取值可参见表 10.1。

表 10.1　　　　　　　　　　　　主要工种工作面参考数据表

工作项目	每个技工的工作面	说　　明
砖基础	7.6m/人	以 $1\frac{1}{2}$ 砖计，2 砖乘以 0.8，3 砖乘以 0.55
砌砖墙	8.5m/人	以 1 砖计，$1\frac{1}{2}$ 砖乘以 0.71，3 砖乘以 0.55
混凝土柱、墙基础	8m³/人	机拌、机捣
混凝土设备基础	7m³/人	机拌、机捣
现浇钢筋混凝土柱	2.45m³/人	机拌、机捣
现浇钢筋混凝土梁	3.20m³/人	机拌、机捣
现浇钢筋混凝土墙	5m³/人	机拌、机捣
现浇钢筋混凝土楼板	5.3m³/人	机拌、机捣
预制钢筋混凝土柱	3.6m³/人	机拌、机捣
预制钢筋混凝土制梁	3.6m³/人	机拌、机捣
预制钢筋混凝土层架	2.7m³/人	机拌、机捣
混凝土地坪及面层	40m²/人	机拌、机捣
外墙抹灰	16m²/人	
内墙抹灰	18.5m²/人	
卷材屋面	18.5m²/人	
防水水泥砂浆屋面	16m²/人	

10.2.2.2　施工段

施工段是组织流水施工时将工程在平面上划分为若干个独立施工的区段，其数量称为施工段数，用 m 表示。每个施工段在某个时段里只供一个施工班组施工。

施工段的划分应符合以下几方面的要求：

（1）施工段的划分应和工程对象的平面及结构布置相协调，施工段的分界可利用结构原有的伸缩缝、沉降缝、单元分界处作为界线。

（2）施工段的划分应满足主导工程的施工过程组织流水施工的要求。

（3）施工段的划分应考虑工作面要求，施工段过多，工作面过小，工作面不能充分利用；施工段过少，工作面过大，会引起资源过分集中，导致断流。

（4）各施工段的劳动量应大致相等。

（5）若工程对象需划分施工层时，施工段数的划分应保证使各个专业班组连续施工。每层最少施工段数 m 和施工过程数 n 的关系如下有 3 种情况：

当 $m＝n$，工作队连续施工，施工段上始终有施工班组，工作面能充分利用，比较理想。

当 $m＜n$，施工班组不能连续施工而窝工。

当 $m＞n$，施工班组连续，工作面有停歇，但有时这是必要的，如利用间歇时间做养护、备料等。

因此每一层最少施工段数应满足：$m≥n$。

10. 2. 2. 3　施工层数

施工层数是指在施工对象的竖向上划分的操作层数。其目的是为了满足操作高度和施工工艺的要求。如装修工程可以一个楼层为一个施工层，砌筑工程可按一步架高为一个施工层。

10. 2. 3　时间参数

时间参数是指用以表达流水施工在时间上开展状态的参数。时间参数主要有：流水节拍、流水步距、间歇时间、搭接时间和流水施工工期。

10. 2. 3. 1　流水节拍

流水节拍是指从事某一施工过程的专业班组在某一施工段上完成对应的施工任务所需的时间，通常用 t_i 表示。其大小反映施工速度的快慢和施工的节奏。

流水节拍的确定有如下两种方法。

（1）定额计算法。按下式计算：

$$t_i = \frac{Q_i}{S_i R_i N_i} = \frac{P_i}{R_i N_i} = \frac{Q_i H_i}{R_i N_i} \tag{10.3}$$

式中：t_i 为某施工过程的流水节拍；Q_i 为某施工过程在某施工段上的工作量；S_i 为某施工过程的产量定额；R_i 为某专业班组人数或机械台数；N_i 为某专业班组或机械的工作班次；P_i 为某施工过程在某施工段上的劳动量；H_i 为某施工过程的时间定额。

（2）工期倒排法。对于有工期要求的工程，为了满足工期要求，可用工期倒排法，即根据对施工任务规定的完成日期，采用倒排进度法。其方法是首先将一个工程对象划分为几个施工阶段，估计出每一阶段所需要的时间，比如对一单位工程可划分为地基与基础阶段、主体阶段及装修阶段，然后将每一施工阶段划分为若干个施工过程和在平面上划分为若干个施工段（竖向划分施工层），再确定每一施工过程在每一施工阶段的作业持续时间，最后即可确定出各施工过程在各施工段（层）上的作业时间，即流水节拍。

10.2.3.2　流水步距

流水步距是指相邻两个专业工作队（组）相继投入同一施工段开始工作的时间间隔，用 $K_{i,i+1}$ 表示，在施工段不变的情况下，K 越大工期越长，K 越小工期越短。

流水步距的数目等于（$n-1$）个参加流水施工的施工过程数。确定流水步距要考虑以下几个因素：

（1）尽量保证各主要专业工作队（组）连续施工。

（2）保持相邻两个施工过程的先后顺序。

（3）使相邻两个专业工作队（组）在时间上最大限度、合理地搭接。

（4）K 取半天的整数倍。

（5）保持施工过程之间有足够的技术间歇时间和组织间歇时间。

10.2.3.3　间歇时间

间歇时间包括技术间歇时间和组织间歇时间，用 t_j 表示。

（1）技术间歇时间。由于施工工艺或质量保证的要求，在相邻两个施工过程之间必须留有的时间间隔称为技术间歇时间。例如，钢筋混凝土的养护、屋面找平层干燥等。

（2）组织间歇时间。由于组织技术原因，在相邻两个施工过程之间留有的时间间隔。主要是前道工序的检查验收，对下道工序的准备而考虑的。例如：基础工程的验收、浇混凝土之前检查钢筋和预埋件并做记录、转层准备等。

10.2.3.4　搭接时间

搭接时间是指在同一施工段上，不等前一施工过程完成，后一施工过程提前投入施工，相邻两施工过程同时在同一施工段上的工作时间，用 t_d 表示。搭接施工可使工期缩短，要多合理采用。

10.2.3.5　流水施工工期

流水施工工期是指从第一个施工过程进入施工到最后一个施工过程退出施工所经过的总时间，用 T 表示。一般可用下式计算：

$$T = \sum_{1}^{n-1} K_{i,i+1} + T_n \tag{10.4}$$

式中：T 为流水施工工期；T_n 为最后一个施工过程在各个施工段的持续时间之和；$\sum\limits_{1}^{n-1} K_{i,i+1}$ 为流水步距之和。

任务 10.3　流水施工的基本方式

流水施工方式根据流水施工节拍特征的不同，可分为全等节拍流水、成倍节拍流水、异节拍流水和无节奏流水 4 种方式。

10.3.1　全等节拍流水施工

10.3.1.1　等节拍等步距流水施工

等节拍等步距流水施工是指同一施工过程在各施工段上的流水节拍都相等，不同施工过程之间的流水节拍也相等，且流水节拍等于流水步距的一种流水施工方式。

（1）流水步距的确定。

$$K_{i,i+1}=t_i \tag{10.5}$$

式中：$K_{i,i+1}$ 为第 i 个施工过程和第 $i+1$ 个施工过程之间的流水步距；t_i 为第 i 个施工过程的流水节拍。

（2）工期的计算。

$$T=\sum K_{i,i+1}+T_n \tag{10.6}$$
$$\sum K_{i,i+1}=(n-1)t_i \,;\, T_n=mt_i \tag{10.7}$$
$$T=(n-1)t_i+mt_i=(m+n-1)t_i \tag{10.8}$$

式中：T 为某工程流水施工工期；$\sum K_{i,i+1}$ 为所有流水步距之和；T_n 为最后一个施工过程在各个施工段的持续时间之和。

【例 10.2】　某工程划分为 A、B、C、D 4 个施工过程，每一施工过程分为 4 个施工段，流水节拍均为 2d，过程之间无技术间歇时间和组织间歇时间。试确定流水步距，计算工期并绘制流水施工进度表。

解：（1）计算工期。

$$T=(m+n-1)$$
$$t_i=(4+4-1)\times 2=14(d)$$

（2）用横道图绘制流水进度计划，如图 10.7 所示。

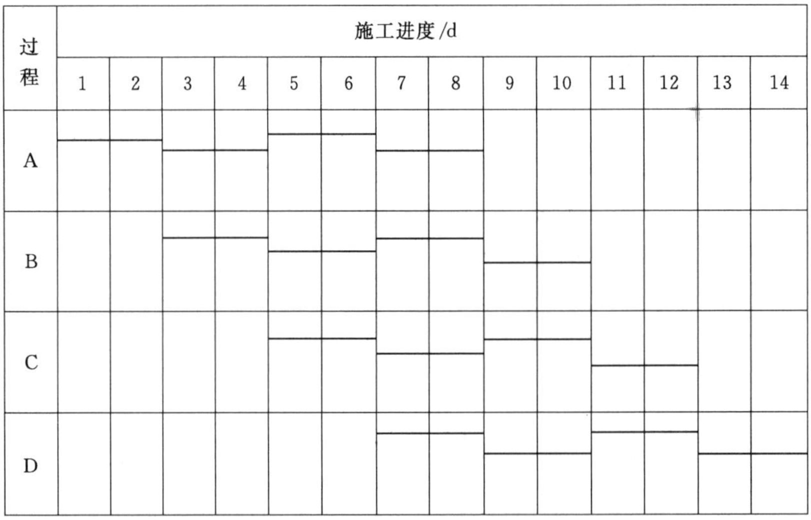

过程	施工进度/d													
	1	2	3	4	5	6	7	8	9	10	11	12	13	14
A														
B														
C														
D														

图 10.7　某工程无间歇流水施工进度计划

10.3.1.2　等节拍不等步距流水施工

等节拍不等步距流水施工是指同一施工过程在各施工段上的流水节拍都相等，不同施工过程之间的流水节拍也相等，但各个施工过程之间存在间歇时间和搭接时间的一种流水施工方式。

（1）等节拍不等步距流水施工流水步距的确定。

$$K_{i,\,i+1}=t_i+t_j-t_d \tag{10.9}$$

式中：t_j 为第 i 个施工过程与第 $i+1$ 个施工过程之间的间歇时间；t_d 为第 i 个施工过程与第 $i+1$ 个施工过程之间的搭接时间。

（2）等节拍不等步距流水施工的工期计算。

$$T = \sum K_{i,i+1} + T_n \tag{10.10}$$

$$\sum K_{i,i+1} = (n-1)t_i + \sum t_j - \sum t_d; \quad T_n = mt_i \tag{10.11}$$

$$T = (m+n-1)t_i + \sum t_j - \sum t_d \tag{10.12}$$

式中：$\sum t_j$ 为所有间歇时间总和；$\sum t_d$ 为所有搭接时间总和。

【例 10.3】　某分部工程划分为 A、B、C、D 4 个施工过程，每个施工过程划分为 3 个施工段，其流水节拍均为 4d，其中施工过程 A 与 B 之间有 2d 的搭接时间，施工过程 C 与 D 之间有 1d 的间歇时间。试绘制进度计划并计算流水施工工期。

解：（1）计算工期。

$$T = (m+n-1)t_i + \sum t_j - \sum t_d = (4+3-1) \times 4 + 1 - 2 = 23(d)$$

（2）用横道图绘制流水施工进度计划，如图 10.8 所示。

施工过程	施工进度/d																						
	1	2	3	4	5	6	7	8	9	10	11	12	13	14	15	16	17	18	19	20	21	22	23
A			t_d																				
B																							
C											t_j												
D																							

图 10.8　某工程等节拍不等步距流水施工进度计划

10.3.1.3　全等节拍流水施工方式的适用范围

全等节拍流水施工方式是一种比较理想的流水施工方式，但条件需求严格，往往难以满足，不易达到，比较适用于分部工程流水。

10.3.2　成倍节拍流水施工

成倍节拍流水施工是指同一施工过程在各个施工段的流水节拍相等，不同施工过程之间的流水节拍不完全相等，但各施工过程的流水节拍均为其中最小流水节拍的整数倍的一种流水施工方式。

（1）每个施工过程工作队数的确定。

$$D_i = \frac{t_i}{t_{\min}} n' = \sum D_i$$

式中：D_i 为某施工过程所需施工队数；$t_{\min}$ 为所有流水节拍中最小流水节拍；n' 为施工队总数目。

（2）成倍节拍流水步距的确定。

$$K_{i,i+1} = t_{\min}$$

（3）成倍节拍流水施工的工期计算。

$$T = (m + n' - 1) t_{\min}$$

【例 10.4】　某项目由 A、B、C 三个施工过程组成，流水节拍分别为 2d、6d、4d，$m = 6$，试组织成倍节拍流水施工。

解：（1）求工作队数。

$$D_a = \frac{t_a}{t_{\min}} = \frac{2}{2} = 1 (个)$$

$$D_b = \frac{t_a}{t_{\min}} = \frac{6}{2} = 3 (个)$$

$$D_c = \frac{t_c}{t_{\min}} = \frac{4}{2} = 2 (个)$$

$$n' = \sum D_i = 1 + 3 + 2 = 6 (个)$$

（2）计算工期。

$$T = (m + n' - 1) t_{\min} = (6 + 6 - 1) \times 2 = 22 (d)$$

（3）用横道图绘制流水施工进度计划，如图 10.9 所示。

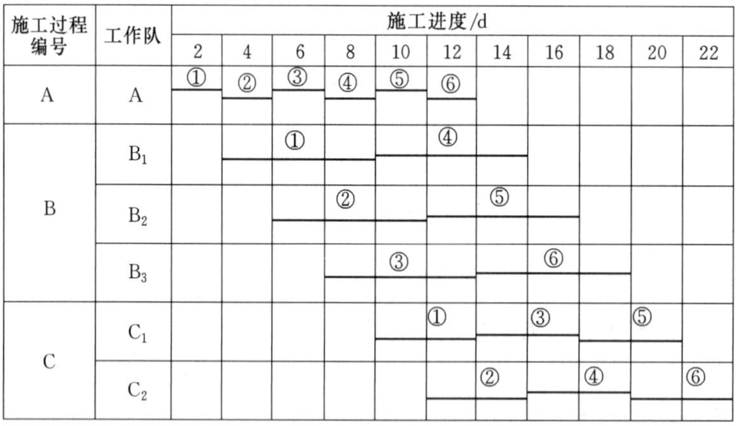

施工过程编号	工作队	施工进度/d										
		2	4	6	8	10	12	14	16	18	20	22
A	A	①	②	③	④	⑤	⑥					
B	B_1			①			④					
	B_2				②			⑤				
	B_3					③			⑥			
C	C_1						①		③		⑤	
	C_2							②		④		⑥

图 10.9　某工程成倍节拍流水施工进度

（4）成倍节拍流水施工方式的适用范围。成倍节拍流水施工方式比较适用于线型工程（管道、道路等）的施工。

10.3.3　异节拍流水施工

异节拍流水施工是指同一施工过程在各个施工段的流水节拍相等，不同施工过程之间的流水节拍既不完全相等，又不互成倍数的一种流水施工方式。

（1）异节拍流水步距的确定。
$$K_{i,i+1} = t_i + t_j - t_d (当 t_i \leqslant t_{i+1} 时)$$
$$K_{i,i+1} = mt_i - (m-1)t_{i+1} + t_j - t_d (当 t_i > t_{i+1} 时)$$

（2）异节拍流水施工工期的计算。
$$T = \sum K_{i,i+1} + T_n$$

【例 10.5】　某工程划分为 A、B、C、D 四个施工过程，分四个施工段组织流水施工，各施工过程的流水节拍分别为 $t_A=2d$，$t_B=1d$，$t_C=3d$，$t_D=1d$，试组织流水施工。

解：（1）计算流水步距。
$$t_A > t_B t_j = t_d = 0$$
$$K_{A,B} = mt_A(m-1)t_B + t_j - t_d = 4 \times 2 - (4-1) \times 1 + 0 + 0 = 5(d)$$
$$t_B < t_C t_j = t_d = 0$$
$$K_{B,C} = t_B + t_j - t_d = 1(d)$$
$$t_C > t_D t_j = t_d = 0$$
$$K_{C,D} = mt_C - (m-1)t_D + t_j - t_d = 4 \times 3 - (4-1) \times 1 + 0 + 0 = 9(d)$$

（2）计算工期。
$$T = \sum K_{i,i+1} + T_n = 5 + 1 + 9 + 4 \times 1 = 19(d)$$

（3）用横道图绘制流水施工进度计划，如图 10.10 所示。

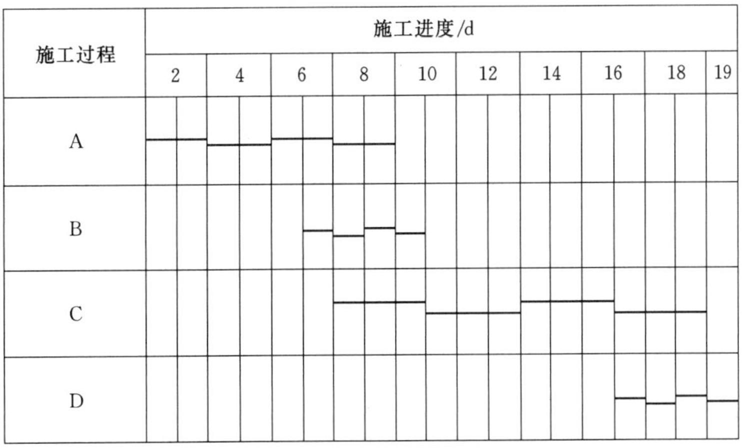

施工过程	施工进度/d									
	2	4	6	8	10	12	14	16	18	19
A										
B										
C										
D										

图 10.10　异节拍流水施工进度

（4）异节拍流水施工方式的适用范围。异节拍流水施工方式由于条件易满足，符合实际，具有很强的适用性，广泛地应用在分部工程和单位工程流水施工中。

10.3.4　无节奏流水施工

无节奏流水施工是指同一施工过程在各施工段上的流水节拍不完全相等的一种流水施工方式。

（1）无节奏流水步距的确定。无节奏流水步距的计算采用"累加斜减取大差法"，即：

1）将每个施工过程的流水节拍逐段累加。

2）错位相减，即前一个施工过程在某施工段的流水节拍累加值减去后一施工过程在该施工段的前一个施工段的流水节拍累加值，结果为一组差值。

3）取这组差值的最大值作为流水步距。

（2）无节奏流水施工工期的计算。

$$T = \sum K_{i,i+1} + T_n$$

（3）无节奏流水施工方式的适用范围。无节奏流水施工在进度安排上比较灵活、自由，适用于各种不同结构性质和规模的工程施工组织。

【例 10.6】 某工程流水节拍见表 10.2，试组织流水施工。

表 10.2   某 工 程 流 水 节 拍 值

施工过程 ＼ 施工段	Ⅰ	Ⅱ	Ⅲ	Ⅳ
A	2	3	1	4
B	2	2	3	3
C	3	1	2	3
D	2	3	2	1

解：（1）求流水节拍累加值，见表 10.3。

表 10.3   流 水 节 拍 累 加 值

施工过程 ＼ 施工段	Ⅰ	Ⅱ	Ⅲ	Ⅳ
A	2	5	6	10
B	2	4	7	10
C	3	4	6	9
D	2	5	7	8

（2）错位相减。

```
    2   5   6   10
−       2   4   7   10
    ──────────────────────
    2   3   2   3   −10
```

$\therefore K_{A,B} = 3(d)$

```
    2   4   7   10
−       3   4   6   9
    ──────────────────────
    2   1   3   4   −9
```

$\therefore K_{B,C} = 4(d)$

```
    3   4   6   9
−       2   5   7   8
    ──────────────────────
    3   2   1   2   −8
```

$\therefore K_{C,D} = 3(d)$

（3）工期计算。

$$T = \sum K_{i,i+1} + T_n = 3+4+3+2+3+2+1 = 18(\text{d})$$

（4）用横道图绘制流水施工进度，如图 10.11 所示。

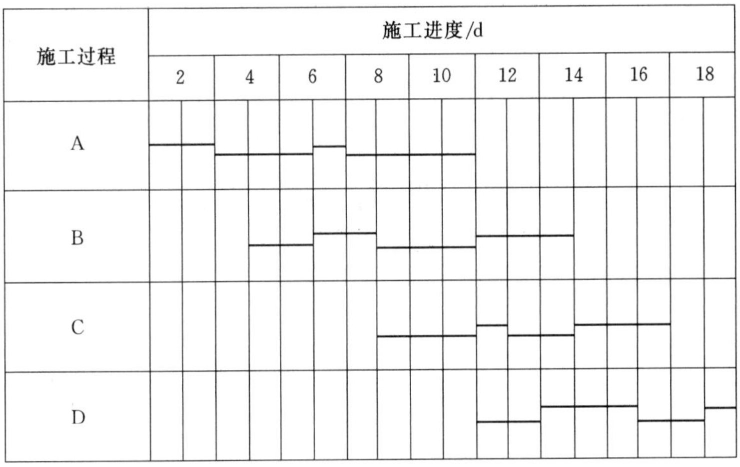

施工过程	施工进度/d								
	2	4	6	8	10	12	14	16	18
A									
B									
C									
D									

图 10.11　某工程流水施工进度计划

项　目　小　结

本项目重点介绍了建筑工程流水施工的相关概念、参数及基本方式等内容，主要包括流水施工的基本概念、流水施工的参数与流水施工的基本方式共 3 个学习任务，概括如下：

（1）流水施工的基本概念。首先介绍了 3 种常见的施工组织方式，即依次施工、流水施工与平行施工；其次介绍了流水施工的组织条件及经济效果；最后介绍了流水施工的三种表达方式，即横道图、斜线图与网络图。

（2）流水施工的参数。首先介绍了工艺参数，主要包括施工过程数；其次介绍了空间参数，主要包括工作面、施工层与施工段；最后介绍了时间参数，主要包括流水节拍、流水步距与工期。

复　习　思　考　题

1. 组织施工有哪几种方式？各有何特点？
2. 什么是流水施工？为什么要采用流水施工？
3. 流水施工有哪些主要参数？
4. 划分施工段的基本原则是什么？
5. 什么是流水节拍？确定流水节拍应考虑哪些因素？
6. 等节奏流水具有什么特征？怎样组织等节奏流水施工？
7. 某工程有 A、B、C 三个施工过程，每个施工过程均划分为四个施工段。设 $t_A = 3\text{d}$，$t_B = 5\text{d}$，$t_C = 4\text{d}$。试分别计算依次施工、平行施工及流水施工的工期，并绘出各自的施工进度计划。

8. 某项目由四个施工过程组成，划分为四个施工段。每段流水节拍均为 3d，且知第二个施工过程需待第一个施工过程完工后 2d 才能开始进行，又知第三个施工过程可与第二个施工过程搭接 1d。试计算工期并绘出施工进度计划。

9. 某分部工程，已知施工过程 $n=4$，施工段数 $m=4$，每段流水节拍分别为 $t_1=2d$，$t_2=6d$，$t_3=8d$，$t_4=4d$，试组织成倍节拍流水并绘制施工进度计划。

10. 某二层现浇钢筋混凝土工程，施工过程分别为支模板、扎钢筋、浇混凝土，每层每段的流水节拍分别为 $t_支=4d$，$t_扎=4d$，$t_浇=2d$，施工层间技术间歇为 2d，为使工作队连续施工，求每层最少的施工段数，计算工期并绘出流水施工进度表。

项目 11 网 络 计 划 技 术

【学习目标】

能力目标：掌握双代号网络计划的绘制规则、参数计算以及关键线路；熟悉单代号网络计划的绘制；熟悉双代号网络计划的优化、控制与调整；了解双代号时标网络的绘制方法。

知识点：双代号网络图，单代号网络图，时标网络图，网络优化。

【项目介绍】

本项目主要介绍网络计划技术的基本概念和构成要素，单、双代号网络图各要素的含义、绘图规则、参数的含义和计算方法，关键工作和关键线路的概念、判断方法，时标网络图的绘制方法，网络图的优化、控制与调整；重点阐述单、双代号网络图、时标网络图的绘制和参数计算方法，用网络图对一般工程编制流水施工组织，并对网络图进行优化、调整和控制。

任务 11.1 网 络 计 划 技 术 概 述

网络计划技术是利用网络计划进行生产组织与管理的一种方法。20 世纪 50 年代中期出现于美国，目前在工业发达国家被广泛应用在工业、农业、国防等各个领域，它具有模型直观、重点突出，有利于计划的控制、调整、优化和便于采用计算机处理的特点。这种方法主要用于进行规划、计划和实施控制，是国外发达国家建筑业公认的目前最先进的计划管理方法之一。

我国建筑企业自 20 世纪 60 年代开始应用这种方法来安排施工进度计划，在提高企业管理水平、缩短工期、提高劳动生产率和降低成本等方面，都取得了显著效果。

为了使网络计划技术在管理中遵循统一的标准，做到要领一致、计算原理和表达方式统一，保证计划管理的科学性，住房和城乡建设部于 2015 年 11 月 1 日起施行新的《工程网络计划技术规程》（BGJ/T 121—2015）。

11.1.1 网络计划技术的基本原理

网络计划技术是用网络图的形式来反映和表达计划的安排。网络图是一种表示整个计划（施工计划）中各项工作实施的先后顺序和所需时间，并表示工作流程的有向、有序的网状图形，它由工作、节点和线路三个基本要素组成。工作是根据计划任务按需要的粗细程度划分而成的一个消耗时间与资源的子项目或子任务。可以是一道工序、一个施工过程、一个施工段、一个分项工程或一个单位工程。节点是网络图中用封闭图形或圆圈表示的箭线之间的连接点。节点按其在网络图中的位置可分为以下几种：①起始节点，指第一个节点，表示一项计划的开始；②终止节点，指最后一个节点，表示一项计划的完成；③中间节点，指除起始节点和终止节点外的所有节点，具有承上启下的作用。线路是网络图中从起始节点沿箭线方向顺序通过一系列箭线与节点，最终到达终止节点的若干条通道称为线路。

网络图按画图符号和表达方式不同可分为单代号网络图、双代号网络图、流水网络图和时标网络图等。

11.1.1.1　单代号网络图

以一个节点代表一项工作，然后按照某种工艺或组织要求，将各节点用箭线连结成网状图，称为单代号网络图，如图 11.1 所示。

11.1.1.2　双代号网络图

用两个节点和一根箭线代表一道工作，然后按照某种工艺或组织要求连结而成的网状图，称为双代号网络图，如图 11.2 所示。

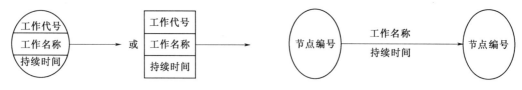

图 11.1　单代号网络图　　　　　　　　　　　图 11.2　双代号网络图

11.1.1.3　流水网络图

流水网络图是运用流水施工原理和网络计划技术而形成的一种新的网络图，它吸取了横道图的基本优点，如图 11.3 所示。

11.1.1.4　时标网络图

时标网络图是在横道图的基础上引进网络图工作之间的逻辑关系并以时间为坐标而形成的一种网状图。它既克服了横道图不能显示各工序之间逻辑关系的缺点，又解决了一般网络图的时间表示不直观的问题，如图 11.4 所示。

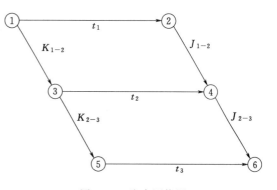

图 11.3　流水网络图

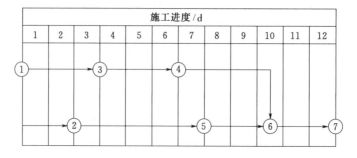

图 11.4　时标网络图

在建筑工程计划管理中，网络计划技术的基本原理可归纳如下：

（1）把一项工作计划分解为若干个分项工作，并按其开展顺序和相互逻辑关系，绘制出网络图。

（2）通过对网络图时间参数的计算，找出计划中决定工期的关键工作和关键线路。

（3）按一定优化目标，利用最优化原理，改进初始方案，寻求最优网络计划方案。

（4）在网络计划执行过程中，通过检查、控制、调整，确保计划目标的实现。

11.1.2 网络计划的优点

长期以来，建筑企业常用横道图编制施工进度计划。它具有编制简单、直观易懂和使用方便等优点，但其中各项施工活动之间的内在联系和相互依赖的关系不明确，关键线路和关键工作无法表达，不便于调整和优化。随着管理科学的发展，计算机在建筑施工中的广泛应用，网络计划得到了进一步普及和发展。其主要优点如下：

（1）网络图把施工过程中的各有关工作组成了一个有机整体，能全面而明确地表达出各项工作开展的先后顺序和它们之间相互制约、相互依赖的关系。

（2）能进行各种时间参数的计算，通过对网络图时间参数的计算，可以对网络计划进行调整和优化，更好地调配人力、物力和财力，达到降低材料消耗和工程成本的目的。

（3）可以反映出整个工程和任务的全貌，明确对全局有影响的关键工作和关键线路，便于管理者抓住主要矛盾，确保工程按计划工期完成。

（4）能够从许多可行方案中选出最优方案。

（5）在计划实施中，某一工作由于某种原因推迟或提前时，可以预见到它对整个计划的影响程度。并能根据变化的情况，迅速进行调整，保证计划始终受到控制和监督。

（6）能利用计算机进行绘制和调整网络图，并能从网络计划中获得更多的信息，这是横道图法所不能达到的。

网络计划技术可以为施工管理者提供许多信息，有利于加强施工管理，它是一种编制计划技术方法，又是一种科学的管理方法。它有助于管理人员全面了解、重点掌握、灵活安排、合理组织、多快好省地完成计划任务，不断提高管理水平。

任务 11.2　双代号网络计划

11.2.1 双代号网络图的表示方法

双代号网络图是由若干表示工作或工序（或施工过程）的箭线和节点组成，每一个工作或工序（或施工过程）都由一根箭线和两个节点表示，根据施工顺序和相互关系，将一项计划用上述符号从左向右绘制而成的网状图形，如图 11.5 所示。

双代号网络图由箭线、节点和线路三个要素组成，其含义和特点介绍如下。

11.2.1.1 箭线

（1）在双代号网络图中，一根箭线表示一项工作（或工序、施工过程、活动等），如支模板、绑扎钢筋等。

（2）每一项工作都要消耗一定的时间和资源。只要消耗一定时间的施工过程都可作为

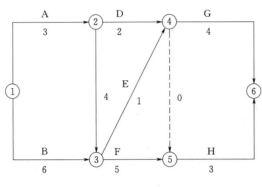

图 11.5 双代号网络图

一项工作。各施工过程用实箭线表示。

（3）在双代号网络图中，为了正确表达施工过程的逻辑关系，有时必须使用一种虚箭线，如图 11.5 中的④----➤⑤。这种虚箭线没有工作名称，不占用时间，不消耗资源，只解决工作之间的连接问题，称为虚工作。虚工作在双代号网络计划中起施工过程之间逻辑连接或逻辑间断的作用。

（4）箭线的长短不按比例绘制，即其长短不表示工作持续时间的长短。箭线的方向在原则上是任意的，但为使图形整齐、直观，一般应画成水平直线或垂直折线。

（5）双代号网络图中，就某一工作而言，紧靠其前面的工作称为紧前工作，紧靠其后面的工作称为紧后工作，该工作本身则称为本工作，与之平行的工作称为平行工作。本工作之前的所有工作称为先行工作，本工作之后的所有工作称为后继工作，如图 11.6 所示。

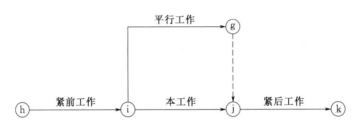

图 11.6 工作间的关系表示图

11.2.1.2 节点

（1）双代号网络图中，节点表示前道工作的结束和后道工作的开始。一项计划的网络图中的节点有起始节点、中间节点和终止节点三类。网络图的第一个节点为起始节点，表示一项计划的开始；网络图的最后一个节点称为终止节点，表示一项计划的结束；其余节点都称为中间节点，任何一个中间节点既是其紧前工作的终止节点，又是其紧后工作的起始节点，如图 11.7 所示。

图 11.7 节点示意图

（2）节点只是一个"瞬间"，它既不消耗时间，也不消耗资源。

（3）网络图中的每个节点都要编号。编号方法是：从起始节点开始，从小到大，自左向右，从上到下，用阿拉伯数字表示。编号原则是：每一个箭尾节点的号码 i 必须小于箭头节点的号码 j（即 $i<j$），编号可连续，也可隔号不连续，但所有节点的编号不能

重复。

11.2.1.3　线路

从网络图的起始节点到终止节点，沿着箭线的指向所构成的若干条"通道"即为线路。如图 11.8 中从起始①至终止⑥共有三条线路。其中时间之和最大者称为"关键线路"，又称为主要矛盾线。如图 11.8 中所示的第三条线路，工期为 15d。关键线路用粗箭线或双箭线标出，以区别于其他非关键线路，在一项计划中有时会出现几条关键线路。关键线路在一定条件下会发生变化，关键线路可能会转变为非关键线路，而非关键线路也可能转变为关键线路。

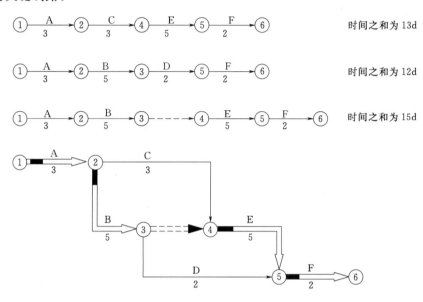

图 11.8　某工程双代号网络计划

11.2.2　双代号网络图的绘制

网络计划必须通过网络图来反映，网络图的绘制是网络计划技术的基础。要正确绘制网络图，就必须正确地反映网络图的逻辑关系，遵守绘图的基本规则。

11.2.2.1　网络图的各种逻辑关系及其正确的表示方法

网络图的逻辑关系是指工作中客观存在的一种先后顺序关系和施工组织要求的相互制约、相互依赖的关系。在表示建筑施工计划的网络图中，这种顺序可分为两大类：一类是反映施工工艺的关系，称为工艺逻辑；另一类是反映施工组织上的关系，称为组织逻辑。工艺逻辑是由施工工艺所决定的各个施工过程之间客观存在的先后顺序关系，其顺序一般是固定的，有的是绝对不能颠倒的。组织逻辑是在施工组织安排中，综合考虑各种因素，在各施工过程之间主观安排的先后顺序关系。这种关系不受施工工艺的限制，不由工程性质本身决定，在保证施工质量、安全和工期等前提下，可以人为安排。

11.2.2.2　双代号网络图绘制规则

（1）网络图必须要正确表示各工作之间的逻辑关系。

（2）一张网络图只允许有一个起始节点和一个终止节点，如图 11.9 所示。

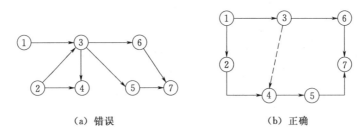

（a）错误　　　　　　　　　　（b）正确

图 11.9　节点绘制规则示意图

（3）同一计划网络图中不允许出现编号相同的箭线，如图 11.10 所示。

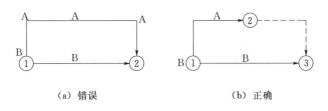

（a）错误　　　　　　　　　　（b）正确

图 11.10　箭线绘制规则示意图

（4）网络图中不允许出现闭合回路。如图 11.11（a）所示出现了从某节点开始经过其他节点，又回到原节点是错误的，图 11.11（b）正确。

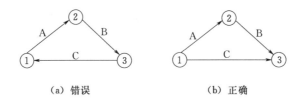

（a）错误　　　　　　　　　　（b）正确

图 11.11　线路绘制规则示意图

（5）网络图中严禁出现双向箭头和无箭头箭线，如图 11.12 所示为错误的表示方法。

（a）双向箭头连线　　　　　　　（b）无箭头连线

图 11.12　箭头绘制规则示意图

（6）严禁在网络图中出现没有箭尾节点或没有箭头节点的箭线，如图 11.13 所示。

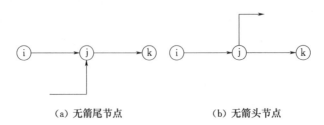

（a）无箭尾节点　　　　　　　　（b）无箭头节点

图 11.13　没有箭尾或箭头节点的箭线

（7）当网络图中不可避免地出现箭线交叉时，应采用过桥法或断线法来表示，如图 11.14 所示。

（8）当网络图的起始节点有多条外向箭线或终止节点有多条内向箭线时，为使图形简洁，可用母线法表示，如图 11.15 所示。

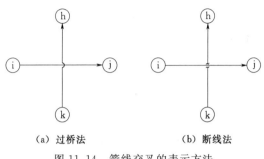

（a）过桥法　　　　　　（b）断线法

图 11.14　箭线交叉的表示方法

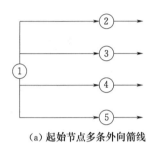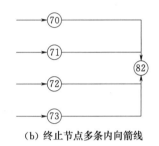

（a）起始节点多条外向箭线　　　　（b）终止节点多条内向箭线

图 11.15　母线画法

11.2.2.3　双代号网络图绘制方法和步骤

（1）绘制方法。为使双代号网络图绘制简洁、美观，宜用水平箭线和垂直箭线表示，在绘制之前，先确定出各个节点的位置号，再按节点位置及逻辑关系绘制网络图。

如图 11.16 所示，节点位置号的确定如下：无紧前工作的工作，其起始节点的位置号为 0，如 A、B 工作的起始节点的位置号为 0。有紧前工作的工作，其起始节点位置号等于其紧前工作的起始节点位置号的最大值加 1。如 E 的紧前工作为 B、C，而 B、C 的起始节点位置号分别为 0 和 1，则 E 的起始节点位置号为 1＋1＝2。有紧后工作的工作，其终止节点位置号等于其紧后工作的起始节点位置号的最小值；无紧后工作的工作，其终止节点位置号等于网络图中各个工作的终止节点位置号的最大值加 1。如 E、G 的终止节点位置号等于 C、D 的终止节点位置号 2＋1＝3。

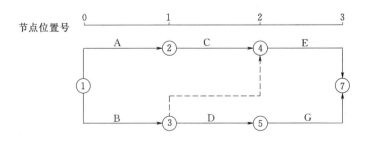

图 11.16　网络图与节点位置坐标关系

（2）绘制步骤。根据已知的紧前工作确定出紧后工作。确定出各工作的起始节点和终止节点位置号。根据节点位置号和逻辑关系绘出网络图。

11.2.2.4 绘制双代号网络图示例

【例 11.1】 已知某网络图的资料见表 11.1，试绘制其双代号网络图。

表 11.1　　　　　　　　　　　　　　网 络 图 资 料 表

工　作	A	B	C	D	E	F	G
紧前工作	无	无	无	B	B	C，D	F

解： （1）列出关系表，确定紧后工作和各工作的节点位置号，见表 11.2。

表 11.2　　　　　　　　　　　　　　各 工 作 关 系 表

工　作	A	B	C	D	E	F	G
紧前工作	无	无	无	B	B	C，D	F
紧后工作	无	D，E	F	F	无	G	无
起始节点位置号	0	0	0	1	1	2	3
终止节点位置号	4	1	2	2	4	3	4

（2）根据由关系表确定的节点位置号，绘出网络图如图 11.17 所示。

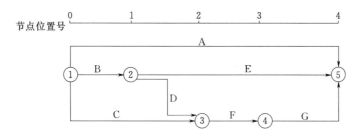

图 11.17　例11.1网络图

11.2.2.5 虚工作的应用

（1）避免工作编号相同 ［图 11.18（a）］。

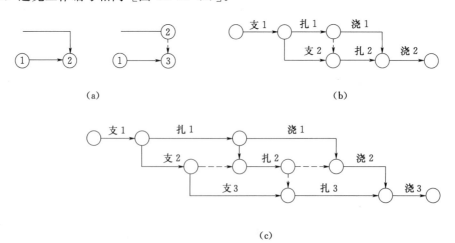

图 11.18　虚工作的应用示意图

（2）确切表达工作之间的相互关系［图 11.18（b）］。

（3）隔断网络图中不正确的逻辑关系［图 11.18（c）］。

11.2.3　双代号网络图时间参数的计算

为了使网络图能在网络计划中实用，有必要引入一些表达工作状态的时间参数，在网络图上加注工作的时间参数等而编成的进度计划称为网络计划。用网络计划对工作进行安排和控制，以保证实现预定目标的科学的计划管理技术称为网络计划技术。计算网络图时间参数的目的是找出关键线路，使得在工作中能抓住主要矛盾，向关键线路要时间；计算非关键线路的富余时间，明确其存在多少机动时间，向非关键线路要劳动力、要资源；确定总工期，对工程进度做到心中有数。双代号网络图的时间参数可分为节点时间、工作时间和工作时差 3 种。

11.2.3.1　节点时间

（1）节点最早时间（TE）。节点时间是指某个瞬时或时点，最早时间的含义是该节点之前的所有工作最早在此时刻都能结束，该节点之后的工作最早在此时刻才能开始。其计算规则是从网络图的起始节点开始，沿箭头方向逐点向后计算，直至终止节点。方法是"顺着箭头方向相加，逢箭头相碰的节点取最大值"。计算公式如下：

1）起始节点的最早时间 $TE_i = 0$。

2）中间节点的最早时间 $TE_j = \max[TE_i + D_{i-j}]$。

（2）节点最迟时间（TL）。节点最迟时间的含义是该节点之前的所有工作最迟在此时刻必须结束，该节点之后的工作最迟在此时刻必须开始。其计算规则是从网络图终止节点 n 开始，逆箭头方向逐点向前计算直至起始节点。方法是"逆着箭线方向相减，逢箭尾相碰的节点取最小值"。计算公式如下：

1）终止节点的最迟时间 $TL_n = TE_n$（或规定工期）。

2）中间节点的最迟时间 $TL_i = \min[TL_j - D_{i-j}]$。

11.2.3.2　工作时间

（1）工作最早开始时间（ES）。工作最早开始时间的含义是该工作最早此时刻才能开始。它受该工作开始节点最早时间控制，即等于该工作开始节点的最早时间。计算公式如下：

$$ES_{i-j} = TE_i$$

（2）工作最早完成时间（EF）。工作最早完成时间的含义是该工作最早此时刻才能结束，它受该工作开始节点最早时间控制，即等于该工作开始节点最早时间加上该项工作的持续时间。计算公式如下：

$$EF_{i-j} = TE_i + D_{i-j} = ES_{i-j} + D_{i-j}$$

（3）工作最迟完成时间（LF）。工作最迟完成时间的含义是该工作此时刻必须完成，它受工作结束节点最迟时间控制，即等于该项工作结束节点的最迟时间。计算公式如下：

$$LF_{i-j} = TL_j$$

（4）工作最迟开始时间（LS）。工作最迟开始时间的含义是该工作最迟此时刻必须开始，它受该工作结束节点最迟时间控制，即等于该工作结束节点的最迟时间减去该工作的持续时间。

计算公式如下：

$$LS_{i-j} = TL_j - D_{i-j} = LF_{i-j} - D_{i-j}$$

11.2.3.3 工作时差

（1）工作总时差（TF）。工作总时差的含义是该工作可能利用的最大机动时间。在这个时间范围内若延长或推迟本工作时间，不会影响总工期。求出节点或工作的开始和完成时间参数后，即可计算该工作总时差。其数值等于该工作结束节点的最迟时间减去该工作开始节点的最早时间，再减去该工作的持续时间。计算公式如下：

$$TF_{i-j} = TL_j - TE_i - D_{i-j} = LF_{i-j} - EF_{i-j} = LS_{i-j} - ES_{i-j}$$

总时差主要用于控制计划总工期和判断关键工作。凡是总时差为最小的工作就是关键工作（一般总时差为 0）。其余工作为非关键工作。

（2）工作自由时差（FF）。工作自由时差的含义是在不影响紧后工作按最早可能开始时间开始的前提下，该工作能够自由支配的机动时间。其数值等于该工作结束节点的最早时间减去该工作开始节点的最早时间和该工作的持续时间。计算公式如下：

$$FF_{i-j} = TE_j - TE_i - D_{i-j} = ES_{j-k} - ES_{i-j} - D_{i-j} = ES_{j-k} - EF_{i-j}$$

（3）相干时差（IF）。相干时差的含义是在总时差中，影响紧后工作按最早开始时间开工的那段机动时差。其计算公式如下：

$$IF_{i-j} = TF_{i-j} - FF_{i-j}$$

11.2.3.4 确定关键线路

计算上述时间参数的最终目的是为了找出关键线路。确定关键线路的方法是：根据计算的总时差来确定关键工作，由关键工作依次连接起来组成的线路即为关键线路。关键线路表示工程施工中的主要矛盾。要合理调配人力、物力，集中力量保证关键工作的按时完工，以防延误工程进度。关键工作一般用双箭线或粗黑箭线表示。

11.2.3.5 时间参数标注法

计算双代号网络图的时间参数的方法有分析计算法、图上计算法、表上计算法、矩阵计算法、电算法等。在此仅介绍图上计算法，该方法适用于工作较少的网络图。图上计算法标注的方法如图 11.19 所示。

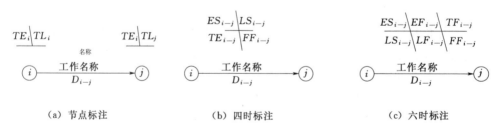

图 11.19　时间参数标注法

【例 11.2】　根据如图 11.20 所示的网络图，用图上计算法计算其节点的时间参数 TE 和 TL，计算工作的时间参数 ES、EF、LS、LF、TE、FF，并用双箭线表示关键线路，计算总工期 T。

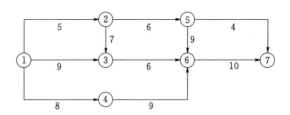

图 11.20　例11.2 网络图

解：（1）计算节点最早时间参数 TE。

$$TE_1 = 0$$

$$TE_2 = TE_1 + D_{1-2} = 0 + 5 = 5$$

$$TE_3 = \max \begin{bmatrix} TE_1 + D_{1-3} \\ TE_2 + D_{2-3} \end{bmatrix} = \max \begin{bmatrix} 0+9 \\ 5+7 \end{bmatrix} = 12$$

$$TE_4 = TE_1 + D_{1-4} = 0 + 8 = 8$$

$$TE_5 = TE_2 + D_{2-5} = 5 + 6 = 11$$

$$TE_6 = \max \begin{bmatrix} TE_5 + D_{5-6} \\ TE_3 + D_{3-6} \\ TE_4 + D_{4-6} \end{bmatrix} = \max \begin{bmatrix} 11+9 \\ 12+6 \\ 8+9 \end{bmatrix} = 20$$

$$TE_7 = \max \begin{bmatrix} TE_5 + D_{5-7} \\ TE_6 + D_{6-7} \end{bmatrix} = \max \begin{bmatrix} 11+4 \\ 20+10 \end{bmatrix} = 30$$

（2）计算节点最迟时间 TL。

$$TL_7 = TE_7 = 30$$

$$TL_6 = TL_7 - D_{6-7} = 30 - 10 = 20$$

$$TL_5 = \min \begin{bmatrix} TL_7 - D_{5-7} \\ TL_6 - D_{5-6} \end{bmatrix} = \min \begin{bmatrix} 30-4 \\ 20-9 \end{bmatrix} = 11$$

$$TL_4 = TL_6 - D_{4-6} = 20 - 9 = 11$$

$$TL_3 = TL_6 - D_{3-6} = 20 - 6 = 14$$

$$TL_2 = \min \begin{bmatrix} TL_3 - D_{2-3} \\ TL_5 - D_{2-5} \end{bmatrix} = \min \begin{bmatrix} 14-7 \\ 11-6 \end{bmatrix} = 5$$

$$TL_1 = \min \begin{bmatrix} TL_2 - D_{1-2} \\ TL_3 - D_{1-3} \\ TL_4 - D_{1-4} \end{bmatrix} = \min \begin{bmatrix} 5-5 \\ 14-9 \\ 11-8 \end{bmatrix} = 0$$

（3）工作最早开始时间 ES。

$$ES_{1-2} = ES_{1-3} = ES_{1-4} = TE_1 = 0$$

$$ES_{2-3} = ES_{2-5} = TE_2 = 5$$

$$ES_{3-6} = TE_3 = 12$$

$$ES_{4-6} = TE_4 = 8$$

$$ES_{5-6} = ES_{5-7} = TE_5 = 11$$

$$ES_{6-7} = TE_6 = 20$$

（4）工作最早完成时间 EF。

$$EF_{1-2} = ES_{1-2} + D_{1-2} = 0 + 5 = 5$$

$$EF_{3-6} = ES_{3-6} + D_{3-6} = 12 + 6 = 18$$

同理可算得其他工作的 EF。

（5）工作最迟完成时间 LF。

$$LF_{1-2} = TL_2 = 5$$

$$LF_{3-6} = TL_6 = 20$$

同理可算得其他工作的 LF。

（6）工作最迟开始时间 LS。

$$LS_{1-2} = LF_{1-2} - D_{1-2} = 5 - 5 = 0$$

$$LS_{3-6} = LF_{3-6} = 20 - 6 = 14$$

同理可算得其他工作的 LS。

（7）计算工作总时差 TF。

$$TF_{1-2} = LS_{1-2} - ES_{1-2} = 0 - 0 = 0$$

$$TF_{3-6} = LS_{3-6} - ES_{3-6} = 14 - 12 = 2$$

同理可算得其他工作的 TF。

（8）计算自由时差 FF。

$$FF_{5-6} = TE_6 - TE_3 - D_{3-6} = 20 - 12 - 6 = 2$$

同理可算得其他工作的 FF。

（9）确定关键线路和总工期 T。

工作时差为 0 的工作有：①→②、②→⑤、⑤→⑥和⑥→⑦。

故关键线路为：①→②→⑤→⑥→⑦。

总工期 $T = 5 + 6 + 9 + 10 = 30$（d）。计算结果如图 11.21 所示。

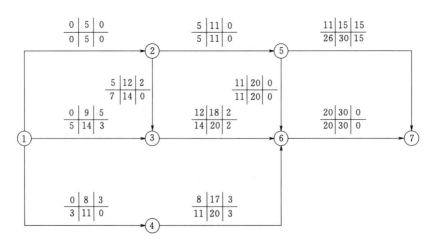

图 11.21　例11.2 网络图时间参数

任务 11.3　双代号时标网络计划

双代号时标网络计划（以下简称"时标网络计划"）是以时间为坐标尺度绘制的网络计划。时标的时间单位应根据需要在编制网络计划之前确定，可为小时、天、周、旬、月或季等。时标网络计划以实箭线表示工作，以虚箭线表示虚工作，以波形线表示工作与其紧后工作之间的时间间隔。当工作之后紧接有工作时，波形线表示本工作的自由时差。时标网络计划中的箭线宜用水平箭线或由水平段和垂直段组成的箭线，不宜用斜箭线。虚工作也宜如此，但虚工作的水平段线应绘成波形线。时标网络计划宜按各个工作的最早开始时间编制。即在绘制时应使节点、工作和虚工作尽量向左（即网络计划开始节点的方向）靠，直至不致出现逆向箭线和逆向虚箭线为止。

11.3.1　时标网络计划的绘制方法

时标网络计划的绘制方法有间接绘制法和直接绘制法两种。

11.3.1.1　间接绘制法

间接绘制法是先绘制出标时网络计划，确定出关键线路，再绘制出时标网络计划。绘制时先绘出关键线路，再绘制非关键工作，某些工作箭线长度不足以达到该工作的完成节点时，用波形线补足，箭头画在波形与节点连接处。

【例 11.3】　已知网络计划的有关资料见表 11.3，试用间接绘制法绘制时标网络计划。

表 11.3　　　　　　　　　　某网络计划的有关资料

工　作	A	B	C	D	E	G	H
持续时间	9	4	2	5	6	4	5
紧前工作	无	无	无	B	B, C	D	D, E

解：（1）确定出节点位置号，见表 11.4。

表 11.4　　　　　　　　　　节　点　关　系　表

工　作	A	B	C	D	E	G	H
持续时间	9	4	2	5	6	4	5
紧前工作	无	无	无	B	B, C	D	D, E
紧后工作	无	D, E	E	G, H	H	无	无
开始节点位置号	0	0	0	1	1	2	2
完成节点位置号	3	1	1	2	2	3	3

（2）绘出标时网络计划，并用标号法确定出关键线路，如图 11.22 所示。

（3）按时间坐标绘出关键线路，如图 11.23 所示。

（4）绘出非关键工作，如图 11.24 所示。

11.3.1.2　直接绘制法

直接绘制法是不经计算而直接绘制时标网络计划，绘制步骤如下：

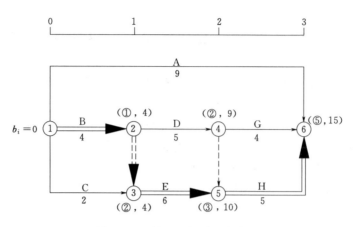

图 11.22 例 11.3 标时网络计划

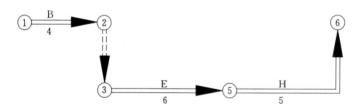

图 11.23 时标网络计划的关键线路

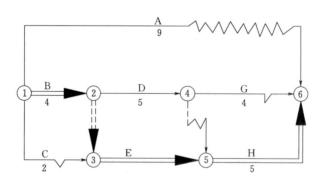

图 11.24 例 11.3 时标网络计划

（1）将起始节点定位在时标表的起始刻度线上。

（2）按工作持续时间在时标表上按比例绘制起始节点为始点的工作箭线。

（3）其他工作的起始节点必须在该工作的全部紧前工作都绘出后，定位在这些紧前工作最晚完成的时间刻度上。

某些工作的箭线长度不足以达到该节点时，用波形线补足，箭头画在波形线与节点连接处。

（4）用上述方法自左至右依次确定其他节点位置，直至网络计划终止节点定位绘完。网络计划的终止节点是在无紧后工作的工作全部绘出后，定位在最晚完成的时间刻度上。

时标网络计划的关键线路可由终止节点逆箭线方向朝起始节点逐次进行判定：自始至终都不出现波形线的线路即为关键线路。

【例 11.4】　已知网络计划的资料见表 11.3 和表 11.4，试用直接绘制法绘制时标网络计划。

解：（1）将网络计划起始节点定位在时标表的起始刻度线"0"的位置上，起始节点的编号为 1。

（2）绘出工作 A、B、C（图 11.25）。

（3）绘出 D、E（图 11.26）。

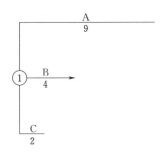

图 11.25　直接绘制法第（1）步

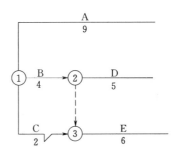

图 11.26　直接绘制法第（2）步

（4）绘出 G、H（图 11.27）。

（5）绘出网络计划终止节点⑥（图 11.28），网络计划绘制完成。

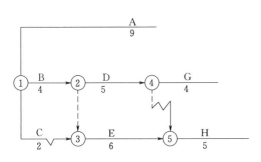

图 11.27　直接绘制法第（3）步

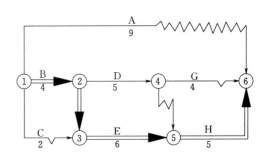

图 11.28　直接绘制法第（4）步

（6）在图上用双箭线标注出关键线路。

11.3.2 时标网络计划时间参数的确定

时标网络计划 6 个主要时间参数确定的步骤如下：

（1）最早开始时间。工作箭线左端节点中心所对应的时标值为该工作的最早开始时间。如图 11.28 所示，A、B、C 的最早开始时间为 0；D、E 的最早开始时间为 4；G 的最开始时间为 9；H 的最早开始时间为 10。

（2）最早完成时间。如箭线右段无波纹线，则该箭线右端节点中心所对应的时标值为该工作的最早完成时间。如图 11.28 所示，B 的最早完成时间为 4；D 的最早完成时间为 9；E 的最早完成时间为 10；H 的最早完成时间为 15；如箭线右段有波纹线，则该左段无波纹线部分的右端所对应的时标值为工作的最早完成时间。如图 11.28 所示，A 的最早完成时间为 9，C 的最早完成时间为 2，G 的最早完成时间为 13。

（3）工作自由时差。时标网络计划上波纹线的长度即为该工作自由时差。如图 11.28 所示，A 工作为 6d，G 工作为 2d，C 工作为 2d，其他工作的时间自由时差均为 0。

（4）按单代号网络计划计算自由时差、总时差、最迟开始时间、最迟完成时间的方法，计算出上述这些时间参数。

任务 11.4 单代号网络计划

11.4.1 单代号网络图的表示方法

单代号网络图是网络计划的另一种表示方法。它是用一个圆圈或方框代表一项工作，将工作代号、工作名称和完成工作所需要的时间写在圆圈或方框里面，箭线仅用来表示工作之间的顺序关系。用这种表示方法把一项计划中所有工作按先后顺序和其相互之间的逻辑关系，从左至右绘制而成的图形，称为单代号网络图（或"节点网络图"）。用这种网络图表示的计划称为单代号网络计划。如图 11.29 所示是一个简单的单代号网络图；图 11.1 是常见的单代号表示方法。

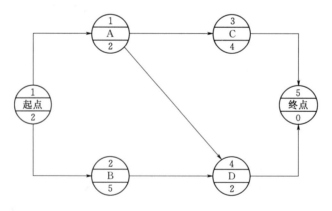

图 11.29 单代号网络图

单代号网络图和双代号网络图所表达的计划内容是一致的，两者的区别仅在于绘图的符号不同。单代号网络图的箭线的含义是表示顺序关系，节点表示一项工作；而双代号网络图的箭线表示的是一项工作，节点表示联系。双代号网络图中会出现较多的虚工作，而单代号网络图中没有虚工作。

单代号网络图与双代号网络图相比，具有绘图简便、逻辑关系明确、易于修改等优点，因而在国内外日益受到普遍重视，其应用范围和表达功能也在不断发展和扩大。但当紧后工作较多时，用单代号网络图表示起来交叉较多。

11.4.2 单代号网络图的绘制

除了双代号网络图的绘图基本要求以外，对于单代号网络图，还必须符合以下要求：

（1）网络图中有多项开始工作或多项结束工作时，在网络图的两端分别设置一项虚拟的工作，作为该网络图的起始节点及终止节点，如图 11.29 所示。

（2）节点编码不能重复，一个编码代表一项工作。

【例 11.5】 已知单代号网络图的资料见例 11.1，试绘制其单代号网络图。

解：（1）列出关系表，确定出节点位置号，见表 11.5。

表 11.5　　　　　　　　　　　　　　**关 系 表**

工 作	A	B	C	D	E	F	G
紧前工作	无	无	无	B	B	C，D	F
紧后工作	无	D，E	F	F	无	G	无
节点位置号	0	0	0	1	1	2	3

（2）根据节点位置号和逻辑关系绘出单代号网络图，如图 11.30 所示。

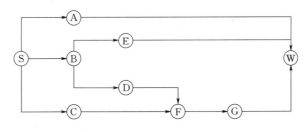

图 11.30　例11.5单代号网络图

注意，图中 S 和 W 节点为网络图中虚拟的起始节点和终止节点。

11.4.3 单代号网络图时间参数的计算

单代号网络图时间参数 ES、LS、EF、LF、TF、FF 的计算与双代号网络图基本相同，只需把参数脚码由双代号改为单代号即可。由于单代号网络图中紧后工作的最早开始时间可能不相等，因而在计算自由时差时，需用紧后工作的最小值作为被减数。

单代号网络计划的时间参数的计算可按下式进行：

$$ES_1 = 0$$
$$ES_j = \max\{(ES_i + D_i)，1 \leqslant i < j \leqslant n\} = \max EF_i$$
$$LS_i = \min LS_j - D_i = LF_i - D_i$$

$$TF_i = LF_i - ES_i - D_i = LS_i - ES_i$$
$$FF_i = \min ES_j - (ES_i + D_i) = \min ES_j - EF_i$$

式中：D_i 为工作的延续时间；ES_i 为工作的最早开始时间；EF_i 为工作的最早完成时间；LS_i 为工作的最迟开始时间；LF_i 为工作的最迟完成时间；TF_i 为工作 i 的总时差；FF_i 为工作 i 的自由时差。

网络计划结束节点所代表的工作 n 的最迟完成时间应等于计划工期，即 $LF = T$；工作最迟完成时间等于该工作的紧后工作的最迟开始时间的最小值，即

$$LF_i = \min LS_j = \min\{LF_j - D_j\}(i < j)$$

现以图 11.31 为例，采用图上计算法进行时间参数计算。计算结果标于节点图例所示的相应位置。

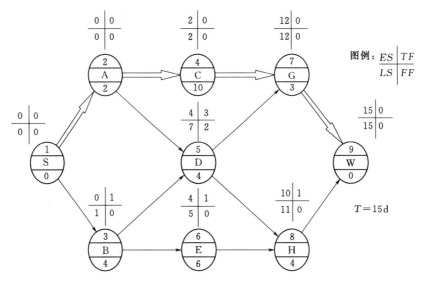

图 11.31　图上计算单代号网络图时间参数

（1）计算工作最早可能开始时间。

如图 11.32 所示的网络计划中有虚拟的起始节点和终止节点，其工作延续时间均为 0。开始节点的 $ES_1 = 0$，其余工作最早可能开始时间计算如下（顺箭线方向）。

$$ES_2 = ES_3 = ES_1 + D_1 = 0 + 0 = 0$$
$$ES_4 = ES_2 + D_2 = 0 + 2 = 2$$
$$ES_5 = \max\{ES_2 + D_2, ES_3 + D_3\} = 4$$
$$ES_6 = ES_3 + D_3 = 0 + 4 = 4$$
$$ES_7 = \max\{ES_4 + D_4, ES_5 + 5\} = 12$$
$$ES_8 = \max\{ES_5 = D_5, ES_6 + D_6\} = 10$$
$$ES_9 = \max\{ES_7 + D_7, ES_8 + D_8\} = 15$$

计划总工期等于终止节点的最早开始时间与其延续时间之和，即 $T = ES_9 + D_9 = 15 + 0 = 15(d)$。

（2）计算工作最迟必须开始时间。

终止节点（最后工作）的最迟必须开始时间，是用总工期减本工作的延续时间之差，即 $LS = T - D_9 = 15 - 0 = 15$(d)，其余工作的最迟必须开始时间计算如下（逆箭线方向）：

$$LS_8 = LS_9 - D_8 = 15 - 4 = 11$$
$$LS_7 = LS_9 - D_7 = 15 - 3 = 12$$
$$LS_6 = LS_8 - D_6 = 11 - 6 = 5$$
$$LS_5 = \min\{LS_8, LS_7\} - D_5 = 11 - 4 = 7$$
$$LS_4 = LS_7 - D_4 = 12 - 10 = 2$$
$$LS_3 = \min\{LS_6, LS_5\} - D_3 = 5 - 4 = 1$$
$$LS_2 = \min\{LS_4, LS_5\} - D_2 = 2 - 2 = 0$$
$$LS_1 = \min\{LS_2, LS_3\} - D_1 = 0 - 0 = 0$$

（3）计算工作总时差。

$$TF_1 = LS_1 - ES_1 = 0 - 0 = 0$$
$$TF_2 = 0$$
$$TF_3 = 1 - 0 = 1$$
$$TF_4 = 2 - 2 = 0$$
$$TF_5 = 7 - 4 = 3$$
$$TF_6 = 5 - 4 = 1$$
$$TF_7 = 12 - 12 = 0$$
$$TF_8 = 11 - 10 = 1$$
$$TF_9 = 15 - 15 = 0$$

对总时差最小的工作用双箭线或粗黑箭线连接起来，即为关键线路。本例关键线路为 ①→②→④→⑦→⑨。

（4）计算工作自由时差。

$$FF_1 = \min\{ES_2, ES_3\} - ES_1 - D_1 = 0$$
$$FF_2 = \min\{ES_4, ES_5\} - ES_2 - D_2 = 0$$
$$FF_3 = 4 - 4 = 0$$
$$FF_4 = 12 - 2 - 10 = 0$$
$$FF_5 = \min\{ES_8, ES_7\} - ES_5 - D_5 = 10 - 4 - 4 = 2$$
$$FF_6 = 10 - 4 - 6 = 0$$
$$FF_7 = 10 - 4 - 6 = 0$$
$$FF_8 = 10 - 4 - 6 = 0$$
$$FF_9 = T - ES_9 - D_9 = 15 - 15 - 0 = 0$$

以上计算结果分别记入节点边图例所示位置，如图 11.31 所示。

任务 11.5 网络计划的优化

网络计划经绘制和计算后，可得出最初方案。网络计划的最初方案只是一种可行方案，不一定是合乎规定要求的方案或最优的方案，为此，还必须进行网络计划的优化。网络计划的优化，是在满足既定约束条件下，按某一目标，通过不断改进网络计划寻求满意方案。网络计划的优化目标应按计划任务的需要和条件选定，一般有工期目标、费用目标和资源目标等，网络计划优化的内容有工期优化、费用优化和资源优化。在优化过程中，不一定需要全部时间参数值，只需寻求出关键线路。关键线路采用直接寻求法。

11.5.1　工期优化

工期优化是压缩计算工期，以达到要求工期目标，或在一定约束条件下使工期最短的过程。

（1）优化原理：①压缩关键工作；②选择压缩的关键工作，应为压缩以后，投资费用少、不影响工程质量、又不造成资源供应紧张和保证安全施工的关键工作；③压缩时间应保持其关键工作地位；④多条关键线路要同时、同步压缩。

（2）优化步骤。

1）计算网络图，找出关键线路，计算工期 T_c 与要求工期 T_r 比较，当 $T_c > T_r$ 时，应压缩的时间。

$$\Delta T = T_c - T_r \tag{11.1}$$

2）选择压缩的关键工作，压缩到工作最短持续时间。

3）重新计算网络图，检查关键工作是否超压（失去关键工作的位置），如超压则反弹并重新计算网络图。

4）比较 T_{c1} 与 T_r，如 $T_{c1} > T_r$ 则重复①②③，直到 $T_{ci} < T_r$。

5）如所有关键工作或部分关键工作都已压缩最短持续时间，仍不能满足要求，应对计划的原技术组织方案进行调整，或对工期重新审定。

【例 11.6】 已知网络计划如图 11.32 所示，箭线下方数字括号外为正常持续时间，括号内为最短持续时间，假定要求工期为 100d，根据实际情况并考虑选择应缩短持续时间的关键工作宜考虑的因素，缩短顺序为 B、C、D、E、G、H、I、A，试对该网络计划进行优化。

解：（1）确定出关键线路及计算工期，如图 11.33 所示。

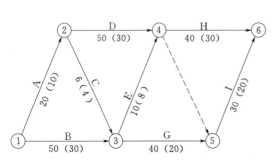

图 11.32　例 11.6 初始网络计划

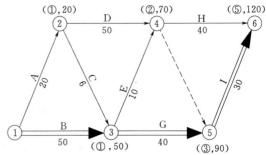

图 11.33　用标号法确定关键线路

（2）应缩短时间为：

$$\Delta T = T_c - T_r = 120 - 100 = 20(\text{d})$$

（3）先将 B 压缩至最短持续时间 30d，计算网络图找出关键线路为 ADH，如图 11.34 所示。

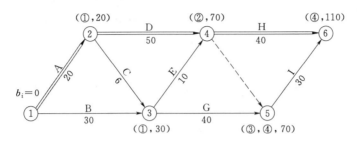

图 11.34　B 缩至 30d 后的网络计划

（4）反弹 B 的持续时间至 40d，使之仍为关键工作（图 11.36），关键线路为 ADH 和 BGI，如图 11.35 所示。

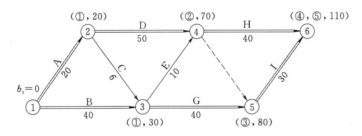

图 11.35　B 增至 40d 后的网络计划

（5）根据已知缩短顺序，决定将 D、G 各压缩 10d，使工期达到 100d 的要求，如图 11.36 所示。

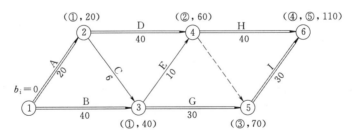

图 11.36　D、G 各缩压 10d 达到目标工期的优化网络计划

11.5.2　费用优化

费用优化又称时间成本优化，是寻求最低成本时的最短工期安排，或按要求工期寻求最低成本的计划安排过程。网络计划的总费用由直接费和间接费组成。直接费是随工期的缩短而增加的费用；间接费是随工期的缩短而减少的费用。由于直接费随工期缩短而增加，间接费随工期缩短而减少，故必定有一个总费用最少的工期，这便是费用优化所寻求

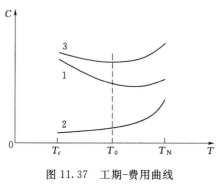

图 11.37　工期-费用曲线

1—直接费；2—间接费；3—总费用

T_c—最短工期；T_N—正常工期；T_0—优化工程

的目标。上述情况可由图 11.37 所示的工期-费用曲线示出。

费用优化可按下述步骤进行：

（1）算出工程总直接费。工程总直接费等于组成该工程的全部工作的直接费之和，用 $\sum C_{i-j}^{D}$ 表示。

（2）算出各项工作直接费用增加率（简称直接费率，即缩短工作持续时间每一单位时间所需增加的直接费）。工作 $i—j$ 的直接费率用 α_{i-j}^{D} 表示。

$$\alpha_{i-j}^{D} = \frac{CC_{i-j} - CN_{i-j}}{DN_{i-j} - DC_{i-j}} \tag{11.2}$$

式中：DN_{i-j} 为工作 $i—j$ 的正常持续时间，即在合理的组织条件下，完成一项工作所需的时间；DC_{i-j} 为工作 $i—j$ 的最短持续时间，即不可能进一步缩短的工作持续时间，又称临界时间；CN_{i-j} 为工作 $i—j$ 的正常持续时间直接费，即按正常持续时间完成一项工作所需的直接费；CC_{i-j} 为工作的最短持续时间直接费，即按最短持续时间完成一项工作所需的直接费。

（3）找出网络计划中的关键线路并求出计算工期。

（4）算出计算工期为 t 的网络计划的总费用：

$$C_t^{T} = \sum C_{i-j}^{D} + \alpha^{ID} t \tag{11.3}$$

式中：$\sum C_{i-j}^{D}$ 为计算工期 t 的网络计划的总直接费；α^{ID} 为工程间接费率，即缩短或延长工期每一单位时间所需减少或增加的费用。

（5）当只有一条关键线路时，将直接费率最小的一项工作压缩至最短持续时间，并找出关键线路。若被压缩的工作变成了非关键工作，则应将其持续时间延长，使之仍为关键工作。当有多条关键线路时，则需压缩一项或多项直接费率或组合直接费率最小的工作，并以其中正常持续时间与最短持续时间的差值最小为尺度进行压缩，并找出关键线路。若被压缩工作变成了非关键工作，则应将其持续时间延长，使之仍为关键工作。

在压缩过程中，关键工作可以被动地（即未经压缩）变成非关键工作，关键线路也可以因此变成非关键线路。

在确定了压缩方案以后，必须检查被压缩的工作的直接费率或组合直接费率是否等于、小于或大于间接费率；如等于间接费率，则已得到优化方案；如小于间接费率，则需继续按上述方法进行压缩；如大于间接费率，则在此前一次的小于间接费率的方案即为优化方案。

（6）列出优化表，见表 11.6。

表 11.6 优 化 表

缩短次数	被缩工作代号	被缩工作名称	直接费率或组合直接费率	费率差（正或负）	缩短时间	费用变化（正或负）	工期	优化点
①	②	③	④	⑤	⑥	⑦=⑤×⑥	⑧	⑨
					费用变化合计			

注 1. 费率差＝直接费率或组合直接费率－间接费率。

　2. 费用变化只合计负值。

（7）计算出优化后的总费用：

优化后的总费用＝初始网络计划的总费用－费用变化合计的绝对值　　　　(11.4)

（8）绘出优化网络计划。在箭线上方注明直接费，箭线下方注明持续时间。

（9）按式（11.3）计算优化网络计划的总费用。此数值应与用式（11.4）算出的数值相同。

【例 11.7】 已知网络计划如图 11.38 所示，图中箭线下方数字括号外为正常持续时间，括号内为最短持续时间；箭线上方数字括号外为正常直接费（千元），括号内为最短时间直接费（千元），间接费率为 0.8 千元/d，试对其进行费用进行优化。

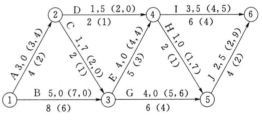

图 11.38　例 11.7 网络计划

解：（1）算出工程总直接费：

$$\sum C_{i-j}^D = 3.0 + 5.0 + 1.5 + 1.7 + 4.0 + 4.0 + 1.0 + 3.5 + 2.5 = 26.2 (千元)$$

$$\alpha_{1-2}^D = \frac{CC_{1-2} - CN_{1-2}}{DN_{1-2} - DC_{1-2}} = \frac{3.4 - 3.0}{4 - 2} = 0.2 (千元/d)$$

（2）算出各项工作的直接费率：

$$\alpha_{1-3}^D = \frac{7.0 - 5.0}{8 - 6} = 1.0 (千元/d)$$

$$\alpha_{2-3}^D = \frac{2.0 - 1.7}{2 - 1} = 0.3 (千元/d)$$

$$\alpha_{2-4}^D = \frac{2.0 - 1.5}{2 - 1} = 0.5 (千元/d)$$

$$\alpha_{3-4}^D = \frac{4.4 - 4.0}{5 - 3} = 0.2 (千元/d)$$

$$\alpha_{3-5}^{D} = \frac{5.6 - 4.0}{6 - 4} = 0.8 (千元 /d)$$

$$\alpha_{4-5}^{D} = \frac{1.7 - 1.0}{2 - 1} = 0.7 (千元 /d)$$

$$\alpha_{4-6}^{D} = \frac{4.5 - 3.5}{6 - 4} = 0.5 (千元 /d)$$

$$\alpha_{5-6}^{D} = \frac{2.9 - 2.5}{4 - 2} = 0.2 (千元 /d)$$

（3）用标号法找出网络计划中的关键线路并求出计算工期。如图 11.39 所示，计算工期为 19d。图中箭线上方括号内数字为直接费率。

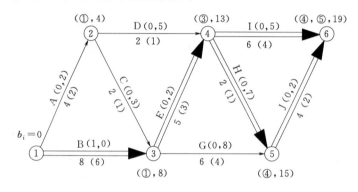

图 11.39　初始网络计划

（4）算出工程总费用：

$$C_{19}^{T} = 26.2 + 0.8 \times 19 = 26.2 + 15.2 = 41.4 (千元)$$

（5）进行压缩。

1）第一次压缩。有两条关键线路 BEI 和 BEHJ，直接费率最低的关键工作为 E，其直接费率为 0.2 千元/d（以下简写为 0.2），小于间接费率 0.8 千元/d（以下简写为 0.8）。因不能判断是否已出现优化点，故需将其压缩。现将 E 压缩至最短持续时间 3d，找出关键线路，如图 11.40 所示。由于 E 被压缩成了非关键工作，故需将其松弛至 4d，使之仍为关键工作，且不影响已形成的关键线路 BEHJ 和 BEI。第一次压缩后的网络计划如图 11.41 所示。

2）第二次压缩。有三条关键线路：BEI、BEHJ、BGJ。共有 5 个压缩方案：①压缩 B，直接费率为 1.0；②压缩 E、G，组合直接费率为 0.2+0.8=1.0；③压缩 E、J，组合直接费率为 0.2+0.2=0.4；④压缩 I、J，组合直接为 0.5+0.2=0.7；⑤压缩 I、H、G，组合直接费率为 0.5+0.7+0.8=2.0，决定采用诸方案中直接费率和组合直接费率最小的第 3 方案，即压缩 E、J，组合直接费率为 0.4，小于间接费率 0.8，尚不能判断是否已出现优化点，故应继续压缩。由于 E 只能压缩 1d，J 随之只可压缩 1d。压缩后，用标号法找出关键线路，此时只有两条关键线路：BEI，BGJ，H 未经压缩而被动地变成了非关键工作。第二次压缩后的网络计划如图 11.42 所示。

3）第三次压缩。如图 11.43 所示，有 4 个压缩方案，与第二次压缩时的方案相同，

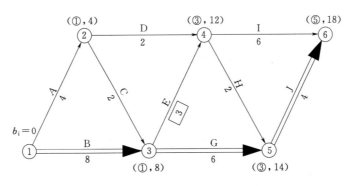

图 11.40 E压缩至最短持续时间

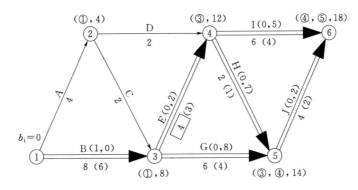

图 11.41 第一次压缩后的网络计划

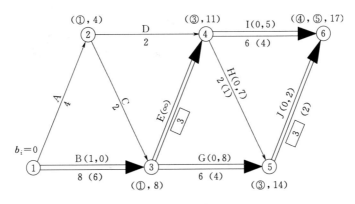

图 11.42 第二次压缩后的网络计划

只是第 2 方案（压缩 E、G）和第 3 方案（压缩 E、J）的组合费率由于 E 的直接费率已变为无穷大而随之变为无穷大。此时组合直接费率最好的是第 4 方案（压缩 I、J），为 0.5＋0.2＝0.7。小于间接费率 0.8，尚不能判断是否已出现优化点，故需要继续压缩。由于 J 只能压缩 1d，I 随之只可压缩 1d。压缩后关键线路不变，故可不重新画图。

4）第四次压缩。由于第 2、第 3、第 4 方案的组合直接费率因 E、J 的直接费率不能再缩短而变成无穷大，故只能选用第 1 方案（压缩 B），由于 B 的直接费率 1.0 大于间接费率 0.8，故已出现优化点。优化网络计划即为第三次压缩后的网络计划，如图 11.44

所示。

（6）列出优化表，见表 11.7。

表 11.7 优 化 表

缩短次数	被缩工作代号	被缩工作名称	直接费率或组合直接费率	费率（正或负）	缩短时间	费用变化（正或负）	工期	优化点
①	②	③	④	⑤	⑥	⑦＝⑤×⑥	⑧	⑨
0	—	—	—	—	—	—	19	
1	3—4	E	0.2	−0.6	1	−0.6	18	
2	3—4 5—6	E、J	0.4	−0.4	1	−0.4	17	
3	4—6 5—6	I、J	0.7	−0.1	1	−0.1	16	
4	1—3	B	1.0	＋0.2	—	—		优
				费用合计		−1.1		

（7）计算优化后的总费用。

$$C_{16}^T = 41.4 - 1.1 = 40.3（千元）$$

（8）绘出优化网络计划，如图 11.43 所示。

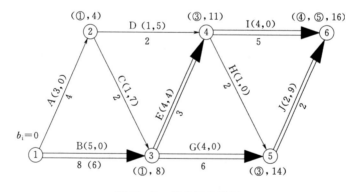

图 11.43 优化网络计划

图中被压缩工作压缩后的直接费确定如下：①工作 E 已压缩至最短持续时间，直接费为 4.4 千元；②工作 I 压缩 1d，直接费为：3.5＋0.5×1＝4.0（千元）；③工作 J 已压缩至最短持续时间，直接费为 2.9 千元。

（9）按优化网络计划计算出总费用如下：

$$C_{16}^T = \sum C_{i-j}^D + \alpha^{ID}t$$
$$= （3.0＋5.0＋1.7＋1.5＋4.4＋4.0＋1.0＋4.0＋2.9）＋0.8×16$$
$$= 27.5＋12.8＝40.3（千元）$$

11.5.3 资源优化

资源是为完成任务所需的人力、材料、机械设备和资金等的统称。完成一项工程任务所需的资源量基本上是不变的，不可能通过资源优化将其减少。资源优化是指通过改变工作的开始时间，使资源按时间的分布符合优化目标。资源优化中的几个常用术语解释如下：

（1）资源强度。资源强度是指一项工作在单位时间内所需的某种资源数量。工作 $i—j$ 的资源强度用 r_{i-j} 表示。

（2）资源需用量。资源需用量是指网络计划中各项工作在某一单位时间内所需的某种资源数量之和。第 t 天资源需用量用 R_t 表示。

（3）资源限量。资源限量是指单位时间内可供使用的某种资源的最大数量，用 R_a 表示。

11.5.3.1 资源有限-工期最短的优化

资源有限-工期最短的优化是调整计划安排，以满足资源限制条件，并使工期拖延最少的过程。该优化宜在时标网络计划上进行，步骤如下：

（1）从网络计划开始的第 1 天起，从左至右计算资源需用量 R_t，并检查其是否超大型过资源限量 R_a。如检查至网络计划最后 1 天都是 $R_t \leqslant R_a$，则该网络计划就符合优化要求；如发现 $R_t > R_a$，就停止检查而进行调整。

（2）调整网络计划。将 $R_t > R_a$ 处的工作进行调整。调整的方法是将该处的一项工作移到该处的另一项工作之后，以减少该处的资源需用量。如该处有两项工作 $\alpha，\beta$，则有 α 移到 β 后和 β 移到 α 后两个调整方案。

（3）计算调整后的工期增量。调整后的工期增量等于前面工作的最早完成时间减移在后面工作的最早开始时间，再减移在后面的工作的总时差。如 β 移到 α 后，则其工期增量为：

$$\Delta T_{a,\beta} = EF_a - ES_\beta - TF_\beta \tag{11.5}$$

公式的证明如下：

在移动之前的最迟完成时间为 LF_β，在移动之后的完成时间为 $EF_a + D_\beta$，两者之差即为工期增量，即：

$$\Delta T_{a,\beta} = (EF_a + D_\beta) - LF_\beta = EF_a - (LF_\beta - D_\beta) = EF_a - LS_\beta$$

由式 $TF_{i-j} = LS_{i-j} - ES_{i-j}$ 和 $LS_{i-j} = TF_{i-j} + ES_{i-j}$ 得

$$\Delta T_{a,\beta} = EF_a - ES_\beta - TF_\beta$$

（4）重复以上步骤，直至出现优化方案为止。

【例 11.8】 已知网络计划如图 11.44 所示。图中箭线上方为资源强度，箭线下方为持续时间。若资源限量 $R_a = 12$，试对其进行资源有限-工期最短的优化。

解：（1）计算资源需用量，如图 11.45 所示。至第 4 天，$R_4 = 13 > R_a = 12$，故需进行调整。

$$R_4 = 13 > R_a = 12$$

（2）进行调整。

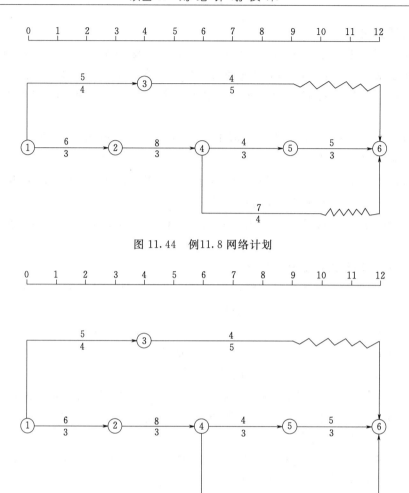

图 11.44 例11.8网络计划

资源用量（动态表）

图 11.45 资源需用量

方案一：1—3 移到 2—4 后：$EF_{2-4}=6$；$ES_{1-3}=0$；$TF_{1-3}=3$，由式（11.5）得

$$\Delta T_{2-4,1-3}=6-0-3=3$$

方案二：2—4 移到 1—3 后：$EF_{1-3}=4$；$ES_{2-4}=3$，$TF_{2-4}=0$，由式（11.5）得

$$\Delta T_{1-3,2-4}=4-3-0=1$$

（3）决定先考虑工期增量较小的第二方案，绘出其网络计划，如图 11.46 所示。将 2—4 移到 1—3 之后，并检查 R_t 至第 8 天，$R_8=15>R_a=12$

（4）计算资源需用量至第 8 天：$R_8=15>R_a=12$，故需进行第二次调整。被考虑调整的工作有 3—6、4—5、4—6 三项。

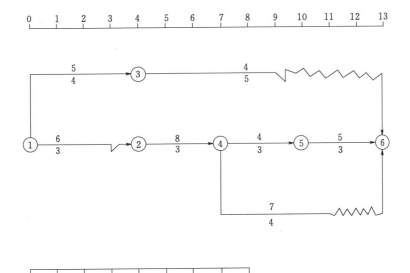

图 11.46　第一次调整

（5）进行第二次调整，现列出表 11.8 进行调整。

表 11.8　　　　　　　　　　　　　　　第 二 次 调 整 表

方案编号	前面工作 α	后面工作 β	EF_α	ES_β	TF_β	$\Delta T_{\alpha,\beta}$	T	$R_t > R_a$ 记为 "×" $R_t \leqslant R_a$ 记为 "√"
①	②	③	④	⑤	⑥	⑦=④-⑤-⑥	⑧	⑨
11	3—6	4—5	9	7	0	2	15	—
12	3—6	4—6	9	7	2	0	13	√
13	4—5	4—6	10	4	4	2	15	—
14	4—5	4—6	10	7	2	1	14	—
15	4—6	4—5	11	4	4	3	16	—
16	4—6	4—5	11	7	0	4	17	—

（6）决定先检查工期增量最少的方案 12，绘出图 11.47。从图中看出，自始至终皆是 $R_t \leqslant R_a$，故该方案为优选方案。其他方案（包括第一次调整的方案一）的工期增量皆大于此优选方案 12，即使满足 $R_t \leqslant R_a$，也不是最优方案，故此得出最优方案为方案 12，工期为 13d。

11.5.3.2　工期固定-资源均衡的优化

工期固定-资源均衡的优化是指调整计划安排，在工期保持不变的条件下，使资源需用量尽可能均衡的过程。资源均衡可以大大减少施工现场各种临时设施（如仓库、堆场、加工场、临时供水供电设施等生产设施和工人临时住房、办公房屋、食堂、浴室等生活设施）的规模，从而可以节省施工费用。

11.5.3.2.1　衡量资源均衡的指标

衡量资源均衡的指标一般有 3 种：

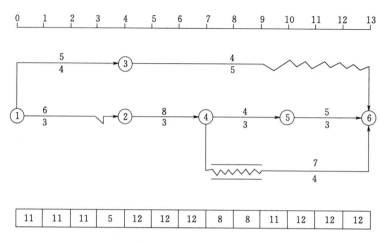

图 11.47 优化网络计划

（1）不均衡系数 K。

$$K = \frac{R_{\max}}{R_m} \tag{11.6}$$

$$R_m = \frac{1}{T}(R_1 + R_2 + \cdots + R_t) = \frac{1}{T}\sum_{t=1}^{T} R_t \tag{11.7}$$

式中：$R_{\max}$ 为最大的资源需用量；R_m 为资源需用量的平均值。

资源需用量不均衡系数越小，资源需用量均衡性越好。

（2）极差值 ΔR。

$$\Delta R = \max\left[\,|\,R_t - R_m\,|\,\right] \tag{11.8}$$

资源需用量极差值越小，资源需用量均衡性越好。

（3）均方差值 σ^2。

$$\sigma^2 = \frac{1}{T}\sum_{t=1}^{T}(R_t - R_m)^2 \tag{11.9}$$

为使计算较为简便，上式可做如下变换：

将式（11.9）展开，将式（11.7）代入，得：

$$\sigma^2 = \frac{1}{T}\sum_{t=1}^{T} R_t^2 - R_m^2 \tag{11.10}$$

【例 11.9】 如图 11.48 所示网络计划。未调整时的资源需用量的上述衡量指标如下。

（1）均衡系数 K。

$$K = \frac{R_{\max}}{R_m} = \frac{R_5}{R_m} = \frac{20}{11.86} = 1.69$$

$$R_m = \frac{1}{14} \times (14 \times 2 + 19 \times 2 + 20 \times 1 + 8 \times 1 + 12 \times 4 + 9 \times 1 + 5 \times 3)$$

$$= \frac{1}{14} \times (28 + 38 + 20 + 8 + 48 + 9 + 15)$$

$$= \frac{1}{14} \times 166 = 11.86$$

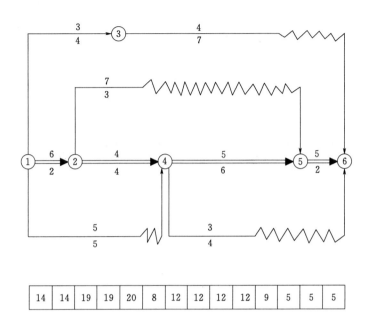

图 11.48　初始网络计划

（2）极差值 ΔR。

$$\Delta R = \max[\,|R_t - R_m|\,] = \max[\,|R_5 - R_m|\,,\ |R_{12} - R_m|\,]$$
$$= \max[\,|20 - 11.86|\,,\ |5 - 11.86|\,] = \max[\,|8.14,\ -6.86|\,]$$
$$= 8.14$$

（3）均方差值 σ^2。

$$\sigma^2 = \frac{1}{14} \times (14^2 \times 2 + 19^2 \times 2 + 20^2 \times 1 + 8^2 \times 1 + 12^2 \times 4 + 9^2 \times 1 + 5^2 \times 3) - 11.86^2$$

$$= \frac{1}{14} \times (196 \times 2 + 361 \times 2 + 400 \times 1 + 64 \times 1 + 144 \times 4 + 81 \times 1 + 25 \times 3) - 140.66$$

$$= \frac{1}{14} \times 2310 - 140.66 = 165.00 - 140.66 = 24.34$$

11.5.3.2.2　进行优化调整

（1）调整顺序。调整宜自网络计划终止节点开始，从右向左逐次进行。按工作的完成节点的编号值从大到小的顺序进行调整，同一个完成节点的工作则先调整开始时间较迟的工作。所有工作都按上述顺序自右向左进行多次调整，直至所有工作既不能向右移也不能向左移为止。

（2）工作可移性的判断。由于工期固定，故关键工作不能移动。非关键工作是否可移，主要是看是否削低了高峰值，填高了低谷值，即是不是削峰填谷。一般可用下面的方法判断：

工作若向右移动 1d，则在右移后该工作完成那一天的资源需用量宜等于或小于右移前工作开始那一天的资源需用量；否则在削了高峰值后，又填出了新的高峰值。若用 $k-l$ 表示被移工作，i 与 j 分别表示工作未移前开始和完成的那一天，则：

$$R_{j+1} + r_{k-l} \leqslant R_i \tag{11.11}$$

工作若向左移动 1d，则在左移后该工作开始那一天的资源需用量宜等于或小于左移前工作完成那一天的资源需用量，否则也会产生削峰后又填谷成峰的效果。即应符合下式要求：

$$R_{i-1} + r_{k-l} \leqslant R_j \tag{11.12}$$

若工作右移或左移 1d 不能满足上述要求，则要看右移或左移数天后能否减小 σ^2 值，即按式（11.9）判断。由于式中 R_m 不变，未受移动影响的部分的 R_t 不变。故只比较受移动影响的部分的 R_t 即可。

向右移时：

$$\begin{aligned}
&\left[(R_i - r_{k-l})^2 + (R_{i+1} - r_{k-l})^2 + (R_{i+2} - r_{k-l})^2 + \cdots \right.\\
&\left. + (R_{j+1} - r_{k-l})^2 + (R_{j+2} - r_{k-l})^2 + (R_{j+3} - r_{k-l})^2 \cdots + \cdots\right]\\
&\leqslant \left[R_i^2 + R_{i+1}^2 + R_{i+2}^2 + \cdots + R_{j+1}^2 + R_{j+2}^2 + R_{j+3}^2 + \cdots\right]
\end{aligned} \tag{11.13}$$

向左移时：

$$\begin{aligned}
&\left[(R_j - r_{k-l})^2 + (R_{j-1} - r_{k-l})^2 + (R_{j-2} - r_{k-l})^2 + \cdots \right.\\
&\left. + (R_{i-1} + r_{k-l})^2 + (R_{i-2} + r_{k-l})^2 + (R_{i-3} + r_{k-l})^2 \cdots + \cdots\right]\\
&\leqslant \left[R_j^2 + R_{j-1}^2 + R_{j-2}^2 + \cdots + R_{i-1}^2 + R_{i-2}^2 + R_{i-3}^2 + \cdots\right]
\end{aligned} \tag{11.14}$$

【例 11.10】 已知网络计划如图 11.48 所示。图中箭线上方为资源强度，箭线下方为持续时间，网络计划的下方为资源需用量。试对其进行工期固定-资源均衡的优化。

解：（1）向右移动 4—6，按式（11.13）：

$$R_{11} + r_{4-6} = 9 + 3 = R_7 = 12 \qquad \text{（可右移 1d）}$$
$$R_{12} + r_{4-6} = 5 + 3 = 8 < R_8 = 12 \qquad \text{（可再右移 1d）}$$
$$R_{13} + r_{4-6} = 5 + 3 = 8 < R_9 = 12 \qquad \text{（可再右移 1d）}$$
$$R_{14} + r_{4-6} = 5 + 3 = 8 < R_{10} = 12 \qquad \text{（可再右移 1d）}$$

至此已移到网络计划最后一天。移后资源需用量变化情况见表 11.9。

表 11.9　　　　　　　　　　　移 动 4—6 的 调 整 表

1	2	3	4	5	6	7	8	9	10	11	12	13	14
14	14	19	19	20	8	12	12	12	12	9	5	5	5
						-3	-3	-3	-3	+3	+3	+3	+3
14	14	19	19	20	8	9	9	9	9	12	8	8	8

（2）向右移动 3—6：

$$R_{12} + r_{3-6} = 8 + 4 = 12 < R_5 = 20 \qquad \text{（可移 1d）}$$

由表 11.10 可明显看出，3—6 已不再向右移动，移后资源需用量变化情况见表 11.10。

表 11.10   **移 动 3—6 的 调 整 表**

1	2	3	4	5	6	7	8	9	10	11	12	13	14
14	14	19	19	20	8	9	9	9	9	12	8	8	8
				−4							+4		
14	14	19	19	16	8	9	9	9	9	12	12	8	8

（3）向右移动 2—5：

$$R_6 + r_{2-5} = 8 + 7 = 15 < R_3 = 19 \quad （可右移 1d）$$
$$R_7 + r_{2-5} = 9 + 7 = 16 < R_4 = 19 \quad （可再右移 1d）$$
$$R_8 + r_{2-5} = 9 + 7 = 16 < R_5 = 20 \quad （可再右移 1d）$$

此时已将 2—5 移在其原有位置之后，故需列出调整表后再判断能否移动，调整表见表 11.11。

表 11.11   **移 动 2—5 的 调 整 表**

1	2	3	4	5	6	7	8	9	10	11	12	13	14
14	14	19	19	16	8	9	9	9	9	12	12	8	8
		−7	−7	−7	+7	+7	+7						
14	14	12	12	9	15	16	16	9	9	12	12	8	8

从表 11.11 可明显看出，2—5 已不能继续向右移动。为明确看出其他工作右移的可能性，绘出上阶段调整后的网络计划，如图 11.49 所示。

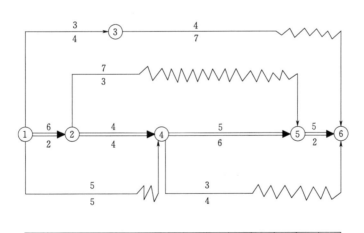

图 11.49 右移 4—6、3—6、2—5 后的网络计划

（4）向右移动 1—3：

$$R_5 + r_{1-3} = 9 + 3 = 12 < R_1 = 14 \quad （可右移 1d）$$

已无自由时差，故不能再向右移。

（5）可明显看出，1—4 不能向后移动。

从左向右移动一遍后的网络计划，如图 11.50 所示。

（6）第二次右移 3—6：

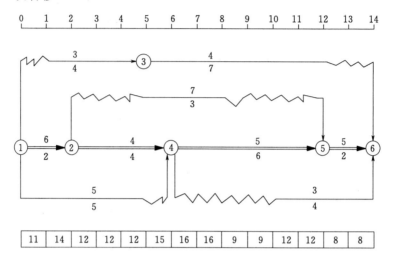

图 11.50　从左向右移动一遍后的网络计划

$$R_{13} + r_{3-6} = 8 + 4 = 12 < R_6 = 15 \quad （可右移 1d）$$

$$R_{14} + r_{3-6} = 8 + 4 = 12 < R_7 = 16 \quad （可再右移 1d）$$

至此已移到网络计划最后一天。

其他工作向右移或向左移都不能满足式（11.11）或式（11.12）的要求。至此已得出优化网络计划，如图 11.51 所示。

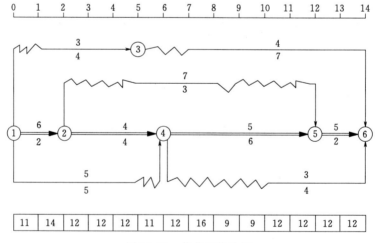

图 11.51　优化网络计划

（7）算出优化后的三项指标。

不均衡系数：

$$K = \frac{R_{\max}}{R_m} = \frac{16.00}{11.86} = 1.35$$

极差值：

$$\Delta R = \max [\,|R_8 - R_m|\,,\quad |R_9 - R_m|\,]$$
$$= \max [\,|16 - 11.86|\,,\quad |9 - 11.86|\,]$$
$$= \max [\,|4.14|\,,\quad |-2.86|\,] = 4.14$$

均方差值：

$$\sigma^2 = \frac{1}{14} \times (11^2 \times 2 + 14^2 \times 1 + 12^2 \times 8 + 16^2 \times 1 + 9^2 \times 2) - 11.86$$

$$= \frac{1}{14} \times (121 \times 2 + 196 \times 1 + 144 \times 8 + 256 \times 1 + 81 \times 2) - 140.66$$

$$= \frac{1}{14} \times 2008 - 140.66$$

$$= 143.43 - 140.66$$

$$= 2.77$$

(8) 与初始网络计划相比，三项指标降低百分率如下。

不均衡系数：

$$\frac{1.69 - 1.35}{1.69} \times 100\% = 20.12\%$$

极差值：

$$\frac{8.14 - 4.14}{8.14} \times 100\% = 49.14\%$$

均方差值：

$$\frac{24.34 - 2.77}{24.34} \times 100\% = 88.62\%$$

任务 11.6　双代号网络图在建筑施工中的应用

双代号网络图常用于编制建筑群的施工总进度计划、单位工程施工进度计划和分部工程施工进度计划，也可用于编制施工企业的年度、季度和月度生产计划。

11.6.1　建筑施工网络计划的排列方法

(1) 按施工段排列的方法，如图 11.52 所示。

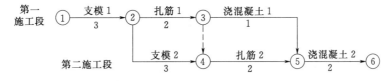

图 11.52　按施工段排列

(2) 按分部工程排列的方法，如图 11.53 所示。

(3) 按楼层排列的方法，如图 11.54 所示。

(4) 按幢号排列的方法，如图 11.55 所示。

此外，还可以根据施工的需要按工种、按专业工作队排列，也可按施工段和工种混合排列。在编制网络计划时，可根据使用要求灵活选用。

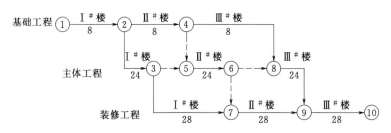

图 11.53 按分部工程排列

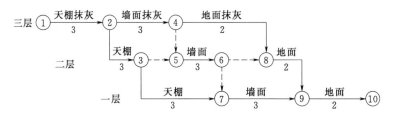

图 11.54 按楼层排列

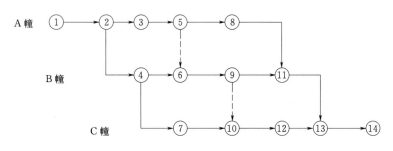

图 11.55 按幢号排列

11.6.2 单位工程施工网络计划的编制

11.6.2.1 编制方法

编制单位工程施工网络计划的方法和步骤与编制单位工程施工进度计划水平图表的方法和步骤基本相同，但有其特殊性。网络计划主要要求突出工期，应尽量争取时间、充分利用空间、均衡使用各种资源，按期或提前完成施工任务。

11.6.2.2 五层砖混结构房屋施工网络图示例

某工程为五层三单元混合结构住宅楼，建筑面积 1530m²。采用毛石混凝土墙基、1砖厚承重墙，现浇钢筋混凝土楼板及楼梯，屋面为上人屋面，砌 1 砖厚、1m 高女儿墙，木门窗，屋面做三毡四油防水层，地面为 60mm 厚的 C10 混凝土垫层、水泥砂浆面层，现浇楼面和楼梯面抹水泥砂浆，内墙面抹石灰砂浆、双飞粉罩面，外墙为干黏石面层、砖砌散水及台阶。

单位工程施工网络图如图 11.56 所示。基础工程分两个施工段，其余工程分层施工，外装修和屋面工程待五层主体工程完工后施工。

图 11.57 为此多层混合结构住宅网络图各项工作时间参数的计算图，总工期为 128 个工作日，关键线路在图中用实线表示。

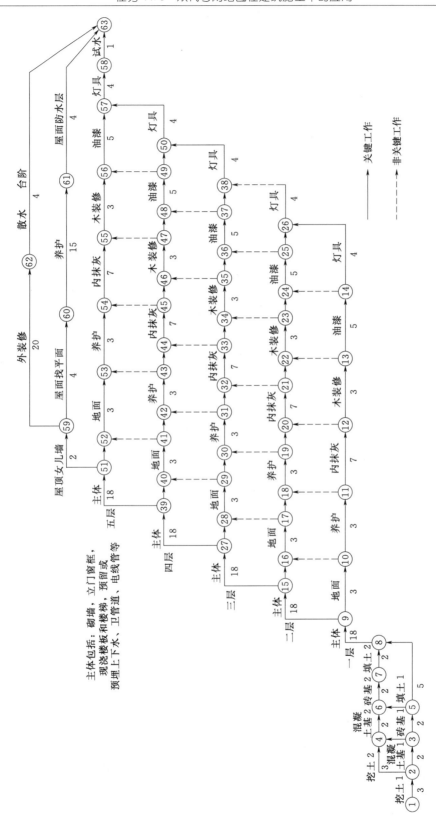

图 11.56　单位工程施工网络图

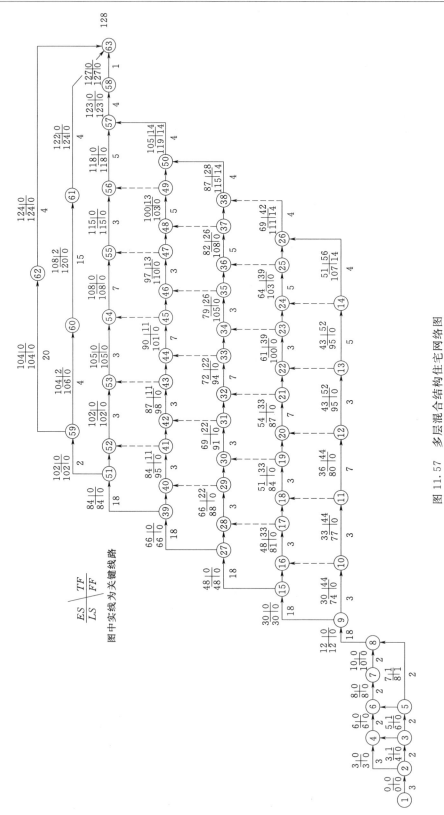

图 11.57 多层混合结构住宅网络图

11.6.3　网络计划的控制

网络计划的控制主要包括网络计划的检查和网络计划的调整两个方面。

11.6.3.1　网络计划的检查

网络计划检查的内容主要有：关键工作进度、非关键工作进度及时差利用、工作之间的逻辑关系。对网络计划的检查应定期进行。检查周期的长短应视计划工期的长短和管理的需要而定，一般可按天、周、旬、月、季等为周期。在计划执行过程中突然出现意外情况时，可进行"应急检查"以便采取应急调整措施。认为有必要时，还可进行"特别检查"。

检查网络计划时，首先必须收集网络计划的实际执行情况，并进行记录。当采用时标网络计划时，可采用实际进度前锋线（简称"前锋线"）记录计划执行情况。前锋线应自上而下地从计划检查时的时间刻度线出发，用点画线依次连接各项工作的实际进度前锋线，直至到达计划检查时的时间刻度线为止。前锋线可用彩色笔标画，相邻的前锋线可采用不同的颜色。

当采用无时标网络计划时，可采用直接在图上用文字或适当符号、列表等记录方式。

例如已知网络计划如图 11.58 所示，在第 5 天检查计划执行情况时，发现 A 已完成，B 已工作 1d，C 已工作 2d，D 尚未开始。则据此绘出带前锋线的时标网络计划，如图 11.59 所示。

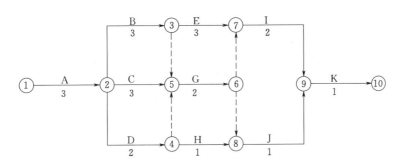

图 11.58　初始网络计划

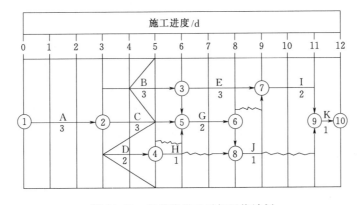

图 11.59　带前锋线的时标网络计划

网络计划检查后应列表反映结果及情况判断,以便对计划执行情况进行分析判断,为计划的调整提供依据。一般宜利用实际进度前锋线,分析计划的执行情况及其发展趋势,对未来的进度情况作出预测判断,找出偏离计划目标的原因及可供挖掘的潜力所在。

例如根据图 11.59 所示的检查情况,可列出该网络计划检查结果分析表,见表 11.12。

表 11.12 网络计划检查结果分析表

工作代号	工作名称	检查计划时尚需作业天数	到计划最迟完成时尚有天数	原有总时差	尚有总时差	情况判断
2—3	B	2	1	0	−1	影响工期 1d
2—5	C	1	2	1	1	正常
2—4	D	2	2	2	0	正常

表中,"检查计划时尚需作业天数"等于工作的持续时间减去该工作已进行的天数,"到计划最迟完成时尚有天数"等于该工作的最迟完成时间减去检查时间,"尚有总时差"等于"到计划最迟完成时尚有天数"减去"检查计划时尚需作业天数"。

在表中,"情况判断"栏中填入是否影响工期。如尚有总时差不小于 0,则不会影响工期,在表中填"正常";如尚有总时差小于 0,则会影响工期,在表中填明影响工期几天,以便在下一步中调整。

11.6.3.2 网络计划的调整

网络计划的调整时间一般应与网络计划的检查时间一致,根据计划检查结果可进行定期调整或在必要时进行应急调整、特别调整等,一般以定期调整为主。

网络计划调整的内容主要有:关键线路长度的调整,非关键工作时差的调整,增、减工作项目,调整逻辑关系,重新估计某些工作的持续时间,对资源的投入做局部调整。

(1)关键线路长度的调整。关键线路长度的调整可针对不同情况选用不同的调整方法。

当关键线路的实际进度比计划进度提前时,若不拟缩短工期,则应选择资源占用量大或直接费用高的后续关键工作,适当延长其持续时间以降低资源强度或费用;若拟提前完成计划,则应将计划的未完成部分作为一个新计划,重新进行调整,按新计划指导计划的执行。

当关键线路的实际进度比计划进度落后时,应在未完成关键线路中选择资源强度小或费用率低的关键工作,缩短其持续时间,并把计划的未完成部分作为一个新计划,按工期优化的方法对它进行调整。

如图 11.58 所示的网络计划,第 5 天用前锋线检查结果如图 11.59 所示,检查结果分析表见表 11.12,发现会影响工期 1d,现按工期优化的方法对其进行如下调整:

1)绘制出检查后的网络计划。此网络计划可从检查计划的那一天以后的第 2 天开始,本例从第 6 天开始。因为前面天数已经执行,故可不绘出。本例从第 6 天开始的网络计划如图 11.60 所示,拖延工期 1d。

2)根据图 11.60,按工期优化的方法进行调整。现将关键线路中持续时间较多的关键工作 E 从 3d 调整为 2d，得出原要求工期完成的网络计划，如图 11.61 所示。

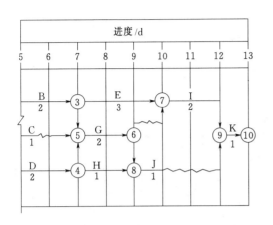

图 11.60　检查后网络计划

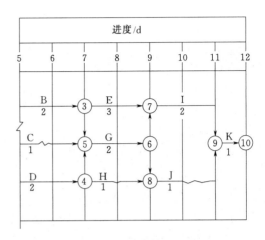

图 11.61　调整后网络计划

（2）关键工作时差的调整。应在时差的范围内进行，以便充分地利用资源、降低成本或满足施工的需要。每次调整均必须重新计算时间参数，观察调整对计划全局的影响。非关键工作时差的调整方法一般有三种：将工作在其最早开始时间和最迟完成范围内移动；延长工作持续时间；缩短工作持续时间。

（3）其他方面的调整。

1）增、减工作项目。增、减工作项目时，不能打乱原网络计划总的逻辑关系，只能对局部逻辑关系进行调整；应重新计算时间参数，分析对原网络计划的影响，必要时采取措施以保证计划工期不变。

2）调整逻辑关系。逻辑关系的调整只有当实际情况要求改变施工方法或组织方法时才能进行。调整时应避免影响原定计划工期和其他工作的顺利进行。

3）重新估计某些工作的持续时间。当发现某些工作的原计划持续时间有误或实现条件不充分时，应重新估算其持续时间，并重新计算时间参数。

4）对资源的投放做局部调整。当资源供应发生异常情况时，应采用资源优化方法对计划进行调整或采取应急措施，使其对工期的影响最小。

项　目　小　结

本项目主要介绍了网络计划技术，主要内容包括双代号网络计划、单代号网络计划、双代号时标网络计划、网络计划的优化等共 6 个学习任务，概括如下：

（1）双代号网络计划。双代号网络计划是网络计划的重点内容，主要包括绘制原则，参数计算及布置方式，其中双代号网络图的绘制与参数计算是本项目的重点学习内容。

（2）单代号网络计划。单代号网络计划具有逻辑清晰及节点编号少的特点，主要包括单代号网络计划的表示方法与绘制规则。

（3）双代号时标网络计划。双代号时标网络计划是将双代号网络技术与横道图相结合的网络技术，主要包括表示方法与绘图规则等。

（4）网络计划的优化。主要包括工期优化，工期费用优化与工期资源优化等内容，主要掌握利用关键线路法进行工期优化的方法。

复 习 思 考 题

1. 什么叫代号网络图？什么叫单代号网络图？

2. 组成双代号网络图的三个要素是什么？试述各要素的含义和特征。

3. 绘制双网络代号图必须遵守哪些绘图规则？

4. 计算网络计划的时间参数意义何在？一般网络计划要计算哪些时间参数？

5. 网络计划的优化有哪些内容？工期如何优化？

6. 已知网络图的资料见表 11.13。试绘出其双代号网络图和单代号网络图。

表 11.13　　　　　　　　　　　　某 网 络 图 的 资 料

工作	A	B	C	D	E	G	H	I	J
紧后工作	E	H，A	J，G	H，I，J	无	H，A	无	无	无

项目 12 绿 色 施 工 技 术

【学习目标】

能力目标：熟悉绿色施工的概念与内涵，掌握绿色施工要点及相关技术措施；了解基于 BIM 技术的绿色施工的相关内容。

知识点：绿色施工，BIM 技术。

【项目介绍】

本项目介绍绿色施工技术相关的内容，主要包括绿色施工概述、绿色施工技术措施与管理制度等绿色施工技术；基于 BIM 技术的绿色施工的发展。其中，绿色施工措施是本项目学习的重点，基于 BIM 技术的绿色施工发展是本项目的学习难点。

任务 12.1 绿 色 施 工 概 述

12.1.1 绿色施工的概念和原则

（1）绿色施工的概念。绿色施工是指在工程建设中，在保证质量、安全等基本要求的前提下，通过科学管理和技术进步，最大限度地节约资源与减少对环境负面影响的施工活动，实现节能、节地、节水、节材和环境保护（简称"四节一环保"）。绿色施工作为建筑全寿命周期中的一个重要阶段，是实现建筑领域资源节约和节能减排的关键环节。绿色施工应是可持续发展理念在工程施工中全面应用的体现，绿色施工并不仅仅是指在工程施工中实施封闭施工，没有尘土飞扬，没有噪声扰民，在工地四周栽花、种草，实施定时洒水等这些内容，它还涉及可持续发展的各个方面，如生态与环境保护、资源与能源利用、社会与经济发展等。

（2）绿色施工的原则。实施绿色施工，应依据因地制宜的原则，贯彻执行国家、行业和地方相关的技术政策，符合国家的法律、法规及相关的标准规范，实现经济效益、社会效益和环境效益的统一。施工企业应该运用 ISO 14000 环境管理体系和 OHSAS 18000 职业健康安全管理体系，将绿色施工有关内容分解到管理体系目标中去，使绿色施工规范化、标准化。

12.1.2 绿色施工的发展现状

近些年，绿色施工逐渐成为建筑行业出现频率较高的词。但实际上，绿色施工技术并不是独立于传统施工技术的全新技术，而是用"可持续"的眼光对传统施工技术的重新审视，是符合可持续发展战略的施工技术。

绿色施工并不是很新的思维途径，承包商以及建设单位为了满足政府及大众对文明施工、环境保护及减少噪声的要求，为了提高企业自身形象，一般均会采取一定的技术来降低施工噪声、减少施工扰民、减少环境污染等，尤其在政府要求严格、大众环保意识较强的城市进行施工时，这些措施一般会比较有效。但是，大多数承包商在采取这些绿色施工技术时是比较被动、消极的，对绿色施工的理解也是比较单一的，还不能够积极主动地运用适当的技术、科学的管理方法以系统的思维模式、规范的操作方式从事绿色施工。事实上，绿色施工并不仅仅是指在工程施工中实施封闭施工，没有尘土飞扬，没有噪声扰民，在工地四周栽花、种草，实施定时洒水等这些内容，还包括了其他大量的内容。绿色施工同绿色设计一样，涉及可持续发展的各个方面，如生态与环境保护、资源与能源利用、社会与经济发展等。真正的绿色施工应当是将"绿色方式"作为一个整体运用到施工中去，将整个施工过程作为一个微观系统进行科学的绿色施工组织设计。绿色施工技术除了文明施工、封闭施工、减少噪声扰民、减少环境污染、清洁运输等外，还包括减少场地干扰、尊重基地环境，结合气候施工，节约水、电、材料等资源或能源，环保健康的施工工艺，减少填埋废弃物的数量，以及实施科学管理、保证施工质量等。

12.1.3 绿色施工的要点

12.1.3.1 环境保护技术要点

（1）扬尘控制。建筑工程中在土方作业、结构施工、工程安装、装饰装修、建构筑物拆除、建构筑物爆破拆除等时，要采取洒水、地面硬化、围挡、密网覆盖、封闭等，防止扬尘产生。

（2）噪声与振动控制。现场噪声排放不得超过国家标准《建筑施工场界环境噪声排放标准》（GB 12523—2011）的规定。在施工场地对噪声进行实时监测与控制。监测方法执行国家标准《建筑施工场界噪声测量方法》（GB 12524—90）。使用低噪声、低振动的机器，采取隔声与隔振措施，避免或减少施工噪声和振动。

（3）光污染控制。尽量避免或减少施工过程中的光污染，夜间室外照明灯加设灯罩，透光方向集中在施工范围。电焊作业采取遮挡措施，避免电焊弧光外泄。

（4）水污染控制。施工现场污水排放应达到国家标准《污水综合排放标准》（GB 8978—2017）的要求。在施工现场针对不同污水，设置相应的处理设置，如沉淀池、隔油池、化粪池等。基坑降水尽可能少地抽取地下水。对于化学品等有毒材料、油料的储存地，应该严格的隔水层设计，做好渗漏液体的收集和处理。

（5）土壤保护。保护地表环境，防止土壤侵蚀、流失。因施工造成的裸土，及时覆盖砂石或种植速生草种，以减少土壤侵蚀；因施工造成容易发生地表径流土壤流失的情况，应设置地表排水系统、稳定斜坡、植被覆盖等措施，减少土壤流失。

（6）建筑垃圾控制。加强建筑垃圾的回收再利用，建筑垃圾的再利用和回收率达到30%。对于碎石类、土石方类建筑垃圾，可采用地基填埋、铺路等方式提高利用率，力争再利用率大于50%。

（7）地下设施、文物和资源保护。施工前应调查清楚地下各种设施，做好保护计划，保证施工场地周边的各类管道、管线、建筑物、构筑物的安全运行。施工过程中一旦发现文物，立即停止施工，保护好现场并报告文物部门和协助做好工作。

12.1.3.2　节材与材料资源利用技术要点

（1）节材措施。图纸会审时，应审核节材与材料资源利用的相关内容。根据施工进度、库存情况等合理安排材料的采购、进场时间和批次，减少库存。材料运输工具适宜，装卸方法得当，防止损坏和散落。根据现场平面布置情况就近卸载，避免和减少二次搬运。现场材料堆放有序。储存环境适宜，措施得当。保管制度健全，责任落实。施工中采取技术和管理措施调高模板、脚手架等的周转次数。优化安装工程的预留、预埋、管线路线等方案。

（2）结构材料。推广使用预拌混凝土和商品砂浆。准确计算采购数量、供应频率、施工进度等，在施工过程中进行动态控制。推广使用高强钢筋和高性能混凝土，减少资源消耗。推广钢筋专业化加工和配送。优化钢筋配料和钢构件下料方案。优化钢结构制作和安装方法。大型钢结构宜采用工厂制作，现场拼装；宜采用分段吊装、整体提升、滑移、顶升等安装方法，减少方案的措施用材料。

（3）围护材料。门窗、屋面、外墙等围护结构选用耐候性及耐久性良好的材料，施工确保密封性、防水性和保温隔热材料。

（4）装饰装修材料。贴面类材料在施工前，应进行总体排版策划，减少非整块料的数量；采用非木质的新材料或人造板材代替木质板材；防水卷材、壁纸、油漆及各类涂料基层必须符合要求，避免起皮、脱落。各类油漆及胶黏剂应随用随开启，不用时及时封闭；幕墙及各类预留预埋应与结构施工同步；木制品、木装饰用料等各类板材及玻璃等宜在工厂采购或制定；采用自粘类片材，减少现场液态胶黏剂的使用量。

（5）周转材料。周转材料应选用耐用、维护与拆卸方便的周转材料和机具。推广使用定型钢模、钢框胶合板、铝合金模板、塑料模板。多层、高层建筑使用可重复利用的模板体系，模板支撑宜采用工具式支撑。高层建筑的外脚手架，采用整体提升、分段悬挑等方案。现场办公和生活用房采用周转式活动房。现场围挡应最大限度地利用已有围墙，或采用装配式可重复使用围挡封闭。力争工地临时房、临时围挡材料的可重复使用。

12.1.3.3　节水与水资源利用技术要点

（1）提高用水效率。施工现场供水管网应根据用水量设计布置，管径合理、管路简洁，采取有效措施减少管网和用水器具的漏损。施工现场喷洒路面、绿化浇灌宜采用经过处理的中水。现场机具、设备、车辆冲洗用水必须设立循环用水装置。施工现场办公区、生活区的生活用水采用节水系统和节水器具，调高节水器具配置比率。项目临时用水采用节水系统和节水器具，提高节水器具配置比率。项目临时水应使用节水型产品，安装计量装置，采取针对性的节水措施。

（2）非传统水源利用。优先采用中水搅拌、中水养护，有条件的地区和工程应收集雨水养护；处于基坑降水阶段的工地，宜优先采用地下水作为混凝土搅拌用水、养护用水、冲洗用水和部分生活用水；现场机具、设备、车辆冲洗、喷洒路面、绿化浇灌等用水，优先采用非传统水源，尽量不使用市政自来水；大型施工现场，尤其是雨量充沛地区的大型施工现场建立雨水收集利用系统，充分收集自然降水用于施工和生活中适宜的部位；施工中应尽可能采用非传统水源和循环水再利用。

12.1.3.4　节能与能源利用技术要点

（1）节能措施。制定合理施工能耗指标，提高施工能源利用率。优先使用国家、行业推荐的节能、高效、环保的施工设备和机具，如选用变频技术的施工设备等。在施工组织设计中，合理安排施工顺序、工作面，以减少作业区域的机具数量，相邻作业区充分利用共有的机具资源。安排施工工艺时，应优先考虑耗用电能的或其他能耗较少的施工工艺。避免设备额定功率远大于使用功率或超负荷使用设备的现象。根据当地气候和自然资源条件，充分利用太阳能、地热等可再生能源。

（2）机械设备与机具。建立施工机械设备管理制度，开展用电、用油计量，完善设备档案，及时做好维修保养工作，使机械设备保持低能、高效的状态；选择功率与负载相匹配的施工机械设备，避免大功率施工机械设备低负载长时间运行。机电安装可采用节电型机械设备，如逆变式电焊机和能耗低、效率高的手持电动工具等，以利节电。机械设备宜使用节能型油料添加剂，在可能的情况下，考虑回收利用，节约油量。

（3）生产、生活及办公临时设施。利用场地自然条件，合理设计生产、生活及办公临时设施的体型、朝向、间距和窗墙面积比，使其获得良好的日照、通风和采光。南方地区可根据需要在其外墙设遮阳设施；临时设施宜采用节能材料，墙体、屋面使用隔热性能好的材料，减少夏天空调、冬天取暖设备的使用时间及耗能量。

（4）施工用电及照明。临时用电优先选用节能电线和节能灯具，临电线路合理设计、布置，临电设施宜采用自动控制装置。采用声控、光控等节能照明灯具。

12.1.3.5 节地与施工用地保护技术要点

（1）临时用地指标。根据施工规模及现场条件等因素合理确定临时设施，如临时加工厂、现场作业棚及材料堆场、办公生活设施等的占地指标。临时实施的占地面积应按用地指标所需要的最低面积设计。

（2）临时用地保护。应对深基坑施工方案进行优化，减少土方开挖和回填量，最大限度地减少对土地的扰动，保护周边自然生态环境；红线外临时占地应尽量使用荒地、废地，少占用农田和耕地。工程完工后，及时对红线外占地恢复原地形、地貌，使施工活动对周边环境的影响降至最低；利用和保护施工用地范围内原有绿色植被。对于施工周期较长的现场，可按建筑永久绿化的要求，安排场地新建绿化。

（3）施工总平面图布置。施工总平面图布置应做到科学、合理，充分利用原有建筑物、构筑物、道路、管线为施工服务。施工现场搅拌站、仓库、加工厂、作业棚、材料堆场等布置应尽量靠近已有交通线路或即将修建的正式或临时交通线路，缩短运输距离。临时办公和生活用房应采用经济、美观、占地面积小、对周边地貌环境影响较小，且适合于施工平面布置动态调整的多层轻钢活动板房、钢骨架水泥活动板房等标准化装配式结构，减少建筑垃圾，保护土地。施工现场道路按照永久道路和临时道路相结合的原则布置。施工现场内形呈环形道路，减少道路占用土地。

任务 12.2 绿色施工技术措施

12.2.1 绿色材料

绿色材料是实现绿色施工的基础和保障。绿色材料是指采用清洁生产技术，不用或少用天然资源和能源，大量使用工农业或城市固态废弃物生产的无毒害、无污染、无放射性，达到使用周期后可回收利用，有利于环境保护和人体健康的建筑材料。绿色建材的定义围绕原料采用、产品制造、使用和废弃物处理 4 个环节，并实现对自然环境负荷最小和有利于人类健康两大目标，达到"健康、环保、安全及质量优良" 4 个目的。

12.2.1.1　材料的选择

（1）所有施工用辅助材料均应采用对人体无害的绿色材料，要符合《民用建筑室内环境污染控制规范》（GB 50325—2010）、《室内建筑装饰装修材料有害物质限量》（GB 6566—2001），混凝土外加剂要符合《混凝土外加剂应用技术规程》（DB11/T 1314—2015）、《混凝土外加剂中释放氨的限量》（GB 18588—2001），不符合规定的材料不允许进场。

（2）绿色建材的采购管理。所有进场材料一律通过招标采购。对于招标文件中规定的总承包单位自行采购的所有材料，都采用公开招标形式进行采购。在质量、价格、绿色等方面保证材质一流。

12.2.1.2　资源再利用

（1）施工废弃物管理。施工过程中产生的建筑垃圾主要有：土、渣土、散落的砂浆、混凝土、剔凿产生的砖石和混凝土碎块、金属、装饰装修产生的废料、各种包装材料和其他废弃物。因此，施工垃圾分类时就要将其中可再生利用或可再生的材料进行有效的回收处理，重新用于生产。所有建筑材料包装物回收率要达到 100％，有毒有害废物分类率达到 100％。施工固废物处理后要达到《城市生活垃圾卫生填埋技术标准》（CJJ 17—2004）、《中华人民共和国固体废物环境污染防治法》。严格施工废物回收制度。每季度计算施工废物回收率并制表，总结回收效果，分析原因，纠正回收措施，提高回收利用率。

（2）就地取材。除业主指定材料外，进口和国产的同一类材料，选择综合性价比较优的国产材料；外省与本地产的同一类材料，选择综合性价比较优的本地材料。

12.2.2　绿色施工设施

12.2.2.1　环境保护设施

现场醒目位置设置环境保护标识牌；建筑废弃物用做现场硬化地面基础；专人洒水，大面积场地安排洒水车控制扬尘；现场施工垃圾分类堆放，并有专人进行处理；现场应设置沉淀池、隔油池、化粪池，并对排放水质进行检查；夜间照明加设灯罩减少光污染；木工棚设置吸音板降低噪声，现场定期进行噪声的监测并做记录，楼层内设置可移动环保厕所定期清运、消毒；生活、办公区设应急逃生杆和医务室，如图 12.1～图 12.5 所示。

图 12.1　工地医务室

图 12.2　工地洗车台

图 12.3 施工现场标牌

图 12.4 楼层移动厕所

图 12.5 工地逃生杆

12.2.2.2 节材和材料资源利用设施

对于材料应有详细的节约目标和计划，施工现场主要材料包括混凝土、钢筋、木材等。混凝土材料在浇筑过程中应对落地混凝土及时回收利用，对浇筑混凝土后的余料进行合理利用。钢筋应严格控制下料长度，采用电渣压力焊或直螺纹套筒连接方式，节约钢筋，并充分利用短料、废料钢筋制作马凳和模板定位钢筋。木材在使用过程中应提高周转次数，短木接长可重复利用，废旧模板用作临边洞口防护、阴阳角成品保护、垫木及脚手架上的防滑条，如图 12.6～图 12.9 所示。

图 12.6 钢筋材料分类堆放

图 12.7 短木接长再使用

图 12.8　阴阳角成品保护

图 12.9　楼梯踏步成品保护

12.2.2.3　节水与水资源利用设施

对施工现场的办公区、施工区、生活区用水设施配备相应的节水器具，施工现场应设置临时排水系统，合理收集雨水用于降尘喷洒、绿化浇灌、车辆清洗；生活、生产污水经沉淀检测合格后排放，如图 12.10 和图 12.11 所示。

图 12.10　雨水收集口

图 12.11　节水龙头

12.2.2.4　节能与能源利用设施

施工现场生产、生活、办公过程中使用的耗能设备不得采用国家明令淘汰的施工设备、机具和产品。照明应采用节能灯具，机械设备应定期维护、保养，监控并记录重点耗能设备的能源利用情况，临时设施应布置合理，采用热工性能达标的活动板房，充分利用太阳能，临电采用自动控制装置，使用节能、高效、环保的施工设备和机具，办公、生活和施工现场用电分别计量，节能照明灯具使用率应大于 90%，如图12.12～图 12.14 所示。

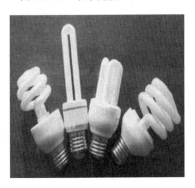

图 12.12　节能灯具

12.2.2.5　节地与土地资源保护设施

施工现场布置应合理，根据不同施工阶段分别设计平面布置图；原有及永久道路兼顾考虑，合理设计场内交通道路；合理选择基坑开挖方式，减少土方开挖；临时建筑可以采用占地面积小、拆装方便的彩钢板活动板房，如图 12.15 和图 12.16 所示。

图 12.13 太阳能热水器

图 12.14 太阳能路灯

图 12.15 生活区多层活动板房

图 12.16 施工现场绿化

12.2.3 绿色施工管理

12.2.3.1 管理体系

开展绿色施工示范工程活动应遵循分类指导、行业推进、企业申报、先行试点、总结提高、逐步推广和严格过程监管与评价验收标准的原则。验收评审工作依据住房和城乡建设部制定的《绿色施工导则》和国家新颁发的《建筑工程绿色施工评价标准》（GB/T 50640—2010）及中国建筑业协会印发的《全国建筑业绿色施工示范工程管理办法（试行）》和《全国建筑业绿色施工示范工程验收评价主要指标》进行。

绿色施工管理主要包括组织管理、规划管理、实施管理、评价管理、人员安全与健康管理等五个方面。在绿色施工示范工程的创建中，应确定节能、节水、节材、节地的指标和目标，选择合适、合理、科学的统计方法，做好绿色施工示范工程的基本数据的统计评估。

全国建筑业绿色施工示范工程由中国建筑业协会负责确立、监管、评审验收、公布工作。

12.2.3.2 绿色施工现场环保责任管理体系

总部宏观控制，项目经理、总工程师、施工生产副经理和分包管理副经理中间控制，专业责任工程师检查和监控实施过程，形成一个从项目经理部到各分承包方、各专业化公司和作业班组的环境管理网络。绿色施工现场环保责任管理体系如图12.17所示。

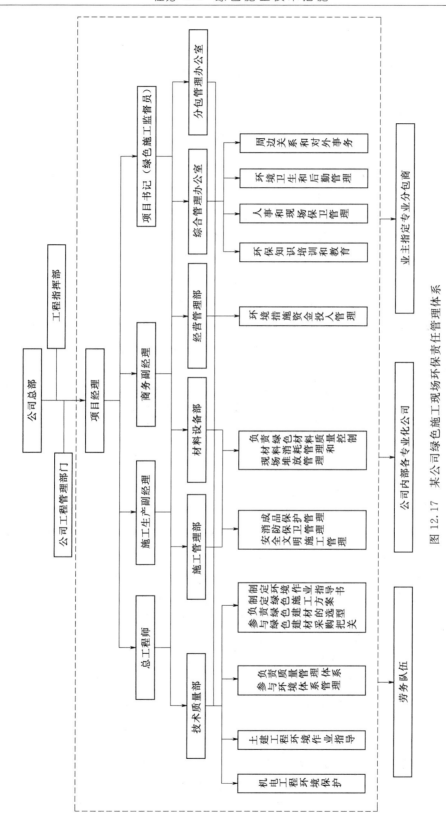

图 12.17 某公司绿色施工现场环保责任管理体系

12.2.3.3　申报条件和程序

全国建筑业绿色施工示范工程的申报条件，以中国建筑业协会当年发出的《关于申报第×批"全国建筑业绿色施工示范工程"的通知》为准。

（1）申报条件。

1）申报工程应具备较为完善的绿色施工实施方案。

2）建设规模在 3 万 m² 以上的房屋建筑工程，具备较大规模的市政工程、铁路、交通、水利水电等土木工程和大型工业建设项目。

3）申报工程开工手续要齐全，即将开工，并可在工程施工周期内完成申报文件及其实施方案中的全部绿色施工内容。

4）申报工程应投资到位，绿色施工的实施能得到建设、设计、施工、监理等相关单位的支持与配合，且具备开展绿色施工的条件与环境。

5）在创建绿色施工示范工程的过程中，能够结合工程特点，组织绿色施工技术攻关和创新。

6）申报工程原则上应列入省（部）级绿色施工示范工程。

（2）申报程序。

1）各地区各有关行业协会、中央管理的建筑业企业按申报条件择优推荐本地区、本系统有代表性的工程。

2）申报单位填写《全国建筑业绿色施工示范工程申报表》，连同"绿色施工方案"，一式两份，按隶属关系由各地区各有关行业协会、中央管理的建筑业企业汇总报中国建筑业协会。

3）中国建筑业协会组织专家审核，对列为全国建筑业绿色施工示范工程的目标项目，发文公布并组织监管。

12.2.3.4　企业自查与实施过程检查

（1）企业自查。

中国建筑业协会将根据每批全国建筑业绿色施工示范工程的进展情况，统一发文要求承建单位就当前工程的实施情况开展自查。自查内容包括：方案是否完善，措施是否得当，有关起始数据是否采集，主要指标是否落实等。绿色施工示范工程的承建单位应及时总结和记录绿色施工阶段成果的量化数据，按照《全国建筑业绿色施工示范工程验收评价主要指标》的要求，按地基与基础工程、结构工程、装饰装修与机电安装工程进行企业自查评价，并将评价结果列入自查报告。承建单位的主管部门要选派熟悉绿色施工情况的工程技术人员协助自查，并对本单位绿色施工实施情况进行阶段总结。总结报告应凸显"四节一环保"的内容及量化统计数据，由承建单位主管领导签字和盖公章，并按申报时的隶属关系，经各地区、各有关行业协会、中央管理的建筑业企业核实盖章后以书面形式上报中国建筑业协会。企业自评的结果和自查报告将作为实施过程检查和最终验收的依据之一。

（2）实施过程检查。

1）中国建筑业协会统一组织实施过程检查，对申报项目创建绿色施工示范工程进一步地了解，及时掌握相关资料与数据。按照住房和城乡建设部制定的《绿色施工导则》和国家新颁发的《建筑工程绿色施工评价标准》，及中国建筑业协会印发的《全国建筑业绿色施工示范工程管理办法（试行）》和《全国建筑业绿色施工示范工程验收评价主要指标》，对项目进行逐条评价和点评，与企业进行交流，提出改进建议，促进绿色施工切实落实到施工过程之中，实现真正意义上的绿色施工。

2）实施过程检查组由中国建筑业协会选派 3～5 名专家组成。各地区、各有关行业协会、中央管理的建筑业企业委派代表协助组织检查。承建单位的项目经理，公司主管绿色施工的人员陪同检查。

3）书面资料：以书面图文形式撰写工程绿色施工实施情况。主要内容应包括：组织机构，工程概况，工程进展情况，工程实施要点和难点，按"四节一环保"介绍绿色施工的实施措施，工程主要技术措施，绿色施工数据统计以及与方案目标值比较，绿色施工亮点和特点，企业自查报告，存在问题及改进措施等。影像资料：可采用多媒体或幻灯片的形式，主要用于会议介绍情况时使用。证明资料：包括绿色施工方案，根据绿色施工要求进行的图纸会审和深化设计文件，绿色施工相关管理制度及组织机构等专项责任制度，绿色施工培训制度，绿色施工相关原始耗用台账及统计分析资料，采集和保存的过程管理资料、见证资料、典型图片或影像资料，有关宣传、培训、教育、奖惩记录，企业自评记录，通过绿色施工总结出的技术规范、工艺、工法等成果。

4）检查组实施过程检查主要包括情况介绍、现场检查、资料查看、答疑、评价打分、讲评。

12.2.3.5　验收评审

绿色施工示范工程在即将竣工时申请验收评审。

（1）验收评审申请。绿色施工示范工程承建单位完成了绿色施工方案中提出的全部内容后，应准备好评审资料，并填写《全国建筑业绿色施工示范工程评审申请表》一式两份，按申报时的隶属关系提出验收评审申请。

验收评审资料包括：《全国建筑业绿色施工示范工程申报表》及立项与开竣工文件；《全国建筑业绿色施工示范工程成果量化统计表》及与绿色施工方案的数据对比分析；相关的施工组织设计和绿色施工方案；绿色施工综合总结报告（扼要叙述绿色施工组织和管理措施，综合分析施工过程中的关键技术、方法、创新点和"四节一环保"的成效以及体会与建议）；工程质量情况（监理、建设单位出具地基与基础和主体结构两个分部工程质量验收的证明）；综合效益情况（有条件的可以由财务部门出具绿色施工产生的直接经济效益和社会效益）；工程项目的概况，绿色施工实施过程采用的新技术、新工艺、新材料、新设备及"四节一环保"创新点等相关内容；相关绿色施工过程的证明资料。

（2）专家组。绿色施工示范工程验收评审专家从中国建筑业协会专家库中遴选。评审专家须经由中国建筑业协会组织的专家绿色施工专项培训，具备评审资格。每项示范工程评审专家组由 3～5 人组成，评审专家实行回避制，专家不得聘为本单位绿色施工示范工程的专家组成员。各地区、各有关行业协会、中央管理的建筑业企业委派代表协助组织评审。

（3）绿色施工示范工程的评审。绿色施工示范工程验收评审的主要内容：提供的评审资料是否完整齐全；是否完成了申报实施规划方案中提出的绿色施工的全部内容；绿色施工中各有关主要指标是否达标；绿色施工采用新技术、新工艺、新材料、新设备的创新点以及对工程质量、工期、效益的影响。

绿色施工示范工程验收评审工作的主要程序：听取承建单位情况介绍、现场查看、随机查访、查阅证明资料、答疑、评价打分、综合评定、讲评。评审意见形成后，由评审专家组组长会同全体成员共同签字生效。

（4）评审结果。绿色施工示范工程评审按绿色施工水平高低分为优良、合格和不合格三个等级。根据评价打分情况，原则上得分 60 分以下为不合格，60~80 分为合格，80 分以上为优良。通过验收评审合格的绿色施工示范工程，向社会公示，并颁发证书。

任务 12.3　BIM 技术在绿色施工中的应用

12.3.1　BIM 技术简介

BIM（Building Information Modeling）的中文名称为建筑信息模型，是一种以三维数字技术为基础，集成了建筑工程项目各种相关信息的工程数据模型，它具有可视化、协调性、模拟性、优化性和可出图性五大特点。工程建设要历经规划设计、工程施工、竣工验收到交付使用的漫长过程，传统的项目管理模式下的设计碰撞问题、限额设计问题、繁琐冗长的算量过程及准确性问题、过多洽商变更问题、施工方案模拟问题、进度组织问题、竣工图的应用问题等均没有高效的解决方案。BIM 是以 3D 设计概念为基础的，可以把工程项目的各项相关信息数据作为模型的基础信息，进行建筑模型的相关建立，项目各利益相关方可以通过 3D 模型对整个项目有一个清晰的了解，包括构件的信息，项目的质量、进度、成本等，可以说 BIM 是一种理念、流程，或者浅显地说是一种实现 3D 可视化工程管理的一个工具。同时，BIM 可以贯穿项目的全生命周期。

随着 BIM 技术的发展，BIM 技术备受关注，大量实际建设项目应用 BIM 技术，在实践中验证 BIM 的作用和价值，不同的人从不同角度对 BIM 提出了自己的认识和定义。2009 年美国的麦克格劳·希尔给出的 BIM 定义比较简洁，也比较全面：BIM 是利用数字模型对建设项目进行设计、施工、运营和管理的过程。BIM 的数字模型用于建筑信息的表达、传递和共享，三维几何模型是用于完整表达出三维建筑实体和空间结构的基本要求；通过参数化的方式记录建筑的 N 维信息，如几何造型的长、宽、高以及面积、体积信息，材料名称、规格型号、质量等级及产地厂家信息，工程量及价格等造价信息、热惰性等热工信息等，这些 N 维信息以属性名称和属性值的形式存在，BIM 模型的参数之间通过约束条件确定彼此的关系；BIM 通过在人与计算机之间共享，通过在不同软件间共享来发挥其价值。信息共享的基础是信息标准化和规范化，从当前国内及国际 BIM 应用和技术发展的现状情况看，还缺乏实用的国际标准和国家标准，因此实现同一 BIM 模型在建设项目不同阶段的不同专业工作之间进行共享和传递还是一件非常困难的事情，要在建设项目全过程及生命周期中使用 BIM 技术工作，对软件厂商的选择尤为重要，一般情况下同一厂商的软件产品在信息共享和互通方面具有更大优势。

BIM 既是结果也是过程，我们通过建模过程（Modeling）得到需要的带有建筑信息的模型（Model），如图 12.18 所示。BIM 技术服务于工程项目的全生命周期，从项目的规划、设计到施工再到建成后的运营维护甚至改扩建、拆除等。其主要作用是减少和消灭项

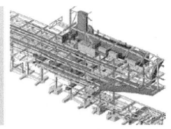

(a) 建筑模型　　　　　　　　(b)结构模型　　　　　　　　(c)设备模型

图 12.18　各类模型

目生命周期各环节中的不确定性和不可预见性，避免不必要的浪费。应用这一技术可以为企业带来巨大的效益，比如：更精确的估算造价、缩短项目工期、减少投资成本、减少设计变更甚至实现零变更、更好的协调设计、改善后期物业管理效率，等等。

12.3.2　BIM 软件介绍

一般可以将 BIM 软件分成以下两大类型：①BIM 核心建模软件，包括建筑与结构设计软件（如 Autodesk Revit 系列、Gr 即 ArchiCAD 等）、机电与其他各系统的设计软件（如 Autodesk Revit 系列、Design Master 等）等；②基于 BIM 模型的分析软件，包括结构分析软件（如 PKPM、sAPZ000 等）、施工进度管理软件（如 MS project、Naviswork 等）、制作加工图 Shop Drawing 的深化设计软件（如 Xsteel 等）、概预算软件、设备管理软件、可视化软件等。BIM 软件类型如图 12.19 所示。

12.3.2.1　BIM 核心建模软件

BIM 核心建模软件开发的主流公司主要有 Autodesk、Bentley、Tekla、Gery Technology 和 Graphisoft 公司（被 Nemetschek 公司收购），不同的核心建模软件互通的几何造型、模型碰撞、机电分析等辅助软件也不相同。

Revit 由 Autodesk 公司开发，与旗下的 AutoCAD 相独立，与结构分析软件 ROBOT、RISA 通用，支持格式多，如 Sketchup 等导出的 DXF 文件格式可直接转化为 BIM 模型。Revit 成熟的应用程序编程接口 API（Application Programming Interface）可以供二次开发者使用，调用程序内的数据操作读写，极大地提高了与其他软件的交互能力。2009 年底，基于 Revit API 开发的软件约有 150 多种。由于开发环境较为自由，平台、软件和服务三位一体，Revit 软件的市场份额不断扩张。另外，同时 Autodesk 公司开发的 AutoCAD 软件在国内建筑设计行业应用广泛，Revit 依赖着良好的 AutoCAD 兼容性，在与 Bentley、Tekla 等公司的竞争中占得了先机。Autodesk 公司对中国本土化市场也非常重视，与中国建筑设计研究院建立了长期战略合作伙伴关系，对于 Revit 中国本土化解决方案和标准出台创建了有利条件。Revit 软件开始界面如图 12.20 所示。

Autodesk Revit 2014 及以后的版本是将以前的由 Revit architecture（建筑）、Revit structure（结构）、Revit MEP（设备）三款组件组合在一起的整合版本。

优势：软件上手难度较低，UI 界面简单；第三方对象库开发成熟；建模方便自由；功

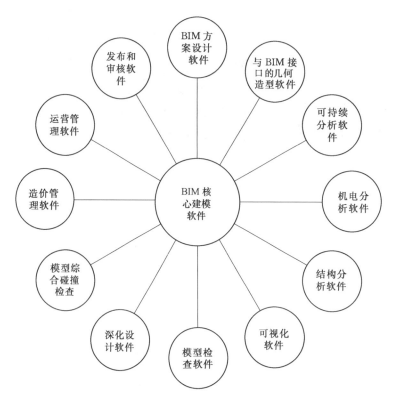

图 12.19 BIM 软件类型

图 12.20 Revit 软件开始界面

能齐全，高度集成；市场推广力度最强。

劣势：Revit 的优点也是它的弱点，由于视图基本是即时运算，运行速度较慢，对硬件环境要求高；取消了 AutoCAD 中图层的概念，初学者难以适应，导出文件时无法区分内墙、外墙等。

ArchiCAD 属于 Graphisoft 公司面向全球市场的产品，是面世最早的 BIM 建模软件。Graphisoft 公司被 Nemetschek 公司收购后，产品系列有 ArchiCAD、AllPLAN、VectorWorks 三个产品，其中 ArchiCAD 在国内应用广泛。ArchiCAD 是专为建筑师设计开发的软件，首先提出了"虚拟建筑"这一概念，在建筑设计功能上相比 Revit 有很大的优势。ArchiCAD 软件界面如图 12.21 所示。

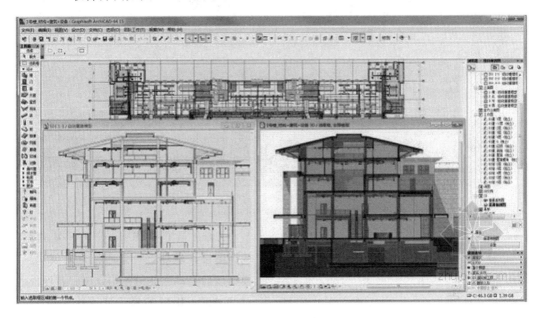

图 12.21 ArchiCAD 软件界面

优势：软件界面直观，新手入门比较容易，具有海量对象库；内存记忆系统，无需即时演算，硬件要求低；扩展插件丰富；支持平台多，可在 Mac 系统运行。

劣势：异型曲面建模不如 Revit 方便；打印不支持预览；非建筑专业设计较薄弱。

Bentley 系列分为 Bentley Architecture、Bentley Structural、Bentley Building Mechanical Systems，在工厂设计、道路桥梁、市政和水利工程方面有着优势。以 Micro Station 作为设计和建模的平台，以 Project Wise 为协作平台，生成的专业模型通过 Navigator 的功能模块，进行模拟碰撞检测、工程进度模拟等操作。Micro Station 软件界面如图 12.22 所示。

优势：使用流畅，适合大型商业建筑施工设计；涉及建筑、机电、场地及地理信息等，各专业设计和协作能力强；Micro Station 平台优秀，设计建模能力强。

劣势：软件学习成本大，教学资源少，推广落后；软件沿用 CAD 设计思维，理念滞后；对象库少。

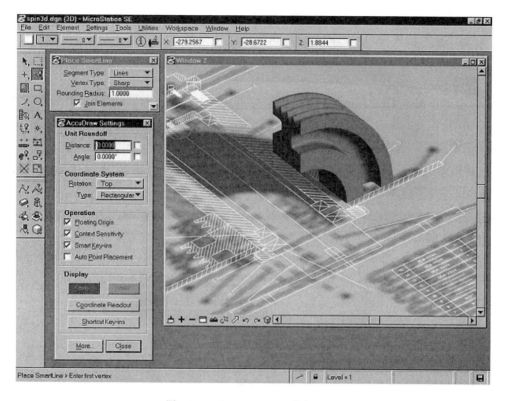

图 12.22　Micro Station 软件界面

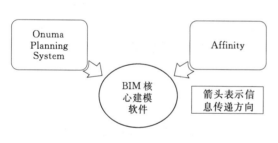

图 12.23　BIM 核心建模软件的关系

Xsteel 是芬兰 Tekla 公司开发的钢结构详图设计软件，它是通过首先创建三维模型以后自动生成钢结构详图和各种报表。

12.3.2.2　BIM 方案设计软件

目前主要的 BIM 方案软件有 Onuma Planning System 和 Affinity 等，其与 BIM 核心建模软件的关系如图 12.23 所示。

12.3.2.3　BIM 可持续（绿色）分析软件

可持续或者绿色分析软件可以使用 BIM 模型的信息对项目进行日照、风环境、热工、景观可视度、噪声等方面的分析，主要软件有国外的 Echotect、IES、Green Building Studio 以及国内的 PKPM 等。

12.3.2.4　BIM 机电分析软件

水暖电等设备和电气分析软件国内产品有鸿业、博超等，国外产品有 Design master、IES Virtual Environment、Trane Trace 等。

12.3.2.5　BIM 结构分析软件

结构分析软件是目前和 BIM 核心建模软件集成度比较高的产品，基本上两者之间可以实现双向信息交换，即结构分析软件可以使用 BIM 核心建模软件的信息进行结构分析，分析结果对结构的调整又可以反馈回 BIM 核心建模软件中，自动更新 BIM 模型。ETABS、STAAD、Robot 等国外软件以及 PKPM 等国内软件都可以与 BIM 核心建模软件配合使用。

12.3.2.6　BIM 模拟施工软件

常用的可视化软件包括 3DS MAX、Artlantis、Accurender 和 Lightscape 等。在工程进度模拟应用过程中，经常需要直观地表现施工进度计划的变化，为了满足这一需求，主要使用的软件是 AutoDesk 公司的 Navisworks 软件的施工模拟功能。

12.3.2.7　BIM 模型检查软件

BIM 模型检查软件既可以用来检查模型本身的质量和完整性，例如空间之间有没有重叠，空间有没有被适当的构件围闭，构件之间有没有冲突等；也可以用来检查设计是不是符合业主的要求，是否符合规范的要求等。目前具有市场影响力的 BIM 模型检查软件是 Solibri Model Checker。

12.3.2.8　BIM 深化设计软件

Xsteel 是目前最有影响力的基于 BIM 技术的钢结构深化设计软件，该软件可以使用 BIM 核心建模软件的数据，对钢结构进行面向加工、安装的详细设计，生成钢结构施工图（加工图、深化图、详图）、材料表、数控机床加工代码等。

下面两个根本原因直接导致了模型综合碰撞检查软件的出现：

（1）不同专业人员使用各自的 BIM 核心建模软件建立自己专业相关的 BIM 模型，这些模型需要在一个环境里面集成起来才能完成整个项目的设计、分析、模拟，而这些不同的 BIM 核心建模软件无法实现这一点。

（2）对于大型项目来说，硬件条件的限制使得 BIM 核心建模软件无法在一个文件里面操作整个项目模型，但是又必须把这些分开创建的局部模型整合在一起研究整个项目的设计、施工及其运营状态。模型综合碰撞检查软件的基本功能包括集成各种三维软件（包括 BIM 软件、三维工厂设计软件、三维机械设计软件等）创建的模型，进行 3D 协调、4D 计划、可视化、动态模拟等，属于项目评估、审核软件的一种。常见的模型综合碰撞检查软件有 Autodesk Navisworks、Bentley ProjectWise Navigator 和 Solibri Model Checker 等。

12.3.2.9　BIM 造价管理软件

造价管理软件利用 BIM 模型提供的信息进行工程量统计和造价分析，由于 BIM 模型结构化数据的支持，基于 BIM 技术的造价管理软件可以根据工程施工计划动态提供造价管理需要的数据，这就是所谓 BIM 技术的 5D 应用。国外的 BIM 造价管理有 Innovaya 和 Solibri，鲁班、广联达是国内 BIM 造价管理软件的代表。

鲁班对以项目或业主为中心的基于 BIM 的造价管理解决方案应用给出了如下整体框架，无疑会对 BIM 信息在造价管理上的应用水平提升起到积极的作用，同时也是全面实现和提升 BIM 对工程建设行业整体价值的有效实践，因为我们知道，能够使用 BIM 模型信息的参与方和工作类型越多，BIM 对项目能够发挥的价值就越大，如图 12.24 所示。

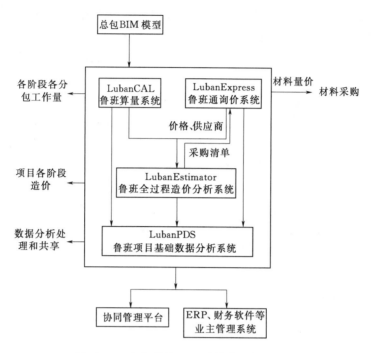

图 12.24　鲁班软件 BIM 造价管理解决方案

12.3.2.10　BIM 运营管理软件

我们把 BIM 形象地比喻为建设项目的 DNA，根据美国国家 BIM 标准委员会的资料，一个建筑物生命周期 75％的成本发生在运营阶段（使用阶段），而建设阶段（设计、施工）的成本只占项目生命周期总成本的 25％。BIM 模型为建筑物的运营管理阶段服务是 BIM 应用重要的推动力和工作目标，在这方面美国运营管理软件 ArchiBUS 是最有市场影响力的软件之一。

12.3.2.11　BIM 发布审核软件

最常用的 BIM 成果发布审核软件包括 Autodesk Design Review、Adobe PDF 和 Adobe 3D PDF，正如这类软件本身的名称所描述的那样，发布审核软件把 BIM 的成果发布成静态的、轻型的、包含大部分智能信息的、不能编辑修改但可以标注审核意见的、更多人可以访问的格式如 DWF/PDF/3D PDF 等，供项目其他参与方进行审核或者利用。

12.3.3　BIM 技术在绿色施工中的应用

12.3.3.1　BIM 技术在施工准备阶段的应用

（1）施工总体策划。现场模型建立完成后，可以根据模型进行场区的布置和进度计划的安排，合理利用场地，科学安排进度。

1）施工平面布置。开工前准备工作中最重要的一项工作就是现场平面布置，传统的平面布置图只是利用 CAD 在平面图上进行设备、工器具及各种管线、道路走向的标识，这种平面布置最大的弱点就是只能反映出临时建筑、设备与拟建建筑物之间的平面关系，只是一种单纯的平面静态关系，但施工现场是一个动态变化的现场，而通过 BIM 模型进行的临建、设备的布置，不但能够反应相互之间的平面关系，而且能够反映出相互之间的立体关系，在各专业相互交错的施工过程中优化布置，使资源配置更加合理，再通过动态模拟演示，使现场布置满足动态需求，提高使用率。

2）施工进度模拟。施工进度计划是把握整个施工周期脉搏、协调各种资源重要的计划措施，计划的合理性、准确性对整个工程的建设影响巨大，传统的进度计划编制主要考虑时间因素，根据时间的先后顺序安排进度，单纯地从时间的维度上考虑进度，而 BIM 技术是将一维的时间概念与三维模型整合并以时间为轴线模拟整个工程的建设过程，真正实现了 4D 模拟施工，开工前的进度模拟过程不仅考虑了拟建建筑物的建造过程，同时把临建、设备、道路管线、车辆等均考虑到整个建筑过程中，不但可以优化施工工序的逻辑关系，检查工序持续的合理性，更可以优化现场资源，检查临建布置的合理性，使资源利用率达到最大化，通过整个建造过程可视化的模拟演示，能够提前发现问题，真正做到事前控制，避免浪费，节约成本，提高效率。让进度安排、资源配置更加合理，如图 12.25 所示。

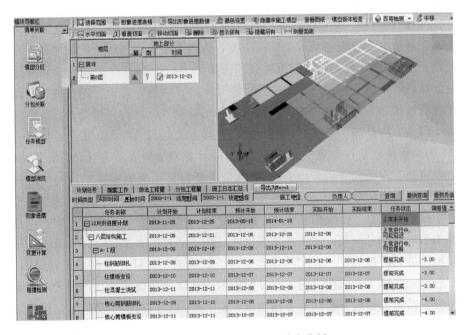

图 12.25　广联达 BIM 5D 进度分析

（2）方案可实施性的演示和论证。开始施工前需要对深基坑开挖、高支模施工等重点施工过程的方法提前进行考虑，组织方案的论证。CAD 平面图是方案论证中经常使用的手段，在一些比较复杂的方案中，数量庞大的平面图纸对方案实施的过程不能完全直接地呈现在施工者面前，而建筑模型很好地解决了这一问题，例如在深基坑开挖方案中，可以把开挖的方法、支护结构的形式等做成三维模型，然后对模型中完成的任务所采用的方法进行论证，分析方案的可行性，提高决策的科学性。

1）三维渲染，宣传展示，给人以真实感和直接的视觉冲击。依据施工计划，形象地展示场地和大型设备的布置情况，复杂节点的施工方案，施工顺序的选择，进行 4D 的模拟，对不同的施工方案进行对比选择等。建好的 BIM 模型可以作为二次渲染开发的模型基础，大大提高了三维渲染效果的精度与效率，给业主更为直观的宣传介绍，提升中标几率。例如浙江建工集团的浙商银行总部大楼、浙报大楼、地铁盖挖逆作施工中的应用都起到了很好的效果。

2）快速算量，大幅提升精度。BIM 数据库的创建，通过建立 6D 关联数据库，可以准确快速计算工程量，提升施工预算的精度与效率。由于 BIM 数据库的数据粒度达到构件级，可以快速提供支撑项目各条线管理所需的数据信息，有效提升施工管理效率。通过 BIM 模型提取材料用料，设备统计，管控造价，预测成本造价，从而为施工单位项目投标及施工过程中的造价控制提供合理依据。

3）精确计划，减少浪费。施工企业精细化管理很难实现的根本原因在于海量的工程数据无法快速准确地获取以支持资源计划，致使经验主义盛行。而 BIM 的出现可以让相关管理人员快速准确地获得工程基础数据，为施工企业制定精确人才计划提供有效支撑，大大减少了资源、物流和仓储环节的浪费，为实现限额领料、消耗控制提供技术支撑。

（3）碰撞检查。目前 BIM 的碰撞检查应用主要集中在硬碰撞。通常碰撞问题出现最多的是安装工程中各专业设备管线之间的碰撞、管线与建筑结构部分的碰撞以及建筑结构本身的碰撞。应用 BIM 技术进行三维管线的碰撞检查，不但能够彻底消除硬碰撞、软碰撞，优化施工设计，减少在建筑施工阶段可能存在的错误损失和返工的可能性，而且优化净空，优化管线排布方案。最后施工人员可以利用碰撞优化后的三维管线方案，进行施工交底、施工模拟，提高施工质量，同时也提高了与业主的沟通能力。进行碰撞检查前，先应用 BIM 相关软件创建各专业三维 BIM 模型并且各专业人员要对 BIM 模型的准确性、合理性进行审核，审核完毕后通过 BIM 集成应用平台自动查找工程中结构与结构、结构与机电安装、机电安装各专业之间的碰撞点并提供相应的碰撞检测报告。施工前根据碰撞检查报告中的位置信息、标高信息，进一步深化施工图纸，及时调整施工方案，可以避免因碰撞返工引起的质量问题，加快施工进度，减少不必要的人工、材料等成本支出。

（4）辅助进行图纸会审。开工前建设单位组织施工、设计、监理单位进行图纸会审，意在开工前尽可能地多发现图纸问题，提前采取措施防止问题的出现，最大限度地减少不必要的损失，技术人员对一些大的方面的审查基本到位，但对于一些细节问题如标高、冲突、位置等发现起来比较困难，如果不是施工到这一步，这些细节问题在图纸会审时往往都是极不容易被发现的，BIM 模型在建模时就可以很直观地发现这些细节问题，再通过碰撞检查等检查方法，能将图纸问题最大限度地消灭在萌芽状态。

12.3.3.2　BIM 技术在施工实施阶段的应用

（1）为预制加工提供精确尺寸。传统的构件制作是完全由人工根据施工图纸和现场的实际情况进行测量、划分、校核、制作、安装的，在此过程中要受到工期、大量的计算统计过程、材料质量管理、施工人员制作水平等问题的困扰，图纸仅起到了指导施工的作用，直接拿来指导预制加工则无法保证其准确度。BIM 技术的使用则为解决上述技术难题提供了更有力的保证。传统二维图纸中的点和线不具备存储信息的功能，而 BIM 技术则是还原建筑、结构、机电系统等专业于本色，以数字化的可视模型来包含实际物体的属性参数和空间关系，每一个模型构件都是有意义的实体存在，准确地反映了实际情况。构件预制加工是预先在建模的时候就将施工所需构件的材质、尺寸、类型等参数输入到模型中，然后将模型根据现场实际情况进行调整，待模型调整到与现场一致的时候再将构件的材质、尺寸、类型等信息导成一张完整的预制加工图，将图纸发给制作单位进行预制加工，等实际施工时将预制好的构件送到现场安装。

（2）工序模拟。在一些结构形式相对复杂的建筑施工过程中，对结构形式、构造做法、特殊工艺等的把握要求较高，光看蓝图有时难免会出现理解错误、少看、漏看的现象，对工人的技术交底也不够直观化和可视化，在掌握了基本做法后还需要想象拟建物的具体形状，BIM 模型恰好可以解决这一问题，可以把某一复杂结构部位做成具体模型，施工人员可以很直观地看到这一部位的最终效果和做法，用虚拟的真实效果图进行交底，最大限度地降低技术失误，提高工作效率。由于 BIM 技术是真实的拟建建筑物的模型，可以很直观地分析出哪些部位是安全施工控制重点，并采取何种安全措施，在进行安全交底时，针对模型中的安全控制要点可以形象、直观地进行重点说明。

（3）现场施工进度管理。BIM 模型不是一个单一的图形化模型，它包含着从构件材质到尺寸数量以及项目位置和周围环境等完整的建筑信息。利用编制项目进度计划的相关软件产生施工进度计划，首先将项目目标进行分解，判断并输入工期的估值，创建时间列表并按大纲的形式将其组织起来，给各个任务配置资源，决定这些任务之间的关系并指定日期。将 BIM 模型的构件与进度表联系，形成 4D 模型以直观展示施工进程。利用 4D 模型模拟实际施工建造过程，通过虚拟建造，可以检查进度计划的工期估值是否合理，即各工作的持续时间是否合理，工作之间的逻辑关系是否准确等，从而对项目的进度计划进行检查和优化。将优化后的四维虚拟建造动画展示给项目的施工人员，可以让他们直观了解项目的具体情况和整个施工过程，更深层次地理解设计意图和施工方案要求，减少因信息传达错误而给施工过程带来不必要的问题，加快施工进度和提高项目建造的质量，保证项目决策尽快执行。在工程施工中，利用 4D 模型可以使全体参建人员很快理解进度计划的重要节点；同时收集项目进展信息资料，进度计划通过实际进展与模型的对应表示，很容易发现施工差距，及时采取措施，进行纠偏调整；即使遇到设计变更、施工图更改，也可以很快速地联动修改进度计划。BIM 技术让进度控制有依可寻、有据可控，使我们能够精确控制每项工作，为达到进度履约提供了可靠的保障。

（4）文明施工和安全管理。BIM 数据平台不仅可以反映出拟建建筑物的各种信息，还可以对现场安全及文明施工起到有效的指导作用。施工阶段是一个动态的过程，各种安全措施也可能随着工程的进展而不断地变化，根据模型中事先设计好的安全措施，不断地对现场的安全情况进行检查和对比，保证施工安全。在开工前的平面布置中，通过 BIM 模型将道路、临建、设备、工具棚、线路等均进行了统一的布置，不论在尺寸、颜色、标识等方面都进行了详细的说明，对于企业形象宣传、工器具标准化、安全措施合理化等文明施工要求都起到了很好的指导作用，施工中只要按照模型中的要求布置，文明施工的目标实现就更容易一些。安全管理是企业的命脉，需要在施工管理中编写相关安全管理措施，其主要目的是要抓住施工薄弱环节和关键部位。但传统施工管理中，往往只能根据经验和相关规范要求编写相关安全措施，针对性不强。在 BIM 的作用下，这种情况将会有所改善。传统的施工中，施工场地的布置遵循总体规划，但在施工现场还是可能会由于各专业作业时间的交错、施工界面的交错，使得物料堆放混乱，各专业物料交错，使得工作效率降低，甚至还可能发生安全隐患。BIM 的应用对现场起到了指导作用。BIM 模型表现的是施工现场的实际情况，BIM 根据进度安排和各专业工作的交错关系，通过软件平台，合理规划物料的进场时间、堆放空间并规划取料路径，有针对性地布置临时用水、用电位置，在各个阶段确保现场施工整齐有序，提高施工效率。即使临时出现施工顺序变动或各工种工作时间拖延，BIM 仍可根据信息模型实时分析调整。通过对现场情况的模拟，还可以有针对性地编写安全管理措施。现场防火设备的布置多着眼于平面，以覆盖直径范围为依据，对于实时动态的情况考虑并不完善，一方面因为图纸表现的仅只有平面，另一方面立面的建造是由时间的推进逐步建设起来的，使得在制订方案的时候无法实时全面动态地考虑变化过程。结合施工进度规划、现场进度情况和现场物料布置堆放，可较为完善地分析安全死角，具有针对性地对某些局部存在较大安全隐患的部位设置安全消防设施。如在临时配电点，配置较为完善的消防措施。通过 BIM 的软件平台模拟，还可根据各阶段的建筑模型模拟火灾逃生情况，在火灾逃生路径上有针对性地布置临时消防装置，以使在火灾发生时可保证人员安全撤离现场，减少人员和物料的损失。

（5）辅助现场组织协调管理。建设项目施工管理失败的主要原因之一是缺乏足够的信息沟通和共享。工程项目的成功建设依赖于项目各参与方的交流和协作。当前项目参与各方通常将需要传递很多的信息，传播介质以二维的图纸、文字说明为主，由于这些信息并非完全一致和同步更新，交流起来很困难。BIM 利用三维可视化的模型及庞大的数据库支持则可以改善这个问题。在企业内部的组织协调管理工作中，可以搭建总承包单位和分包单位协同工作平台，通过 BIM 模型统计出来的工程量合理安排人员和物资，做到人尽其能、物尽其用；在企业对外的组织协调工作中，有了 BIM 这样一个信息交流的平台，可以使业主、设计院、咨询公司、施工总承包、专业分包、材料供应商等众多单位在同一个平台上实现数据共享，使沟通更为便捷、协作更为紧密、管理更为有效。

（6）现场监控。在施工过程中，还可以用 BIM 与数码设备相结合，实现数字化的监控模式，更有效地管理施工现场，监控施工质量，使现场管理人员不用花大量的时间在现场的巡视监控上，可以把更多的精力用在现场实际情况的提前预控和对重要部位、关键产品的严格把关等准备工作上，这样不仅提高了工作效率，相应减少管理人员数量，还可以帮助管理人员尽早发现并制止质量问题成为现实。同时，还能使工程项目的远程管理成为可能，使项目各参与方的负责人都能在第一时间了解现场的实际情况。

项 目 小 结

本项目主要介绍了绿色施工的概念、内涵及施工要点，并且介绍了基于 BIM 技术的绿色施工管理技术，其中绿色施工要点及措施为本项目的学习重点，基于 BIM 技术的绿色施工管理技术为本项目的学习难点。

（1）绿色施工概述及实施是本项目的重点学习内容，主要包括绿色施工的概念、原则及绿色施工工艺要点；绿色施工的实施主要包括涉及绿色施工材料、绿色施工设施及绿色施工工艺等绿色施工技术措施与管理制度。

（2）BIM 技术在绿色施工中的应用是本章的学习难点，主要包括 BIM 技术介绍、BIM 软件的发展以及 BIM 技术的应用。

复 习 思 考 题

1. 简述绿色施工的概念及其内涵。

2. 绿色施工的要点及相应的技术措施包括哪些内容？

3. 常用的 BIM 软件有哪些？各有哪些特点？

4. 基于 BIM 的绿色施工具有哪些作用？

参 考 文 献

［1］ 申永康，邵慧．建筑工程施工技术［M］．北京：中国水利水电出版社，2017．

［2］ 建筑施工手册编委会．建筑施工手册［M］．5版．北京：中国建筑工业出版社，2013．

［3］ GB 50208—2011地下防水工程质量验收规范［S］．北京：中国建筑工业出版社，2011．

［4］ GB 50204—2015混凝土结构工程施工质量验收规范［S］．北京：中国建筑工业出版社，2015．

［5］ GB 506666—2011混凝土结构工程施工规范［S］．北京：中国建筑工业出版社，2011．

［6］ 钟汉华，李念国，吕秀娟．建筑工程施工技术［M］．北京：北京大学出版社，2014．

［7］ 张小林．土石方工程施工与组织［M］．北京：中国水利水电出版社，2009．

［8］ 郝宏科．混凝土工程施工与组织［M］．北京：中国水利水电出版社，2009．

［9］ 张迪．钢筋工程施工与组织［M］．北京：中国水利水电出版社，2009．

［10］ 张迪，申永康．建筑工程施工组织［M］．北京：科学出版社，2018．